POLITEXT 117

Topografía de obras

POLITEXT

Ignacio de Corral Manuel de Villena

Topografía de obras

EDICIONS UPC

La presente obra fue galardonada en el tercer concurso
"Ajuts a l'elaboració de material docent" convocado por la UPC.

Primera edición (Aula Teòrica): febrero de 1996
Segunda edición (Aula Teòrica): septiembre de 1996
Primera edición (Politext): septiembre de 2001
Reimpresión: agosto de 2009

Diseño de la cubierta: Manuel Andreu

©   Ignacio del Corral, 1996

©   Edicions UPC, 1996
     Edicions de la Universitat Politècnica de Catalunya, SL
     Jordi Girona Salgado 1-3, 08034 Barcelona
     Tel.: 934 137 540   Fax: 934 137 541
     Edicions Virtuals: www.edicionsupc.es
     E-mail: edicions-upc@upc.edu

Producción: LIGHTNING SOURCE

Depósito legal: B-4729-2001
ISBN: 978-84-8301-543-8

A Aurora

Presentación

La topografía abarca un conjunto de técnicas, de las cuales solo algunas son utilizadas para el replanteo en obra. El que estas técnicas sean generalmente sencillas no implica que no se apliquen con el máximo rigor científico, puesto que el resultado influye en gran medida en el posicionamiento de los diversos elementos geométricos proyectados. Este libro pretende profundizar en estas técnicas y estudiar concienzudamente los cálculos que nos permiten definir perfectamente la geometría de todo lo proyectado. Estudiaremos desde conceptos sencillos, y aparentemente banales, hasta otros complejos, y también aparentemente inútiles. La experiencia me ha demostrado que los primeros no son siempre tan obvios y, con respecto a los segundos, diremos que son imprescindibles para la formación del ingeniero. Con todo esto pretendo darle una mayor seriedad y profesionalidad a una labor a veces no suficientemente reconocida dentro del sector de la construcción.

Otro punto a comentar en esta presentación se refiere a la presencia de contenidos anticuados junto a los más modernos a causa del desarrollo de nuevas tecnologías. Hay técnicas explicadas en este libro que pueden estar, y algunas en efecto lo son, obsoletas. Pero su inclusión pretende crear un puente con el pasado que nos permita comprender la evolución de la topografía de obras. De cualquier modo, no todo lo antiguo es despreciable, puesto que muchas de estas técnicas pueden ser aplicables hoy en casos concretos y, lo que es más importante, un ingeniero que se precie de serlo, debe tener recursos y conocimientos sobrados para resolver cualquier problema que se le presente, con soluciones rápidas y eficaces, sea con los más modernos aparatos o con los más clásicos y modestos.

El futuro de la topografía está íntimamente unido a las siglas GPS. En la próxima década habrá una auténtica revolución en este campo, y algunas técnicas presentadas como actuales aquí, quedarán obsoletas y pasarán a formar parte del puente ya comentado. Las técnicas GPS, suficientemente probadas y contrastadas, se impondrán el día que sean asequibles a todos los profesionales, tanto en economía como en prestaciones. Y este día ya está a la vuelta de la esquina.

Con respecto a la bibliografía quisiera destacar determinados libros que considero fundamentales. El libro *Topografía y replanteo de obras de ingeniería* de A. Santos ha sido utilizado como base para los primeros cuatro capítulos. El libro *Diseño geométrico de carreteras* de M. Conesa y A. García, para el capítulo quinto y *El proyecto en ingeniería y arquitectura* de J. Piquer para el onceavo.

Para concluir quiero agradecer a todas aquellas personas que me han ayudado en la confección de este libro. A mi familia, amigos, compañeros y alumnos. Y especialmente a Ana Tapia, Carlos Alonso, Jesús Sánchez y Felipe Buil.

Barcelona, Diciembre 1995

Índice

3 Definición de alineaciones

4 La curva circular

5 La clotoide

7 Perfiles longitudinales y transversales

8 La sección transversal

9 Cálculo y replanteo de rasantes y taludes

12 Métodos de control para el estudio de desplazamientos y deformaciones

13 Características y aspectos geométricos de diferentes tipos de obras

Anexo

Bibliografía 343

1 Concepto de replanteo. Relación con la topografía

1.1 Concepto de replanteo

Es la materialización en el espacio, de forma adecuada e inequívoca, de los puntos básicos que definen gráficamente un proyecto. Definimos *proyecto* como el conjunto de documentos escritos, numéricos y gráficos, que se utilizan para la construcción de una obra de ingeniería. Estos puntos básicos son los mínimos necesarios para definir el elemento a replantear. A su vez, éste elemento puede estar compuesto por determinadas figuras geométricas que quedarán definidas por estos puntos básicos.

Es la operación inversa del levantamiento. Mientras en éste tomamos datos del terreno para confeccionar un plano, en el replanteo tomamos datos del plano para situarlos sobre el terreno. Podemos decir que la finalidad de un replanteo es emplazar sobre el terreno aquellos elementos a construir y controlarlos hasta su terminación.

Recordemos también que en topografía se entiende por replanteo a los trabajos necesarios para reponer un punto que ya estuvo situado en el terreno.

Sin embargo, un replanteo puede estar afectado por unos determinados condicionantes:
1. La escala del plano base
2. La calidad de dicho plano
3. Las características topográficas del entorno
4. Los medios disponibles
5. Las condiciones meteorológicas
6. Las particularidades del proyecto a replantear

Diremos, como conclusión, que es una de las labores más importantes dentro de una obra. Pensemos que un replanteo erróneo puede afectar al coste económico, además de retrasar su ejecución y mermar la calidad final de la obra. Esto implica una gran responsabilidad a la que solo se puede responder con amplios conocimientos técnicos en el campo de la topografía.

1.2 Relación entre topografía y replanteo

Para realizar cualquier replanteo es necesario aplicar técnicas propias de la topografía. Desde los trabajos más sencillos hasta los más complejos necesitan de la topografía y de sus medios.

De este modo podemos analizar la relación entre topografía y replanteo al separarla en dos apartados: los *instrumentos* a emplear y las *observaciones topográficas* a realizar.

1.2.1 Instrumentos necesarios en los trabajos de replanteo

Cada replanteo no tiene por qué ser realizado con los mismos medios. Al contrario, la selección del instrumental a emplear en determinadas tareas puede ser de gran importancia para conseguir la precisión deseada y optimizar el rendimiento en trabajos de larga duración.

Podemos clasificarlos del siguiente modo:
1. Instrumentos de medida angular
2. Instrumentos de medida lineal
3. Instrumentos de medida conjunta
4. Instrumentos de medición de desniveles
5. Instrumentos especiales
6. Instrumentos auxiliares y expeditos

1 Instrumentos de medida angular

Sobradamente conocidos por todos, los teodolitos que más se utilizan son aquellos con una apreciación angular comprendida entre 0.01^g y 0.00001^g. Su elección depende de la precisión que se desee alcanzar en los resultados.

Podremos utilizar un aparato de minutos en la mayor parte de los replanteos, en los que su precisión no es muy alta y siempre y cuando no se abuse de la distancia de observación.

Se utilizan los de 10 segundos para realizar las poligonales y observaciones angulares de la red de apoyo en zonas de pequeña extensión. Obviamente, se utilizan indistintamente para efectuar cualquier tipo de replanteo, e incluso son recomendables cuando el trabajo tiene una cierta responsabilidad, o cuando el replanteo servirá de apoyo a otros replanteos posteriores.

Los aparatos de segundos pueden convertirse en imprescindibles, si las visuales son largas o si se observan poligonales muy grandes. En los trabajos de gran responsabilidad no se puede concebir trabajar con instrumentos de menor precisión, tanto si hablamos de observaciones en la red de apoyo como en el replanteo.

Por último, los de décimas de segundo se utilizan casi exclusivamente para observaciones angulares de alta precisión y en el control de deformaciones.

No siempre podremos disponer de los instrumentos que nosotros quisiéramos pero, de cualquier modo, en nuestra condición de técnicos, debemos exigir todo lo necesario de cara a obtener la mayor calidad posible en nuestro trabajo. Incluso deberíamos negarnos a efectuar determinados trabajos en los que no dispongamos de los medios mínimos adecuados, puesto que a larga lo único que se ve es el resultado del trabajo y la persona que lo hizo.

2 Instrumentos de medida lineal

Existen dos sistemas de medida que son los más utilizados. La cinta y el distanciómetro. Parece anticuado hablar de la cinta hoy en día, cuando ya existen distanciómetros al alcance de cualquiera. Pero hay trabajos en los que la cinta sigue cumpliendo su cometido, e incluso con más garantías que los aparatos electrónicos. Por supuesto, el bajo coste de la cintas también es razón de peso para que se sigan utilizando.

Se utiliza en medidas a corta distancia, nunca mayores de la propia longitud de la cinta. Fundamentalmente en terrenos llanos, donde la cinta se apoya directamente en suelo, aunque en medidas cortas y bien tensada, puede suspenderse en el aire.

Podemos hablar de dos tipos: cintas metálicas y de plástico. Las primeras son muy utilizadas en trabajos que requieran una cierta precisión, suficiente en la mayoría de los casos. No olvidemos que una medida con cinta con las suficientes garantías puede ser más precisa que una con distanciómetro, con el que ya tenemos un $\pm$ 5 mm de error en la medida en muchos aparatos.

Las de plástico con hilos metálicos en su interior tienen menor precisión, pero son muy utilizadas en trabajos de premarcaje o de poca responsabilidad. Su ventaja principal reside en que son menos delicadas que las metálicas, que se doblan o parten con relativa facilidad. En lugares de paso frecuente de vehículos o personas, el uso de cintas metálicas puede llegar a ser imposible.

Existen otros tipos de cintas de las que es recomendable desconfiar por la poca garantía que dan en la medida. En cualquier caso, es obligado contrastar las cintas con alguna otra ya conocida de antemano.

Con respecto a los distanciómetros, debemos decir que son muy utilizados en obra. Que gracias a ellos los trabajos de replanteo han mejorado en su precisión y han ahorrado tiempo y personal. Gracias a ambas cosas, la calidad en el acabado de las obras se ha superado ampliamente. Habitualmente los distanciómetros utilizados en obra son de corto alcance, y no superan los dos kilómetros. Distancia más que suficiente en la mayor parte de los casos. Es importante la elección del teodolito soporte. Es recomendable utilizar aparatos de 10 segundos o de segundos, para que las medidas a gran distancia sean aprovechables.

Existen además otros tipos de aparatos de medida como son la Mira-Estadía de Base Invar, utilizada para casos muy concretos en la medición de bases. Y los hilos Invar, utilizados únicamente para control de deformaciones y medidas de gran precisión (Fig.1.1).

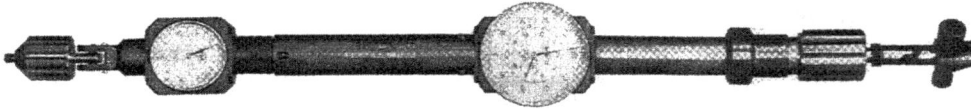

Fig. 1.1 (Cortesía de Leica)

Por supuesto, la medición con taquímetro y mira está fuera de lugar.

3 Instrumentos de medida conjunta

Denominamos así a los aparatos que son capaces de medir ángulos y distancias electrónicamente y de manera simultánea. Son conocidos por estaciones totales o semitotales en función de que el teodolito y el distanciómetro estén integrados en un solo aparato o no. Es el aparato más utilizado actualmente. Su ventaja principal reside en que al, ser mediciones electrónicas, tanto las angulares como las de distancias, su tratamiento informático es muy rápido. De este modo en el propio aparato se incluyen programas para convertir las medidas en coordenadas y lo que es más importante el almacenamiento de los datos en libretas electrónicas, que permiten transferirlos a ordenadores donde pueda ser tratada toda la información, con lo que se saca el máximo partido de ella. Esto, además, evita los errores de lectura y transcripción.

A la hora de escoger un aparato de este tipo es conveniente preocuparse de que tenga la mayor apreciación angular posible, y que tenga un sistema de transferencia de datos compatible con todo el sistema informático que se posea.

Las últimas generaciones de aparatos son ya robotizadas. El aparato es dirigido desde el prisma sin necesidad de ningún operador tras él. De este modo el técnico puede estar donde debe, en el punto a replantear.

4 Instrumentos de medición de desniveles

Los niveles más recomendados para el replanteo en obra son los automáticos. La razón fundamental es el uso intensivo que tienen estos aparatos. Pueden llegar a hacerse centenares de observaciones en un solo día, y muchas de ellas sin comprobación inmediata. Es por esto que conviene eliminar el error por falta de calado. Sin embargo, hay que ser prudentes a la hora de escoger el nivel, si se trata de hacer grandes itinerarios de nivel. No siempre uno automático puede dar las mismas garantías que uno convencional. De cualquier modo hay una amplia gama de aparatos automáticos que cumplen con casi todas las necesidades de una obra.

Hay que tener cuidado con no abusar de las visuales largas si el aparato no tiene la precisión requerida. Y por supuesto tratarlos con delicadeza para evitar su descorrección.

Los niveles de precisión se utilizarán solamente cuando se exijan resultados de gran exactitud o cuando se tenga que hacer poligonales de nivel de grandes distancias. Estos niveles van provistos de las correspondientes láminas de caras plano-paralelas, y mediante el micrómetro se puede llegar a apreciar la décima de milímetro directamente, y a estima la centésima.

También existen niveles electrónicos, aptos para el montaje industrial, que son capaces de detectar la horizontalidad de la superficie sobre la que se apoye.

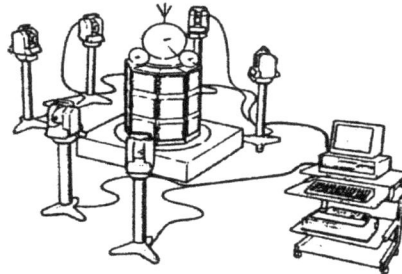

Fig. 1.2 (Cortesía de Leica)

Ya se comercializan también niveles electrónicos con lector de barras. Son aparatos que no necesitan operador puesto que toman la lectura directamente sobre una mira con divisiones codificadas. Probablemente es el aparato que sustituirá en breve al nivel óptico para muchos de los trabajos topográficos.

5 Instrumentos especiales

Son aparatos que cumplen funciones muy concretas en lugares o situaciones donde los instrumentos convencionales no son suficientes.

Los *equipos de medición angular*. Consiste en la utilización de dos o más teodolitos electrónicos para la determinación de puntos en el espacio por intersección directa. Las lecturas son transferidas a un ordenador, conectado a todos los aparatos, que calcula las coordenadas (X, Y y Z) del punto (Fig. 1.2). De este modo se pueden alcanzar precisiones muy elevadas. Es muy utilizado en montajes industriales. Actualmente existen equipos totalmente automatizados, con aparatos con servomotor, emisor de láser y video, que detectan la variación en la posición del punto y mueven el aparato para informar de las nuevas coordenadas. Esto es de gran aplicación en el control de desplazamientos milimétricos.

El *teodolito giroscópico* es el instrumento adecuado para túneles y lugares sin visibilidad, donde no es posible tener orientación acimutal con ciertas garantías. Es muy utilizado en minas y en zonas de densa

Fig. 1.3 (Cortesía de Leica)

vegetación, donde las poligonales son muy largas y no se pueden hacer observaciones astronómicas (Fig. 1.3).

El *láser* permite materializar alineaciones en el espacio de tal modo que son perceptibles para cualquier observador. Con él se pueden marcar ejes de forma permanente en lugares en los que es imposible o muy costoso replantear de otro modo. Se utiliza frecuentemente en el replanteo de túneles y minas, y también en la excavación de zanjas de difícil acceso. Otra aplicación del láser es la materialización de planos horizontales o inclinados, mediante un aparato que hace rotar el rayo de forma continua. Gracias a esto se define un plano de referencia permanente. Se utiliza para

Fig. 1.4 (Cortesía de Leica)

excavaciones o terraplenados de grandes superficies en las que el propio maquinista puede controlar la excavación. También es de utilidad en el replanteo de líneas en techos y paredes, y para marcar la alineación de tuberías.

Las *plomadas ópticas* son aparatos expresamente diseñados para obtener alineaciones verticales con precisión. La más sofisticada se denomina plomada óptica cenit-nadir (Fig. 1.4), que como su propio nombre indica está preparada para lanzar visuales tanto hacia arriba como hacia abajo. Aparte de estas, existen accesorios para teodolitos convencionales, como el prisma de objetivo (Fig. 1.5), que hace que el eje de colimación sufra un giro de 100^g con lo que permite de este modo hacer observaciones al cenit o al nadir. También tenemos oculares acodados, con los que se pueden hacer visuales cenitales, y visores cenitales de anteojo, muy útiles cuando se estaciona en puntos por encima del aparato. Una variante de las plomadas, aunque menos precisa, son los *sensores electrónicos de verticalidad* que, acoplados a planos verticales, informan del aplomado de los mismos.

El *sonar* consiste en un emisor de ondas que mide el tiempo que tardan éstas en volver al aparato tras ser rebotadas por una superficie. De este modo el aparato mide la distancia a cualquier superficie sin necesidad de acceder físicamente a ella. Muy utilizado para hacer batimétricos, es capaz de determinar el tipo de terreno que existe en el fondo en función de las distorsiones con que vuelve la onda rebotada. Existe un aparato de dimensiones reducidas, que puede medir la distancia entre dos paredes enfrentadas. Sencillo y económico, se utiliza en edificación.

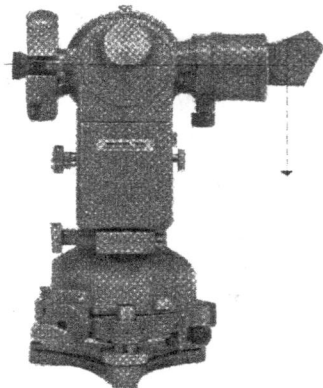

Los *perfilómetros* son aparatos que pueden tomar secciones en túneles y galerías. Los más avanzados lo hacen midiendo el tiempo de rebote, en la bóveda, de un rayo láser. Todos los datos son recogidos automáticamente y procesados por un ordenador hasta su medición y dibujo (Fig. 1.6).

Fig. 1.5 (Cortesía de Leica)

Los *sistemas de posicionamiento global o GPS* detectan las ondas emitidas por satélites, y mediante un proceso de cálculo informatizado nos dan la situación del punto de estación. Los sistemas actuales más avanzados consisten en dos receptores de doble frecuencia que trabajan en RTK (*Real Time Kinematic*). Esto permite conocer al instante y en el lugar de estación la posición del punto con precisión centimétrica. El radio de acción puede superar los 10 Km, con la ventaja de no tener problemas de visibilidad ni de obstáculos. El concepto de replanteo cambia totalmente, puesto que ya no es necesario situar sobre el terreno ninguna red de apoyo desde la que replantear. Los sistemas clásicos de GPS monofrecuencia y bifrecuencia se utilizan, fundamentalmente, para dar coordenadas a puntos de la red de apoyo, desde la cual después se realiza el levantamiento o el replanteo con aparatos topográficos clásicos. Los sistemas GPS se están extendiendo con rapidez. Hay ciertas limitaciones en su utilización en zonas con vegetación densa y en proximidades a muros altos. Hoy por hoy el principal obstáculo para su implatación en el mundo profesional de la topografía es el alto coste, que resulta difícilmente amortizable al menos en lo que se refiere a los receptores de doble frecuencia.

Fig. 1.6 (Cortesía de Leica)

6 Instrumentos auxiliares y expeditos

En este apartado se incluyen todos aquellos accesorios que son de uso común y otros que no lo son tanto. Los podemos separar en los siguientes grupos:
a) Señalización de puntos
b) Señales de puntería
c) Accesorios para el estacionamiento
d) Varios

a) Señalización de puntos
Aquí podemos hablar de los accesorios que se utilizan para dejar materializado un punto en el terreno, con las suficientes garantías de permanencia y facilidad de localización.

Hay métodos, de todos conocidos, sencillos y económicos como son las estacas de madera y las varillas de hierro. Las estacas son las más utilizadas pero son las menos duraderas y estables, por ello no son recomendadas para señalizar puntos de una cierta importancia como son las bases y puntos de poligonal. Pintadas en diversos colores, permiten replanteos fácilmente comprensibles para cualquiera. Además sus laterales tienen tamaño suficiente para dejar escrito todos aquellos datos que sean importantes.

Las varillas de hierro ($\varnothing \simeq 12$ m.) de una longitud mínima de 0.5 m, se clavan con facilidad en cualquier tipo de terreno, a excepción de la roca, y en terrenos blandos pueden hormigonarse, con lo que se consigue bastante estabilidad. Se pueden utilizar para puntos de poligonal o replanteos en los que las señales deban permanecer tiempo.

En roca y hormigón se recurre a clavos de acero o a granetes. Para asfalto se pueden utilizar clavos de acero, puntas para madera o clavos especiales con cabeza grande y orificio para centraje forzoso del jalón.

En comercios especializados pueden encontrarse otros tipos de señales más sofisticadas, como son las estacas de plástico y los mojones con cuerpo estriado o roscado que se sujetan con gran fuerza en el terreno.

b) Señales de puntería

Cualquier objeto que pueda servir para mejorar la observación a puntos fijos se le denomina señal de puntería. Podemos distinguir entre las móviles y las fijas. Entre las primeras tendremos los jalones, jaloncillos y lapiceros. Para los jalones existen trípodes adecuados que garantizan su estabilidad durante la observación.

Las fijas son marcas de pintura en paredes, clavos especiales y placas de puntería. Las marcas de pintura tienen figuras geométricas que facilitan la puntería, como círculos, cruces y triángulos. Los clavos son de cabeza grande con una señal claramente reconocible. En lugares donde la superficie no es lisa y no se puede pintar, se utilizan las placas de puntería. Estas son unas chapas metálicas que se clavan a la pared o a la roca y que tienen dibujada una señal bien definida.

Por último, podemos hablar de señales de puntería especiales. Las hay que se colocan sobre trípode con base nivelante, para poligonal. Casi todos los portaprismas también disponen de una placa de puntería. En trabajos de alta precisión se utilizan señales especiales aptas para corta distancia. Otras para larga distancia e incluso algunas sobre base nivelante con carro deslizante. También para este tipo de trabajos hay señales que encajan en bulones de estaciones de centraje forzoso.

c) Accesorios para el estacionamiento

En este apartado podemos comentar los diversos medios existentes para estacionar un aparato de topografía. Podemos clasificarlos del siguiente modo:

1 Estacionamiento sobre trípode

Indudablemente es el método convencional y el más utilizado. Sin embargo es el estacionamiento menos preciso de todos. Aparte de los clásicos de madera o aluminio, hay trípodes especiales que dan mayor estabilidad al aparato. Son usados en laboratorios y montajes industriales. Son mucho más pesados e incluso se pueden atornillar en el suelo. Tienen la posibilidad de bajar o subir la plataforma de

Fig. 1.7 (Cortesía de Leica)

estacionamiento, lo que permite situar el aparato a una altura determinada.

2 Estacionamiento sobre pilar

En la mayor parte de los casos, el centraje es forzoso por el sistema de bola o el de placa perforada. Si no se puede recurrir al sistema de basada (Fig. 1.7). Este consiste en una plataforma que, puesta sobre el pilar y mediante un tornillo de centraje con nivel esférico, se sitúa exactamente en el punto. Luego sobre la basada se coloca el aparato de tal modo que encaja directamente. Por último, conviene recordar que en caso de no disponer de ninguno de los medios anteriores, se pueden trazar tres rayas a 120 ᵍ desde el punto y colocar los tres tornillos nivelantes sobre ellas. Por supuesto el sistema no tiene la mismas garantías.

Fig. 1.8 (Cortesía de Leica)

3 Estacionamiento sobre consola

En un sistema de barras deslizantes y palomillas que dispone de una pequeña plataforma donde atornillar el aparato. Todo este sistema se puede atornillar o anclar a paredes y techos. De este modo podemos estacionar en lugares donde el trípode no se puede utilizar, como túneles, minas, etc. (Fig. 1.8)

4 Estacionamiento sobre mesa de medición

La mesa de medición o bancada deslizante está constituida por dos carros móviles en direcciones perpendiculares entre sí. Están provistos de unos tornillos micrométricos que efectúan el movimiento y evalúan el desplazamiento realizado. También disponen de una plataforma elevadora y de este modo se puede situar el aparato en X, Y y Z. Se utiliza en montajes industriales y en el control de desplazamientos. (Fig. 1.9)

d) Varios

Aquí detallaremos todos los accesorios dignos de mención y que no tenían cabida en otro lugar.

La *regla de medición expedita* es un listón telescópico que tiene un indicador en el que se puede ver la longitud de regla desplegada. Es apto para medir alturas y distancias cortas (hasta 10 m) pero inaccesibles.

La *escuadra de prismas* se basa en la propiedad de los prismas pentagonales que permiten obtener visuales perpendiculares. Para ello se superpone la imagen de un jalón, en la línea principal, con la de otro jalón que se ve a través del prisma. Era muy útil en el trazado de perfiles transversales.

Fig. 1.9 (Cortesía de Leica)

Las *lentes de aproximación* se utilizan cuando hay que enfocar a distancias muy pequeñas, como por ejemplo en trabajos de montaje industrial o en galerías.

Los *oculares láser* nos permiten convertir el eje de colimación del instrumento en un rayo de luz visible (Fig. 1.10).

Los *oculares de autocolimación* incorporados al objetivo de un aparato convencional, eliminan el error producido en el eje de colimación por la variación en el enfoque del anteojo. Es un error normalmente despreciable, pero que en caso de medidas angulares muy precisas puede ser importante. Se utilizan conjuntamente con espejos o prismas de autocolimación (Fig. 1.11).

Fig. 1.10 (Cortesía de Leica)

Niveles esféricos de mira tan útiles como peligrosos. Conviene comprobarlos a menudo. Por su pequeño tamaño sufren muchos golpes y caídas que los descorrigen con frecuencia.

Las *planchas de base para mira de nivelación* son imprescindibles cuando la nivelación es de precisión. Las hay hasta de 7 Kg de peso para nivelación de alta precisión.

Los *niveles de mano o de carpintero* son una herramienta casi imprescindible en el equipo de un topógrafo de obra. Tienen una precisión aproximadamente de ± 5 mm en 5 m.

Los *clinómetros* son aparatos expeditos que permiten medir pendientes. Los hay desde muy sencillos hasta electrónicos para trabajos de alta precisión.

Adaptadores para centraje. Existen en el mercado elementos que permiten el centraje forzado por alguno de los métodos conocidos y estándar. En casos particulares se llega a realizar la fabricación de estas piezas por encargo.[1]

Fig. 1.11 (Cortesía de Leica)

Las *regletas con escala para la medición de desvíos* se utilizan en controles de precisión de estructuras. Son señales de puntería que se desplazan sobre una regla graduada con micrómetro.

Las *reglas de medición* son listones graduados, perfectamente calibrados y contrastados, que permiten mediciones cortas, hasta 10 o 15 m, con una precisión de 0.05 mm. Se utilizan en tareas de montajes industriales.

Las *regletas de ajuste* permiten el replanteo de puntos en lugares donde no se puede marcar. Consiste en una plataforma que, atornillada al techo a la pared, puede desplazar una pequeña señal de puntería

[1] NÚÑEZ, VALBUENA, VICENT y DÍAZ "Distanciometría submilimétrica en el control geodésico de la presa del Atazar", 1992 (Topografía y Cartografía n°49)

en dos direcciones perpendiculares entre sí.

La *niveleta* es simplemente un listón de madera con una tablilla pintada a dos colores. Ya casi en desuso, permitían prolongar pendientes de una manera rápida y sencilla.

El *nivel de agua* consiste en una manguera transparente de pequeño diámetro llena de agua. Permite trasladar cotas a una cierta distancia con una precisión aproximada de ± 5 mm en 15 m. La manguera tiene que estar limpia y sin burbujas de aire.

La *lámpara de puntería* se utiliza para conseguir punterías nítidas a grandes distancias. Se pueden alcanzar los 10 Km de día y los 30 de noche (Fig.1.12).

Fig. 1.12 (Cortesía de Leica)

1.2.2 Observaciones topográficas

Vamos a separarlas en tres apartados: las observaciones planimétricas, las altimétricas y los errores que afectan a ambas.

1 Observaciones planimétricas

Las observaciones topográficas de uso convencional para planimetría, como son *la triangulación, la poligonal, y la radiación*, se utilizan también en obra. La primera muy poco, debido a la aparición de los distanciómetros. Pero la poligonal y la radiación son métodos de observación que se utilizan con frecuencia. Sin embargo el *replanteo* es el método de observación que más emplearemos.

a) La triangulación
Queda prácticamente relegada a obras en los que el medidor de distancias de que dispongamos, no nos dé la suficiente precisión. Por ejemplo en grandes estructuras como puentes y presas. En control de deformaciones se utiliza con frecuencia. También cuando las distancias a abarcar sean muy superiores a las que puede medir el distanciómetro.

b) La poligonal
La poligonal es el método de observación que se usa para la implantación, en la zona de obra, de puntos de coordenadas conocidas. Desde estos puntos, que forman la red de apoyo, se realizarán además de cualquier levantamiento por radiación, todas las labores de replanteo. Ya no solo tenemos que tener en cuenta la escala del plano a la que vamos hacer un levantamiento desde esos puntos, sino también la precisión que se espera en el posicionamiento de los puntos replanteados desde esa red de apoyo, que lógicamente es superior a la de cualquier plano de escala convencional.

Para la observación de una poligonal se deben tomar todas las precauciones propias de un trabajo de este tipo. Al fin y al cabo, la calidad de estas observaciones va a incidir directamente en el resultado final de la obra.

Antes que nada debe hacerse un estudio detallado del proyecto, del cual extraeremos las precisiones que se exigen en el replanteo. Con éstas y las condiciones físicas del entorno, decidiremos los aparatos a utilizar y las características de la poligonal.

La observación se hará siempre con las máximas garantías. Las lecturas angulares se harán visando al clavo, o a señal de puntería sobra trípode. De este modo reduciremos el error de dirección. Las distancias, a ser posible, con distanciómetro. En su ausencia, se puede utilizar la cinta metálica, aunque no obtendremos resultados similares.

Es un trabajo que requiere un tiempo que en ocasiones no tendremos. Es frecuente que los inicios de obra sean momentos de mucho trabajo. Se llegan a dar casos de estar observando la poligonal con máquinas trabajando. Como técnicos responsables de la topografía de una obra debemos exigir tanto el tiempo como los medios necesarios para realizar debidamente la toma de datos de la poligonal.

En muchas ocasiones dispondremos de un itinerario ya realizado anteriormente por otra empresa. Antes de empezar cualquier trabajo de replanteo desde él, deberemos hacer unas comprobaciones mínimas de todos los puntos. Pensemos que un simple error de transcripción de las coordenadas de un punto puede tener graves consecuencias. En pocos casos dispondremos de una memoria de dicha poligonal. En ella se deben detallar los medios empleados, los cálculos realizados y las precisiones obtenidas.

c) *La radiación*
Los levantamientos en obra son más o menos frecuentes en función del tipo de obra y de la forma de trabajar de cada técnico. Obviamente, todos los proyectos están realizados sobre un plano topográfico, que no suele ser suficiente para los controles necesarios durante la ejecución de la obra. Es por esto que es recomendable hacer, durante el transcurso de ésta, pequeños levantamientos a escala grande, donde se pueda analizar en profundidad cómo va realizándose la obra y su situación en el entorno. Hoy en día, y gracias a programas informáticos de cálculo y curvado, resulta más fácil hacer levantamientos que no tomar perfiles, por ejemplo.

d) *El replanteo*
Como decíamos antes, desde los puntos de poligonal se realizan la mayor parte de los replanteos. Esto es así gracias a los distanciómetros que han permitido sacarle el máximo provecho a estos puntos. El método convencional de replanteo es sencillamente el mismo que se utiliza en los levantamientos por radiación. Pero mientras en estos se toman datos del terreno para poder traspasarlos al plano, en el replanteo tomamos datos de lo proyectado que, convertidos en ángulos y distancias, nos permiten situar en el terreno un conjunto de puntos que van a definir la obra.

2 Observaciones altimétricas

Con respecto a los métodos altimétricos, diremos que se realizan poligonales de nivelación geométrica, normalmente por los mismos puntos que la poligonal planimétrica. El método más utilizado es el del punto medio. La nivelación trigonométrica con distanciómetro se suele utilizar en obras en las que no se exigen precisiones altimétricas altas, aunque suele ser suficiente para la mayor parte de los replanteos. Sin embargo la nivelación trigonométrica con taquímetro y mira está prácticamente desechada por lenta e imprecisa.

Por último, al igual que en planimetría se replantean puntos altimétricos por radiación. Se utiliza nivelación geométrica o trigonométrica en función de la precisión requerida.

3 Errores en las observaciones

No debemos confundir lo que son los errores producidos en las observaciones de campo con los que se pueden dar en el cálculo. Estos no han de producirse en ningún caso. Todos los cálculos tiene que hacerse dos veces y comprobar por caminos distintos los resultados obtenidos. Se debe dejar una constancia escrita de todo aquello que se calcule permitirá posteriormente encontrar las causas de equivocaciones y subsanarlas. También se han de seguir métodos de trabajo en las observaciones, que permitan controlar todos los cálculos.

Volviendo al título original del apartado, podemos separar los errores en las observaciones en accidentales, sistemáticos y equivocaciones.

a) Errores accidentales
Podemos clasificarlos del siguiente modo:

a)	- Instrumentales:	1.	Error de verticalidad
		2.	Error de dirección
		3.	Error de puntería
		4.	Error de lectura
b)	- De visibilidad: a.	Error de faz	
		1.	Calima
		2.	Bruma
c)	- Refracción		

En todos estos errores se puede reducir su influencia, teniendo determinadas precauciones. El de puntería es despreciable salvo en trabajos de precisión. De cualquier modo se pueden reducir con técnicas de autocolimación. El de lectura con aparatos de apreciación superior a la precisión requerida. El de dirección utilizando señales de puntería fijas y estacionamientos sin trípode sobre puntos con centraje forzoso.

El error de faz trabajando con el sol a la espalda. La calima y la bruma obviamente, esperando a que desaparezcan o procurando hacer visuales cortas. Por último, el de refracción se puede reducir analizando las circunstancias metereológicas que pueden afectar a las visuales largas o trabajando de noche.

b) Errores sistemáticos

Los más importantes son los producidos por fallos de construcción y por desajustes en el aparato. La regla de Bessel es la mejor manera de eliminarlos. Y por supuesto una revisión periódica del instrumento. También la ecuación personal del observador. Hay unos que leen de más y otros de menos. El análisis diario de la forma de trabajar de uno mismo nos dirá cuál es nuestra propia ecuación personal.

c) Equivocaciones

Las equivocaciones son un factor que disminuye con la experiencia pero que también una metodología en el trabajo la puede eliminar casi totalmente. Vamos a ver algunos ejemplos de causas de equivocaciones frecuentes.

Errores de identificación de los puntos. Esto ocurre por una mala señalización o numeración que se presta a confusión.

Descuidos del operador o de los auxiliares. Obviamente, el del operador no debería ocurrir, mientras que el de los auxiliares no tiene por qué existir si estos tienen una cierta experiencia en el tema. Por ello es conveniente enseñarlos bien, tener precaución en los primeros trabajos que realicen y no cambiar a menudo de personal.

Desorganización en el método operatorio. Significa que no hay una continuidad en la forma de trabajar. Muchos de los replanteos que se efectúan son encadenados o guardan alguna relación entre sí. Por eso un cambio en el sistema de replanteo puede dar lugar a algún tipo de equivocación.

Los fallos imprevisibles del instrumental, si no son localizados a tiempo pueden afectar gravemente al trabajo. Las revisiones periódicas del aparato y un control permanente del trabajo eliminan esta posibilidad. Es muy buena costumbre, al orientar el aparato, medir la distancia a la base de orientación. Esto nos garantiza que el aparato mide correctamente y de paso que el auxiliar está en el punto deseado, o que este no ha sido desplazado. También es obligado volver a cerrar en ángulo y distancia una vez acabado el trabajo desde una estación, preferiblemente a otra base distinta de la que se partió.

Desplazamiento de señales por ignorancia o mala fe de algunas personas. Aunque parezca increíble, se dan casos. Lo único que se puede hacer es utilizar señales que queden ocultas.

2 Métodos de replanteo planimétrico

2.1 Puntos de replanteo. Bases de replanteo

Se entiende por puntos de replanteo aquellos que son necesarios para definir la situación y la forma del objeto proyectado. Su número depende de la complejidad de la figura de proyecto y de las dificultades inherentes a su construcción.

Para definir estos puntos, utilizamos las llamadas bases de replanteo. Estas consisten en puntos de coordenadas o situación conocidas, localizados físicamente en el terreno. Habitualmente son puntos ajenos a la figura a replantear. Sin embargo, en muchas ocasiones los propios puntos de replanteo son usados como bases de replanteo.

2.2 Métodos de replanteo

1. Por polares
2. Por abscisas y ordenadas
3. Por intersección

2.2.1 Método de replanteo por polares

a) Descripción del método

Para utilizar este método debe estacionarse el aparato en un punto de coordenadas conocidas. Dicho punto puede ser una base de replanteo o un punto previamente replanteado (Fig. 2.1).

Se orienta al visar a otro punto conocido, con lo que podemos imponer si queremos el acimut a la lectura del aparato, y de este modo tendremos coincidente el cero del aparato con el norte de la cuadrícula. Si no es así habremos de calcular el ángulo polar.

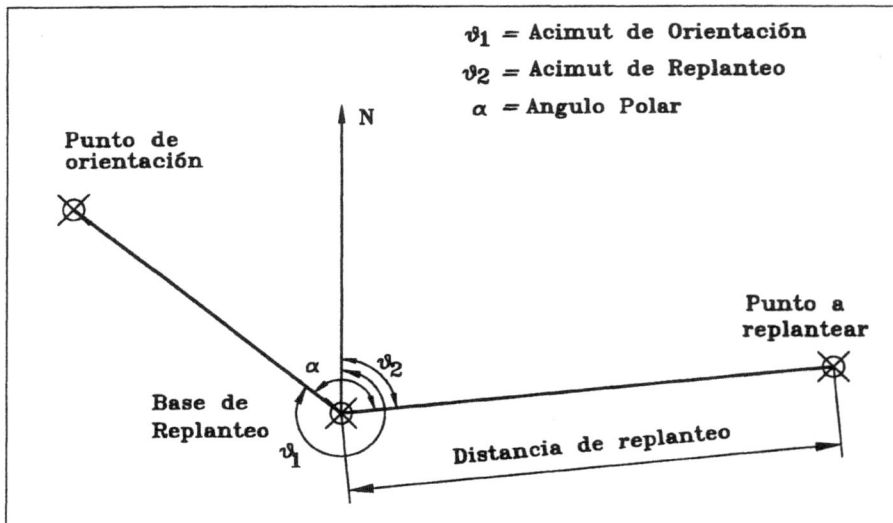

Fig. 2.1

Para replantear un punto se calcula previamente el acimut y la distancia entre el punto estación y el buscado. Si el aparato está orientado hacia el Norte, al imponer el acimut calculado tendremos la dirección en la que se haya el punto. En caso contrario habrá que calcular el ángulo polar por diferencia de los acimutes calculados al punto a replantear y al punto orientación. A continuación, sobre la dirección impuesta y midiendo la distancia calculada, podremos situar el punto en cuestión.

b) Errores del método

La situación del punto replanteado depende de las medidas realizadas desde la base de replanteo. Los errores accidentales propios de la medición angular pueden variar la posición del punto perpendicularmente a la dirección de la visual. Este error es conocido como *error transversal*. Los correspondientes a la medida de la distancia provocarán que el punto se desplace en la dirección de la visual. A este desplazamiento le denominamos *error longitudinal o lineal*.

El error transversal depende del error cometido en la medida del ángulo polar y de la longitud de la visual de replanteo. Y aquel a su vez es función de los errores cometidos en las direcciones que lo forman. Una a la referencia u orientación y otra al punto a replantear.
Entonces el error transversal e_T será

$$e_T = e \cdot D \tag{1}$$

Donde e es el error cometido en la medida del ángulo polar y D la longitud de la visual de replanteo.

A su vez el error *e* es función del cometido en cada una de las visuales, y que podemos en principio, considerar iguales, con lo que se puede decir que

$$e = e_a \sqrt{2} \qquad (2)$$

Donde e_a es el error que se comete en cada dirección. A su vez

$$e_a \leq \sqrt{e_v^2 + e_d^2 + e_p^2 + e_l^2} \qquad (3)$$

Donde e_v es el error de verticalidad, e_d es el error de dirección, e_p es el error de puntería y e_l es el error de lectura.

Podemos decir que los de verticalidad y puntería son despreciables en comparación con los otros dos. Como ya sabemos el error de lectura es igual a 2/3 de la apreciación, y puede tener gran influencia en aparatos de minutos. Por tanto es muy importante escoger el aparato adecuado para las precisiones que requerimos en cada trabajo. Sin embargo cuando utilizamos aparatos electrónicos de lectura digital, debemos contar con 2,5 veces la desviación típica del aparato.

Por último, el error de dirección es el más importante por su cuantía. La expresión que lo define es

$$e_d \leq \frac{e_e + e_s}{D} \qquad (4)$$

Donde e_e es el error de estación y e_s el error de señal.

El primero de ellos es inevitable a menos que no se utilicen estacionamientos forzosos sobre pilar, lo cual es una excepción. Sin embargo, el segundo se reduce a cero si las observaciones se hacen directamente sobre el punto. Y en caso de que esto no sea posible, solo se podrá controlar si la señal se estaciona con base nivelante sobre trípode. Recordemos la importancia que tiene utilizar un nivel esférico que garantice la verticalidad del jalón o prisma cuando se utilicen estos.

Decíamos antes que

$$e = e_a \sqrt{2} \qquad (5)$$

siempre y cuando se cumpla que la visual al punto orientación y la visual al punto de replanteo tengan el mismo error e_a. Esto será así solo cuando las distancias de ambas visuales sean iguales. En efecto, el e_a depende de cuatro errores accidentales, de los cuales solo el de dirección depende de un factor variable en cada visual, esto es la distancia.

Según la figura 2.2, un error de dirección cometido en la orientación se traspasa íntegramente a la

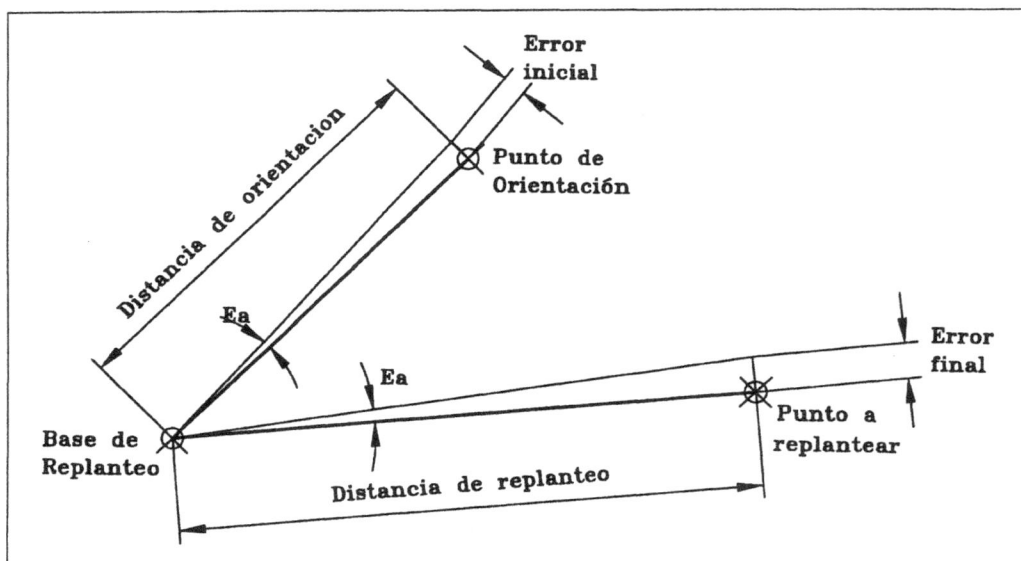

Fig. 2.2

posición definitiva del punto replanteado. E incluso puede aumentar si la distancia a este último es mayor que la del punto orientación. Es por esto que es necesario orientar siempre a puntos lejanos y bien definidos. Sin embargo, recordemos que replantear a corta distancia favorece el error de dirección. Esto implica buscar el límite mínimo y máximo en la distancia de replanteo.

El *error longitudinal* es función únicamente del error relativo en distancia ε, dependiente del medio de medida escogido, y queda igual a:

$$E_L = \varepsilon \cdot D \qquad\qquad (6)$$

Entonces tendremos, como resultado final, que el punto de replanteo estará situado dentro de una zona de indeterminación limitada por una elipse de error. Esta elipse tendrá como semiejes los errores longitudinal y transversal, y puede ser un círculo cuando ambos errores sean iguales.

En la figura 2.3 podemos ver la elipse producida en un replanteo en el que la medida de distancias era de mayor precisión que la de ángulos.

c) Ventajas e inconvenientes

Las ventajas del método son indudables. La utilización de un distanciómetro es un método muy rápido. Además es el que aprovecha al máximo la situación privilegiada de una base de replanteo. Es decir, es el método que más puntos replantea sin cambio de estación.

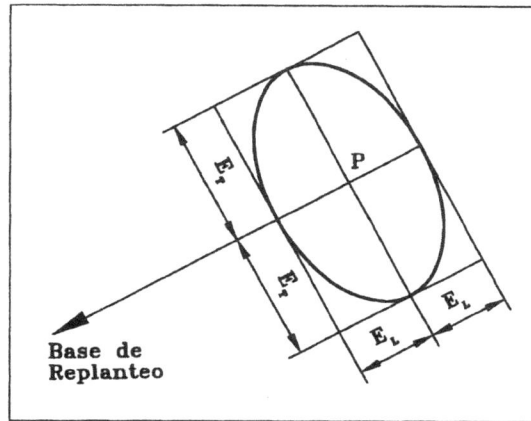

Fig. 2.3

Sin embargo, su inconveniente principal es la necesidad de medir distancias. Puesto que hoy en día se ha convertido en el método de replanteo propio del distanciómetro electrónico, si falta este, queda relegado al uso con cinta, con la propia limitación de su longitud y a terrenos despejados. Además existe el riesgo de desplazamiento del aparato durante el trabajo, sobre todo después de mucho tiempo en la misma base de replanteo. Para controlarlo solo hay que observar a una referencia fija periódicamente.

2.2.2 Método de replanteo por abscisas y ordenadas

a) Descripción del método

Para aplicar este método necesitamos conocer las coordenadas de dos puntos ya existentes y visibles entre sí. Dadas las coordenadas de un cierto punto P que queremos replantear, podemos calcular con facilidad la distancia del punto P a la recta que forman los dos puntos conocidos y la distancia de ambos puntos a la proyección de P sobre la recta H ya mencionada (Fig. 2.4).

Una vez conocidos estos datos estacionaremos en uno de los conocidos A y, visando al otro conocido, B, marcaremos en la misma recta, y a la distancia calculada el punto proyección de P, H. Como también tenemos calculada la distancia de este punto H al otro conocido B, dispondremos de una primera comprobación.

Si ahora estacionamos en este primer punto marcado H, orientando a cualquiera de los dos conocidos y marcando los 100ᵍ correspondientes, obtendremos la dirección en la que se encuentra el punto P. Midiendo entonces la distancia que habíamos calculado del punto a la recta obtendremos la posición finalmente del punto P. En esta segunda estación únicamente podríamos comprobar la perpendicularidad de *P* con el otro punto conocido no utilizado para orientar.

Existe una aplicación expedita de este método. Para ello se utilizan la escuadra de prismas y la cinta.

b) Errores del método

El replanteo del punto *H* desde *A* (Fig. 2.4), está afectado de los errores accidentales cometidos en las observaciones angulares de *A* a *B* y de A a *H*. De los cuatro errores ya conocidos, el de lectura no se produce pues no hay una variación del ángulo horizontal. Además el de dirección está en unas condiciones óptimas, pues como dijimos en el replanteo por polares, si el punto de replanteo está a menor distancia que el de orientación, el error de

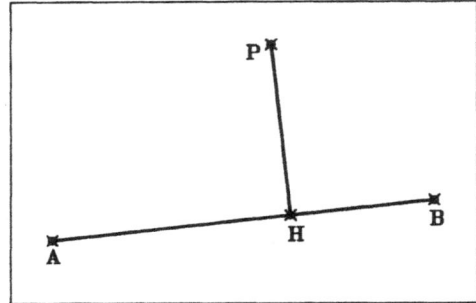

Fig. 2.4

dirección de la visual de orientación influye en menor grado en la posición del punto replanteado. De este modo nos encontraremos con un error transversal, posiblemente pequeño. El error longitudinal será función del error relativo del medio de medida empleado y de la distancia.

Ahora bien, el replanteo del punto *P* desde *H*, tiene todos los inconvenientes ya comentados para el replanteo por polares. Y además tendrá los errores que le transmita la posición no correcta del punto *H*. Lo más que se puede hacer es orientar al punto más lejano de los dos conocidos.

Vemos, pues, que la situación final del punto P, es función de dos operaciones encadenadas, perdiendo precisión por los errores cometidos en cada una de ellas.

c) Ventajas e inconvenientes del método

Su ventaja principal, y probablemente única, es la simplicidad en el modo de operar. Esto permite que personal no técnico y con mínimos conocimientos en el manejo de un taquímetro, pudiera realizar replanteos a partir de datos ya calculados. También la posibilidad de aplicar el método con aparatos expeditos puede suponer una ventaja en según qué casos.

Su principal inconveniente es la necesidad de hacer dos operaciones encadenadas, replantear dos puntos, para obtener el punto definitivo. Se puede decir que también es un inconveniente el tener que estacionar el aparato dos veces para obtener un solo punto, que hace que el proceso sea lento. Pero si son muchos los puntos que se van a replantear sobre la línea de dos conocidos, solo hay que hacer una estación para marcar todos los puntos H correspondientes.

d) Aplicación del método en una cuadrícula

Hay una variante de este método, que es el uso de una *cuadrícula*. Este tiene la doble opción de ser un método de levantamiento y de replanteo. Consiste en situar en la zona de trabajo una red de puntos a la misma distancia en X y en Y (Fig. 2.5). Sobre estos puntos se apoya cualquier replanteo que se quiera efectuar por el método de abscisas y ordenadas.

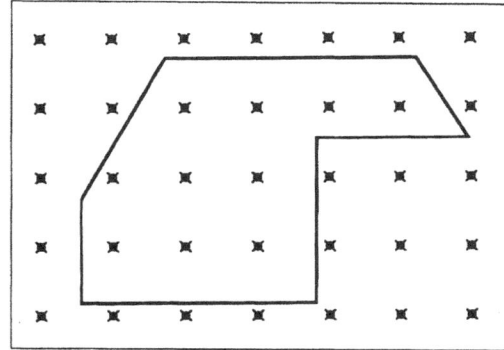

Fig. 2.5

La mayor dificultad radica en implantar la cuadrícula, por la cantidad enorme de medidas y direcciones a controlar. La estabilidad y permanencia de estos puntos puede ser muy complicada en algunos casos. Sin embargo, la utilización posterior de la red de puntos no tiene complicaciones.

Como aplicación en levantamientos se utiliza en el control de la excavación en canteras y movimientos de tierra localizados en una zona determinada.

Como método de replanteo resulta de difícil de aplicación. Su problema principal es la permanencia, antes comentada, de los puntos de la cuadrícula, puesto que el paso de maquinaria por la zona de trabajo y los trabajos necesarios para la ejecución de la obra pueden afectar a dichos puntos.

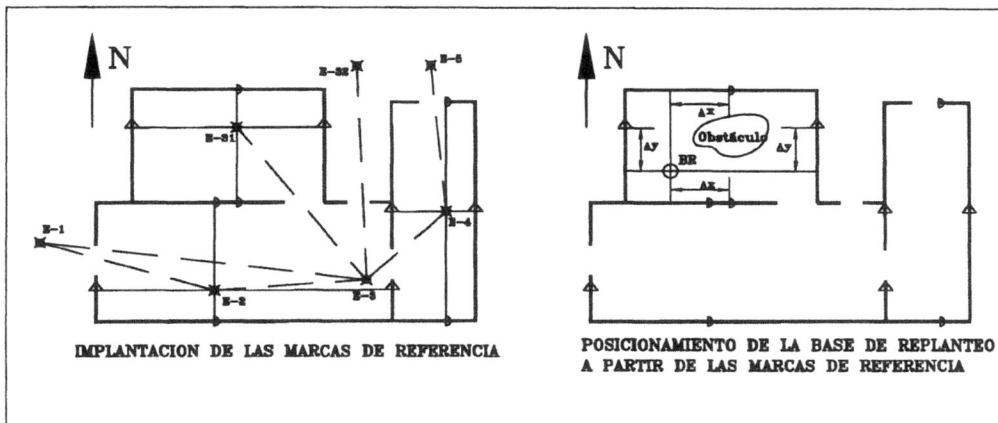

IMPLANTACION DE LAS MARCAS DE REFERENCIA

POSICIONAMIENTO DE LA BASE DE REPLANTEO A PARTIR DE LAS MARCAS DE REFERENCIA

Fig. 2.6

Sin embargo existe un caso en que su aplicación ha dado muy buenos resultados. Este es en el replanteo de las instalaciones de grandes edificios industriales (Fig. 2.6). El problema se crea al no poder colocar puntos de estación en el suelo, porque son zonas de acopios de materiales, y solo se puede estacionar en las zonas despejadas, con lo cual no se pueden dejar puntos fijos en el suelo sobre los que estacionar. Para que funcione sin grandes dificultades es mejor que los ejes de coordenadas sean paralelos a las paredes del edificio. Entonces se realizan una serie de itinerarios por todas las salas del edificio donde se deba trabajar. Se calculan los itinerarios y se compensan con lo que se dan coordenadas a todos los puntos. Ahora se estaciona en cada uno de los puntos y se proyectan los ejes X e Y en las cuatro paredes de cada sala. Para marcar las referencias de las X utilizaremos un semicírculo con el lado cóncavo mirando hacia donde crecen las X. El lado recto es el definitorio del eje marcado, y debe estar perfectamente vertical. Para las Y utilizaremos un triángulo con uno de sus lados vertical y marcando el correspondiente eje, y el vértice opuesto a dicho lado mirando al norte. Junto a cada marca se escribe el valor de su correspondiente X o Y.

A la hora de posicionar la base de replanteo, nos colocamos en el lugar que más interese y visamos en una dirección sensiblemente perpendicular a una de las paredes. Medimos la distancia sobre la pared a la marca de referencia que hay sobre ella y cabeceamos el anteojo visando a la pared opuesta. Medimos la distancia sobre la pared a la marca que le corresponde y que lógicamente debe ser distinta de la medida anteriormente. Girando levemente el aparato y en sucesivos tanteos encontraremos la dirección paralela a las marcas. Si ahora giramos 100^g podremos medir sobre otra pared la distancia a otra marca y comprobar, cabeceando el anteojo, si la medida concuerda con la marca opuesta. Con los valores medidos sumados o restados a los que están escritos en las paredes, obtendremos las coordenadas del punto estación. Es importante observar que el valor de suma o resta nos lo va indicar la dirección que indique la marca, semicírculo o triángulo, sobre la pared. Con las coordenadas del punto y conocido el norte de la cuadrícula, podremos orientar tanto usando el método de replanteo *por polares* o el de *abscisas y ordenadas*. La entrada en una alineación paralela por tanteo es aparentemente complicada y lenta, pero con un poco de práctica se resuelve con rapidez.

2.2.3 Métodos de replanteo por intersección

Los métodos de replanteo por intersección son dos:

1. Intersección angular
2. Intersección de distancias

Ambos se basan en el replanteo de puntos a partir de dos fijos y conocidos.

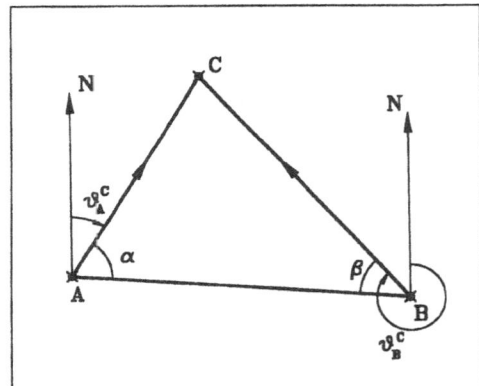

Fig. 2.7

2.2.4 Método de replanteo por intersección angular

a) Descripción del método

También llamado de *bisección*, necesita de dos puntos conocidos o bases de replanteo, para situar un punto mediante la intersección de las visuales procedentes de ambas bases.

Se calculan los acimutes desde *A* y *B* a *C* (Fig. 2.7), siendo *C* el punto que queremos replantear. Como también podemos calcular el acimut de *A* a *B* y viceversa, por diferencias conoceremos los ángulos α y β. La aplicación de estos cálculos al replanteo es muy sencilla. Se estacionan dos aparatos, en *A* y en *B*. Se visan mutuamente, imponiendo la lectura 0^g del ángulo horizontal. Después se busca en cada aparato la lectura horizontal calculada correspondiente α y β (en el caso de A será 400-α) y tendremos los dos aparatos orientados hacia el punto *C*. Localizando la intersección de ambas visuales hallaremos dicho punto *C*.

Resulta, en la realidad, mucho más práctico orientar los aparatos de *A* a *B* y viceversa con sus respectivos acimutes calculados y posteriormente buscar en cada aparato las lecturas correspondientes a los acimutes calculados de *A* a *C* y de *B* a *C*. Este sistema tiene la ventaja de que los aparatos están orientados con respecto al norte y de este modo no hace falta calcular los ángulos α y β, que al fin y al cabo son coordenadas bipolares angulares referidos exclusivamente a las bases *A* y *B*. Así en caso de necesitar una tercera base de replanteo no tendríamos que calcular los nuevos ángulos α y β.

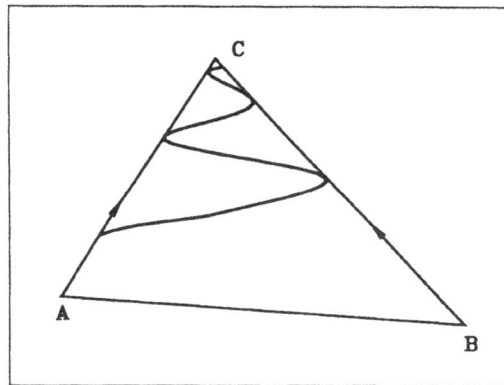

Fig. 2.8

El método para la búsqueda del punto de intersección de ambas visuales consiste en un tanteo en el que por aproximación se llega al punto deseado (Fig. 2.8). Un operario con un jalón se va metiendo en línea según las ordenes que le dé cada aparatista alternativamente. Si dicho operario, al moverse a izquierda o derecha de cada aparato, lo hace con respecto a la línea que forma el mismo con el otro aparato, en sucesivos tanteos se acerca al punto correcto. Este proceso, aparentemente largo, con un operario experimentado es sumamente rápido, pudiéndose obtener un buen rendimiento en el número de puntos replanteados por este sistema.

b) Errores del método

El punto intersección de las dos visuales está afectado por los errores accidentales cometidos en la observación de las visuales que componen cada uno de los ángulos α y β. Todo lo que dijimos en su momento para el ángulo polar es aplicable en este caso.

Según la figura 2.9, si e_α y e_β son los errores máximos que se pueden cometer en la medida de los respectivos ángulos α y β. Tendremos que el punto replanteado habrá de estar dentro de un cuadrilátero formado por los puntos *S, R, T* y *V*, puntos intersección de las visuales desde *A* y *B* afectadas de sus correspondientes errores máximos en positivo y negativo. Pero dado que los errores

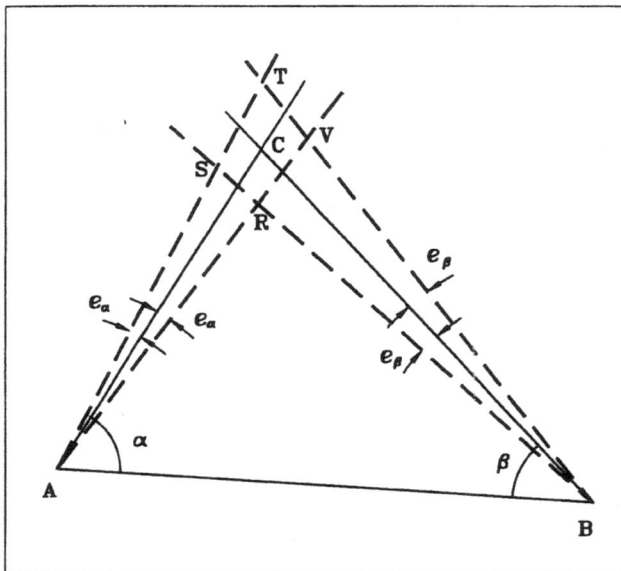

Fig. 2.9

e_α y e_β son pequeños y las distancias AC y BC grandes, podemos equiparar la forma del cuadrilátero con un paralelogramo como el de la figura 2.10. La zona comprendida entre las rectas ST y RV es la *banda de indeterminación* de la visual AC y la que abarcan las rectas RS y VT es la correspondiente a la visual BC. Las amplitudes de dichas bandas es función de las longitudes de las visuales y de los errores e_α y e_β que, expresado en radianes,

$$b_1 = AC \ e_\alpha \qquad\qquad b_2 = BC \ e_\beta \qquad\qquad\qquad (7)$$

Al igual que en el caso del método de intersección directa, el punto intersección de las dos visuales afectadas de unos ciertos errores accidentales, debe estar dentro de una elipse que se inscribe dentro del cuadrilátero. Esta elipse es la línea que deja fuera aquellos puntos de probabilidad compuesta superior a la probabilidad de que se cometa el mayor de los errores máximos b_1 o b_2.

Para obtener una fórmula válida que nos diera el valor del semieje mayor de la elipse, realizábamos en el método de la intersección directa una serie de simplificaciones. Estas eran que admitíamos que ambas visuales eran de la misma longitud, y afectadas de un mismo error angular. Con lo que se obtiene como expresión para el semieje mayor a

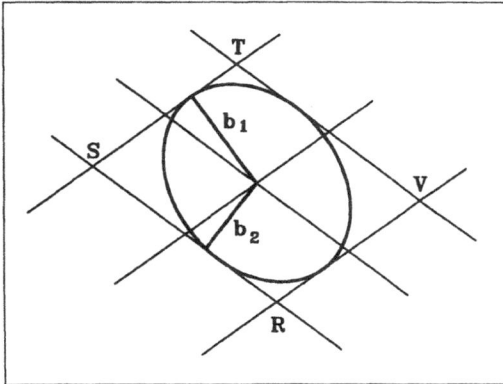

Fig. 2.10

$$a = \frac{L\,e_a}{sen\ \alpha/2} \qquad (8)$$

Donde α es el ángulo intersección de las dos visuales.

Observando esta expresión deducimos que el semieje de menores dimensiones se dará cuando α sea igual a 100^g, aumentando cuando α vaya disminuyendo. Puesto que si α es mayor de 100^g deberíamos aplicar el suplementario. En cualquier caso, es peligroso admitir valores de α menores de 25^g o superiores 175^g. Por otro lado vemos también que se consiguen mejores resultados a corta distancia.

c) Ventajas e inconvenientes del método

Como ventaja podemos decir la posibilidad de no utilizar medida de distancias para el replanteo. Hoy en día el disponer de distanciómetro es bastante factible, pero puede haber ocasiones en que, por falta de este, sea necesario utilizar el método. E incluso pueden alcanzarse mejores precisiones a grandes distancias. Naturalmente siempre y cuando se disponga de dos teodolitos cuya apreciación sea suficiente para lo que se pretende.

La necesidad de utilizar dos aparatos y dos operadores es quizás el primer inconveniente que tiene el método. Sin embargo, en casos particulares en los que sea absolutamente necesario, puede utilizarse el método con un solo aparato. Solo hay que marcar dos puntos, en las proximidades de la zona de la intersección, en cada una de las direcciones, de tal modo que al tensar dos cuerdas materialicemos estas dos direcciones y en su intersección hallaremos el punto buscado. Así planteado, se puede considerar una ventaja.

d) Aplicación del método de intersección angular a la *polisección*

Entendemos por *polisección* al replanteo realizado por el método de intersección angular pero en el cual se utilizan más de dos visuales para situar un punto. De este modo garantizamos dicha situación pues dispondremos de más observaciones para comprobación. Pero también sabemos que debido a los errores accidentales propios de cada visual, no

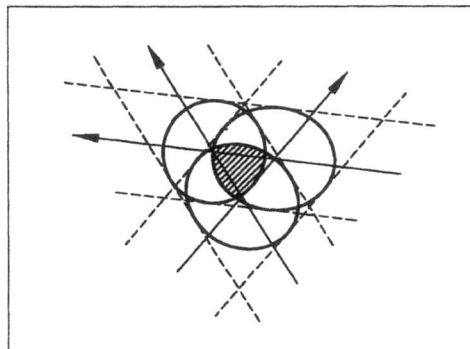

Fig. 2.11

obtendremos un solo punto sino tantos como parejas de visuales existan. Sin embargo, resulta impracticable realizar polisecciones de muchas visuales por ser poco habitual disponer de suficientes aparatos, además de complicarse el cálculo posterior. Por ello, aquí vamos hablar únicamente de tres visuales.

Si realizamos el replanteo de un punto por intersección angular de tres visuales, obtendremos tres intersecciones, producto de cada pareja de visuales. Estos tres puntos los dejaremos señalizados debidamente.

Tendremos tres elipses de error que tendrán una zona común en la cual debe de estar el punto buscado (Fig. 2.11). Esta zona coincide aproximadamente con el triángulo que forman los tres puntos intersección.

Si admitimos que hemos utilizado aparatos iguales y con el mismo error angular, podremos decir que el punto V estará a una distancia de cada visual, tal que su valor sea proporcional a la de cada una. Esto quiere decir, según la figura 2.12, que el punto *V* se hallará a unas distancias *d, e, f,* proporcionales a las longitudes de las visuales desde *A, B, C* respectivamente.

Entonces podemos plantear la siguiente igualdad

$$\frac{d}{AV} = \frac{e}{BV} = \frac{f}{CV} \qquad\qquad (9)$$

Poniendo *e* y *f* en función de *d*

$$e = d\,\frac{BV}{AV} \qquad\qquad\qquad f = d\,\frac{CV}{AV} \qquad\qquad (10)$$

Por otro lado la superficie del triángulo formado por los puntos *1, 2, 3* es la suma de los tres triángulos de alturas *d, e, f*

$$S = \frac{d\,a}{2} + \frac{e\,b}{2} + \frac{f\,c}{2} \qquad\qquad (11)$$

Sustituyendo los valores de *e* y *f*

$$S = \frac{da}{2} + \frac{d\,BV\,b}{2AV} + \frac{d\,CV\,c}{2AV} \qquad\qquad (12)$$

De esta ecuación conocemos todos los valores menos *d* puesto que *a, b, c* podemos medirlos directamente sobre los tres puntos replanteados *1, 2, 3* y las longitudes *AV, BV, CV* las tenemos de los cálculos previos al replanteo.

Por otro lado, por la fórmula de Herón, podemos hallar la superficie:

$$S = \sqrt{p(p-a)(p-b)(p-c)} \qquad (13)$$

Con lo que, sustituyendo *S* en la expresión anterior (12), despejaremos *d* y obtendremos, también, los valores de *e* y *f*. Con estos tres datos y directamente en campo podemos situar el punto V. Como vemos, es un método expedito, pero que da buenos resultados en condiciones normales.

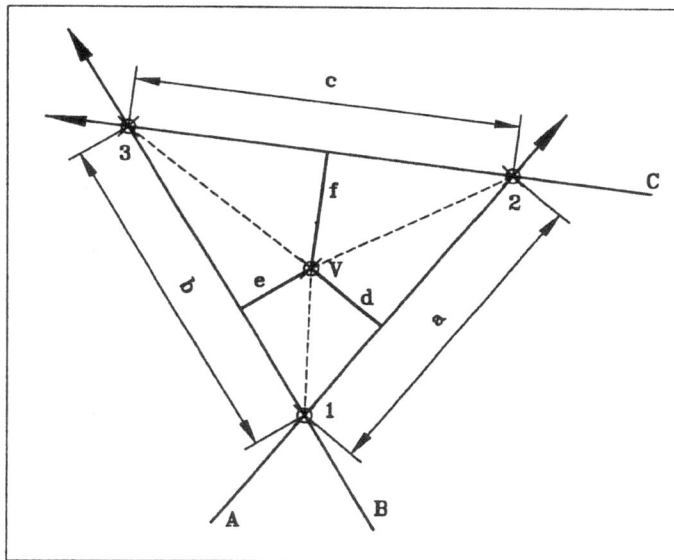

Fig. 2.12

2.2.5 Método de replanteo por intersección de distancias

a) Descripción del método

El método utiliza la intersección de dos longitudes medidas, desde dos puntos conocidos, para replantear un nuevo punto (Fig. 2.9).

La sencillez del método es evidente, pero su posible utilización está reducida a casos muy concretos. Estos se pueden considerar en función de los medios de que se disponga para medir distancias.

Con cinta se puede utilizar en replanteos cortos, nunca más lejos de lo que abarca la cinta. Es aplicable a situaciones en las que el replanteo lo realiza personal no técnico, a partir de dos puntos replanteados topográficamente. Sin embargo su precisión no es muy buena.

Por otro lado, con distanciómetro se pueden llegar a obtener replanteos muy precisos, pero su posible uso es muy reducido.

b) Errores del método

El punto C se encontrará en la intersección de los dos círculos con centro A y B, y radios AC y BC, respectivamente. Los errores cometidos en la medida de la distancia harán que el punto se encuentre dentro de la intersección de dos anillos circulares, cuyos radios AC y BC están incrementados y decrementados en el error máximo en la distancia pero que, dada la pequeñez de dichos errores, podremos equiparar los arcos a las cuerdas, y estos a su vez a las tangentes, con lo que se obtiene un cuadrilátero similar al de la figura 2.10. Sobre él se inscribe la elipse de error, donde se encuentra el punto C y cuyo semieje mayor tendrá el valor

$$a = \frac{\sqrt{x^2 + y^2 d^2}}{sen\ \alpha/2} \tag{14}$$

Siendo x e y los valores del error relativo en distancia que responden a $x + y\ ppm$, d es la distancia medida, promedio de ambas o la más pequeña de las dos, y α es el ángulo intersección.[TOTRI-93]

c) Ventajas e inconvenientes del método

Entre sus ventajas citaremos su sencillez y su rapidez, cuando son distancias cortas, que se puedan medir con cinta.

La aplicación del método a grandes distancias representa su principal inconveniente, pues con distanciómetros resulta muy poco práctico, y es mucho más recomendable el método de replanteo por intersección angular.

2.3   Precisión de un replanteo

La precisión de un replanteo estará condicionada por las siguientes cuestiones:
1. El método de replanteo utilizado
2. El sistema de trabajo
3. Los medios utilizados
4. La topografía de apoyo o red de apoyo

2.3.1 El método de replanteo

Hemos estudiado cuáles son estos y cuáles son sus limitaciones. Habitualmente, el método de replanteo es seleccionado en función de los medios disponibles y del rendimiento que se quiere obtener. No obstante, aunque podría admitirse que unos son más precisos que otros, esto dependerá siempre de los medios que se utilicen y de la distancia que se pretende abarcar.

En resumen, es fácil adivinar, que el método empleado generalmente es el de *polares* y se dejan los restantes para situaciones más particulares.

2.3.2 El sistema de trabajo

Hablaremos aquí de la forma que tiene cada operador de organizar su trabajo y de la metodología que se debe aplicar.

En topografía es obligado sistematizar el trabajo. Esto beneficia a la calidad y el rendimiento en el trabajo. Es decir, evitará errores y por la propia experiencia del operador, que utiliza siempre el mismo sistema de trabajo, se obtendrá el rendimiento máximo en los replanteos.

Pero, volviendo a la precisión, o lo que es lo mismo la calidad, de un replanteo, debemos encontrar el sistema de trabajo que mejor se adapte a nuestra propia forma de operar en campo. Este sistema se modificará en mayor o menor medida en función del objeto a replantear y de las circunstancias particulares de cada obra.

Nuestro sistema de trabajo deberá tener presente el control de todos los errores sistemáticos de los aparatos que utilicemos. Cuestión que no consiste únicamente en revisar su estado periódicamente, sino que durante el propio replanteo ciertas comprobaciones que se hagan sobre puntos replanteados, además pueden servir para garantizar el buen estado de los aparatos.

El variar con frecuencia de método de trabajo hace que equivocaciones, que podrían ser impensables, se produzcan e incluso más a menudo de lo que uno se esperaría. Una regla fundamental del comportamiento humano, y que es perfectamente aplicable al campo de la topografía, es el hecho de que las cosas que se realizan por primera vez tienen una gran posibilidad de estar mal realizadas. Esto se llega a dar hasta con métodos de trabajo que se conocen a la perfección pero que no se utilizan a menudo. E incluso en labores cotidianas, nada más empezar a trabajar. El ejemplo más típico se da al realizar la primera operación de estacionamiento del día, que es cuando se pueden producir equivocaciones tan simples como orientar defectuosamente o equivocarse con alguno de los datos de la estación. Al variar de sistema de trabajo, las posibilidades de nuevas equivocaciones se multiplican.

El único peligro que entraña una metodología de trabajo repetitiva es el exceso de confianza por parte del operador, que hace que se realicen determinadas operaciones sin apenas prestar atención, o dicho de otro modo, mecánicamente.

Todo esto exige una disciplina estricta en el trabajo y tener siempre presente que en cualquier momento se puede producir un error o equivocación que pueden afectar al resultado final.

Esta sistematización tiene que afectar también al personal auxiliar, puesto que una buena parte de las equivocaciones se producen por su causa, y el rendimiento mejora sensiblemente si están debidamente organizados. Por último se debe recordar que un personal auxiliar serio y responsable y con nociones básicas en topografía, influirá positivamente en la calidad del trabajo.

2.3.3 Los medios utilizados

Sobre este tema no hace falta incidir más. Desgraciadamente, en pocos casos se puede escoger el material que uno quisiera. Es por esto que suelen ser los otros tres condicionantes de la precisión de un replanteo los que se adaptan a los medios disponibles.

2.3.4 La topografía de apoyo

Es indudable que todos los errores que tengan las coordenadas de las bases de replanteo se transmitirán a los puntos replanteados desde ellas. Por eso deben realizarse las observaciones para la implantación, o control, de la red de apoyo con las mayores exigencias posibles. Tanto más si sabemos que los medios con que vamos a contar posteriormente para el replanteo son limitados.

Por otro lado, la situación de las bases de replanteo con respecto a la obra puede afectar seriamente a los otros tres condicionantes.

2.4 Replanteos externos e internos

La posición que ocupa la base de replanteo con respecto a la figura geométrica a replantear desde ella puede ser externa o interna.

La primera de ellas se refiere al caso más general que ocurre cuando el replanteo se realiza desde un punto ajeno a la obra, de coordenadas conocidas y en el mismo sistema de referencia que la obra, y próximo a ésta para disponer de buena visibilidad. Es así en el caso de disponer de una red de apoyo, habitualmente levantado mediante un itinerario topográfico. Entonces llamamos replanteos externos a los que se realizan desde puntos independientes de la figura a replantear. Esta independencia es la que garantiza en muchos casos la estabilidad de las bases, pues se suelen colocar en lugares alejados de la zona de influencia de la obra.

Los replanteos internos son aquellos que se realizan desde puntos pertenecientes a la figura proyectada, y que lógicamente han sido replanteados previamente mediante un replanteo externo. Los replanteos internos tienen todos los defectos de los trabajos encadenados, puesto que se necesitan al menos, dos operaciones de replanteo para obtener un punto, con lo que dicho punto tendrá los errores que se hallan cometido en estas operaciones. El replanteo interno se utiliza para acceder a zonas a las que el externo no puede llegar, habitualmente por falta de visibilidad.

2.5 Posición absoluta y relativa de un punto de replanteo

Hablaremos aquí de la situación definitiva en la que queda un punto una vez replanteado. Este ocupará una posición en valor absoluto, en lo que respecta al sistema de coordenadas empleado. La diferencia en X y en Y, entre las coordenadas con las que ha quedado situado y las que debía haber tenido, nos dirá el nivel de precisión obtenido para dicho punto.

Por otro lado, todos los puntos que se replantean definen una figura determinada. La figura se obtendrá con mayor o menor precisión en función de los errores en posición relativa de los diversos puntos que la componen. Entendemos, entonces, que la posición relativa de un punto replanteado, se refiere a su situación con respecto a otros puntos de su entorno. Y la diferencia obtenida en ΔX y en ΔY con estos, o su distancia y ángulo, y la que se suponía que tenía que dar nos dará idea de la precisión con que hemos replanteado el punto. Ambas posiciones deben ser siempre analizadas y aceptadas en razón de las exigencias de exactitud del objeto a replantear.

Hay ocasiones en las que la posición absoluta de un conjunto de puntos puede quedar como algo secundario, si la posición relativa de todos estos es correcta. Como ejemplo podemos citar cualquier tipo de estructura en una carretera, en la que se puede llegar a sacrificar precisión en su posición absoluta a cambio de obtener una figura correcta aunque desplazada. También el replanteo de la situación de objetos prefabricados exige tener especial cuidado en la posición relativa de los puntos que la emplazan. Por ejemplo, el caso un puente con vigas prefabricadas, en el que los apoyos de vigas deben ocupar una posición relativa inmejorable.

2.6 Cálculo de los datos de replanteo

El cálculo de los datos de replanteo depende de los datos de partida de que dispongamos en el proyecto. Estos pueden ser numéricos o gráficos. Entonces definiremos como *Proyecto Analítico* aquel que tiene suficiente información numérica para el cálculo de los datos de replanteo. Por contra, aquel proyecto en el que haya de recurrirse, para obtener dichos datos, a la medición sobre planos le llamaremos *proyecto gráfico*.

2.6.1 Cálculo de los datos de replanteo a partir de un proyecto analítico

Un proyecto de estas características tendrá todos los elementos de la obra definidos numéricamente. Bien con coordenadas, bien con acotaciones.

En el primer caso, el cálculo de los datos de replanteo no ofrecerá ninguna dificultad. Si son acotaciones, estas tendrán que ser dos tipos, lineales y angulares. Tampoco significará ningún problema, puesto que son datos suficientes, tanto para calcular las coordenadas correspondientes como para hallar directamente los datos de replanteo.

En la realidad no existen proyectos de un solo tipo, sino que se combinan datos en coordenadas con valores acotados. Se suelen dar las coordenadas de los puntos más significativos y el resto son acotaciones a partir de dichos puntos.

2.6.2 Cálculo de los datos de replanteo a partir de un proyecto gráfico

Aunque no se encuentran a menudo proyectos de este tipo, es interesante estudiarlos, pues depende mucho del tratamiento que se le dé a la información gráfica, para obtener resultados lo más parecido posible a la figura proyectada. También habría que decir que no siempre se trata de proyectos enteros, sino solo de alguna de sus partes, e incluso únicamente de pequeños elementos con poca importancia dentro del conjunto del proyecto.

La precisión del resultado final será función de la escala del plano sobre el que está trazado el proyecto, y de la estabilidad del soporte (papel, poliester...). Esto ha mejorado con la digitalización de los planos.

Hay tres maneras de obtener los datos de replanteo de una definición gráfica:
a) Por coordenadas gráficas
b) Por medición a puntos fijos del terreno
c) Por poligonal

a) Por coordenadas gráficas

Consiste en darles coordenadas a todos o al menos a los puntos principales de la figura proyectada. Con coordenadas gráficas generales si el plano dispone de ellas (UTM, ...). Y si no dispone de ninguna cuadrícula, habrá que definir unas particulares. En el primer caso, y a la hora del replanteo, tendremos que traer coordenadas desde algún vértice o punto con coordenadas conocidas, hasta la zona de trabajo.

Si se definen coordenadas particulares, habrá que identificar algunos puntos del plano en el terreno, y darles coordenadas gráficas. Así podremos tener en el campo puntos con coordenadas con los que poder replantear.

Es muy útil, en este caso, digitalizar el plano puesto que nos permitiría realizar comprobaciones.

b) Por medición a puntos fijos del terreno (Fig. 2.13)

Localizaremos puntos definidos en el plano y que se distingan claramente en el terreno. Por ejemplo,

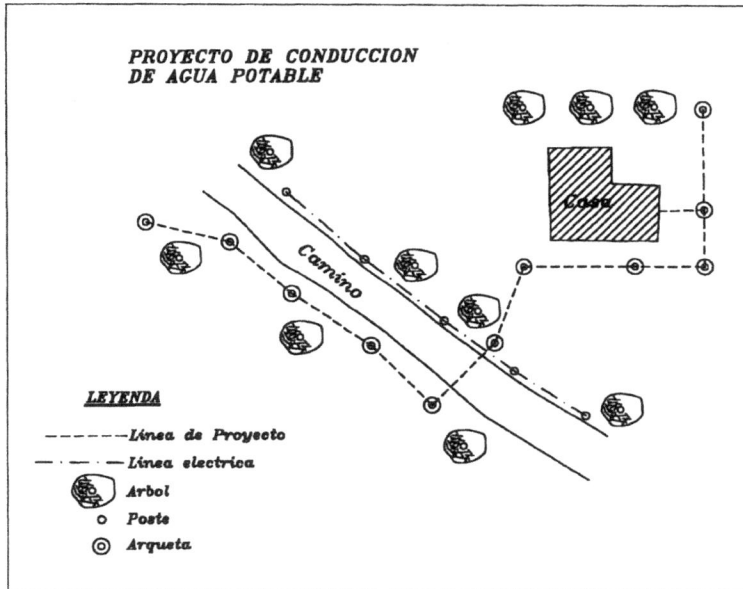

Fig. 2.13

postes, tapas de arquetas, esquinas de casas, etc. Estos puntos los podemos utilizar de dos maneras.

Como puntos fijos desde los que medir con cinta y localizar algunos de los puntos a replantear por intersección de distancias, en cuyo caso deberemos medir las distancias sobre el plano.

O como bases de replanteo, si es que es posible estacionar encima. Si no se puede sacar un punto desplazado y en una determinada dirección desde donde hacer un replanteo por polares. Mejor aún, si además este desplazado está dentro de una alineación de dos puntos identificables. Por ejemplo, marcar un punto en el terreno a dos metros de un poste de la línea eléctrica y en la dirección de otro poste. Mediremos ángulos y distancias sobre el plano.

La medición de ángulos con un transportador puede inducir a errores sobre todo si no tiene comprobación. En cambio, la medición de distancias es el parámetro que usó, con toda probabilidad, el proyectista a la hora de definir sus alineaciones. Aunque afectado igualmente de errores, será obligada la comprobación con otras distancias a otros puntos fijos o a puntos previamente replanteados.

Muchas veces será utilizando para algunos puntos distancias únicamente, y ángulos y distancias para otros, la manera de resolver el problema. De cualquier modo las comprobaciones de medidas, paralelismos, si los hay, escuadras, etc, deben ser debidamente aseguradas.

c) Por poligonal

Marcando un solo punto en el terreno por cualquiera de los métodos anteriores. El resto por ángulos y distancias de los diversos ejes que formen las alineaciones proyectadas. En el caso de la figura 2.13, sería marcar cualquiera de las arquetas de la conducción y desde ahí, con ángulos y distancias, iríamos marcando el resto de las arquetas, de tal modo que cada punto replanteado sirva para replantear el siguiente.

En principio el mejor de los tres sistemas es el segundo, porque se adapta más a las intenciones del proyectista. Sin embargo, hace falta disponer de suficientes puntos reconocibles sobre el terreno, lo cual no siempre podrá ser. El primero puede dejar la figura perfectamente encuadrada en una cuadrícula, pero muy probablemente, la situación relativa a lo existente en el terreno no será correcta. En el tercer caso, a medida que vayamos replanteando la poligonal, nos encontraremos con que vamos ampliando el error al ser un proceso encadenado. En cualquier caso puede ser conveniente combinar dos o tres de los métodos, y además tener comprobación por dos caminos distintos.

Por ultimo, una vez replanteada la figura, haríamos una poligonal a su alrededor, y observaríamos desde ella no solo dicha figura, sino también los puntos identificables del plano existentes en el terreno. De este modo podríamos reponer cualquier punto que se pierda. Si no hiciéramos esto tendríamos que realizar los pasos anteriores cada vez que se perdiera un punto o hubiera que replantear alguno nuevo. Además, si hay modificaciones posteriores del proyecto, podremos trazarlas sobre nuestro plano, que es lógicamente de mejor calidad que el original.

2.7 Encaje de un proyecto gráfico

Al hacer los cálculos anteriores y llevarlos al terreno, nos podemos encontrar con que los objetos que viene representados el plano no coinciden en la realidad. Algunas veces por errores en la elaboración de dicho plano, y otras por ser este muy antiguo y no estar debidamente actualizado. Por ejemplo, que en la figura 2.13 apareciera la casa desplazada o girada, que existiera una valla de reciente construcción, que el plano incluso, esté deformado y todo falle, etc. Nos encontramos entonces con un proyecto que le falla la cartografía de apoyo. Si es posible, el proyectista deberá realizar las modificaciones oportunas a partir de los nuevos datos que nosotros le suministremos. Si no es así, deberemos realizar el encaje con los datos de que disponemos y buscando siempre la intención de aquel que realizó el proyecto en su día. Esta intención tendrá que ser habitualmente por razones técnicas o de imposibilidad física.

Cuando se define un proyecto gráficamente sobre un plano, se pretende que la figura proyectada quede encajada dentro de unos determinados condicionantes que vienen representados en el plano. Estos condicionantes pueden ser naturales (vaguadas, líneas de mínima pendiente, zonas llanas, etc.) y artificiales (casas, postes, caminos, carreteras, puentes, etc.).

En cualquier caso el proyecto responde a las necesidades geométricas que el terreno, y lo existente en él, conlleva. Vamos a suponer que la figura geométrica proyectada está encajada dentro de un plano con una serie de puntos o alineaciones fijas e identificables en el terreno.

Identificaremos, en el campo, dos puntos que sean observables, estacionables (si puede ser) y medibles entre sí. Con ésta medida, podremos verificar la correcta escala del plano, pues la distancia a escala entre los dos puntos tiene que coincidir sensiblemente con la medida en el terreno. Será bueno que estos dos puntos también estén cerca, de uno al menos de los puntos proyectados que situaremos por intersección de distancias desde estos dos puntos.

Garantizada la escala del plano, haremos una observación angular y de distancias entre los tres puntos, los dos del terreno y el proyectado próximo a ellos. De este modo podremos darle coordenadas a los otros dos a partir de las gráficas de uno de los dos fijos y del acimut medido en el plano entre estos dos. Si alguno de los puntos fijos no fuera estacionable recurriríamos a la solución planteada en el apartado anterior, de buscar puntos a una distancia determinada y en una dirección clara entre dos puntos fijos.

Acto seguido, señalizamos y observamos una poligonal entorno a la zona proyectada y que pase por alguno de los dos puntos con coordenadas. De este modo tendremos la poligonal en el mismo sistema de coordenadas que el plano. Desde ésta poligonal radiaremos todos aquellos puntos que vienen representados en el plano y que se distinguen con claridad en el campo.

Sobre un papel vegetal dibujaremos la poligonal y los puntos radiados. Al superponerla con el plano, veremos si el plano coincide o no con la realidad. Puede que este algo girado, en cuyo caso será por culpa de un error gráfico de uno de los dos puntos tomados al principio.

A partir de aquí, solo habrá que dar coordenadas gráficas a los puntos proyectados, por distancias desde los puntos del terreno radiados por nosotros, y replantearlos desde las bases de la poligonal. Naturalmente, si existe algún punto más del proyecto que pudiera ser replanteado desde los puntos fijos, convendría tenerlo, y radiado desde la poligonal, de cara a comprobar la situación del proyecto dentro del plano. De este modo tendremos transformado en analítico un proyecto con definición gráfica. Si el plano, realizada la comprobación, observáramos que está mal deberemos analizar a fondo el proyecto y deducir, con la mayor garantía posible, cuales son los principales condicionantes del objeto proyectado. En el caso de existir, como decíamos al principio, condicionantes de tipo natural, procuraremos adaptarnos a ellos lo mejor posible, con la ventaja de que habrá, probablemente, un gran margen de juego. Este sería el caso del paralelismo con un cambio de pendiente, por ejemplo.

2.8 Ajuste planimétrico de la planta de un proyecto

En muchas ocasiones se da la circunstancia de que un proyecto, convenientemente definido, no está encajado con exactitud dentro de su entorno real. Se trata habitualmente de pequeños ajustes que no afectan al conjunto de la figura proyectada.

El proyecto de un edificio puede disponer de todos los datos necesarios para su definición, pero puede haber sido situado de manera imprecisa. Pueden ser errores de proyecto, o debidos a la propia cartografía, e incluso es una omisión deliberada para tomar la decisión final al comienzo de las obras, en función, por ejemplo, del tipo de terreno que se encuentre al excavar, o de posibles servicios afectados.

Esto nos obliga a realizar lo que se denomina un ajuste planimétrico. En la mayor parte de los casos, se trata de problemas sencillos que utilizan una geometría elemental para su resolución. En el apartado de ejercicios podremos ver unos ejemplos.

2.9 Transformación de coordenadas

Se van a mostrar en este apartado las transformaciones bidimensionales más comunes utilizadas en topografía para el paso de coordenadas, considerando para ello las operaciones geométricas a que se somete una figura sin alteración de su forma (figura semejante) y con alteración de su forma (figura afín).

Generalmente se utiliza la *transformación bidimensional de semejanza* (también llamada *transformación de Helmert*) para pasar de unas coordenadas referidas a un sistema propio (sistema relativo) a un sistema general (sistema absoluto). Un ejemplo de esto puede ser el paso de las coordenadas de una estructura referida de forma relativa, a unas coordenadas generales de la traza donde se encuentra (coordenadas UTM).

Cuando no se cumple la condición de semejanza,

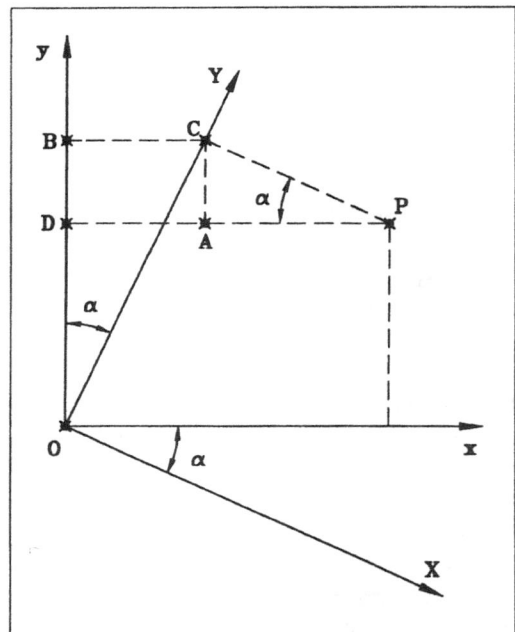

Fig. 2.14

por falta de ortogonalidad del sistema y/o diferente escala coordenada, se debe utilizar la transformación afín. El caso más común sería la deformación que sufre una copia impresa de un plano por el uso (estiramiento/contracción, humedad, paso del tiempo,...), deformación que no es idéntica en todas las direcciones y por tanto deforma la figura. Este problema se descubre, sobre todo, al digitalizar el plano.

2.9.1 Transformación bidimensional de semejanza (transformación de Helmert)

Llamamos transformación bidimensional de semejanza al conjunto de operaciones geométricas necesarias a que se somete una figura sin alteración de su forma, es decir, consigue otra figura semejante sin deformación. Las operaciones geométricas pueden ser giros, cambio general de escala y/o traslaciones.

Supongamos dos sistemas coordenados ortogonales con origen común, misma escala y girados, formando un ángulo α entre ellos, para un punto P cualquiera tendremos las coordenadas en ambos sistemas x, y / X, Y. (ver figura 2.14).

Donde:

$$DP=DA+AP=BC+AP \quad \rightarrow \quad x=OC\cdot Sen\alpha+CP\cdot Cos\alpha \quad \rightarrow \quad x=Y\cdot Sen\alpha+X\cdot Cos\alpha \qquad (15)$$

$$OD=OB-DB=OB-AC \quad \rightarrow \quad y=OC\cdot Cos\alpha-CP\cdot Sen\alpha \quad \rightarrow \quad y=Y\cdot Cos\alpha-X\cdot Sen\alpha \qquad (16)$$

Con estas formulaciones podríamos pasar cualquier punto de coordenadas X, Y a coordenadas x, y con sólo saber el valor del ángulo α entre los dos sistemas.

En el caso de un *cambio de escala* se cumplirá la relación siguiente

$$x=\lambda\cdot X \qquad\qquad y=\lambda\cdot Y \qquad (17)$$

Para el caso de una *traslación* paralela

$$x=X+x_o \qquad\qquad y=Y+y_o \qquad (18)$$

Considerando el caso más general de *ejes girados, trasladados y con cambio de escala* simultáneamente, las ecuaciones serán

$$x = (\lambda \cdot Cos\alpha) \cdot X + (\lambda \cdot Sen\alpha) \cdot Y + x_o \qquad\qquad y = (\lambda \cdot Cos\alpha) \cdot Y - (\lambda \cdot Sen\alpha) \cdot X + y_o \qquad (19)$$

que de forma ordenada y simplificada

$$x = a \cdot X + b \cdot Y + c \qquad\qquad y = -b \cdot X + a \cdot Y + d \qquad (20)$$

sistema de dos ecuaciones con cuatro incógnitas, por lo que será necesario conocer un mínimo de dos puntos en ambos sistemas para resolverlo. Se recomienda un número mayor de dos puntos con resolución mediante mínimos cuadrados para conocer los valores más probables así como los residuos obtenidos (*deformación de la figura*).

Los parámetros *a* y *b* servirán para encontrar el factor de escala y el giro mediante

$$\lambda^2 = a^2 + b^2 \qquad\qquad tag\alpha = \frac{b}{a} \qquad (21)$$

2.9.2 Transformación afín bidimensional

En la transformación afín el conjunto de operaciones geométricas necesarias ha de tener en cuenta, además del giro y la traslación, la posibilidad de dos factores de escala, uno para cada eje, así como la no ortogonalidad del sistema.

De forma similar al caso anterior considerando todas las variables llegaríamos a las ecuaciones finales

$$x = (\lambda_x \cdot Cos\alpha) \cdot X + \lambda_y \cdot (Sen\alpha \cdot Cos\beta - Cos\alpha \cdot Sen\beta) \cdot Y + x_o \qquad y = -(\lambda_x \cdot Sen\alpha) \cdot X + \lambda_y \cdot (Sen\alpha \cdot Sen\beta + Cos\alpha \cdot Cos\beta) \cdot Y + y_o \,(22)$$

o simplemente

$$x = a \cdot x + b \cdot y + c \qquad\qquad y = d \cdot x + e \cdot y + f \qquad (23)$$

En este caso el sistema de dos ecuaciones tiene seis incógnitas luego será necesario un mínimo de tres puntos en ambos sistemas para poder resolverlo. Se recomienda un número mayor de tres puntos con resolución mediante mínimos cuadrados para conocer los valores más probables así como los residuos obtenidos.

Los parámetros *a*, *b*, *d* y *e* servirán para encontrar los factores de escala y los ángulos incógnita mediante

$$\lambda_x^2 = a^2 + d^2 \qquad\qquad \lambda_y^2 = b^2 + e^2 \qquad\qquad (24)$$

$$\tan\alpha = \frac{d}{a} \qquad\qquad \tan(\alpha - \beta) = \frac{e}{b} \qquad\qquad (25)$$

2.10 Ejercicios

1) Al efectuar el replanteo de un punto P por el método de polisección desde tres puntos conocidos A, B y C, obtenemos un triángulo de dispersión. Calcular la situación del punto P. (Fig. 2.15) [SATYR88]

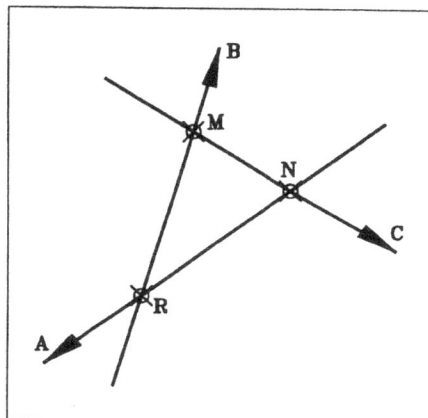

Fig. 2.15

Datos de partida:

Long. AP = 382 m
Long. BP = 254 m
Long. CP = 318 m
Dist. RN = 0.045 m
Dist. RM = 0.043 m
Dist. MN = 0.029 m

2) Existe un edificio de base cuadrangular que se quiere situar a 50 m del eje de una carretera, y a 40 m de una valla. También conocemos el acimut de la fachada del edificio más próximo a la carretera. Con estos tres condicionantes y los datos de la figura 2.16, calcular las coordenadas de las cuatro esquinas del edificio.[SATYR88].

3) Tenemos una parcela longitudinal definida por dos alineaciones recta y paralelas que distan entre sí 14.124 m. Hay que encajar unas casas adosadas según la figura 2.17 y sus datos. Calcular el ángulo α y el retranqueo R que existe entre las casas, y que es igual para todas.[SATYR88]

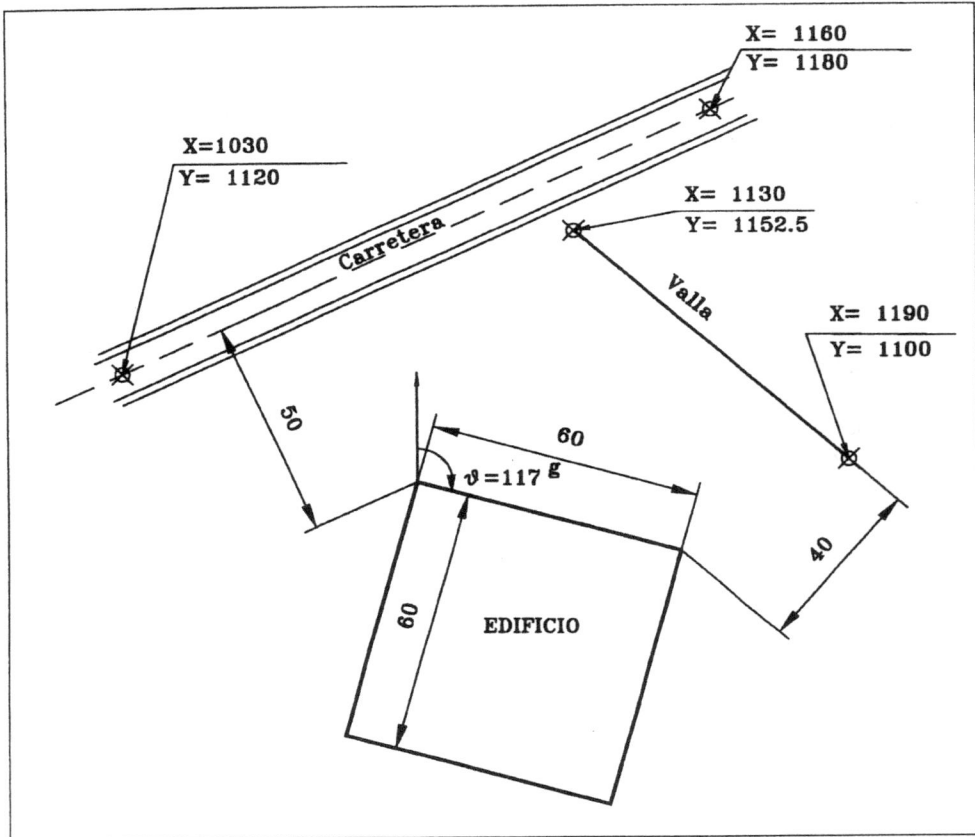

Fig. 2.16

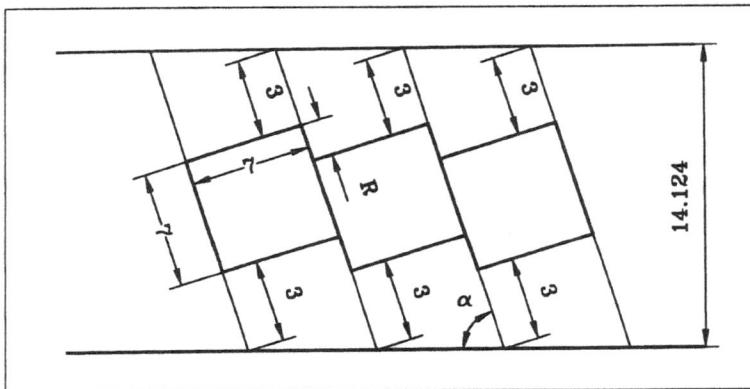

Fig. 2.17

4) Se pretende colocar un biombo publicitario de base triangular ABC, en la acera, justo en la esquina de dos calles (ver figura 2.18). Con los datos que se dan a continuación, calcular la distancia de A y C al bordillo, y de B a la esquina. Los puntos F y G son las tangentes de entrada y salida de la curva que hace el bordillo, cuyo centro es el punto O que también es la esquina de la manzana. Conocemos la superficie sobrante del sector circular FG igual a 17.413 m².

AC= AB= BC=2.23 m
GC= 2.236 m
FB= 3.361 m
FOG= 99.6493ᵍ
COG= 16.9405ᵍ

5) Nos han encargado la modificación de la planta de un edificio cuya construcción está recién iniciada. El edificio actual, nos dicen, es de planta cuadrada de 31 metros de lado. Pretenden encajar una nueva planta, ahora un octágono regular, de tal modo que mantenga el mismo centro y sus lados paralelos al cuadrado. se exige como condición que el nuevo edificio tenga su esquina más cercana a 10 metros del bordillo de la calle en la que está situado.

Se pide: ¿De qué longitud son los lados del octágono? ¿Cómo quedan las esquinas de la planta antigua con respecto a los lados de la nueva? ¿A qué distancia?

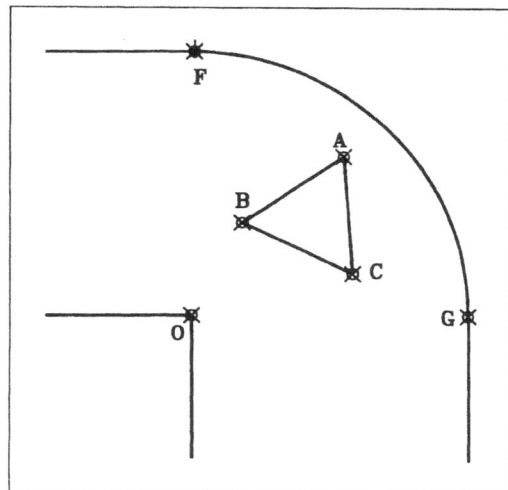

Fig. 2.18

Para realizar el trabajo, hacemos una poligonal y estacionados en uno de sus puntos tomamos 4 puntos del bordillo y las 4 esquinas.
    BR-1 X = 460 m   Y = 640 m
    BR-2 X = 420 m   Y = 620 m

Esta.	Pto. Visado	Lec. Hor.	Dist. Reducida	Observaciones
BR-1	BR-2	366.1498		
	A	333.3131	66.167	Bordillo en recta
	B	312.4076	41.216	" "
	C	250.1128	29.851	" "
	D	201.1107	51.386	" "
	E	246.6505	42.548	Esquina
	F	225.9126	68.548	"
	G	267.7925	67.945	"
	H	246.9944	86.386	"

NOTA: ¿Puede haber algún punto mal tomado?

3 Definición de alineaciones

3.1 Características de la señalización de un punto

La señalización de un punto, según la idea para la que esté concebida, puede tener algunas de las siguientes características:

1. El material con la que esté construida debe ser estable:
    Resistente a agentes externos, tanto atmosféricos como físicos.
    No deformable, como la madera en según qué circunstancias.
2. Ha de ser estable. (No ha de moverse)
3. Ha de marcar un punto de manera precisa e inequívoca.
4. Será fácilmente estacionable.
5. Será fácilmente observable.
6. Ha de tener buena visibilidad.
7. Ha de ser localizable. (Esto implica realizar reseñas)
8. Debe reponerse en caso de perdida. (Esto implica referir el punto)

3.2 Referenciación de puntos

Referenciar un punto consiste en relacionarlo con otros próximos a el, para poder volver a situarlo en caso de pérdida.

Esto puede hacerse marcando unos puntos sobre el terreno de tal manera que estos estén en la misma línea que el punto a referenciar (Fig. 3.1). Después se puede localizar mediante intersección de rectas, o mediante medida de distancias sobre una de las líneas. En cualquier caso, se pretende que tenga comprobación y que se prevea la posible pérdida de alguno de los puntos

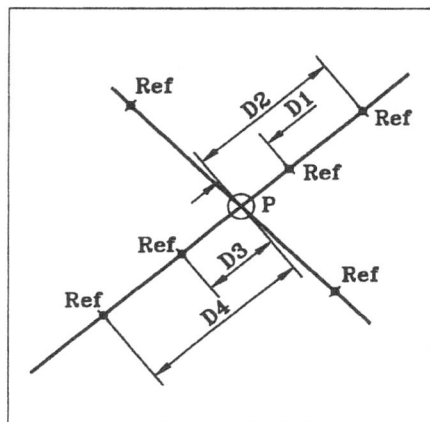

Fig 3.1

de referencia. Si la zona es peligrosa para la estabilidad de los puntos, se tendrán que buscar sitios lo más seguro posibles.

El replanteo de estos puntos puede hacerse con taquímetro, con cinta o con cuerda de línea. Si es con taquímetro se estacionará sobre el punto a referenciar y trazando una visual, que puede ser al azar o siguiendo alguna línea concreta (Por ej.: perpendicular a un eje), se marcará a la distancia que se considere adecuada para garantizar su seguridad. Después, girando el aparato se marcará la otra dirección, midiendo también el ángulo que forman las dos visuales.

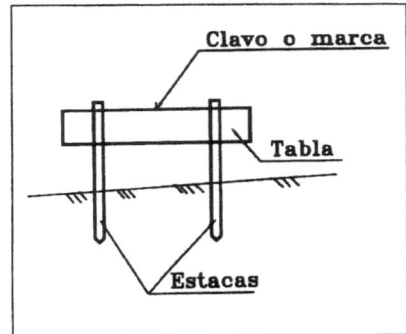

Fig 3.2

Si se hace con la cuerda, el método es el mismo, pero la distancias no podrán ser muy grandes.

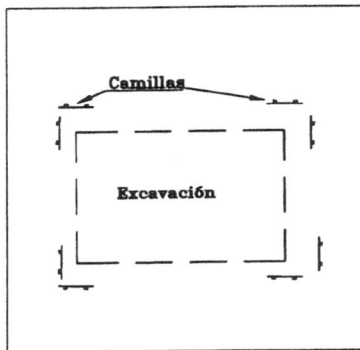

Fig 3.3

En algunos casos se utilizan *camillas* (Fig. 3.2), para referir puntos sobre todo en excavaciones. Estas tienen la ventaja de ser más estables y lo suficientemente grandes para ser vistas desde la cabina de cualquier máquina, reduciendo considerablemente el riesgo de ser desplazadas. Se utiliza mucho en la excavación de zapatas de geometría cuadrangular (Fig.3.3).

También se pueden utilizar puntos fijos existentes en el terreno, como postes, esquinas de casa, etc, para referir un punto (Fig. 3.4). Para ello medimos las distancias a dichos puntos existentes.

Así mismo, podríamos hacerlo mediante la observación con teodolito a puntos lejanos y claramente visibles, como antenas, pararrayos o torres de iglesia. Para la reposición del punto referido en este último caso, se tendría que hacer una intersección inversa por tanteo. Para ello se van hallando las diferencias de los valores angulares α y β medidos con los que debía de tener. Y en función de dichas diferencias se desplazará el aparato hasta encontrar la posición correcta (Fig. 3.5). [OJMETO84]

3.3 Reseña de puntos

Es un conjunto de datos con los que se da información de la posición de un punto. Se ha usado siempre para la

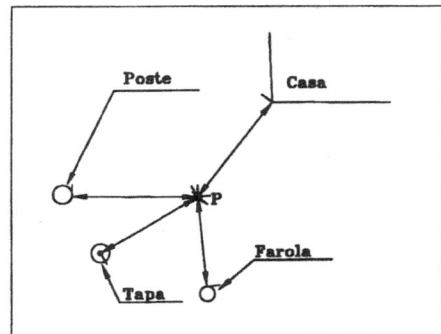

Fig 3.4

localización de vértices geodésicos y en obra se usa para los puntos de la red de apoyo o aquellos que tengan una especial importancia.

Consiste en un documento de una sola hoja en los que puede constar la siguiente información:
1. Proyecto al que pertenece el punto.
2. Coordenadas geográficas.
3. Coordenadas UTM y altitud.
4. Situación dentro del territorio nacional. Desde la comunidad autónoma al término municipal.
5. Hoja del Mapa Topográfico Nacional.
6. Tipo y características de la señal.
7. Situación dentro de la poligonal y P.K., si es que está sobre una carretera o línea férrea.
8. Información literal del lugar exacto donde se encuentra, refiriéndose a puntos o zonas claramente reconocibles.

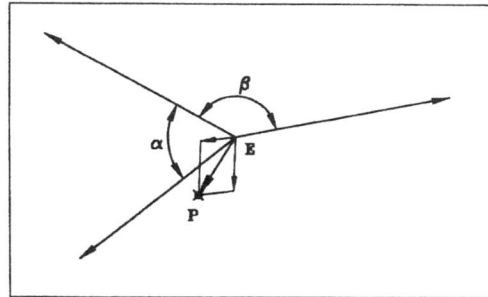

Fig 3.5

9. Medidas angulares observadas desde el punto, a otros vértices, antenas, torres de iglesia, etc. Medidas de distancia a puntos cercanos.
10. Croquis de situación, que puede ser un dibujo a mano alzada o con una cierta escala. Puede haber dos, un croquis con detalles significativos de la zona y otro más concreto en el que se ve el punto a gran escala. Sobre el primero se marcan las medidas lineales o angulares observadas a los puntos existentes.
11. Fotografía del punto sobre un fondo con objetos de interés, que puedan servir para localizarse en el entorno. Lo ideal es buscar alineaciones de postes con picos de montaña, o árboles, etc.
12. Fecha de la implantación del punto y firma del autor de la reseña.

La figura 3.6 es un ejemplo de una reseña, pero hay otros modelos adaptados para intereses más particulares.

Las reseñas deben ser de fácil comprensión para cualquier persona, sin dar lugar a equívocos o confusiones.

3.4 Marcado de alineaciones

Este apartado plantea la posibilidad de replantear alineaciones que cumplan unas determinadas condiciones de sencillez en su geometría, sin necesidad de cálculos previos.

Estas condiciones se dan fundamentalmente en alineaciones rectas y que pueden ser paralelas, o perpendiculares a otra recta dada, o bisectriz de otras dos líneas fijas.

Este tipo de replanteos fue muy usado en un pasado reciente, antes de la aparición del distanciómetro, como método de replanteo interno. Actualmente, se utiliza como replanteo de apoyo o de comprobación.

El conocimiento de estos métodos nos va a permitir resolver problemas que se nos pueden plantear en situaciones, en las que por falta de medios de cálculo o para dar mayor agilidad al trabajo, no podamos utilizar los métodos convencionales.

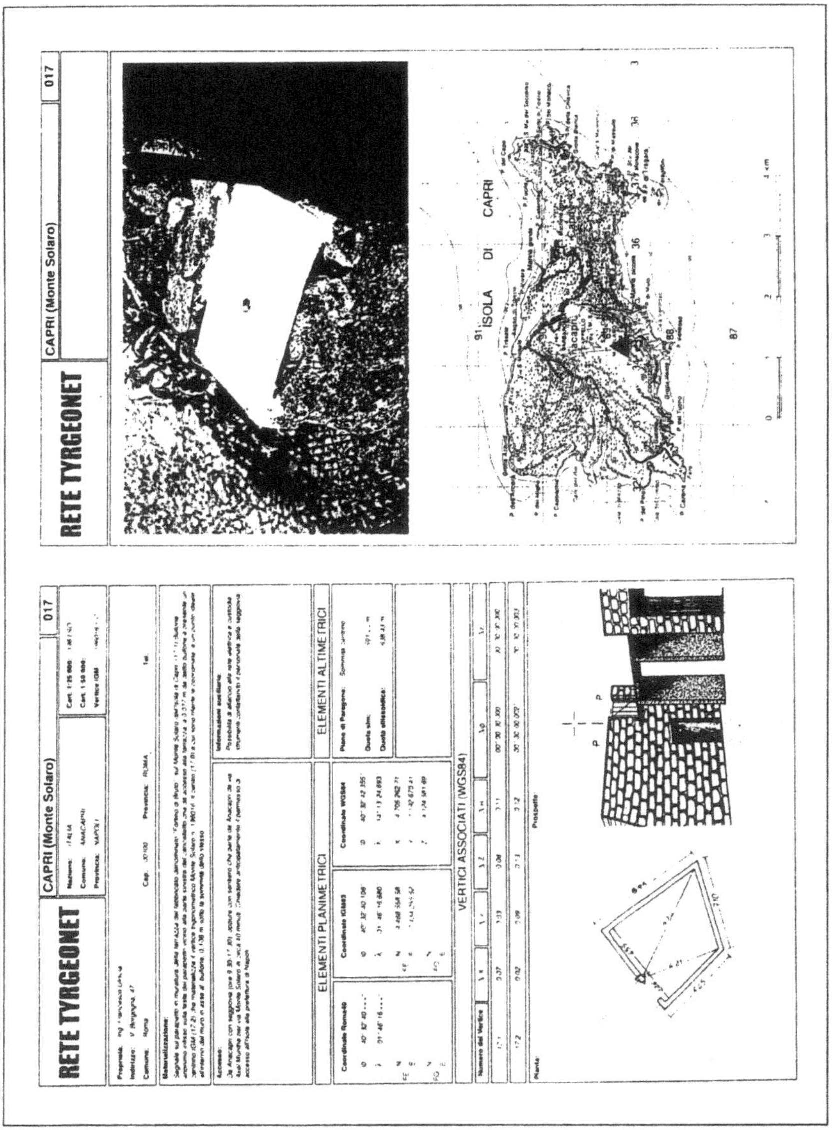

Fig 3.6

3.4.1 Trazado de alineaciones rectas

Está de más hablar del replanteo de una línea recta estando el aparato estacionado en la misma. Sin embargo, conviene hacer algunas consideraciones al respecto.

Una línea que se replantea en una determinada dirección vendrá dada por un punto perteneciente a esa misma alineación o por la observación previa de otra dirección de la cual se sabe el ángulo que forma con la que se pretende replantear. En ambos casos, es condición indispensable que el punto de orientación esté más lejos que los puntos que pretendemos materializar de la recta en cuestión. Pero además en el segundo caso tendremos los errores propios de un replanteo por polares en lo que a la medida de ángulos se refiere.

Cuando se marcan puntos dentro de una alineación conviene empezar por el más alejado y continuar acercándose al aparato. Esto es así para que las estacas o clavos no obstaculicen la visual a los puntos posteriores. Un ejemplo podría ser la colocación de los piquetes para el replanteo de bordillos.

Obviamente el método es mucho más rápido que hacerlo por polares desde una base exterior, sobre todo en rectas muy largas y definidas con muchos puntos. Pero es que, además, en casos así se consiguen resultados mucho mejores en la posición relativa de los puntos que forman la recta. Dicho de otro modo la recta en sí puede hacerse prácticamente perfecta, limitada únicamente por los aumentos del anteojo. En el caso del bordillo esto puede ser condición obligada para su replanteo.

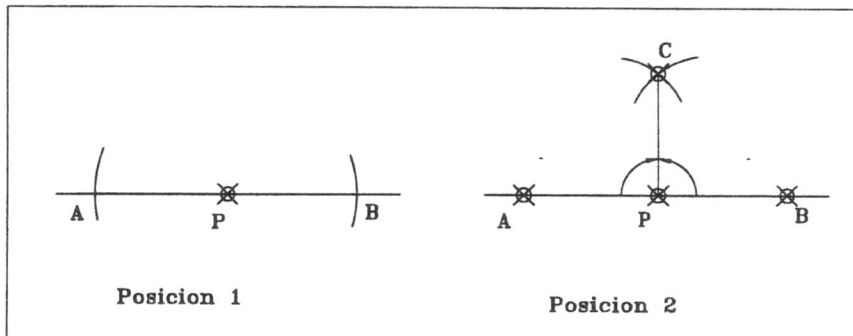

Fig 3.7

3.4.2 Trazado de perpendiculares.

Los medios que podemos emplear para este tipo de replanteos son la escuadra de prismas, el taquímetro o la cinta.

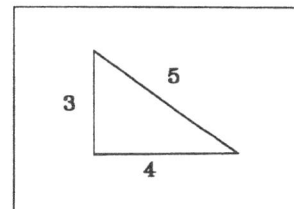

Fig 3.8

El primero ya lo hemos descrito en el primer capítulo. Recordemos, únicamente, su rapidez y sencillez de manejo pero con una escasa precisión. Solo aplicable en casos de poca responsabilidad.

No es necesario comentar cómo se marca una perpendicular con taquímetro. Como única precaución se recuerda la posibilidad de medir los 100^g por los dos lados. Marcando los 100^g a partir de *A* y luego a partir de *B* (posición 2, Fig. 3.7).

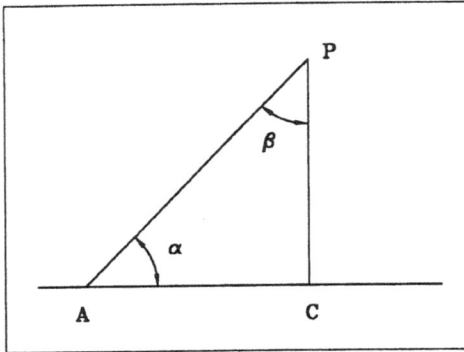

Fig 3.9

Con cinta se puede realizar de dos formas distintas. La primera (Fig.3.7) consiste en marcar los puntos *A* y *B* sobre la recta a la misma distancia de *P*. El punto *C*, perteneciente a la recta perpendicular por *P*, estará a la misma distancia de *A* y de *B*, luego se encontrará en la intersección de las medidas efectuadas desde ambos puntos.

La segunda forma es mediante la condición del triángulo rectángulo del " 3, 4, 5 " (Fig. 3.8). Al imponer estas tres medidas obtendremos un valor de 100^g de una manera rápida y expedita. Es muy utilizado para el replanteo de perpendiculares a cortas distancias.

En cualquiera de los dos casos, el uso de la cinta implica una falta de precisión bastante elevada, quedando relegados a tareas de poca responsabilidad.

Algo más de interés tiene el replanteo de una

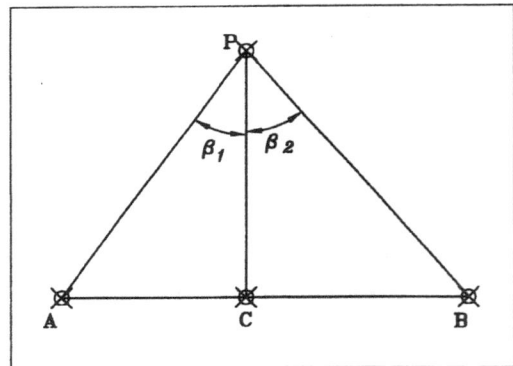

Fig 3.10

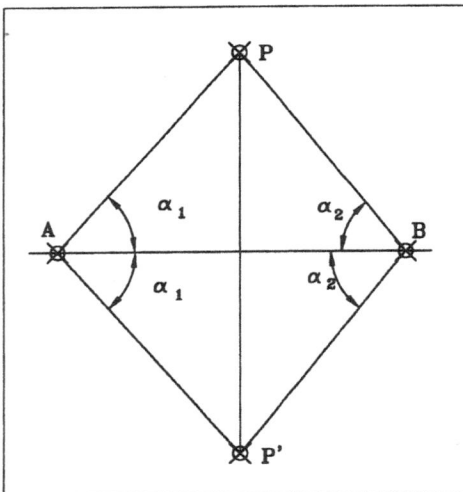

Fig 3.11

perpendicular a una recta por un punto exterior a la misma. Si disponemos de un punto *A* de la recta, desde el que se viera el punto *P* por donde queremos replantear la perpendicular (Fig. 3.9), estacionaremos en *A* y mediremos el ángulo α. Después estacionaremos en *P* y marcando el ángulo $\beta = 100 - \alpha$, sobre la dirección de *A*, tendremos la línea *PC* perpendicular que buscábamos. El punto *C* estaría entonces en la intersección de las dos alineaciones.

Si podemos medir distancias, mediríamos algunos de los lados y ángulos del triángulo *APB* (Fig. 3.10), y mediante reglas trigonométricas sencillas hallaríamos β_1, β_2, *AC* y *BC*. Cuantos más datos tengamos, más comprobaciones podremos realizar.

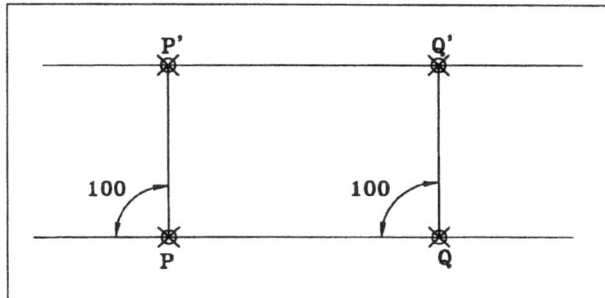

Fig 3.12

Hay un caso particular que puede darse si el punto *P* es visible pero no estacionable (antena, torre,...). Aunque podemos medir la distancia *AB* y los ángulos en *A* y en *B*, con lo que tendríamos el problema resuelto, también podríamos replantear un punto P' (Fig. 3-11), con los mismos ángulos α_1, α_2, leídos a *P*, solo que al lado contrario de la recta *AB*. Con *P* y *P'* definiríamos la recta perpendicular deseada.

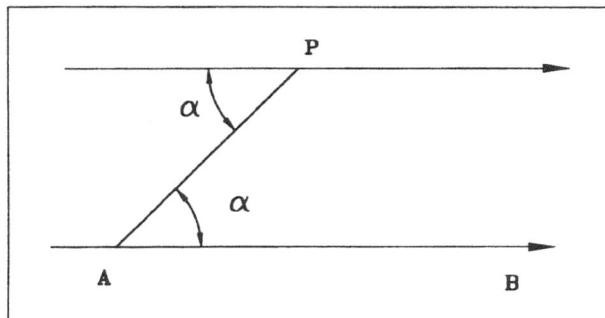

Fig 3.13

3.4.3 Trazado de paralelas

En principio el trazado de una paralela sería el resultado de replantear dos rectas perpendiculares de la misma longitud (Fig. 3-12), con lo que se obtiene los puntos *P'* y *Q'* que materializan la nueva recta.

Ahora bien, se puede estacionar en un punto

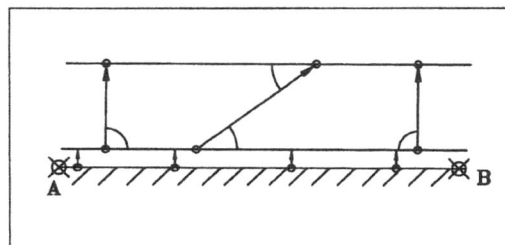

Fig 3.14

cualquiera *A* y, midiendo el ángulo α, disponer del valor angular necesario para una vez estacionado en *P* marcar la dirección de la recta paralela en dicho punto, tal como se ve en la figura 3.13.

Si en la recta *AB* no se pudiera estacionar, como es el caso de un muro o fachada, recurriremos a trazar una paralela a poca distancia mediante medidas con cinta (Fig. 3.14). Para después, desde ella marcar la paralela que interesa por cualquiera de los métodos anteriores. El desplazamiento de la paralela inicial será el suficiente para poder estacionar el aparato. Si pretendemos asegurar la perpendicularidad de estas medidas podemos utilizar la regla de "3, 4, 5".

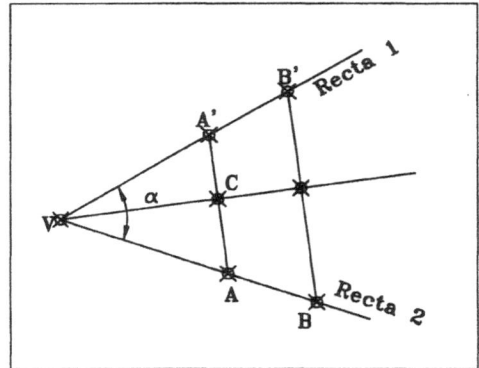

Fig 3.15

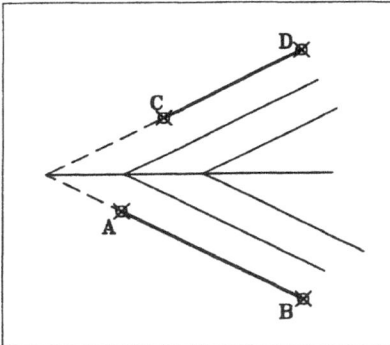

Fig 3.16

Es interesante observar que la deducción de una sola línea, en el caso de muros o fachadas, puede ser difícil debido a los defectos propios de construcción del propio muro. Debemos analizar entonces cuales son los puntos que podemos tomar como definitorios de la paralela inicial, que nos garanticen una recta sensiblemente paralela al muro.

3.4.4 Trazado de bisectrices

Resulta obvio decir que si el punto *V*, intersección de las dos rectas *1* y *2* (Fig. 3-15) es estacionable, la medida del ángulo α que forman las dos rectas nos permitirá hallar su bisectriz y replantearla directamente.

También puede hacerse con cinta, puesto que si situamos unos puntos *A* y *A'* en las rectas *1* y *2*, a la misma distancia de *V*, en la mitad de la separación entre *A* y *A'* se hallará un punto

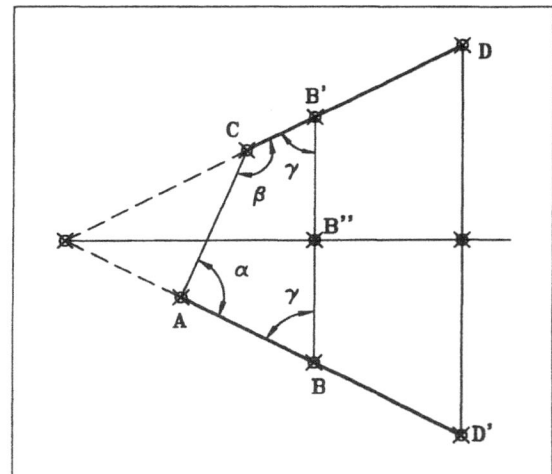

Fig 3.17

C perteneciente a la línea bisectriz. Si nos interesa tener comprobación podemos hacerlo también en unos puntos *B* y *B'*.

Sin embargo, si el punto *V* no es accesible, tendremos que recurrir a otros métodos un poco más complicados, al menos a la hora de ponerlos en práctica.

Si trazamos dos rectas paralelas a la misma distancia de las rectas de partida *AB* y *CD* (Fig. 3.16), su intersección será un punto de la bisectriz. Si ahora hacemos lo mismo con desplazamiento de paralelas mayor, dispondremos de dos puntos que nos definirán la bisectriz.

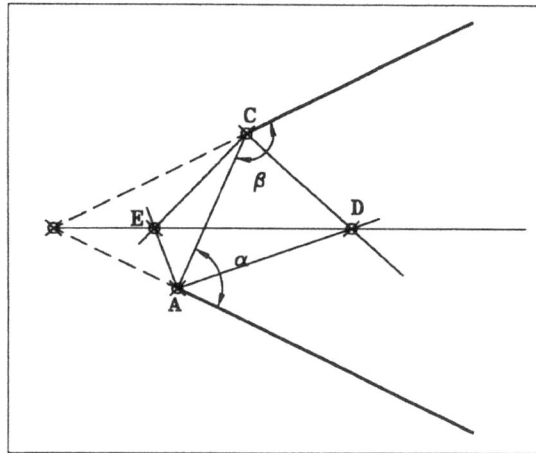

Fig 3.18

Otra forma de hacerlo consiste en estacionar en dos puntos cualquiera *A* y *C* de las dos rectas (Fig. 3.17), y medir los ángulos α y β de la figura. Entonces:

$$\gamma = 200 - \left(\frac{\alpha + \beta}{2} \right) \qquad (1)$$

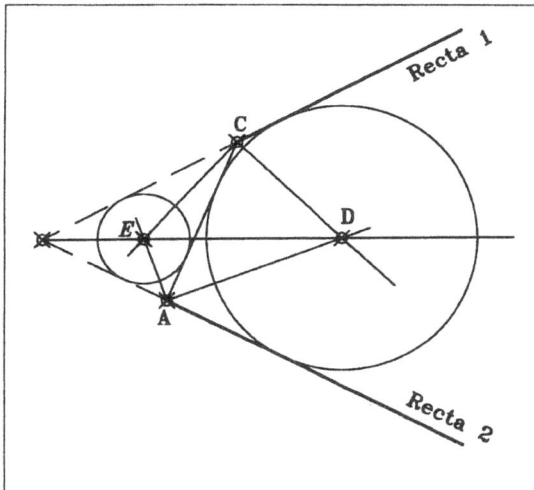

Fig 3.19

Y marcando γ desde un punto cualquiera *B*, tendremos una línea perpendicular a la bisectriz y la mitad de la distancia de *BB'* tendremos un punto *B''*, perteneciente a la propia bisectriz. Haciendo la misma operación en *D* tendremos otro punto de la misma.

Otra posibilidad del método anterior, sin utilizar medidas de distancias es la siguiente. Una vez medido los ángulos α y β (Fig. 3.18), si marcamos las bisectrices de ambos, en la intersección de las visuales desde *A* y *C* hallaremos el punto *D*, perteneciente además a la bisectriz buscada. Con los ángulos

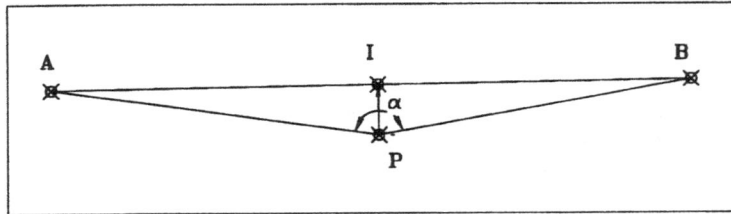

Fig 3.20

suplementarios de α y β, obtendremos dos direcciones desde A y C respectivamente, en cuya intersección estará el punto E que también es otro punto de la bisectriz. Es así porque los puntos D y E son los centros de dos circunferencias tangentes a las rectas *1* y *2* y a la que forman los puntos A y C (Fig. 3.19). Esto podremos estudiarlo más a fondo en el próximo capítulo.

3.5 Entrada en alineación

Algunas veces se necesita estacionar dentro de una alineación formada por puntos inaccesibles, lejanos o no estacionables. El problema tendrá mejor o peor solución en función de los datos de campo que se puedan obtener.

Si no se dispone de ninguno, no tendremos más remedio que hacerlo por tanteo. Para ello iremos midiendo el ángulo α que forman los dos puntos de la alineación AB con P (Fig. 3.20), y según sea su valor sabremos a que lado de la alineación nos encontramos y por consiguiente hacia dónde tenemos que movernos. Por sucesivos estacionamientos, que iremos señalizando en el suelo para tener

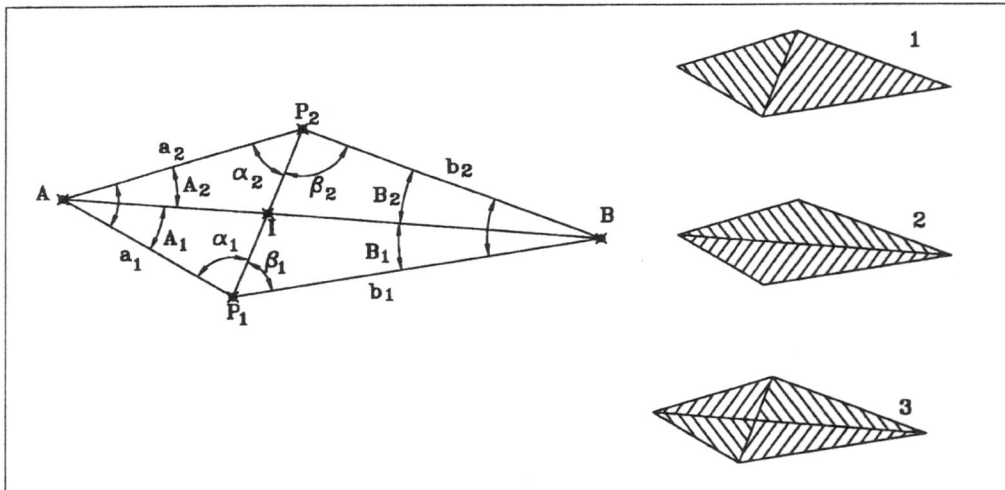

Fig 3.21

una referencia, nos aproximaremos a la línea hasta que solo haga falta desplazar el aparato sobre la plataforma del trípode.

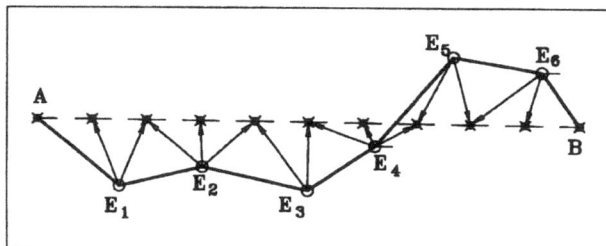

Fig 3.22

Si podemos estacionar en dos puntos P_1 y P_2 (Fig. 3.21) que vean a A y a B, y que se puedan medir entre sí, tomaremos los ángulos α_1, β_1, α_2, β_2. Con estos datos podremos calcular los lados a_1 y a_2 en el triángulo AP_1P_2 y b_1 y b_2 en el triángulo BP_1P_2. Después calcularemos los ángulos A_1 y B_1 sobre el triángulo AP_1B y A_2 y B_2 sobre el AP_2B. Finalmente con el triángulo AP_1I o con el BP_1I, obtendremos la distancia P_1I para situarnos sobre la recta AB, pudiendo comprobarlo con el cálculo de la distancia P_2I.

Como es lógico, habrá un pequeño defecto que deberemos controlar midiendo el ángulo AIB y lo corregiremos mediante un pequeño desplazamiento del aparato sobre su plataforma.

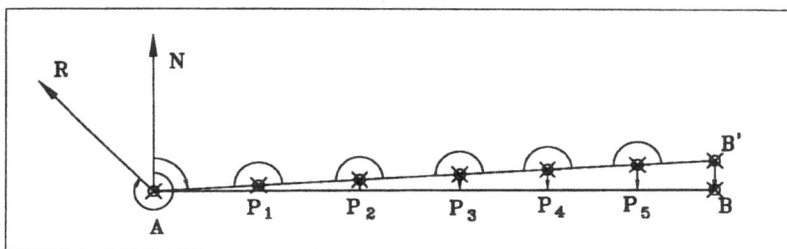

Fig 3.23

En el supuesto de que pudiéramos determinar de una manera aproximada las distancias a y b (Fig. 3-20), por ejemplo gráficamente, podríamos plantearlo del siguiente modo. Por el teorema del coseno calculamos el lado AB. Con tres lados y un ángulo, y por el teorema de los senos, hallamos los ángulos en A y en B. El lado PI lo tendremos a partir del triángulo rectángulo API en el cual conocemos el lado AP y el ángulo A. Como comprobación podemos hacerlo por el triángulo BPI.

El desplazamiento para buscar el punto I deberíamos hacerlo perpendicularmente a la dirección AB, pero como IP se supone que será pequeño, cometeremos un error igualmente pequeño al situarlo a vista. Al igual que en casos anteriores, se deberá que realizar algún tanteo para entrar definitivamente en línea.

3.6 Determinación de alineaciones rectas entre puntos lejanos

Cuando hemos de marcar una alineación recta de gran longitud, en la que no hay visibilidad entre los puntos inicial y final, lo haremos habitualmente mediante un replanteo por polares desde bases de itinerario. Esta poligonal que se habrá observado previamente, partirá del punto *A* (Fig. 3.22), punto de inicio de la alineación y llegará al punto final *B*.

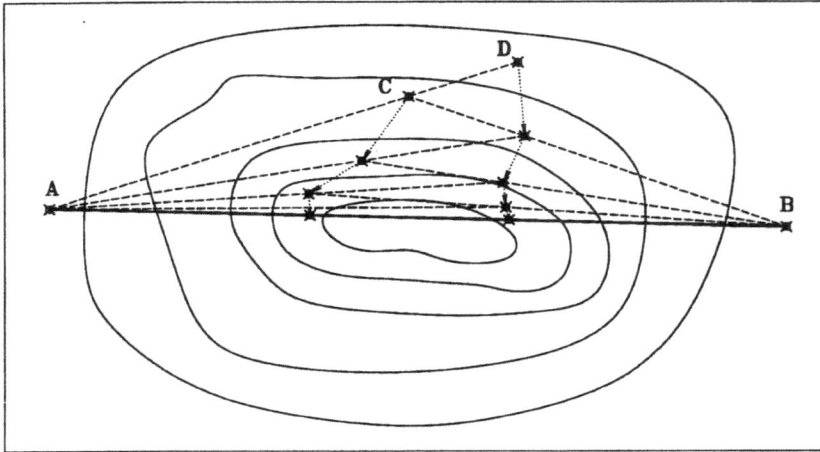

Fig 3.24

También podríamos, si conociéramos el acimut de la recta y una referencia de partida, prolongar la alineación haciendo sucesivos giros de 200^g (Fig. 3.23). Como es natural, no llegaremos al punto *B* sino a un cierto punto *B'*. La separación de ambos se la repartiremos a cada punto P_1, P_2, P_3 ..., de manera proporcional a la distancia recorrida. Entonces las estacas inicialmente clavadas deberán desplazarse en el valor que les corresponden en función del error de cierre.

Para acabar este apartado, hablaremos de un caso particular en el que siendo *A* y *B* punto cercanos no sean visibles entre sí (Fig. 3.24). Esto se puede dar cuando entre dos los puntos se halla una colina o cerro de pendientes suaves, para que permita que dos jalones, lo más separados posibles, sean visibles desde *A* y *B*. Los jalones estarán en la recta *AB* cuando desde ambos se vean alineados a la vez. Para ello se van alineando sucesivamente desde *A* y *B*, de tal modo que desde *A* moveremos el jalón *C* hasta meterlo en la línea *AD*, siendo *D* el otro jalón. Y desde *B* moveremos el jalón *D* hasta meterlo en la línea *BC*. Así repetidamente hasta llegar a la línea *AB*.

Este método puede aplicarse de manera expedita y aproximada, si se alinea a vista, como exacta si se utiliza un aparato en A y otro en B.

3.7 Método de evitar obstáculos en el trazado de alineaciones rectas

Si estamos marcando una alineación recta desde la propia línea, y nos encontramos con un objeto que nos interfiere, como puede ser una casa o un muro, podemos recurrir a uno de los métodos siguientes (Fig. 3.25).

El primero consistiría en marcar una paralela a la alineación que salve el obstáculo, y volver a situarnos sobre la línea una vez rebasado.

En el segundo caso se haría desde un punto *A* cualquiera. Se visaría a un punto *C* que vea los dos lados del obstáculo. Mediríamos entonces el ángulo α y la distancia *AC*. Estacionados posteriormente en *C*, marcaríamos un ángulo cualquiera β, de tal manera que la visual salve el obstáculo. En el triángulo *ABC* conoceríamos dos ángulos y un lado, datos suficientes para hallar, por el teorema de los senos, la distancia *CB*. Con ella podríamos marcar el punto *B*, perteneciente a la recta y continuar con el replanteo a partir de la orientación con *C*. Este cálculo podría simplificarse algo si el ángulo β fuera de 100^g.

En ambos métodos no estaría demás comprobarlo con el mismo método pero a otra distancia o desde otro punto.

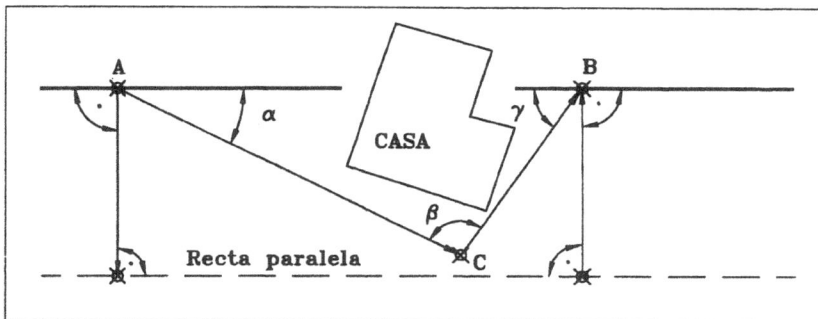

Fig 3.25

4 La curva circular

4.1 Características de la curva circular

Como ya sabemos, la circunferencia se define como el lugar geométrico de los puntos del plano que equidistan, en un cierto valor llamado *radio*, de otro punto interior llamado centro.

Su ecuación es

$$X^2 + Y^2 = R^2 \qquad\qquad (1)$$

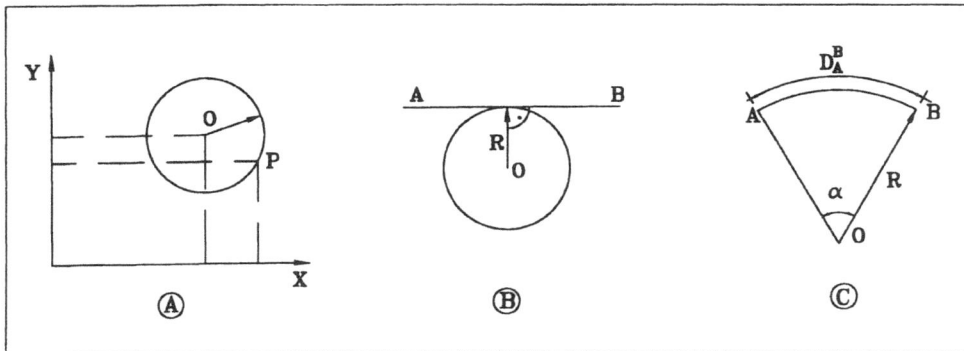

Fig. 4.1

Donde R es el radio y X e Y las coordenadas de cualquier punto de la curva, con respecto a unos ejes de coordenadas cuyo origen es el centro.

Es lógico deducir que si disponemos de coordenadas del punto O, centro de la curva (Fig.4.1A), en un sistema general, la ecuación de la curva para cualquier punto P de coordenadas también conocidas sería

$$(X_P - X_O)^2 + (Y_P - Y_O)^2 = R^2 \tag{2}$$

Otra expresión básica en el estudio de la curva circular es el desarrollo, también conocido como perímetro, y que es igual a

$$D = 2\,\pi\,R \tag{3}$$

Podemos definir, entonces, una serie de características imprescindibles para su estudio.

Definimos *tangente a una curva circular*, a la recta AB (Fig. 4.1B), puesto que tiene un único punto de contacto T con la curva. Además se cumple la condición de que la línea que une este punto T con el centro de la curva O, y que equivale al radio R, es perpendicular a la recta tangente AB.

Un cierto sector de la curva se le llama *arco* y puede dimensionarse de dos maneras distintas. A partir de la longitud en desarrollo de *A* a *B* (Fig. 4.1C) o por el ángulo α que abarca dicho arco desde el centro de la curva. Con lo cual el desarrollo para un cierto arco será

$$D = \frac{2\,\pi\,R\,\alpha}{400} \tag{4}$$

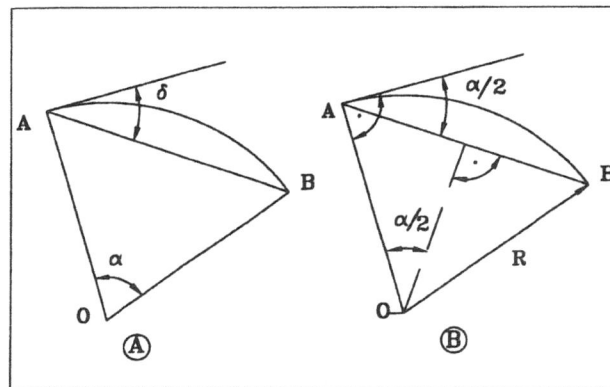

Fig. 4.2

La recta que une los extremos del arco *AB* en la figura 4.2A se le denomina *Cuerda* y forma un ángulo δ con la tangente en cualquiera de los dos puntos *A* y *B*. Este ángulo cumple la siguiente condición:

$$\delta = \frac{\alpha}{2} \tag{5}$$

Donde α es el ángulo en el centro correspondiente a dicho arco, expresión que se demuestra en la figura 4.2B.

Otra característica importante relacionada con el arco es que el ángulo abarcado desde cualquier punto de la circunferencia (Fig. 4.3A) es la mitad del ángulo correspondiente en el centro, salvo cuando el punto pertenece al propio arco, en cuyo caso es el suplementario del ángulo mitad en el centro. Su demostración puede observarse en la figura 4.3B.

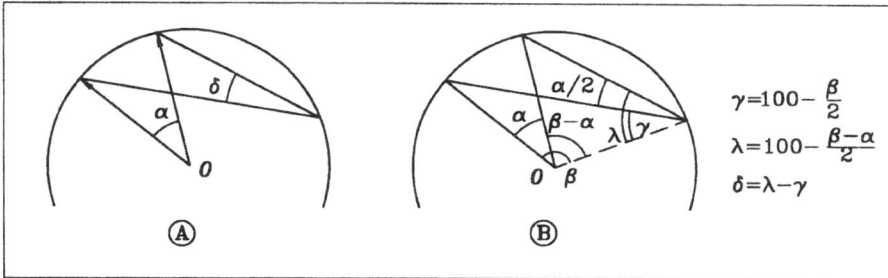

Fig. 4.3

Según vemos en la figura 4.4A, enunciamos que dos rectas que intersectan dentro de la circunferencia, forman un ángulo que es la semisuma de los ángulos en el centro de los arcos *ab* y *cd* que abarcan las dos rectas.

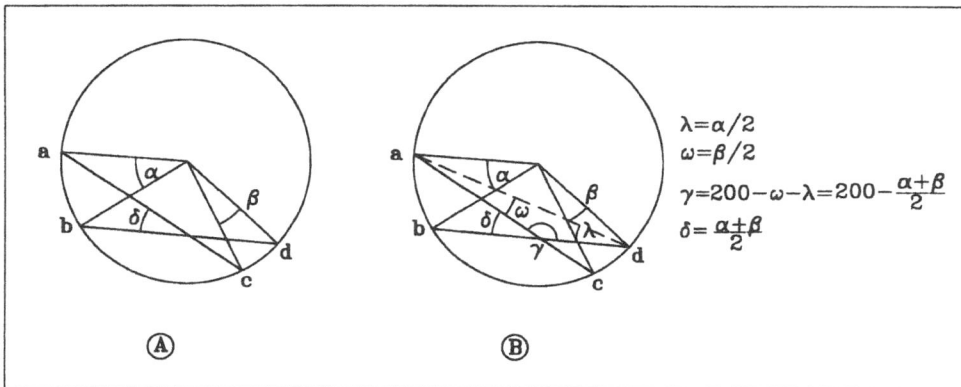

Fig. 4.4

Como puede verse en la figura 4.4B.

Si las dos rectas se cortan en el exterior de la circunferencia (Fig. 4.5A), el ángulo δ que forman será igual a

$$\delta = \frac{\alpha - \beta}{2} \tag{6}$$

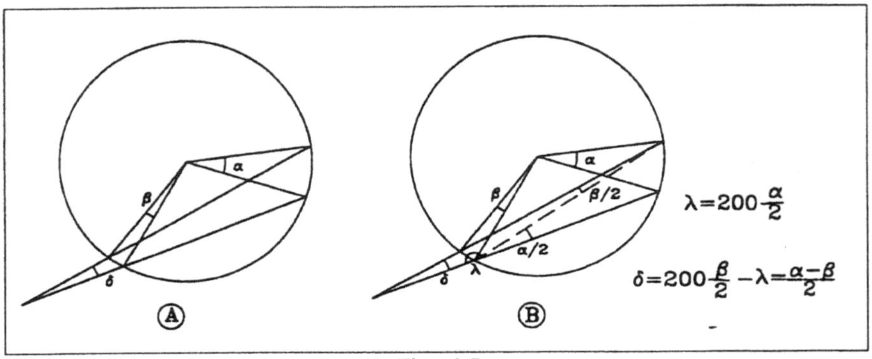

Fig. 4.5

4.2   Elementos de la curva circular

Estos se definen únicamente en relación a un arco de círculo.

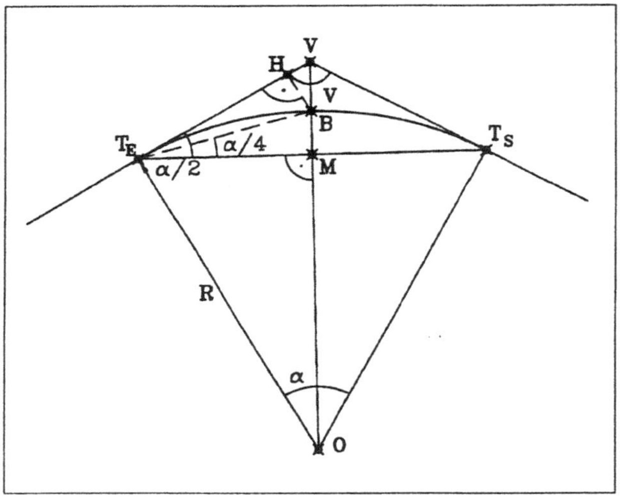

Fig. 4.6

Según la figura 4-6 podemos distinguir lo que son puntos singulares de la curva:

O: Centro de la curva
V: Vértice. Punto intersección de las dos rectas tangentes al círculo en los extremos del arco
B: Bisectriz. Punto medio del arco
M: Punto medio de la cuerda $T_E T_S$
T_E y T_S: Puntos extremos del arco. En proyectos de obras lineales se denomina a estos puntos *tangente de entrada* y *tangente de salida*, teniendo en cuenta el sentido de avance de dicho proyecto. Al ser la nomenclatura más usada en obra, la emplearemos a partir de ahora.

A partir de estos puntos, y observando la misma figura 4.6, distinguiremos los siguientes elementos:

Radio $= OT_E = OB = OT_S$
Tangente $= T_E V = T_S V$
Distancia al vértice $= VB$
Desarrollo $= T_E B T_S$
Cuerda $= T_E T_S$
Semicuerda $= T_E M = MT_S$
Flecha $= MB$
Ángulo en el centro $= T_E OT_S = \alpha$
Ángulo en el vértice $= T_E VT_S$
Ángulo entre la tangente y la cuerda $= VT_E T_S = VT_S T_E$ (Equivale a la mitad del ángulo en el centro)
Abscisa sobre la tangente de B $= T_E H = T_E M$ (semicuerda)
Ordenada sobre la tangente de B $= HB = MB$ (flecha)

4.3 Cálculo de los elementos de una curva circular

Para poder calcular los elementos de una curva circular es necesario disponer de al menos dos de ellos. Lo normal es tener el radio y otro elemento, que suele ser el ángulo en el vértice, si se utiliza un *estado de alineaciones*, como estudiaremos más a delante.

Vamos a suponer que partimos con R y $\hat{V}$ conocidos. Para el cálculo utilizaremos con más comodidad el ángulo α

$$\alpha = 200 - \hat{V} \qquad\qquad\qquad (7)$$

Sobre el triángulo $OT_E V$ (Fig. 4-7), deducimos el valor de la tangente $T_E V$

$$T_E V = R \tan\frac{\alpha}{2} \quad = VT_S \qquad\qquad\qquad (8)$$

Sobre el triángulo OMT_E calcularemos la expresión de la semicuerda $T_E M$.

$$T_E M = R\,sen\frac{\alpha}{2} \tag{9}$$

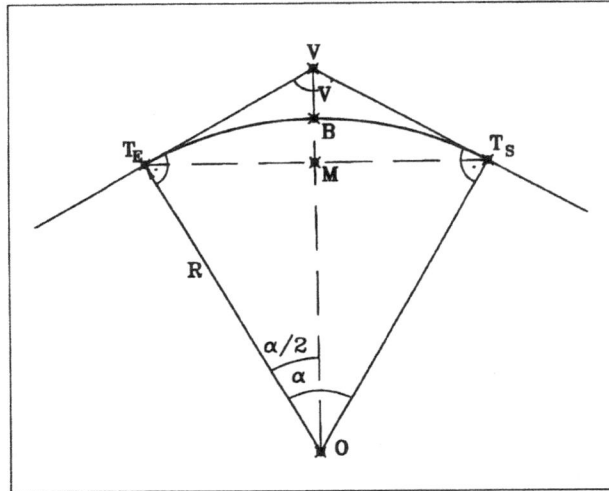

Fig. 4.7

Luego la cuerda será

$$C = T_E T_S = 2\,T_E M = 2R sen\frac{\alpha}{2} \tag{10}$$

En este mismo triángulo deduciremos la expresión que representa el segmento *OM*

$$O\,M = R cos\frac{\alpha}{2} \tag{11}$$

Con él podemos calcular la flecha *MB*

$$F = M\,B = OB - O\,M = R - R cos\frac{\alpha}{2} = R(1 - cos\frac{\alpha}{2}) \tag{12}$$

En el triángulo $OT_E V$ deducimos el lado *OV*

$$O\,V = \frac{R}{\cos\frac{\alpha}{2}} \tag{13}$$

Con lo cual tendremos la *distancia del vértice BV*

$$BV = OV - OB = \frac{R}{\cos\alpha/2} - R = R\left(\frac{1}{\cos\alpha/2} - 1\right)$$ (14)

4.4 Cálculo de los elementos correspondientes a un punto de la curva

Para poder replantear una curva circular, tendremos que marcar un número determinado de puntos que podrán representar físicamente a la circunferencia (Fig. 4.8). La cantidad de puntos depende de la longitud del arco y de su radio. Es por esto que se busca una separación S entre puntos tal que

$$S \approx \frac{R}{10}$$ (15)

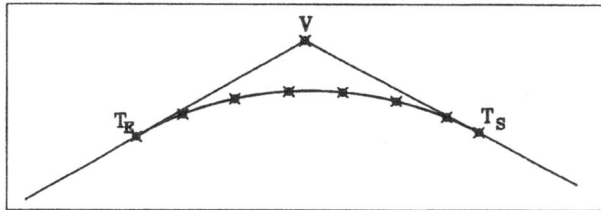

Fig. 4.8

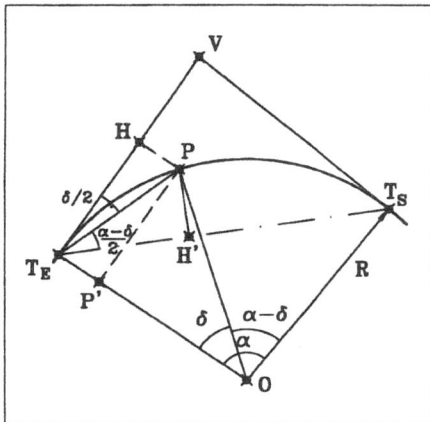

Fig. 4.9

Este es un valor orientativo, pues en muchas ocasiones el propio proyecto ya impone este valor, y en otros casos depende del método de ejecución que se esté empleando para construir. No se puede replantear con la misma separación de puntos en una carretera que en un muro.

Por definición, el desarrollo ideal entre puntos en una curva circular será aquel que haga que la cuerda y el arco entre dos puntos consecutivos tengan una separación despreciable para la precisión de lo que se pretende. Es decir, será el valor máximo de la flecha el que determine la separación entre puntos (Fig.4.8).

Para definir la posición de un punto con respecto a una de las tangentes, nos bastará con conocer el ángulo δ

(Fig. 4.9), correspondiente al arco que abarca desde la tangente al punto *P*, que además puede venir dado por el desarrollo *D* de T_E a *P*

$$\delta = \frac{200D}{\pi R} \tag{16}$$

Conoceremos, entonces, el ángulo VT_EP y la cuerda T_EP

$$V\hat{T}_EP = \frac{\delta}{2} \qquad\qquad C = \overline{T_EP} = 2\,R\,sen\frac{\delta}{2} \tag{17}$$

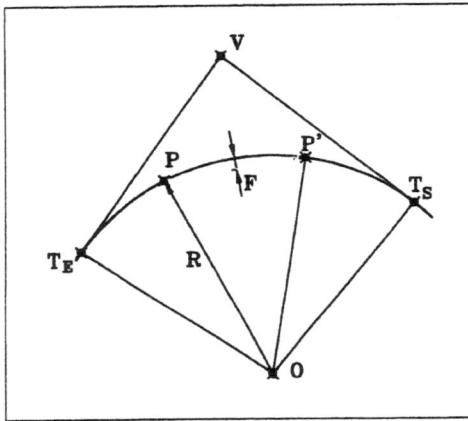

Y la flecha será igual a

$$F = R\left(1 - \cos\frac{\delta}{2}\right) \tag{18}$$

Del triángulo *OPP'* (Fig. 4.9), obtenemos la abscisa y la ordenada de *P* sobre la tangente

$$X_P = T_EH = R\,sen\,\delta \qquad\qquad Y_P = HP = R(1 - \cos\delta) \tag{19}$$

Fig. 4.10

También podemos hallar la abscisa y la ordenada de P sobre la cuerda en el triángulo $T_EH'P$

$$X_P = \overline{T_EH'} = \overline{T_EP}\,\cos\frac{\alpha - \delta}{2} = C\,\cos\frac{\alpha - \delta}{2} \qquad\qquad Y_P = \overline{H'P} = \overline{T_EP}\,sen\frac{\alpha - \delta}{2} = C\,sen\frac{\alpha - \delta}{2} \tag{20}$$

Como decíamos antes, al hablar de la separación entre puntos, tendremos que conocer el radio *R* y la flecha *F* mínima entre dos puntos consecutivos. Despejando el ángulo δ (Fig.4.10),en la expresión (18)

$$\delta = 2\,acs\left(1 - \frac{F}{R}\right) \tag{21}$$

Con el podremos hallar el *desarrollo* a partir de la expresión (4), que corresponderá a la separación mínima entre puntos. Habitualmente se escoge un valor entero por encima del desarrollo calculado.

4.5   Métodos de replanteo interno por traza de una curva circular

Clasificación:
1.   Por abscisas y ordenadas:
      a.   Sobre la tangente
      b.   Sobre la cuerda
      c.   Por desvíos sobre la prolongación de una cuerda
      d.   Por ordenadas medias
2.   Por polares:
      a.   Absolutas desde la tangente
      b.   Arrastradas
3.   Por cuerdas o polígono inscrito
4.   Por tangentes exteriores o polígono circunscrito
5.   Por intersección angular desde las tangentes
6.   Por intersección de distancias desde las tangentes

Se entiende por replanteo interno por traza cuando se utiliza, como punto base de replanteo, cualquier punto perteneciente a la alineación recta o curva, que se pretende replantear. Por contra, cuando el punto base de replanteo es un punto independiente del objeto a replantear y de coordenadas conocidas, se utilizarán los métodos externos.

El uso de métodos de replanteo interno por traza está relegado a situaciones particulares. Casos de replanteo de túneles o galerías subterráneas, tableros en puentes de difícil visibilidad exterior, grandes excavaciones en trinchera o desbroce en zonas de vegetación espesa son los que pueden necesitar de estos sistemas de replanteo.

El desuso de estos métodos de replanteo se debe a la aparición de los medidores electrónicos de distancia, que permiten el replanteo por polares a distancias que antes eran insalvables. No obstante, es necesario su estudio, puesto que el técnico topógrafo de obra debe estar dotado de los máximos recursos posibles para resolver cualquier situación que se le pueda presentar.

Como veremos a continuación, en todos estos métodos de replanteo es necesario disponer de los puntos de tangencia y el vértice o puntos definitorios de ambas rectas de entrada y salida, previamente replanteados por métodos externos.

La deducción matemática de los datos necesarios para su replanteo es muy sencilla, pero la metodología del trabajo y las precisiones a alcanzar con unos y otros merece un estudio detallado de cada uno de ellos, a fin de poder escoger, llegado el caso, el que más se adapte a las necesidades del momento y la situación.

Partiremos siempre del conocimiento del radio de la curva y del desarrollo del punto a replantear desde una de las tangentes. Este desarrollo nos permitirá conocer el ángulo en el centro, necesario para todos los cálculos que debemos efectuar, a partir de la relación (16).

4.5.1 Métodos de replanteo por abscisas y ordenadas

a. Por abscisas y ordenadas sobre la tangente

Estacionado en T_E, visamos a V o a su dirección (Fig. 4.11A). Medimos entonces la distancia Xp,

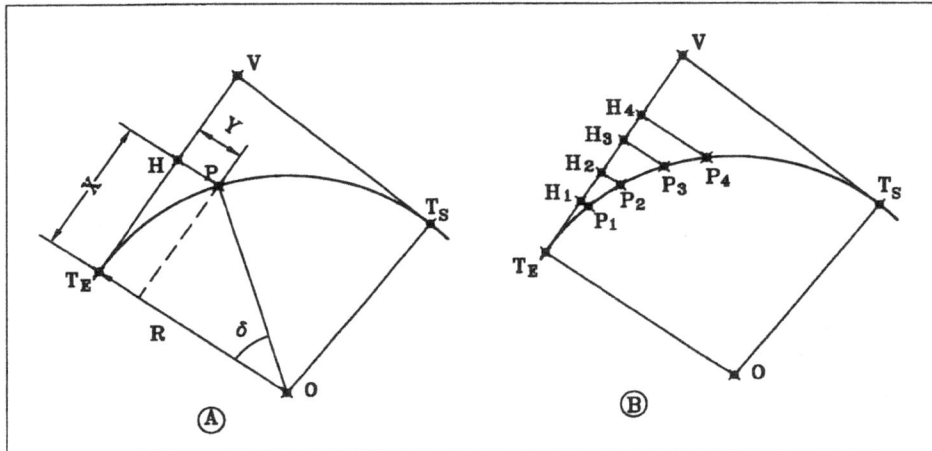

Fig. 4.11

marcando el punto H. Estacionado ahora en H y midiendo 100^g a partir de la recta TV, medimos la distancia Yp, marcando el punto P. X_P y Y_P los deducimos con la expresión (19).

El sistema permite ir replanteando primeramente lo que llamaríamos los punto H de cada punto P, estando estacionado en T_E (Fig. 4-11B). Después iríamos estacionando en cada uno de los puntos H y marcando seguidamente los puntos P correspondientes. El sistema está concebido para hacer la mitad de la curva desde cada tangente. Es aconsejable calcular las cuerdas entre los puntos P para comprobar su situación relativa, midiendo directamente entre dos puntos consecutivos replanteados, una vez acabado el trabajo.

Ventajas e inconvenientes del método:

Es de aplicación sencilla. Trabaja por la zona convexa de la curva. Que puede ser necesario en caso de existir obstáculos en la parte cóncava. Por ejemplo el replanteo de un muro, u obstáculos como vegetación o una edificación.

Volviendo al dibujo, (Fig. 4.11A) veremos que se cumple que

$$R^2 = (R-Y)^2 + X^2 \quad \rightarrow \quad R^2 = R^2 + Y^2 - 2RY + X^2 \quad \rightarrow \quad 2RY = X^2 + Y^2 \tag{22}$$

Si consideramos un arco pequeño, Y será un valor pequeño con lo cual podemos despreciar Y^2, y la expresión anterior quedará

$$Y = \frac{X^2}{2R} \tag{23}$$

Fórmula aproximada, válida para casos en que el desarrollo sea menor de la décima parte del radio, lo cual implicaría un ángulo en el centro menor de 6.36618^g. Esta fórmula permitirá a personal no técnico, y con medios expeditos, el replanteo de pequeños tramos de curva.

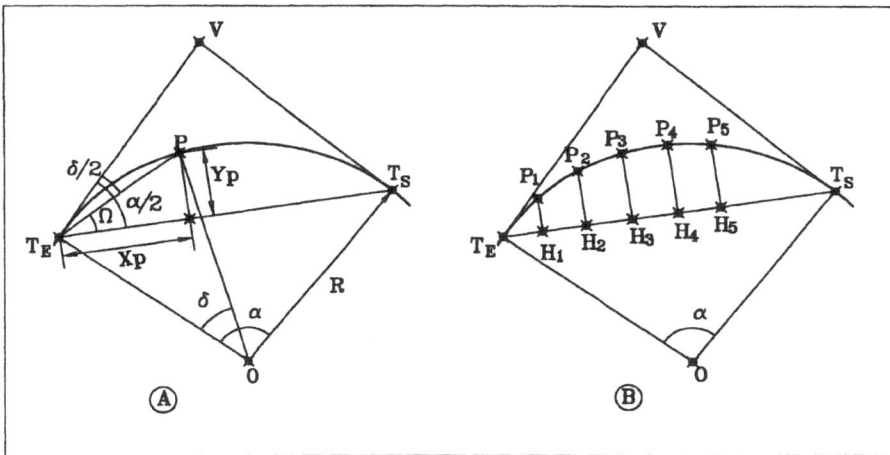

Fig. 4.12

Como inconvenientes podemos decir que es lento. Para cada punto replanteado es necesario estacionar una vez. Además tiene los errores propios del método de replanteo por abscisas y ordenadas, comentado en el capítulo 2.

b. Por abscisas y ordenadas sobre la cuerda

Es muy similar al método anterior. En este caso es la cuerda la que sirve de base de replanteo. Estacionado en T_E, visamos a T_S (Fig. 4.12A). Medimos entonces la distancia X_P, marcando el punto H. Estacionado ahora en H y midiendo 100^g a partir de la recta $T_E T_S$, medimos la distancia Y_P, con lo que obtenemos el punto P.

$$T_E P = 2R sen \frac{\delta}{2} \qquad\qquad \Omega = \frac{\alpha}{2} - \frac{\delta}{2} \tag{24}$$

$$X_P = T_E P \cos\Omega \qquad\qquad Y_P = T_E P \, sen\Omega \qquad\qquad (25)$$

El sistema es exactamente igual al anterior solo que por la cuerda (Fig 4-12B). También conviene tomar las cuerdas entre los puntos replanteados para comprobar su situación relativa.

Ventajas e inconvenientes del método:

Es de aplicación sencilla. Trabaja por la zona cóncava de la curva.

Tiene los mismos inconvenientes que el método anterior. Es lento y exige un estacionamiento por punto. Tiene los errores propios del método de abscisas y ordenadas.

c. Por desvíos sobre la prolongación de la cuerda

Partiendo del método anterior, si prolongamos la cuerda base de replanteo podríamos seguir

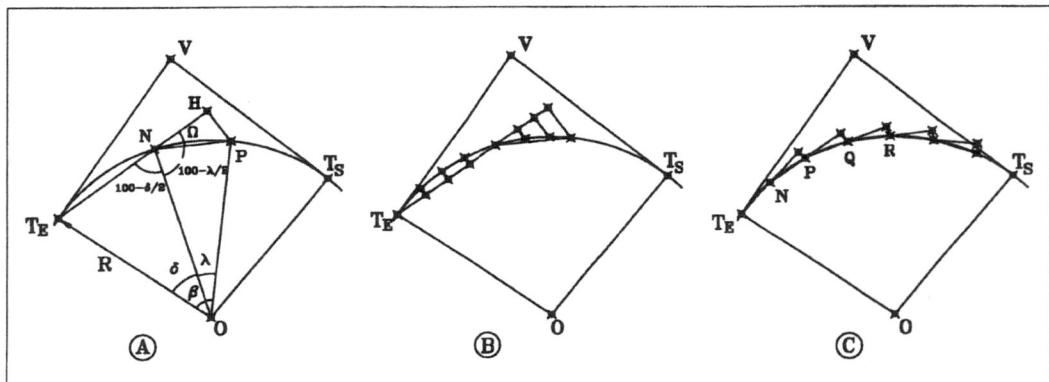

Fig. 4.13

replanteando puntos desde la zona convexa de la curva.

Estacionado en *N*, visamos a T_E (Fig. 4-13A) y marcando 200^g medimos la distancia *NH*, marcando *H*. Situados en *H* y marcando 100^g con respecto a la recta *HN* mediría la distancia *NP* con lo que se obtendrá el punto *P*.

Si conocemos el arco $T_E NP$ conoceremos el ángulo en el centro β. Del mismo modo conocemos δ.

$$\lambda = \beta - \delta \quad \rightarrow \quad \beta = \delta + \lambda \quad \rightarrow \quad \Omega = \frac{\delta + \lambda}{2} = \frac{\beta}{2} \tag{26}$$

$$NP = 2R \, sen \frac{\lambda}{2} \tag{27}$$

$$X_P = NP \cos \Omega \qquad\qquad Y_P = NP \, sen \, \Omega \tag{28}$$

Una vez concluido el replanteo por abscisas y ordenadas sobre una cuerda, puede prolongarse esta alineación y seguir utilizándose para el replanteo (Fig 4.13B). Por lo demás, la metodología de trabajo es igual a los dos anteriores.

Existe una variante llamada *método inglés*, que consiste en lo siguiente: Según la figura 4.13C, iremos marcando prolongaciones de la cuerda en una longitud siempre constante, y apoyándonos en los dos últimos puntos replanteados cada vez. De este modo el punto P quedará replanteado a partir de la cuerda prolongada de $T_E N$, el punto Q a partir de NP y el R a partir de PQ. Para que esto pueda cumplirse, la separación entre todos estos puntos debe ser constante.

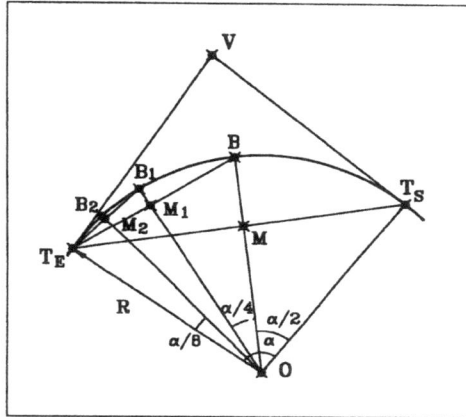

Ventajas e inconvenientes del método:

Fig. 4.14

Tiene las mismas ventajas que los dos anteriores, con la variación de que utiliza alternativamente la zona exterior y la interior. Hace un aprovechamiento máximo de la cuerda. Tiene los mismos defectos que los dos métodos anteriores.

d. Por ordenadas medias

A partir de la cuerda replanteada de un arco de circunferencia. Puede ser la formada por las dos tangentes T_E y T_S (Fig.4.14). Estacionaremos sobre el punto T_E (o T_S) y, visando al T_S, marcaremos el punto medio de la alineación M. Después estacionado en M, mediremos 100^g a partir de la recta $T_E T_S$, y con la distancia MB situaremos el punto B. Siendo MB la flecha correspondiente a la cuerda $T_E T_S$. Situados nuevamente en T_E, pero visando a B, marcaremos el punto M_1 y desde el por el mismo procedimiento el punto B_1. Podríamos continuar marcando los puntos M_2 y B_2, hasta llegar al límite necesario para nuestro replanteo.

$$T_E T_S = 2R\,\mathrm{sen}\frac{\alpha}{2} \qquad\qquad MB = R\left(1-\cos\frac{\alpha}{2}\right)$$

$$T_E B = 2R\,\mathrm{sen}\frac{\alpha}{4} \qquad\qquad M_1 B_1 = R\left(1-\cos\frac{\alpha}{4}\right) \tag{29}$$

$$T_E B_1 = 2R\,\mathrm{sen}\frac{\alpha}{8} \qquad\qquad M_2 B_2 = R\left(1-\cos\frac{\alpha}{8}\right)$$

Ventajas e inconvenientes:

Entre sus ventajas podemos enumerar las siguientes: Es muy sencillo. Utiliza la zona interior. Existe además una fórmula aproximada que permite el uso de este método por parte de personal auxiliar, o de capataces y oficiales de obra, con medios expeditos. Para ello consideramos otra vez la fórmula aproximada (24), que deducimos en el primer método. Recordemos que solo se podía usar en arcos menores de la décima parte del radio.

Si consideramos que X es la mitad de la cuerda C

$$T_E M = X = \frac{C}{2} \qquad\rightarrow\qquad MB = Y = \frac{(C/2)^2}{2R} = \frac{C^2}{8R} \tag{30}$$

Si a su vez admitimos

$$T_E B = T_E M = \frac{C}{2} \quad\rightarrow\quad T_E M_1 = X_1 = \frac{C}{4} \quad\rightarrow\quad M_1 B_1 = Y_1 = \frac{(C/4)^2}{2R} = \frac{C^2}{32R} \tag{31}$$

Y si a su vez

$$T_E B_1 = T_E M_1 = \frac{C}{4} \quad\rightarrow\quad T_E M_2 = X_2 = \frac{C}{8} \quad\rightarrow\quad M_2 B_2 = Y_2 = \frac{(C/8)^2}{2R} = \frac{C^2}{128R} \tag{32}$$

De todo esto deducimos

$$Y_1 = \frac{Y}{4} \qquad\qquad Y_2 = \frac{Y_1}{4} \tag{33}$$

Entonces podemos decir que para un arco dado de flecha conocida, si se toma la mitad de dicho arco, su flecha será la cuarta parte de aquella.

Esta fórmula es muy utilizada por el personal de obra para replantear pequeños tramos de curva y para aumentar el número de puntos definitorios de la curva. Se le conoce como el *método de los cuartos de flecha*. Para dejarlo claro, supongamos que replanteamos un muro en curva con puntos cada 5 m. El personal de obra encargado de la ejecución de dicho muro puede considerar necesario aumentar el número de puntos, colocando uno cada 2,5 m. Para situarlos se pone un cordel ente dos puntos separados 10 m y se mide la flecha entre la cuerda y el punto que se replanteó a 5 m. El valor de la flecha medida se divide entre 4. Después se tira el cordel entre dos puntos separados 5 m y se marca el punto medio de la cuerda. Perpendicularmente se sitúa el punto a una distancia igual a la cuarta parte de la flecha medida anteriormente. Este punto pertenece a la curva con las reservas que en cuanto a precisión tiene.

Los inconvenientes son los mismos que los métodos anteriores pero además está el error acumulado por arrastre. Esto es porque cada nuevo punto se apoya en el replanteado anteriormente, con lo que se encadenan los errores y se pierde precisión en los últimos.

4.5.2 Métodos de replanteo por polares

a) Por polares absolutas desde la tangente

Es quizás el de uso más común.

Estacionado en T_E visamos a V o a un punto de la alineación e imponemos el ángulo ϵ, medimos la distancia $T_E P$ y marcamos el punto P (Fig. 4.15A).

$$\epsilon = \frac{\delta}{2} \qquad\qquad T_E P = 2R \ sen\frac{\delta}{2} \qquad\qquad (34)$$

Desde T_E vamos replanteando puntos sucesivos de la curva (Fig 4.15B), en función de los ángulos ϵ y de sus cuerdas correspondientes. Una vez acabado habremos de verificar la situación relativa de los puntos midiendo las cuerdas entre ellos.

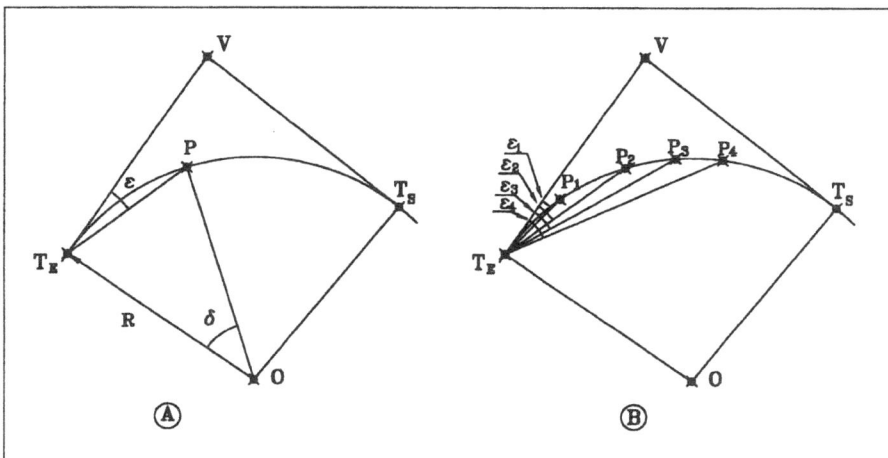

Fig. 4.15

Ventajas e inconvenientes:

Es muy rápido. Trabaja en la parte interior. Requiere un solo estacionamiento.

Como inconvenientes podemos decir que depende de los medios utilizados para la medida de la distancia. Si se utiliza cinta estará limitado por su longitud, a menos que no se quiera prolongar las medidas con el consiguiente retraso. No tendrá estos problemas con distanciómetro.

b)   Por polares arrastradas

Es una aplicación del caso anterior, para cuando estamos limitados por el medio empleado para medir distancias.

Estacionados en T_E visamos a V y marcamos el ángulo ε_1, y la distancia $L=T_EP_1$ (Fig. 4.16). De este modo situamos el punto P_1. Continuando con la estación en T_E marcamos ahora el ángulo ε_2 y medimos desde P_1 la distancia L. Donde intersecten la dirección marcada desde T_E y la distancia L, estará el punto P_2. Continuaremos así para marcar el resto de los puntos.

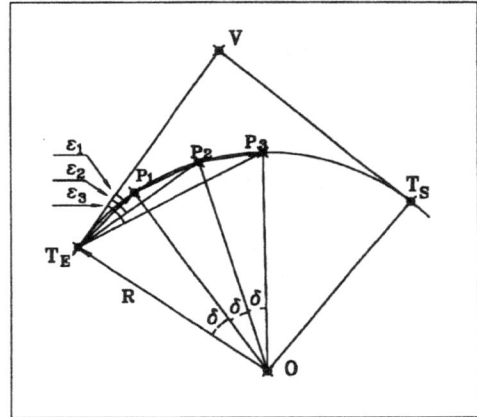

Fig. 4.16

En el ejemplo de la figura 4.16, los puntos están separados a la misma distancia, con lo cual

$$\varepsilon_1=\frac{\delta}{2} \quad \rightarrow \quad \varepsilon_2=\frac{2\delta}{2}=2\varepsilon_1 \quad \rightarrow \quad \varepsilon_3=\frac{3\delta}{2}=3\varepsilon_1 \qquad (35)$$

$$L=2R sen\frac{\delta}{2} \qquad (36)$$

Al ir encadenando los puntos entre sí por la medida de las cuerdas L, solo podremos verificar el replanteo realizando la mitad desde cada tangente y comprobando el error en el punto central de la curva, compensándolo o repitiendo el trabajo según el caso.

Ventajas e inconvenientes:

Al igual que en el método anterior, necesita de un solo estacionamiento. El replanteo es ceñido y utiliza la zona cóncava. Emplea medidas cortas que permiten el uso de la cinta.

Sin embargo, su principal inconveniente es el error de arrastre. Además el ángulo en la intersección de la dirección marcada por la visual desde el aparato y la distancia L es muy agudo, con el consiguiente error.

4.5.3 Método de replanteo por cuerdas o polígono inscrito

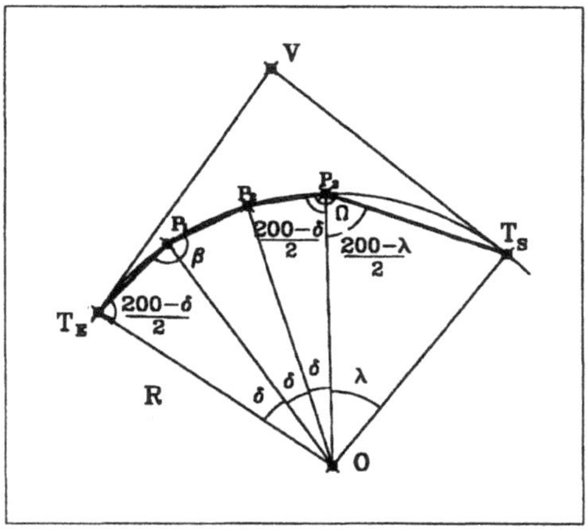

Fig. 4.17

Consiste en realizar una poligonal de tal modo que los vértices son puntos de la propia curva. Iremos marcando los ángulos interiores y las distancias de los lados de la poligonal.

Según la figura 4.17

$$\overline{T_E P_1} = \overline{P_1 P_2} = \overline{P_2 P_3} = C = 2 R \ sen \frac{\delta}{2} \qquad (37)$$

$$\overline{P_3 T_S} = 2 R \ sen \frac{\lambda}{2} \qquad (39)$$

$$\beta = 200 - \delta \qquad \qquad \Omega = \frac{200 - \delta}{2} + \frac{200 - \lambda}{2} = 200 - \frac{\delta + \lambda}{2} \qquad (38)$$

Con lo cual tendremos los datos suficientes para definir la poligonal.

Es conveniente hacer la mitad desde cada tangente y cerrar en un punto centrado en la curva, para no acumular errores excesivos.

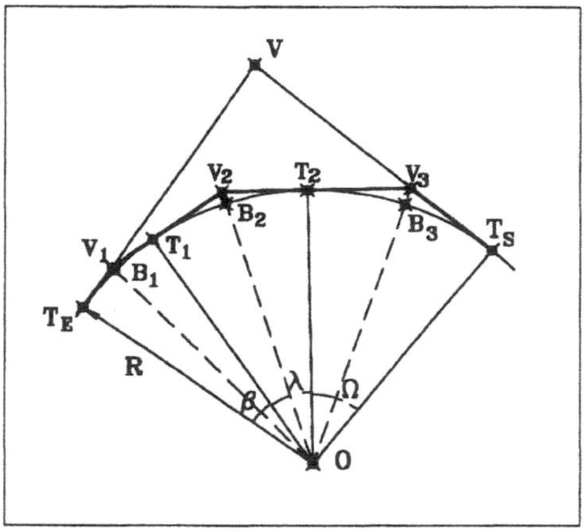

Ventajas e inconvenientes:

Es quizás el más ceñido de todos los métodos, puesto que el acercarse a la curva solo depende de la longitud de las cuerdas. Utiliza la parte cóncava.

Fig. 4.18

Como ya hemos dicho antes su mayor defecto es el error de arrastre.

4.5.4   Método de replanteo por tangentes o polígono circunscrito

En este método se pretende hacer una poligonal por el lado exterior de la curva, de tal modo que sus lados sean tangentes a la circunferencia.

Observando la figura 4.18

$$\overline{TV_1}=\overline{V_1T_1}=R\tan\frac{\beta}{2} \qquad \overline{T_1V_2}=\overline{V_2T_2}=R\tan\frac{\lambda}{2} \qquad \overline{T_2V_3}=\overline{V_3T_S}=R\tan\frac{\Omega}{2} \qquad (40)$$

$$V_1=200-\beta \qquad V_2=200-\lambda \qquad V_3=200-\Omega \qquad\qquad (41)$$

$$\overline{V_1B_1}=R\left(\frac{1}{\cos\beta/2}-1\right) \qquad \overline{V_2B_2}=R\left(\frac{1}{\cos\lambda/2}-1\right) \qquad \overline{V_3B_3}=R\left(\frac{1}{\cos\Omega/2}-1\right) \qquad (42)$$

Estacionados en V_1, replantearemos V_2, B_1 con el ángulo mitad de $\hat{V}_1$ y T_1 en la dirección a V_2. Desde V_2 comprobaremos el replanteo de T_1 y continuaremos situando B_2 y T_2.

Ventajas e inconvenientes:

El replanteo es ceñido y ahora por la parte exterior de la curva.
Al igual que el método anterior, el error de arrastre es su principal inconveniente, por lo que es

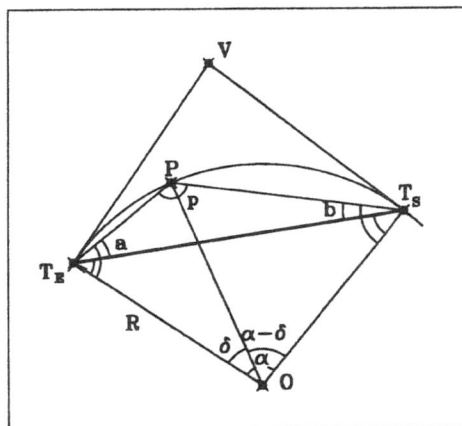

Fig. 4.19

aconsejable hacer la mitad desde cada tangente.

4.5.5 Método de replanteo por intersección angular desde las tangentes

Utilizando el método de bisección, podemos replantear una curva estacionando dos aparatos, uno en cada tangente.

Analizando la figura 4.19

$$\hat{a}=(100-\frac{\delta}{2})-(100-\frac{\alpha}{2})=\frac{\alpha-\delta}{2} \qquad \hat{b}=(100-\frac{\alpha-\delta}{2})-(100-\frac{\alpha}{2})=\frac{\delta}{2} \qquad \hat{p}=200-\frac{\alpha}{2} \qquad (43)$$

Obsérvese que el ángulo en P siempre es el mismo, sea el punto que sea, gracias a una de las propiedades de la curva circular expuestas al comienzo de esta lección.

Visando desde T_E a T_S y de T_S a T_E, y girando los ángulos a y b, donde intersecten las dos visuales se encontrará el punto.

Ventajas e inconvenientes:

Se trabaja por la zona interior. Se consiguen muy buenos resultados en precisión por utilizar solo medidas angulares, siempre y cuando el ángulo α sea mayor de 50^g, puesto que así conseguiremos que p sea menor de 175^g según la última expresión de (43).

Como defecto podemos comentar el hecho de necesitar dos aparatos y dos operadores.

4.5.6 Método de replanteo por intersección de distancias desde las tangentes

Sobre la misma figura 4.19, observamos que si conociéramos las longitudes T_EP y T_SP, en su intersección encontraríamos el punto P.

Su cálculo es sencillo

$$\overline{T_EP}=2R \; sen\frac{\delta}{2} \qquad\qquad \overline{T_SP}=2R \; sen\frac{\alpha-\delta}{2} \qquad\qquad (44)$$

Ventajas e inconvenientes:

Su sencillez y rapidez lo convierten en método expedito, útil en algunos casos. Replantea desde la parte interior. Su mayor defecto es el inherente al método de replanteo que utiliza, su imprecisión.

4.5.7   Análisis comparativo de los diversos métodos de replanteo interno por traza de una curva circular

Clasificación

I. *Por la situación respecto a la curva:*
    A. Ceñidos a la curva:
           1. Exteriores: (a) Por tangentes exteriores
           2. Interiores: (a) Por cuerdas
                              (b) Por polares arrastradas

    B. Abiertos:
           1. Exteriores: (a) Por abs. y ord. sobre la tangente
           2. Interiores: (a) Por abs. y ord. sobre la cuerda
                              (b) Por polares absolutas desde la tangente
                              (c) Por intersección angular
                              (d) Por intersección de distancias
                              (e) Por ordenadas medias
           3. Mixtos: (a) Por desvíos sobre la prolongación de la cuerda
II. *Por el sistema de trabajo:*
           1. Por bisección: (a) Por intersección angular
           2. Por polares: (a) Por polares absolutas desde la tangente
           3. Por poligonal: (a) Por tangentes exteriores
                              (b) Por cuerdas
           4. Por abscisas y ordenadas:
                              (a) Por abs. y ord. sobre la cuerda
                              (b) Por abs. y ord. sobre la tangente
                              (c) Por ordenadas medias
                              (d) Por desvíos sobre cuerda prolongada
           5. Por intersección de distancias:
                              (a) Por intersección de distancias desde las tangentes
           6. Por polares angulares y cuerdas:
                              (a) Por polares arrastradas
III. *Por la precisión de los resultados:* (Clasificación de más a menos)
           1. Por intersección angular
           2. Por polares absolutas desde la tangente
           3. Por tangentes exteriores
           4. Por cuerdas
           5. Por abs. y ord. sobre la cuerda
           6. Por abs. y ord. sobre la tangente
           7. Por desvíos sobre la prolongación de la cuerda
           8. Por ordenadas medias
           9. Por intersección de distancias
           10. Por polares arrastradas

4.6   El estado de alineaciones

Hasta ahora hemos considerado la curva circular como una figura aislada, estudiando su replanteo desde puntos de la propia curva.

Sin embargo, en la realidad la curva circular forma parte de un conjunto de alineaciones, que dan forma a un objeto proyectado. Este conjunto de alineaciones suele consistir en rectas y arcos de círculos colocados alternativamente uno después de otro. En proyectos lineales también se utilizan curvas de transición que se sitúan entre rectas y circulares.

Un estado de alineaciones consiste en un conjunto de rectas y curvas, con o sin curvas de transición, que definen la forma geométrica de un proyecto de un obra lineal. En la figura 4.20A tenemos la representación gráfica de un estado de alineaciones. Siempre viene acompañado de los datos referentes a longitudes de los tramos, radios de las curvas, ángulos en los vértices, parámetros y desarrollos de las curvas de transición ..., y las coordenadas de todos aquellos puntos que se consideran singulares como las tangentes de entrada y salida y los vértices.

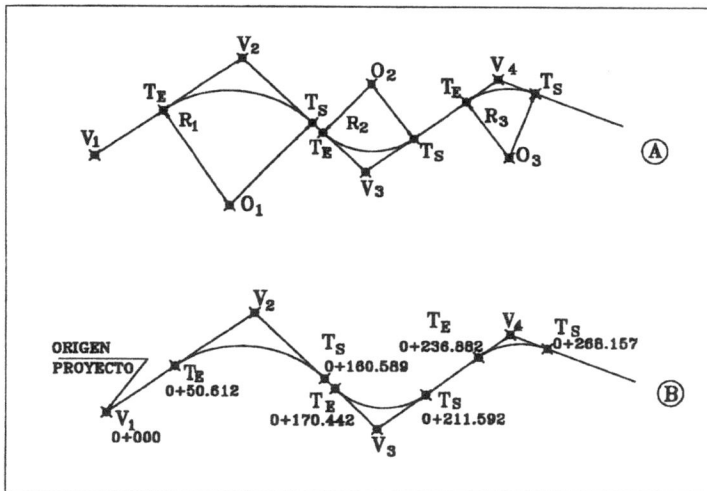

Fig. 4.20

El estado de alineaciones es una herramienta fundamental para el proyectista. Este comienza marcando las rectas que componen la figura a proyectar. Las intersecciones de dichas rectas serán los vértices de unas curvas circulares que se encajarán entre cada pareja de rectas. Estas curvas serán entonces tangentes a las dos rectas y su radio se impondrá cumpliendo la condición de estar por encima de uno mínimo exigido. Conocido el radio y el ángulo $\hat{V}$ y se calculan el resto de los elementos de cada curva.

Con el valor de las tangentes, y a partir de las coordenadas de V, se pueden hallar la X y la Y

correspondientes a las tangentes de entrada y salida. Estos son datos necesarios para calcular las coordenadas de cualquier punto de la curva, a partir de su desarrollo desde las tangentes.

Sin embargo no será este desarrollo el dato de partida para la obtención de las coordenadas, sino la *distancia al origen* o PK (punto kilométrico).

Cualquier punto dentro de un proyecto lineal está definido por la *distancia al origen*. Esta es la distancia existente entre el punto origen del proyecto y el punto en cuestión, pero a través de los desarrollos de todas las alineaciones, tanto rectas como curvas, que se encuentren en el camino recorrido entre el inicio y el punto buscado (Fig. 4.20B).

```
TITULO ................... EIX VARIANT DRETA DE LA RIERA D'ARGENTONA
FECHA .................... 09-08-1995
NOMBRE DEL FICHERO........ ejel

ALIN.   TIPO      P.K.     LONGITUD    X Tang.      Y Tang.     AZIMUT      RADIO
                                       X C o I      Y C o I                 PARAMETRO
========================================================================================

  1   RECTA       0.000     37.913   451713.264   4598568.077  376.2722       0.00
                                          0.000        0.000

  2   CIRC.      37.913    130.884   451699.458   4598603.386  376.2722   -2000.00
                                     449836.774   4597875.094

  3   RECTA     168.797    285.280   451647.844   4598723.638  372.1060       0.00
                                          0.000        0.000

  4   CIRC.     454.077     61.485   451526.807   4598981.969  372.1060   -2000.00
                                     449715.738   4598133.425

  5   RECTA     515.562    319.454   451499.869   4599037.236  370.1489       0.00
                                          0.000        0.000

  6   CIRC.     835.016    127.725   451355.506   4599322.210  370.1489   -1500.00
                                     450017.408   4598644.352

  7   CLOT.     962.740     60.000   451293.008   4599433.555  364.7281     150.00
                                     451300.858   4599420.773

  8   CIRC.    1022.740     42.375   451259.116   4599483.021  357.0886    -300.00
                                     451024.726   4599295.774

  9   CLOT.    1065.116     75.000   451230.420   4599514.154  348.0963    -150.00
                                     451171.775   4599560.822

 10   RECTA    1140.116     57.515   451171.775   4599560.822  340.1385       0.00
                                          0.000        0.000

 11   CLOT.    1197.631    101.250   451125.318   4599594.730  340.1385    -225.00
                                     451125.318   4599594.730

 12   CIRC.    1298.881    221.799   451045.632   4599657.118  346.5843     500.00
                                     451379.716   4600029.123

 13   CLOT.    1520.680    101.250   450918.305   4599836.510  374.8247     225.00
                                     450885.707   4599932.320

 14   RECTA    1621.930    210.345   450885.707   4599932.320  381.2704       0.00
                                          0.000        0.000

 15   CLOT.    1832.275     49.000   450824.712   4600133.627  381.2704      70.00
                                     450824.712   4600133.627

 16   CIRC.    1881.275     29.533   450806.774   4600179.086  365.6733    -100.00
                                     450720.963   4600127.740

 17   CLOT.    1910.809     49.000   450788.115   4600201.839  346.8717     -70.00
                                     450747.048   4600228.329
```

Fig. 4.21

En la figura 4.21 podemos ver un estadillo con los datos que vienen en un estado de alineaciones. En el próximo capítulo veremos cómo incluir dentro del estado de alineaciones las curvas de transición.

4.7 Métodos de replanteo externo

El método más utilizado será siempre el de replanteo por polares, previo cálculo de las coordenadas de los puntos en el mismo sistema que tengan las bases de replanteo, desde una base exterior. En otros casos puede emplearse igualmente el método de bisección angular.

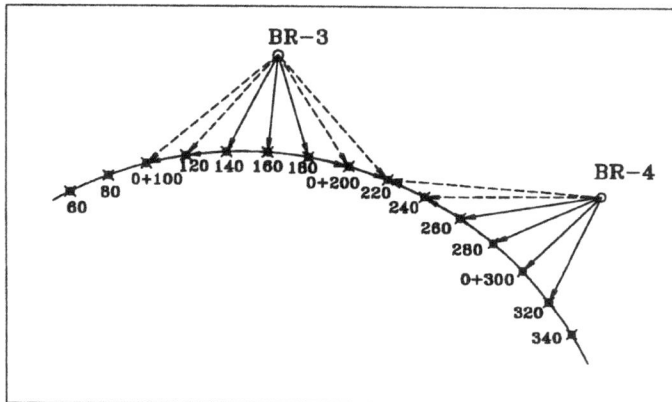

Fig. 4.22

Existe un tercer método de poca precisión pero efectivo en caso de disponer únicamente de taquímetro y cinta. Consiste en aplicar el método de polares arrastradas, estudiado en los métodos de replanteo interno, pero utilizando como punto estación una base de replanteo exterior (Fig.4.22).

Para ello debemos replantear previamente algún punto por polares desde la base *BR-3* (Fig.4-22), como los *0+140, 0+160* y *0+180*, puntos dentro del radio de acción de la cinta. Para el resto de los puntos a los que ya no llega la cinta, podemos aplicar el método de polares arrastradas, apoyándonos en estos puntos previamente replanteados. Así el punto *0+200* se encontrará en la intersección de la distancia de 20 m (entre la cuerda y el arco no hay diferencia si el radio es grande), medidos desde el *0+180* y la visual desde *BR-3* al *0+200*. A continuación el *0+220* se apoyará en el *0+200*.

Posteriormente, desde *BR-4*, se repetirá el proceso teniendo la precaución de cerrar el replanteo en el último replanteado desde la base anterior, en nuestro caso el *0+220*. De este modo tendremos una comprobación que si es tolerable, nos dará por buenos los puntos en los que se apoyó el replanteo de este último punto.

4.8 Encaje de curvas circulares

Cuando se definen las rectas del estado de alineaciones, decíamos que para encajar las curvas circulares correspondientes partíamos de que conocíamos el ángulo en el vértice ϑ y el radio R. Pero hay casos en que se pretende hallar el radio R en función de otros datos, que se pueden ser importantes e incluso únicos.

Estos casos los clasificamos del siguiente modo:

1. Curva que pasa por tres puntos
2. Curva tangente a tres rectas
3. Curva tangente a dos rectas y que pasa por un punto
4. Curva tangente a una recta y que pasa por dos puntos
5. Curva tangente a una curva y a una recta, siendo conocido el punto de tangencia en la recta
6. Curva tangente a dos curvas y conocido un punto de tangencia

4.8.1   Radio de una curva que pasa por tres puntos

Estos tres puntos forman un triángulo en cuyo *circuncentro* se encuentra el centro de la curva circular que pasa por los tres puntos. El *circuncentro* es la intersección de las tres *mediatrices* correspondientes a los tres lados del triángulo. Una *mediatriz* es el lugar geométrico de los puntos equidistantes de los extremos de un segmento, que coincide con la recta perpendicular que pasa por el punto medio de dicho segmento (Fig. 4.23).

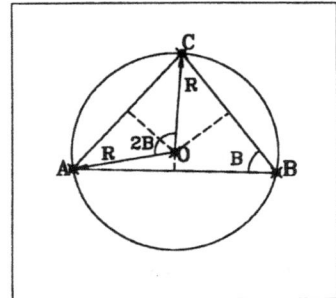

Fig. 4.23

El problema tiene dos soluciones, ambas sobre el triángulo *AOC*. En ella podemos observar que el ángulo en *O* es *2B*, según una de las propiedades de la curva circular ya enunciadas. Este ángulo *B* se deduce gracias a las coordenadas de los tres puntos de partida, al igual que los lados del triángulo.

La primera solución es mediante la expresión de la cuerda

$$\overline{AC}=2R\ sen\frac{2\hat{B}}{2} \quad\rightarrow\quad R=\frac{\overline{AC}}{2\ sen\hat{B}} \tag{45}$$

La segunda por el teorema del coseno

$$\overline{AC}^2=R^2+R^2-2RR\cos2\hat{B} \tag{46}$$

$$\overline{AC}^2 = 2R^2-2R^2\cos2\hat{B} = 2R^2(1-\cos2\hat{B}) \tag{47}$$

$$R=\sqrt{\frac{\overline{AC}^2}{2(1-\cos2\hat{B})}} \tag{48}$$

4.8.2 Radio de una curva tangente a tres rectas

El problema puede presentarse de manera distinta según las tres rectas formen un triángulo en cuyo interior se inscriba la curva circular (Fig. 4.24), o cuando dicho círculo es tangente a tres rectas que no cierran en un triángulo (Fig. 4.25).

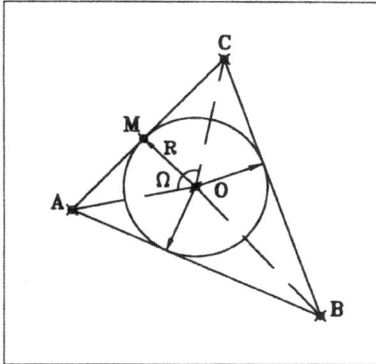

En el primer caso, el centro de la curva se encuentra en la intersección de las tres bisectrices (Fig. 4.24), y también podemos plantear dos soluciones. El conocimiento de las ecuaciones de las tres rectas nos permitirá hallar los lados del triángulo y sus ángulos. Con estos datos de partida podemos plantear lo siguiente.

La primera solución la deducimos por relación de senos en el triángulo *AOC*

Fig. 4.24

$$\Omega = 200 - \frac{\hat{A}}{2} - \frac{\hat{C}}{2} \qquad\qquad \overline{AO} = \overline{AC}\frac{sen\,\hat{C}/2}{sen\,\Omega} \qquad\qquad (49)$$

Ahora sobre el triángulo *AOM*

$$R = \overline{AO}\ sen\frac{\hat{A}}{2} \qquad\qquad (50)$$

La segunda solución parte de los triángulos *AOM* y *COM*

$$\overline{AM} = \frac{R}{\tan\hat{A}/2} \qquad\qquad \overline{MC} = \frac{R}{\tan\hat{C}/2} \qquad\qquad \overline{AC} = \overline{AM} + \overline{MC} \qquad\qquad (51)$$

$$\overline{AC} = \frac{R}{\tan\dfrac{\hat{A}}{2}} + \frac{R}{\tan\dfrac{\hat{C}}{2}} \qquad\rightarrow\qquad R = \frac{\overline{AC}}{\left(\dfrac{1}{\tan\hat{A}/2} + \dfrac{1}{\tan\hat{C}/2}\right)} \qquad\qquad (52)$$

Para el caso de la figura 4.25, aplicamos la misma solución que acabamos de ver. Sobre los triángulos *COH* y *BOH*

$$\overline{CH} = \frac{R}{\tan\hat{C}/2} \qquad\qquad \overline{HB} = \frac{R}{\tan\hat{B}/2} \qquad\qquad \overline{CB} = \overline{CH} + \overline{HB} \qquad\qquad (53)$$

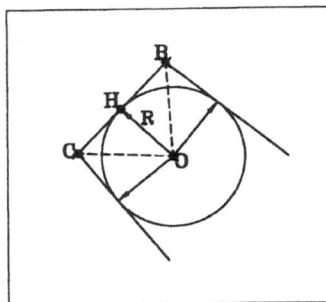
Fig. 4.25

Al igual que antes, despejando R obtendremos

$$R = \frac{\overline{CB}}{\left(\dfrac{1}{\tan \hat{C}/2} + \dfrac{1}{\tan \hat{B}/2} \right)} \tag{54}$$

4.8.3 Radio de una curva tangente a dos rectas y que pasa por un punto

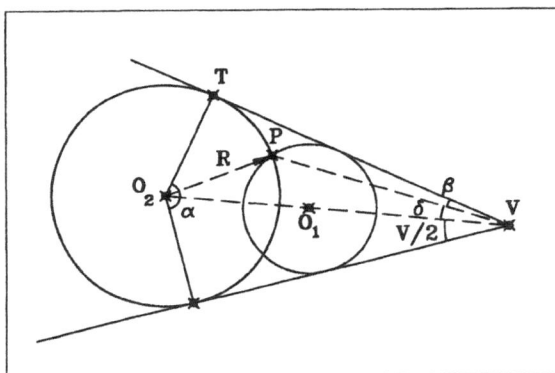
Fig. 4.26

Como podemos observar en la figura 4.26, existen dos curvas que cumplen con las condiciones expuestas en el título de este apartado. La solución a este problema es una ecuación de segundo grado que nos va a dar los radios de ambas curvas. Con las dos rectas podremos hallar el punto V, intersección de ambas, y el ángulo que forman en dicho punto. El conocimiento de $\hat{v}$ nos permite disponer del ángulo α, y con las coordenadas de V y P tendremos la distancia VP y el ángulo β. Entonces aplicando el teorema del coseno sobre el triángulo VPO_2

$$R^2 = \overline{VP}^2 + \overline{VO_2}^2 - 2\,\overline{VP}\,\overline{VO_2}\,\cos\delta \qquad\qquad \delta = \frac{\hat{v}}{2} - \beta \tag{55}$$

Por otro lado en el triángulo VTO_2

$$\overline{VO_2} = \frac{R}{\cos \alpha/2} \tag{56}$$

$$R^2 = \overline{VP}^2 + \frac{R^2}{\cos^2\alpha/2} - 2\overline{VP}\frac{R}{\cos\alpha/2}\cos\delta \tag{57}$$

Sustituyendo el valor de VO_2 en la expresión anterior

$$0 = \left(\frac{1}{\cos^2\alpha/2} - 1\right)R^2 - \left(2\overline{VP}\frac{\cos\delta}{\cos\alpha/2}\right)R + \overline{VP}^2 \tag{58}$$

4.8.4 Radio de una curva tangente a una recta y que pasa por dos puntos

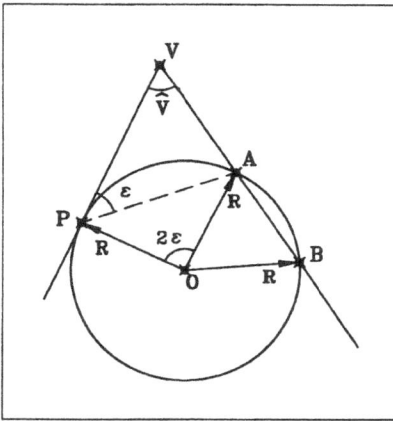

Fig. 4.27

Podemos hallar el punto V (Fig. 4.27), como intersección de la recta conocida VP y la recta que forman los dos puntos A y B por donde debe pasar la curva circular. Entonces podremos tener las distancias VA y VB. Con ellas podemos aplicar la expresión que define la potencia de un punto con respecto a una circunferencia.

$$\overline{VP}^2 = \overline{VA}\,\overline{VB} \tag{59}$$

Con VP conocido, en el triángulo VPA y por el teorema del coseno

$$\overline{PA}^2 = \overline{VP}^2 + \overline{VA}^2 - 2\overline{VP}\,\overline{VA}\cos\hat{V} \tag{60}$$

Y ahora por relación de senos

$$\frac{\overline{PA}}{sen\,\hat{V}} = \frac{\overline{VA}}{sen\,\varepsilon} \qquad \rightarrow \qquad sen\,\varepsilon = \frac{\overline{VA}\,sen\hat{V}}{\overline{PA}} \tag{61}$$

Como ya sabemos, ε es ángulo mitad del ángulo en el centro POA. Con lo que a partir de la cuerda PA y el dicho ángulo podemos hallar el radio

$$\overline{PA} = 2R\,sen\,\varepsilon \qquad \rightarrow \qquad R = \frac{\overline{PA}}{2\,sen\varepsilon} \tag{62}$$

4.8.5 Radio de una curva tangente a una curva y a una recta, siendo conocido el punto de tangencia en la recta

Este problema tiene también dos soluciones, puesto que hay dos curvas que cumplen las condiciones expuestas. Analicemos la primera de ellas.

Los datos conocidos son la recta AB (Fig. 4.28), el radio de la curva R_1 y las coordenadas de su centro O_1 y del punto de tangencia en la recta T. Con ellos podremos calcular el acimut de la recta AB y de T a O_1, así como su distancia. Entonces

$$\delta = 100 - (\theta_T^{O_1} - \theta_A^B) \tag{63}$$

Observando la figura 4.28, en el triángulo TO_1O y por el teorema del coseno

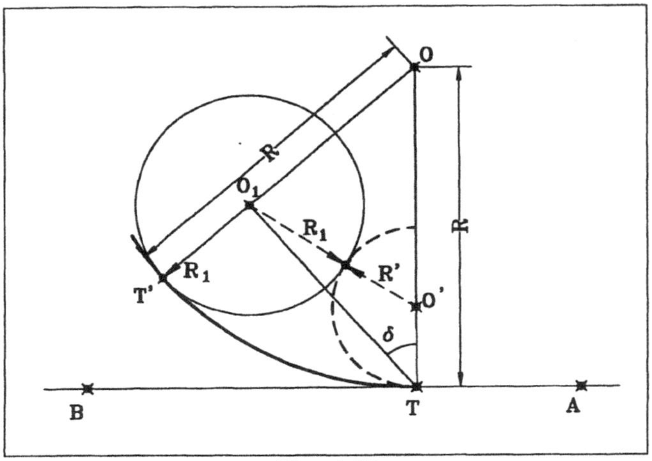

Fig. 4.28

$$\overline{OO_1}^2 = \overline{O_1T}^2 + R^2 - 2R\,\overline{O_1T}\cos\delta \tag{64}$$

$$(R-R_1)^2 = \overline{O_1T}^2 + R^2 - 2R\,\overline{O_1T}\cos\delta \tag{65}$$

$$R^2 + R_1^2 - 2RR_1 = \overline{O_1T}^2 + R^2 - 2R\,\overline{O_1T}\cos\delta \tag{66}$$

$$0 = \overline{O_1T}^2 - R_1^2 + 2R(R_1 - \overline{O_1T}\cos\delta) \tag{67}$$

$$R = \frac{R_1^2 - \overline{O_1 T}^2}{2(R_1 - \overline{O_1 T} \cos\delta)} \tag{68}$$

Sobre la misma figura 4.28 podemos ver la segunda solución. En el triángulo $O_1 TO'$ y por el teorema del coseno

$$\overline{O'O}_1^2 = \overline{O_1 T}^2 + R'^2 - 2R' \overline{O_1 T} \cos\delta \tag{69}$$

$$(R' + R_1)^2 = \overline{O_1 T}^2 + R'^2 - 2R' \overline{O_1 T} \cos\delta \tag{70}$$

$$R'^2 + R_1^2 + 2R' R_1 = \overline{O_1 T}^2 + R'^2 - 2R' \overline{O_1 T} \cos\delta \tag{71}$$

$$0 = \overline{O_1 T}^2 - R_1^2 - 2R'(R_1 + \overline{O_1 T} \cos\delta) \tag{72}$$

$$R' = \frac{\overline{O_1 T}^2 - R_1^2}{2(R_1 + \overline{O_1 T} \cos\delta)} \tag{73}$$

4.8.6 Radio de una curva tangente a dos curvas y conocido un punto de tangencia

Lógicamente tendremos dos soluciones como podemos ver en la figura 4.29.

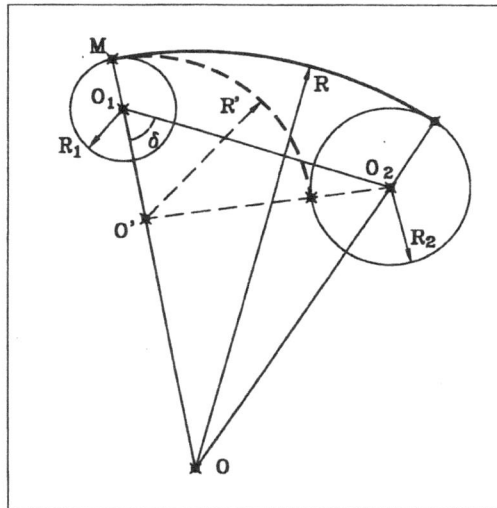

Fig. 4.29

Los datos conocidos son en este caso los radios R_1 y R_2, y las coordenadas de sus centros O_1 y O_2 y del punto de tangencia M. Con estos datos podemos calcular el acimut y la distancia de O_1 a O_2 y el acimut de O_1 a M. Con ellos calcularemos el ángulo δ:

$$\delta = \theta_M^{O_1} - \theta_{O_1}^{O_2} \tag{74}$$

Observando la figura 4.29, en el triángulo $O_1 O_2 O$ y por el teorema del coseno

$$\overline{OO_2}^2 = \overline{OO_1}^2 + \overline{O_1O_2}^2 - 2\overline{OO_1}\,\overline{O_1O_2}\cos\delta \tag{75}$$

$$(R-R_2)^2 = (R-R_1)^2 + \overline{O_1O_2}^2 - 2(R-R_1)\overline{O_1O_2}\cos\delta \tag{76}$$

$$R^2 + R_2^2 - 2RR_2 = R^2 + R_1^2 - 2RR_1 + \overline{O_1O_2}^2 - 2R\overline{O_1O_2}\cos\delta + 2R_1\overline{O_1O_2}\cos\delta \tag{77}$$

$$0 = R_1^2 - R_2^2 + \overline{O_1O_2}^2 + 2R_1\overline{O_1O_2}\cos\delta + R(2R_2 - 2R_1 - 2\overline{O_1O_2}\cos\delta) \tag{78}$$

$$R = \frac{R_1^2 - R_2^2 + \overline{O_1O_2}^2 + 2R_1\overline{O_1O_2}\cos\delta}{2(R_1 - R_2 + \overline{O_1O_2}\cos\delta)} \tag{79}$$

Para la curva interior lo deduciremos sobre el triángulo $O_1 O_2 O'$

$$\overline{O'O_2}^2 = \overline{O'O_1}^2 + \overline{O_1O_2}^2 - 2\overline{O'O_1}\,\overline{O_1O_2}\cos\delta \tag{80}$$

$$(R'+R_2)^2 = (R'-R_1)^2 + \overline{O_1O_2}^2 - 2(R'-R_1)\overline{O_1O_2}\cos\delta \tag{81}$$

$$R' = \frac{R_1^2 - R_2^2 + \overline{O_1O_2}^2 + 2R_1\overline{O_1O_2}\cos\delta}{2(R_1 + R_2 + \overline{O_1O_2}\cos\delta)} \tag{82}$$

4.9 Curvas circulares de dos y tres centros

Una curva circular que tenga más de un centro no es más que dos o más curvas enlazadas con la curvatura hacia el mismo lado. Su uso está reservado a casos particulares en los que las curvas convencionales de un solo centro no son válidas. Por ejemplo en el caso de tener que salvar algún obstáculo, como puede ser una casa en el proyecto de una carretera. También se utilizan para corregir defectos de proyecto, en los que alguna alineación no mantiene una distancia mínima a puntos fijos, errores cometidos en muchos casos por proyectar sobre cartografía con pocas garantías.

4.9.1 Curvas de dos centros

Para estudiar las curvas de dos centros lo haremos sobre un caso como el último comentado. Supongamos que tenemos una curva de radio R (Fig. 4.30), que se encuentra con algún obstáculo en las proximidades del punto T_1. En este caso sabremos a qué distancia del obstáculo tenemos que de pasar con la nueva curva, con lo que podemos situar el punto T_1, e incluso saber sus coordenadas. Si lo hiciéramos sobre plano podríamos deducir estas coordenadas gráficamente, siempre tendiendo a separarnos lo más posible del obstáculo. Por otro lado, daremos por bueno el punto de tangencia original T, y estamos obligados a respetar las alineaciones VT y VT' tangentes también a la nueva curva. Lo que pretendemos es hallar los radios de las nuevas curvas y sus datos fundamentales.

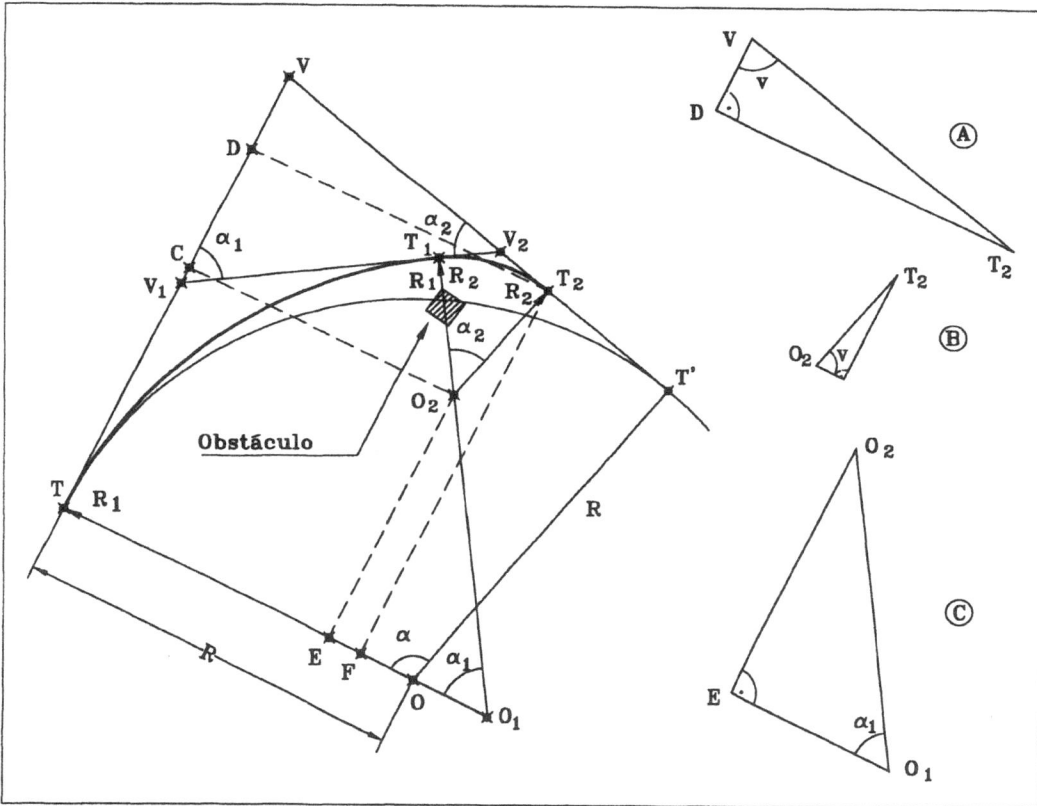

Fig. 4.30

Dicho esto repasemos los datos disponibles de partida. Tendremos coordenadas de V, T, T' y T_1, el radio R. Con ellos podremos calcular los acimutes de V a T y de V a T', y así obtenemos el ángulo en V.

$$\hat{V}=\theta_V^T-\theta_V^{T'} \qquad \alpha =200-\hat{V} \tag{83}$$

Con el acimut y la distancia de T a T_1 tendremos datos suficientes para calcular la primera curva

$$\frac{\alpha_1}{2}=\theta_T^{T_1}-\theta_T^V \qquad C=\overline{TT_1}=2R_1 sen\frac{\alpha_1}{2} \quad \rightarrow \quad R_1=\frac{\overline{TT_1}}{2\ sen\ \alpha_1/2} \qquad (84)$$

El centro O_1 de esta curva estará en la misma línea TO y a una distancia R_1 del punto T. El punto O_2, centro de la segunda curva, estará en la línea O_1T_1. Para que la segunda curva sea tangente a VT', la recta O_2T_2 ha de ser perpendicular, al igual que OT'. Con lo que O_2T_2 y OT' son paralelas, y podemos decir que

$$\alpha=\alpha_1+\alpha_2 \quad \rightarrow \quad \alpha_2=\alpha-\alpha_1 \qquad (85)$$

El valor de la tangente VV_1 es igual a

$$\overline{VV_1}=\overline{VT}-\overline{V_1T}=R\tan\frac{\alpha}{2}-R_1\tan\frac{\alpha_1}{2} \qquad (86)$$

En el triángulo VV_1V_2 verificamos que el ángulo VV_1V_2 es α_1 y el ángulo VV_2V_1 es α_2. Entonces por relación de senos

$$\overline{V_1V_2}=\overline{VV_1}\frac{sen\hat{V}}{sen\alpha_2} \qquad (87)$$

$$\overline{VV_2}=\overline{VV_1}\frac{sen\alpha_1}{sen\alpha_2} \qquad (88)$$

Ahora calculamos la tangente de la segunda curva

$$\overline{T_1V_2}=\overline{V_1V_2}-\overline{V_1T_1} \qquad (89)$$

De este modo obtenemos el radio R_2

$$R_2=\frac{\overline{T_1V_2}}{\tan\ \alpha_2/2} \qquad (90)$$

Este problema también se puede resolver por proyecciones. Para no repetir el inicio del problema anterior damos por conocidos VT, R_1, α_1, α_2. Queremos hallar VT_2, R_2. Proyectamos sobre la rectas VT y OT, los puntos O_2 y T_2, con lo que obtenemos los puntos C, D y E, F, respectivamente.

$$\overline{VT}=\overline{VD}+\overline{DC}+\overline{CT} \qquad (91)$$

En el triángulo A de la figura 4.30

$$\overline{VD} = \overline{VT_2} \cos \hat{V} \tag{92}$$

En el triángulo B

$$\overline{DC} = \overline{T_2O_2} \ sen \ \hat{V} = R_2 \ sen \ \hat{V} \tag{93}$$

Y en el triángulo C

$$\overline{CT} = \overline{O_2O_1} \ sen \ \alpha_1 = (R_1 - R_2) \ sen \ \alpha_1 \tag{94}$$

La recta TO_1 se puede descomponer del siguiente modo

$$\overline{TO_1} = R_1 = \overline{TF} - \overline{EF} + \overline{EO_1} \tag{95}$$

En el triángulo A

$$\overline{TF} = \overline{VT_2} sen \hat{V} \tag{96}$$

En el triángulo B

$$\overline{EF} = R_2 \cos \hat{V} \tag{97}$$

Y finalmente en el triángulo C

$$\overline{EO_1} = (R_1 - R_2) \ \cos \alpha_1 \tag{98}$$

De este modo obtenemos dos expresiones, una para VT y otra para R_1. Estas son dos ecuaciones con dos incógnitas, VT_2 y R_2, puesto que el resto de los datos son conocidos.

$$\begin{aligned} \overline{VT} &= \overline{VT_2} \ \cos \hat{V} + R_2 \ sen \hat{V} + (R_1 - R_2) \ sen \alpha_1 \\ R_1 &= \overline{VT_2} \ sen \hat{V} - R_2 \ \cos \hat{V} + (R_1 - R_2) \ \cos \alpha_1 \end{aligned} \tag{99}$$

Multiplicando y dividiendo en ambas expresiones, hacemos que los términos de VT_2 sean iguales. Así podremos restar las ecuaciones y despejar R_2.

4.9.2 Curvas de tres centros

En las curvas de tres centros podemos distinguir dos casos distintos:

a) Simétricas. (Dos curvas de igual radio y desarrollo, con una curva de radio menor entre ellas)
b) Asimétricas: (Tres curvas de distinto radio y desarrollo, y colocadas en orden creciente o decreciente)

a)   Curvas de tres centros simétricas

Plantearemos el problema dando por conocidos los radios de las tres curvas R_1, R_2 y R_3, (Fig. 4.31),

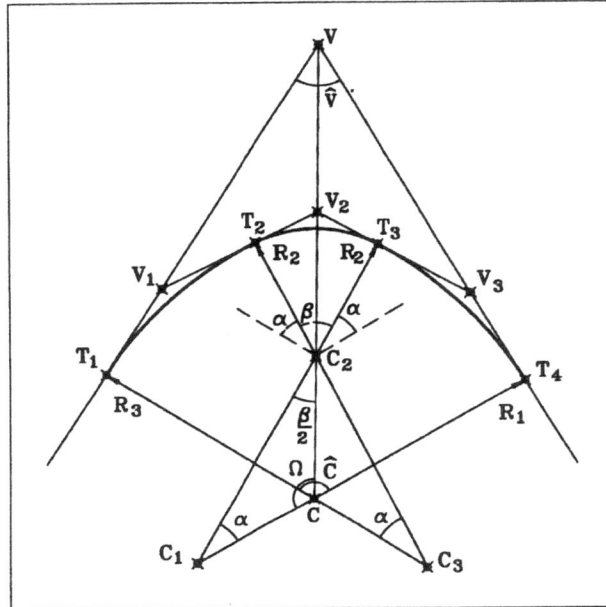

Fig. 4.31

y las alineaciones en las que queremos encajar el conjunto de curvas. También debemos conocer el desarrollo correspondiente al radio pequeño R_2. La razón de escoger éste como dato de partida, es debido a que se procura que el arco central, de radio más pequeño, tenga el menor desarrollo posible, escogiéndolo con este criterio. Conocido entonces dicho desarrollo, podremos deducir su ángulo en el centro.

Para encajar la figura necesitamos hallar las distancias desde V a T_1 y T_4, comienzo y final del conjunto, llamadas también *tangentes totales*. Y por último las tangentes particulares de cada curva.

Enumeramos entonces los datos conocidos: $R_1 = R_3$; R_2 ; $\hat{V}$; $\hat{c}_2 = \beta$

El ángulo $\hat{V}$ lo deducimos de las dos alineaciones VT_1 y VT_4, que conocemos. Si trazamos por el punto C_2 las paralelas a C_3T_1 y C_1T_4, como vemos en el dibujo, tendremos el mismo ángulo $\hat{c}$ y podremos deducir α

$$\hat{C} = \alpha + \beta + \alpha = 200 - \hat{V} \qquad \rightarrow \qquad \alpha = \frac{200 - \hat{V} - \beta}{2} \qquad\qquad (100)$$

En el triángulo C_2C_1C se cumple

$$\Omega = 200 - \frac{\beta}{2} - \alpha \qquad \overline{C_1 C_2} = R_1 - R_2 \tag{101}$$

Por relación de senos

$$\overline{CC_1} = \overline{C_1 C_2} \frac{sen\ \beta/2}{sen\ \Omega} = \overline{CC_3} \tag{102}$$

$$\overline{CT_1} = R_3 - \overline{CC_3} = \overline{CT_4} \tag{103}$$

Con CT_1 podemos ya calcular las tangentes totales

$$\overline{VT_1} = \overline{VT_4} = \overline{CT_1} \tan\frac{\hat{C}}{2} = \frac{\overline{CT_1}}{\tan\dfrac{V}{2}} \tag{104}$$

Por otro lado son de resolución inmediata las tangentes particulares

$$\overline{T_1 V_1} = \overline{V_1 T_2} = \overline{T_3 V_3} = \overline{V_3 T_4} = R_3 \tan\frac{\alpha}{2} \tag{105}$$

$$\overline{T_2 V_2} = \overline{V_2 T_3} = R_2 \tan\frac{\beta}{2} \tag{106}$$

b) Curvas de tres centros asimétricas

En este caso necesitaremos conocer los radios de las tres curvas R_1, R_2 y R_3, así como sus desarrollos (Fig. 4.32). Lógicamente tendremos las dos alineaciones en las que tenemos que encajar la figura, con las que deduciremos el ángulo $\hat{V}$.

A partir de los desarrollos de las tres curvas determinamos sus respectivos ángulos en el centro α_1, α_2 y α_3, habiendo de cumplir obligadamente la condición

$$\hat{V} = 200 - \alpha_1 - \alpha_2 - \alpha_3 \tag{107}$$

Calculamos las tangentes particulares

$$\overline{T_1 V_1} = \overline{V_1 T_2} = R_1 \tan\frac{\alpha_1}{2} \qquad \overline{T_2 V_2} = \overline{V_2 T_3} = R_2 \tan\frac{\alpha_2}{2} \qquad \overline{T_3 V_3} = \overline{V_3 T_4} = R_3 \tan\frac{\alpha_3}{2} \tag{108}$$

En el triángulo $MV_2 V_3$, conocemos los ángulos en V_2 y V_3, y el lado comprendido entre estos dos puntos

$$\overline{V_2 V_3} = \overline{V_2 T_3} + \overline{T_3 V_3} \tag{109}$$

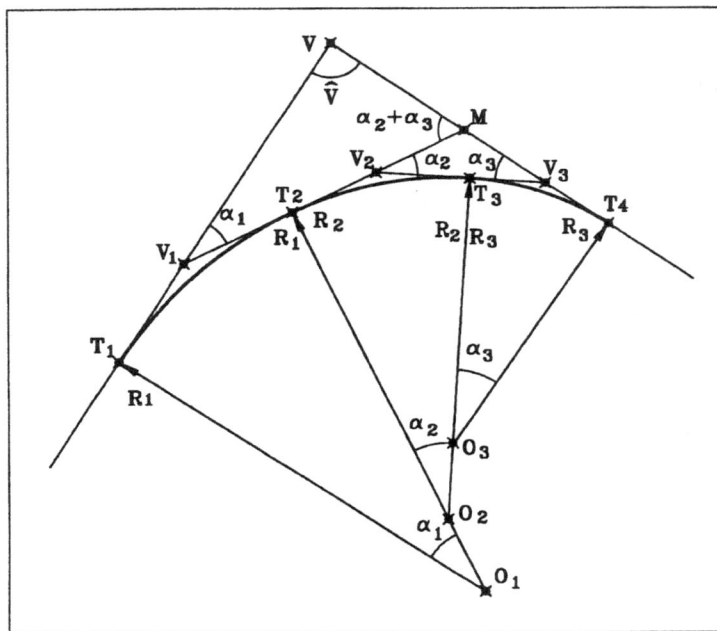

Fig. 4.32

Con lo que por relación de senos

$$\overline{MV_2} = \overline{V_2 V_3}\ \frac{sen\,\alpha_3}{sen(\alpha_2 + \alpha_3)} \qquad\qquad \overline{MV_3} = \overline{V_2 V_3}\ \frac{sen\,\alpha_2}{sen(\alpha_2 + \alpha_3)} \qquad\qquad (110)$$

En el triángulo VV_1M conocemos los ángulos en V_1 y M, y el lado entre estos dos puntos

$$\overline{V_1 M} = \overline{V_1 V_2} + \overline{V_2 M} = \overline{V_1 T_2} + \overline{T_2 V_2} + \overline{V_2 M} \qquad\qquad (111)$$

Por relación de senos

$$\overline{VV_1} = \overline{V_1 M}\ \frac{sen\,(\alpha_2 + \alpha_3)}{sen\,V} \qquad\qquad \overline{VM} = \overline{V_1 M}\ \frac{sen\,\alpha_1}{sen\,V} \qquad\qquad (112)$$

Y así obtendremos la tangentes totales del sistema

$$\overline{VT_1} = \overline{V_1 T_1} + \overline{VV_1} \qquad\qquad \overline{VT_4} = \overline{V_3 T_4} + \overline{MV_3} + \overline{MV} \qquad\qquad (113)$$

4.10   La instrucción de carreteras y la curva circular

La instrucción de carreteras consta de un conjunto de normas que regulan el proyecto y la ejecución de todo tipo de obras de carreteras. Fueron editadas por el Ministerio de Obras Públicas y son de obligado cumplimiento en todos los viales de uso público.

Consta de diversos apartados en los que trata temas tan distintos como los firmes, las obras de drenaje o las de fábrica. Existe un apartado denominado "3.1 IC", que está dedicado exclusivamente al aspecto geométrico de los proyectos de carreteras.

Una de estas normas es la que, en función de la velocidad específica y el peralte, nos da el radio mínimo para las curvas circulares de un determinado tramo de carretera (cuadro 5, pág. 10 de la 3.1 IC).

Se define *velocidad específica de una curva circular*, la máxima velocidad que puede mantenerse en condiciones de seguridad en una curva circular de longitud suficiente, cuando las circunstancias metereológicas y de tráfico son tan favorables que las únicas limitaciones vienen determinadas por las características geométricas de la propia curva.

Un dato a tener en cuenta es del radio mínimo de giro (según el Borrador de la Instrucción 3.1-IC/90) para autobuses, que es el vehículo más limitado en el giro, que es de 11 m. Para camiones es de 10.65 m, para automóviles es de 5 m y para vehículos articulados de 6.55 m.

4.11   Ejercicios

1)   Supuesta una cuerda *AB* de *208.96 m* de longitud de una curva circular de radio *165.3 m*, calcular la abcisa y la ordenada sobre la cuerda de un punto *P* cuya distancia a *A* en desarrollo es de *89.418m*.

2) Dado el arco *ABP* de desarrollo *222.319 m* y radio *89.221 m*, sabemos que el acimut de la recta *MA*, normal a la curva, es de *345.0010 ^{g}* y el de la cuerda *AB* es de *105.0788^g*. Calcular *BH* y *HP*, siendo el ángulo *BHP* igual a *100^g* (Fig.4.33).

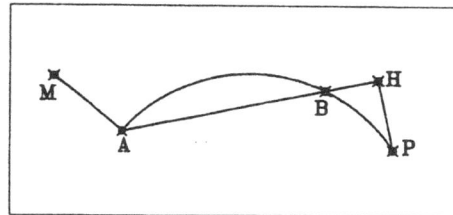

Fig. 4.33

3)   Dadas las alineaciones *AB* y *BC*, calcular el radio que pasa por *A, B* y *C*.
   AB=148.769 m   *BC=148.139 m*   *B̂=160.2795^g*

4)   Dado el triángulo *ABC* del cual conocemos los lados, calcular el radio de la curva circular inscrita en dicho triángulo.

$a=223.723\ m$ $b=258.986\ m$ $c=221.788\ m$

5)   Dados tres puntos *A, B* y *C*, de coordenadas conocidas calcular el radio de la curva circular que pasa por dichos puntos.

$X_A=312.331\ m$ $X_B=306.942\ m$ $X_C=402.844\ m$
$Y_A=1070.041\ m$ $Y_B=940.917\ m$ $Y_C=969.760\ m$

6)   Dadas dos alineaciones *VA* y *VB* y un punto *D*, calcular los radios de las dos curvas que pasan por el punto *D* y son tangentes a las alineaciones *VA* y *VB*.

$X_V=349.791\ m$ $X_D=301.015\ m$ $\theta\ VA=240.9310^g$
$Y_V=847.240\ m$ $Y_D=761.562\ m$ $\theta\ VB=175.6284^g$

7)   Dada la curva circular de centro en *C* y que pasa por el punto *P*, y la recta formada por los puntos *A* y *B*. Calcular el radio de la curva circular tangente a la curva en *P* y tangente a la recta *AB*. Calcular las coordenadas del punto de tangencia en la recta *AB*. Calcular las dos soluciones posibles.

$X_P=405.948\ m$ $X_A=232.402\ m$ $X_B=428.780\ m$ $X_C=464.223\ m$
$Y_P=366.818\ m$ $Y_A=277.817\ m$ $Y_B=249.474\ m$ $Y_C=387.025\ m$

8)   Según la figura y sus datos, una curva circular de radio *75 m*, es tangente en *T* a la alineación *VT*. Por el punto *A* pasa una línea recta orientada según la figura. Calcular los ángulos de bisección sobre la base *MN* para el replanteo del punto *P*, intersección de la curva circular con la recta (Fig. 4.34).[1]

$X_T=185\ m$ $X_A=230\ m$ $X_M=190\ m$ $X_N=240\ m$ $\theta\ VT=140.9666^g$
$Y_T=155\ m$ $Y_A=195\ m$ $Y_M=185\ m$ $Y_N=165\ m$ $\theta\ AP=231.2894^g$

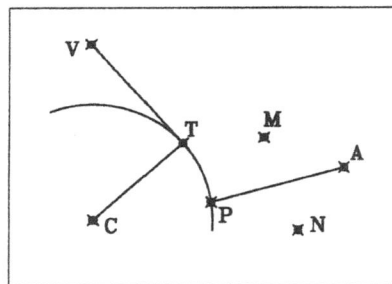

Fig. 4.34

---

[1] Ejercicio de A. Santos Mora

9) Por el punto E pasa una curva circular de radio $R=DE=119.529\ m$, y centro en D. Calcular el radio de la curva que, siendo tangente a la anterior, sea también dicha curva, normal a la alineación AN pasando por el punto A.

$X_E=1047.082\ m$ $\qquad$ $X_A=936.928\ m$ $\qquad$ $\theta\ DE=79.5474^g$

$Y_E=1396.565\ m$ $\qquad$ $Y_A=1558.101\ m$ $\qquad$ $\theta\ NA=106.4631^g$

10) MN es un arco de circunferencia de centro C y radio $60.208\ m$. Calcular el desarrollo del arco MN, resultante de la intersección de la curva circular con las rectas EB y BA (Fig. 4.35).[1]

$X_C=85\ m$ $\qquad$ $X_A=130\ m$ $\qquad$ $X_B=120\ m$ $\qquad$ $X_E=170\ m$

$Y_C=95\ m$ $\qquad$ $Y_A=20\ m$ $\qquad$ $Y_B=80\ m$ $\qquad$ $Y_E=120\ m$

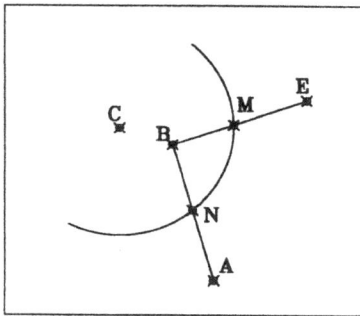

Fig. 4.35

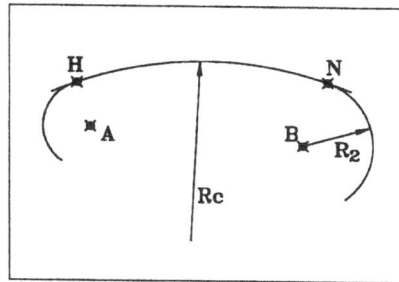

Fig. 4.36

11) Calcular el radio R_C de la curva circular tangente en H a la de centro en A y tangente en N a la de centro en B (Fig. 4-36). Calcular también la otra solución.

$X_H=692.668\ m$ $\qquad$ $X_A=813.651\ m$ $\qquad$ $X_B=1103.034\ m$

$Y_H=954.814\ m$ $\qquad$ $Y_A=829.248\ m$ $\qquad$ $Y_B=914.409\ m$ $\qquad$ $R_2=182.456\ m$

12) Dada la recta TT', tangente a dos curvas circulares de centros O_1 y O_2, calcular las coordenadas de los puntos de tangencia A y B. (Fig. 4.37)

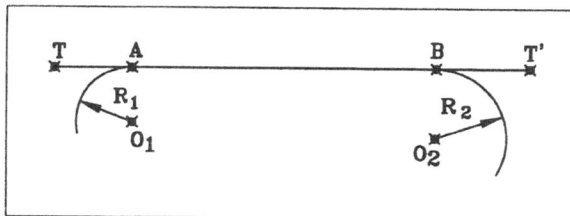

Fig. 4.37

$X_{O1}=752.913\ m$ $\qquad$ $X_{O2}=1026.250\ m$ $\qquad$ $R_1=57.894\ m$

$Y_{O1}=471.861\ m$ $\qquad$ $Y_{O2}=428.866\ m$ $\qquad$ $R_2=43.860\ m$

13) Tenemos dos alineaciones rectas paralelas, calcular los radios de las dos curvas tangentes en *B* y *D* a las dos rectas respectivamente y tangentes entre sí (Fig. 4.38).

$X_B=766.919\ m$ $X_C=835.691\ m$ $X_D=984.309\ m$

$Y_B=361.909\ m$ $Y_C=359.647\ m$ $Y_D=93.674\ m$ $\theta\ AB = 73.7300$ [g]

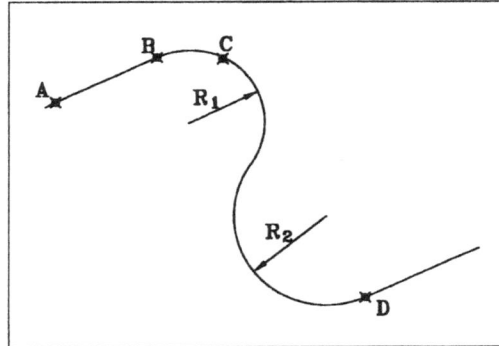

Fig. 4.38

14) Para hacer la transición de uno a dos carriles en una carretera se pretende encajar dos curvas circulares entre dos alineaciones rectas paralelas con una separación de *3.50 m* , que forman curva y contra curva, tangentes a ambas rectas y tangentes entre sí. Con la condición de que la distancia proyectada sobre una de las rectas, entre el punto tangente de entrada de la primera y el punto tangente de salida de la segunda sea igual a *40 m*. O, lo que es lo mismo, la longitud de transición es de *40 m*. Calcular los radios iguales de las dos curvas. [2]

15) Calcular los radios de las dos curvas de arcos *BM* y *MC*, tangentes respectivamente a la recta *AB* en *B*, y a la recta *ED* en *C* y tangentes entre sí en el punto *M* (Fig. 4.39).

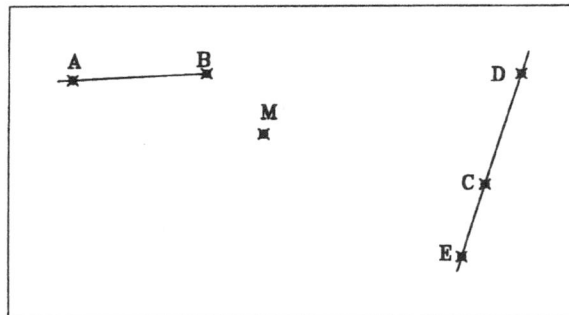

Fig. 4.39

<hr/>

[2] Ejercicio de A. Santos Mora.

$X_A = 1300.500 \ m \ \ X_B = 1394.766 \ m \ \ X_D = 1612.509 \ m \ \ X_E = 1571.887 \ m \ \ X_M = 1433.834 \ m$

$Y_A = 1579.684 \ m \ \ Y_B = 1584.594 \ m \ \ Y_D = 1584.603 \ m \ \ Y_E = 1454.091 \ m \ \ Y_M = 1541.315 \ m$

16) Calcular los radios R_1 y R_2 de los arcos AB y BD que cumplan con la condición de ser tangentes entre sí en el punto B y que la recta AV sea tangente al arco AB en A, y la recta VD tangente al arco BD en D. Calcular también la tangente total que falta (Fig. 4.40).

$\theta \ AV = 24.8726^g$ $\quad \theta \ AB = 63.3061^g$ $\quad \theta \ DV = 381.1862^g$

$AB = 50.770 \ m$ $\qquad\qquad AV = 145.927 \ m$

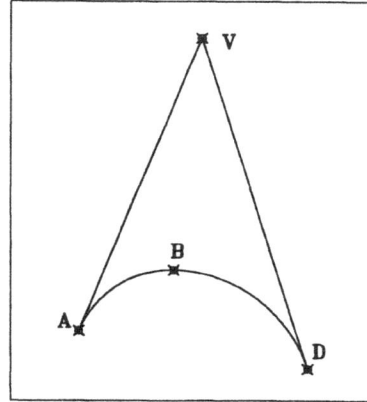

Fig. 4.40

17) Dada la curva circular de tres centros que pasa por los puntos T_1, T_2, T_3 y T_4, calcular los datos necesarios para su encaje. El arco T_1-T_2 es igual al arco T_3-T_4, y tiene un radio de *206.075 m*. El arco T_2-T_3 tiene un radio de *67.362 m* y un ángulo en el centro de *80.9805^g*. El ángulo en V es *36.5828^g* (Fig. 4.41).

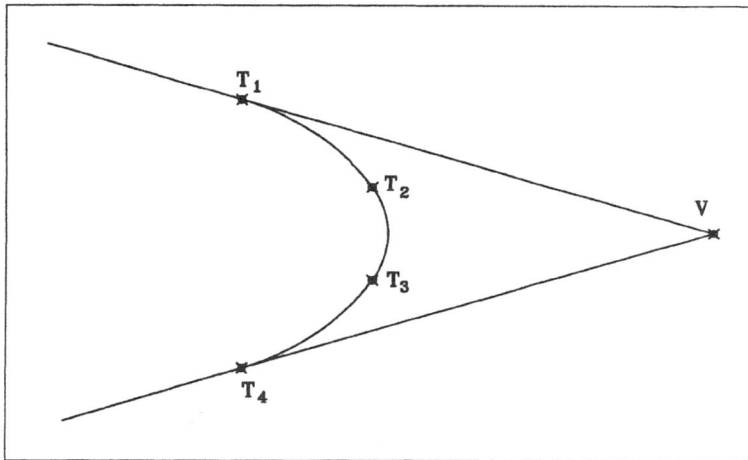

Fig. 4.41

18) Calcular las coordenadas y los *PK* de las tangentes de las curvas circulares del estado de alineaciones de la figura. La curva de vértice V_3 es una curva de dos centros, tangentes entre sí en T'_3. Calcular esta curva por el método de proyecciones (Fig. 4.42).

$X_{VI} = 461.53\ m$ $X_{V2} = 786.77\ m$ $X_{V3} = 1279.58\ m$ $X_{T'3} = 1185.98\ m$

$Y_{VI} = 2095.34\ m$ $Y_{V2} = 1879.85\ m$ $Y_{V3} = 2115.40\ m$ $Y_{T'3} = 2046.37\ m$

$\hat{v}_1 = 111.6828^g$ $\hat{v}_3 = 118.8328^g$ *Ángulo* $V_3T_3T'_3 = 15.7003^g$

$PK_{T3'} = 1863.423\ m$ $T_3\text{-}V_3 = 201.278\ m$ $T_3\text{-}T'_3 = 89.776\ m$ $R_1 = 209.900\ m$

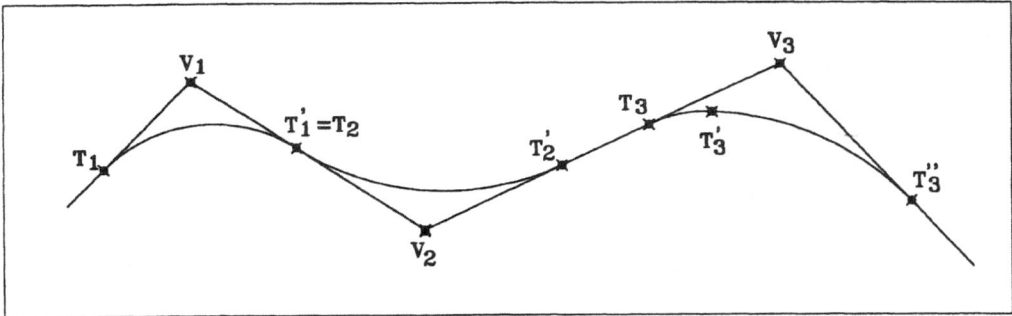

Fig. 4.42

5 La clotoide

5.1 Curvas de transición

Son aquellas curvas que permiten una variación gradual decreciente del radio de curvatura.

Su utilización más común es en el proyecto de carreteras, como enlace entre alineaciones rectas y curvas circulares, con el propósito de suavizar el encuentro de una curva de radio infinito, como es la recta, con una curva circular de un radio determinado (Fig. 5.1).

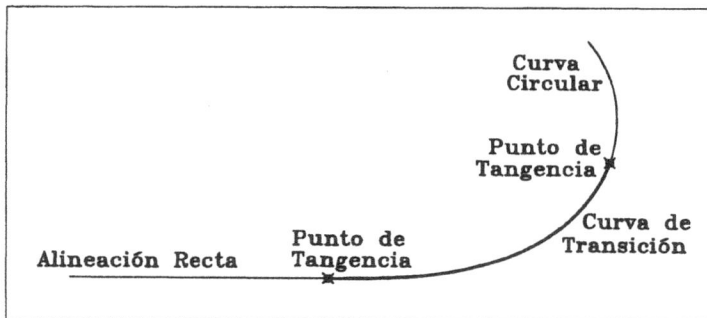

Fig. 5.1

La fuerza centrífuga se define mediante la expresión:

$$F_c = \frac{M \cdot v^2}{R} \tag{1}$$

Donde : F_c es la fuerza centrífuga, M es la masa del móvil, v es la velocidad de dicho móvil y R el radio de la curva.

F_c es igual a 0 en una recta, pero al entrar en una curva adquiere de pronto un valor determinado, lo cual hace que un vehículo corra el riesgo de salirse a la entrada de la curva, si no reduce la velocidad con lo cual disminuiría el valor de F_c, como puede verse en la ecuación anterior.

Una curva de transición se asemeja a la trayectoria que recorre un vehículo cuando, al pasar de recta a curva, se va ejerciendo una presión constante y creciente sobre el giro del volante y al mismo tiempo se va desacelerando de forma gradual.

Con este tipo de curvas, al tener una variación decreciente del radio, la fuerza centrífuga aumenta también de manera gradual. Así se pueden evitar los accidentes, debidos a un exceso de velocidad, cuando a la entrada de una curva, la fuerza centrífuga aparece bruscamente expulsando al vehículo de la calzada.

5.1.1   Ventajas de las curvas de transición

Como decíamos antes, se utiliza mucho en la construcción de carreteras, y es en ellas donde tiene más ventajas. Pero también se usan en líneas de ferrocarril, vías fluviales y en muchos tipos de trazados longitudinales.

Permite una marcha regular y cómoda. Incluso se llega a sustituir trazados de grandes rectas por sucesiones de clotoides. De este modo el conductor se ve obligado a ir girando el volante, con lo que se evita el adormecimiento que produce una marcha sin variaciones de ningún tipo.

Su adaptación al paisaje es excelente, reduce los movimientos de tierra con respecto a un trazado clásico de rectas y círculos, y de este modo su impacto ambiental es considerablemente menor.

Mejora la perspectiva desde el punto de vista del conductor. En los pasos tradicionales de recta a círculo aparece un codo que impide ver a una mínima distancia de seguridad, y que obliga al conductor a reducir por ignorar lo que puede aparecer más adelante. Por el contrario las curvas de transición permiten una visión a mayor distancia, y le dan al conductor la sensación de un camino perfectamente regular.

También son utilizadas en los proyectos de ferrocarriles. En principio podemos decir que tiene muchas de las ventajas que ya hemos comentado para carreteras, como la adaptación al terreno y la regularidad en la marcha. Desde siempre, ha sido necesario hacer uso de curvas de radios muy grandes para evitar las sacudidas que se producen en el tren al pasar de recta a círculo. También se producían mayores desgastes en el carril exterior de una curva e incluso desplazamientos de la vía, con el consiguiente coste de mantenimiento. Estos problemas se reducen con las curvas de transición.

Por último, digamos que son utilizadas en vías fluviales, aunque en menor medida, por las mismas razones de adaptación al paisaje y reducción del movimiento de tierras.

5.1.2 Tipos de curvas de transición

Las curvas de transición más utilizadas son las siguientes:
a. Lemmniscata
b. La parábola cúbica
c. La clotoide

Esta última es la curva que nosotros vamos a estudiar en profundidad.

5.2 La clotoide

Conocida también como espiral de Cornú, fue analizada el 1860 por Max von Leber y aplicada en la ingeniería 1937 por L. Oerley. Tiene como principal característica el hecho de que su radio disminuye proporcionalmente a la longitud de su desarrollo. Es una curva cuya curvatura varía proporcionalmente con la longitud de su desarrollo, siendo cero al comienzo de la misma. Así pues, posee la propiedad de que un móvil que la recorra a velocidad constante experimenta una variación uniforme de la aceleración centrífuga.

Es el lugar geométrico de los puntos del plano en los que el desarrollo desde el punto inicial de la curva L, tangente a una recta, por el radio R en ese punto es igual a un cierto valor elevado al cuadrado, llamado parámetro A.

$$L \cdot R = A^2 \qquad (2)$$

Esto quiere decir que, en una clotoide, el producto del desarrollo L (para un punto determinado) por el radio R (en ese mismo punto) es el mismo en todos los puntos de la curva.

Por lo tanto el parámetro A expresa unívocamente el tamaño de la clotoide. Podemos decir, entonces, que todas las clotoides son semejantes entre sí y homotéticas respecto del punto de curvatura nula, siendo A el factor de homotecia.

Si observamos la figura 4.2, en la que hay dibujadas una serie de clotoides que parten todas del mismo punto C, podemos ver que trazando una recta cualquiera desde el punto C que corte a todas las clotoides, tendremos una serie de puntos P_1, P_2, P_3 ..., sobre los cuales se cumple que $A_i^2 = R_i L_i$ y además existe un factor de proporcionalidad entre los parámetros de cada una de las clotoides así

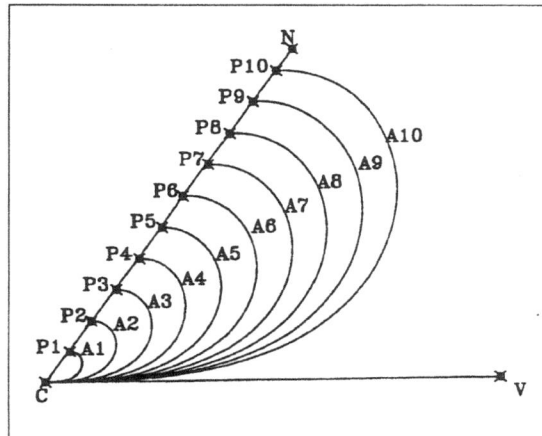

Fig. 5.2

como entre los R_i y L_i correspondientes.

La curva se utiliza, generalmente, solo en su tramo inicial, con lo que no puede apreciarse su característica de espiral. De este modo enlaza una recta en el punto inicial y en el punto final con una curva del mismo radio que tiene la clotoide en ese momento.

5.2.1 Elementos de la curva.

Sobre la figura 5.3 podemos distinguir los siguientes elementos:
CPF = *Arco de clotoide* = L (desarrollo)
R = *Radio del círculo a enlazar*
F = *Punto final de la clotoide*. Tangente clotoide-círculo.(El radio de la clotoide en éste punto es R)
C = *Punto inicial*. Tangente recta-clotoide. (El radio de la clotoide en éste punto es infinito)
O = *Centro del círculo de enlace*
M = *Punto intersección de las tangentes en C y F*
CH = X *Abscisa de F*
HF = Y *Ordenada de F*

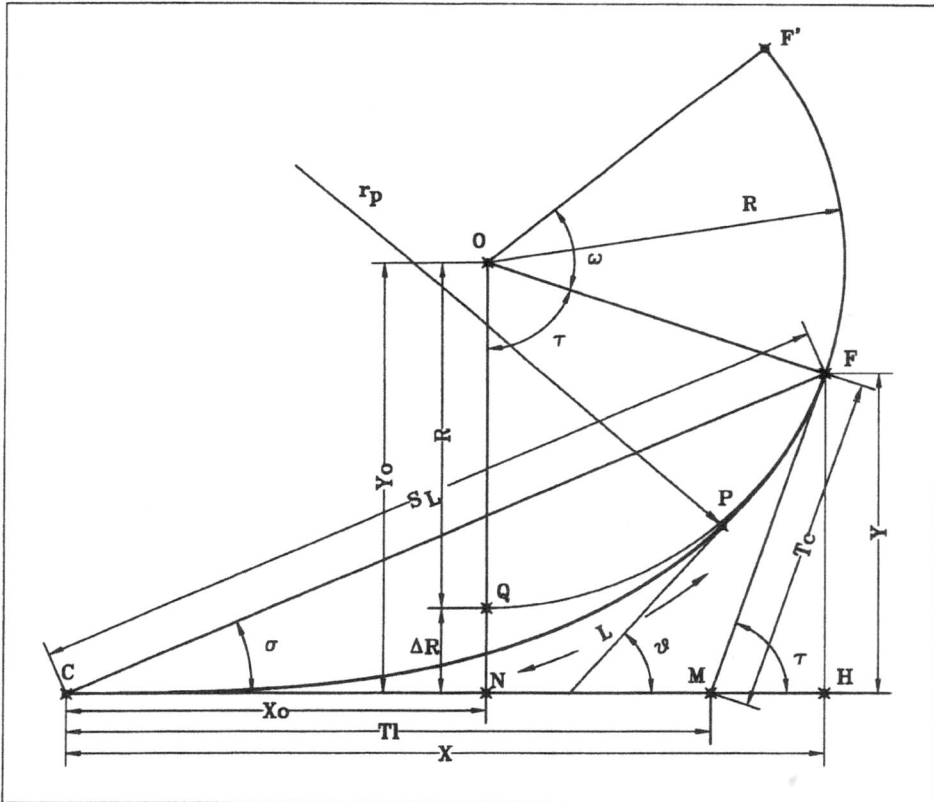

Fig. 5.3

CN = X$_o$ *Abscisa de O*
NO = Y$_o$ *Ordenada de O*
QN = ΔR *Retranqueo*
MF = T$_c$ *Tangente corta*
CM = T$_L$ *Tangente larga*
τ → *Ángulo que forman las dos tangentes en el punto M*
CF = S$_L$ *Cuerda del punto F*
σ → *Ángulo polar del punto F*
θ → *Ángulo que forman la recta CM y la tangente a la clotoide en un punto cualquiera P*
r$_p$ → *Radio de curvatura en P.* Dicho de otro modo, es el radio de la curva circular que es tangente a la clotoide en ese punto.
l → *Desarrollo del arco CP*
FF' = *Arco de círculo tangente a la clotoide de ángulo ω*

5.2.2 Cálculo de los elementos de una clotoide

Partimos de la ecuación fundamental de la clotoide (2). En cualquier punto de la curva se cumplirá igualmente que

$$r \cdot l = A^2 \quad \rightarrow \quad r \cdot l = R \cdot L \tag{3}$$

En un sector diferencial

$$dl = r \cdot d\theta \tag{4}$$

Puesto que al ser r muy grande su variación es despreciable (Fig. 5.4A). Despejando r y sustituyendo en la ecuación anterior

$$\frac{dl}{d\theta} \cdot l = R \cdot L \quad \rightarrow \quad d\theta = \frac{l \cdot dl}{R \cdot L} \tag{5}$$

Integrando

$$\theta = \frac{l^2}{2 \cdot R \cdot L} + C \tag{6}$$

Pero $C = 0$ porque $\theta = 0$ cuando $l = 0$. Queda definitivamente

$$\theta = \frac{l^2}{2 \cdot R \cdot L} \tag{7}$$

Valor de θ en radianes. Pero en el punto *F*, $\theta = \tau$ y $l = L$. Luego

$$\tau = \frac{L^2}{2 \cdot R \cdot L} = \frac{L}{2 \cdot R} \tag{8}$$

Si ahora sustituimos *L* por su expresión en función de *A* y de *R*, tendremos

$$\tau = \frac{A^2 / R}{2R} = \frac{A^2}{2R^2} \quad \rightarrow \quad R = \frac{A}{\sqrt{2\tau}} \tag{9}$$

Así tenemos relacionados el parámetro *A*, el radio *R* y el desarrollo *L* con el valor angular *τ*.

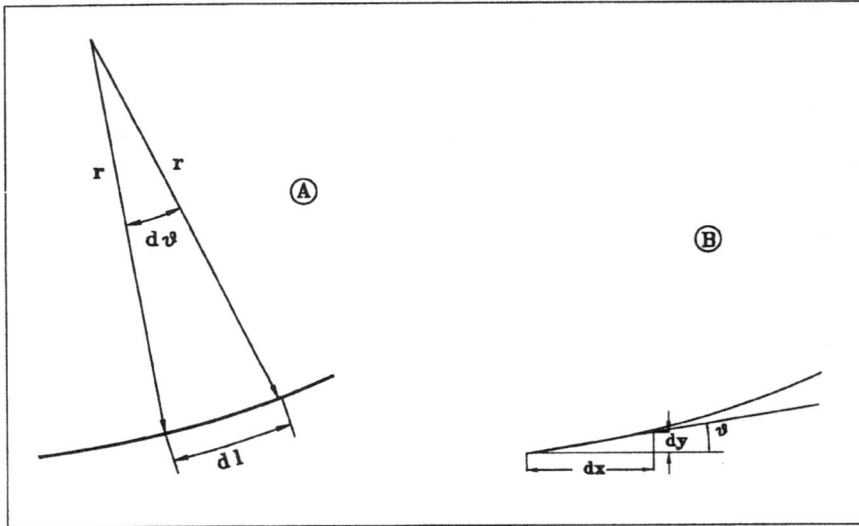

Fig. 5.4

Por otro lado en un sector diferencial y según la figura 5.4B

$$\cos\theta = \frac{dx}{dl} \qquad\qquad dx = \cos\theta\cdot dl \qquad (10)$$

Aplicando el desarrollo en serie del coseno

$$dx = \sum \frac{(-1)^{(n+1)}\ \theta^{(2n-2)}}{(2n-2)!} dl \qquad (11)$$

Sustituimos la expresión (7) y obtenemos

$$\partial x = \sum \frac{(-1)^{(n+1)}\ l^{(4n-4)}}{(2n-2)!\ (2\cdot R\cdot L)^{(2n-2)}} \partial l \qquad (12)$$

Si integramos esta expresión y sabiendo que

$$\int l^{(4n-4)} \partial l = \frac{l^{(4n-3)}}{(4n-3)} + C \qquad (13)$$

Como $x=0$ cuando $l=0$, $C=0$, nos queda definitivamente

$$X = \sum \frac{(-1)^{(n+1)}\ l^{(4n-3)}}{(4n-3)\cdot(2n-2)!\cdot(2\cdot R\cdot L)^{(2n-2)}} \qquad (14)$$

Para los cuatro primeros términos tendremos

$$X = l - \frac{l^5}{5\cdot2!(2RL)^2} + \frac{l^9}{9\cdot4!(2RL)^4} - \frac{l^{13}}{13\cdot6!(2RL)^6} + \cdots \quad\Rightarrow\quad X = l - \frac{l^5}{10\cdot(2RL)^2} + \frac{l^9}{216\cdot(2RL)^4} - \frac{l^{13}}{9360\cdot(2RL)^6} \quad (15)$$

Para deducir la Y partimos nuevamente de la figura 4.4A

$$sen\ \theta = \frac{dy}{dl} \quad \rightarrow \quad dy = sen\ \theta \cdot dl \tag{16}$$

Aplicando ahora el desarrollo en serie del seno

$$dy = \sum \frac{(-1)^{(n+1)}\ \theta^{(2n-1)}}{(2n-1)!} dl \tag{17}$$

Sustituimos (7) de nuevo y tendremos

$$dy = \sum \frac{(-1)^{(n+1)}\ l^{(4n-2)}}{(2n-1)!(2RL)^{(2n-1)}} dl \tag{18}$$

Integrando igual que antes obtenemos la expresión definitiva para el valor de y

$$Y = \sum \frac{(-1)^{(n+1)}\ l^{(4n-1)}}{(2n-1)!(4n-1)(2RL)^{(2n-1)}} \tag{19}$$

Para los cuatro primeros términos tendremos

$$Y = \frac{l^3}{3(2RL)} - \frac{l^7}{7\cdot3!(2RL)^3} + \frac{l^{11}}{11\cdot5!(2RL)^5} - \frac{l^{15}}{15\cdot7!(2RL)^7} + \cdots \quad \rightarrow \quad Y = \frac{l^3}{3\cdot(2RL)} - \frac{l^7}{42\cdot(2RL)^3} + \frac{l^{11}}{1320\cdot(2RL)^5} - \frac{l^{15}}{75600\cdot(2RL)^7} + \cdots \tag{20}$$

De este modo ya podemos conocer la X e Y de cualquier punto, siempre y cuando conozcamos su parámetro A (o R y L) y el desarrollo l del punto en concreto. Además si en estas expresiones sustituimos l por el *Desarrollo total L*, obtendremos los valores de X y de Y correspondientes al punto F.

En función de X y de Y dispondremos de las expresiones que determinan el resto de los elementos de la clotoide. Analizando la figura 5.3

$$\sigma = \arctan\frac{Y}{X} \qquad\qquad S_L = \sqrt{X^2 + Y^2} \tag{21}$$

$$\overline{CN} = X_0 \qquad \overline{CN} = \overline{CH} - \overline{NH} \quad \rightarrow \qquad X_0 = X - R\cdot sen\ \tau \tag{22}$$

$$\overline{QN} = \Delta R \qquad \overline{QN} = \overline{ON} - \overline{OQ} \quad \rightarrow \qquad \Delta R = (R\cos\tau + Y) - R \tag{23}$$

$$T_c = \frac{Y}{sen\ \tau} \tag{24}$$

$$\overline{CM} = T_L \qquad \overline{CM} = \overline{CH} - \overline{MH} \qquad \rightarrow \qquad T_L = X - \frac{Y}{\tan \tau} = X - T_C \cos \tau \qquad (25)$$

En muchos casos, estas ecuaciones no son útiles por no conocer alguno de los datos necesarios para su cálculo. Por eso se usan los valores unitarios de los elementos de la clotoide respecto del radio. Es decir, las expresiones que definen cada uno de los elementos dividido por el radio.

Para el punto F se cumple que $l = L$, luego X será igual a

$$X = \sum \frac{(-1)^{(n+1)} \; L^{(4n-3)}}{(4n-3) \cdot (2n-2)! \cdot (2 \cdot R \cdot L)^{(2n-2)}} \qquad (26)$$

Dividiendo por R

$$\frac{X}{R} = \sum \left(\frac{(-1)^{(n+1)}}{(4n-3) \cdot (2n-2)!} \right) \cdot \left(\frac{L^{(4n-3)}}{R \cdot (2RL)^{(2n-2)}} \right) \qquad (27)$$

Si ahora multiplicamos y dividimos por $2L$

$$\frac{X}{R} = \sum \left(\frac{(-1)^{(n+1)}}{(4n-3) \cdot (2n-2)!} \right) \cdot \left(\frac{2 \cdot L^{(4n-2)}}{(2RL)^{(2n-1)}} \right) \qquad (28)$$

Y como

$$\tau^{(2n-1)} = \frac{L^{(4n-2)}}{(2RL)^{(2n-1)}} \qquad (29)$$

Lo sustituimos en la expresión (28) y nos queda

$$\frac{X}{R} = \sum 2 \frac{(-1)^{(n+1)} \; \tau^{(2n-1)}}{(4n-3) \cdot (2n-2)!} \qquad (30)$$

Tomamos los cinco primeros términos del desarrollo, suficientes para la precisión que necesitamos usualmente

$$\frac{X}{R} = 2\tau - \frac{2\tau^3}{10} + \frac{2\tau^5}{216} - \frac{2\tau^7}{9360} + \frac{2\tau^9}{685440} \qquad (31)$$

Si partimos de nuevo, ahora para el valor de Y

$$Y = \sum \frac{(-1)^{(n+1)} \; L^{(4n-1)}}{(4n-1) \cdot (2n-1)! \cdot (2RL)^{(2n-1)}} \qquad (32)$$

Dividiendo por R

$$\frac{Y}{R} = \sum \left(\frac{(-1)^{(n+1)}}{(4n-1) \cdot (2n-1)!} \right) \cdot \left(\frac{L^{(4n-1)}}{R \cdot (2RL)^{(2n-1)}} \right) \qquad (33)$$

Si ahora multiplicamos y dividimos por $2L$

$$\frac{Y}{R} = \sum \left(\frac{(-1)^{(n+1)}}{(4n-1)\cdot(2n-1)!} \right) \cdot \left(\frac{2\cdot L^{(4n)}}{(2RL)^{(2n)}} \right) \tag{34}$$

Y como

$$\tau^{(2n)} = \frac{L^{(4n)}}{(2RL)^{(2n)}} \tag{35}$$

Lo sustituimos en la expresión anterior con lo que nos queda

$$\frac{Y}{R} = \sum 2 \frac{(-1)^{(n+1)} \; \tau^{(2n)}}{(4n-1)(2n-1)!} \tag{36}$$

Cogiendo los cinco primeros términos del desarrollo

$$\frac{Y}{R} = \frac{2\tau^2}{3} - \frac{2\tau^4}{42} + \frac{2\tau^6}{1320} - \frac{2\tau^8}{75600} + \frac{2\tau^{10}}{6894720} \tag{37}$$

Los valores unitarios del resto de los elementos respecto del radio quedan del siguiente modo:

$$\frac{X_O}{R} = \frac{X}{R} - sen\,\tau \tag{38}$$

$$\frac{\Delta R}{R} = \frac{Y}{R} + cos\,\tau - 1 \tag{39}$$

$$\frac{T_C}{R} = \frac{Y/R}{sen\,\tau} \tag{40}$$

$$\frac{T_L}{R} = \frac{X}{R} - \frac{Y/R}{tan\,\tau} \tag{41}$$

Como vemos, estas cuatro expresiones son función de τ.

5.2.3 Métodos de resolución numérica de los elementos de una clotoide

Existen dos maneras de convertir en soluciones numéricas todas las expresiones estudiadas hasta ahora:

1. Mediante *tablas de clotoides*.
2. Mediante el uso de *programas informáticos*.

1. Utilización de las tablas de clotoides

Con el desarrollo de programas informáticos el uso de tablas ha quedado anticuado. De cualquier modo, considero conveniente su aprendizaje, puesto que hacen más fácil la comprensión de algunos de los conceptos aquí estudiados.

Las Tablas más conocidas son las tituladas *Curvas de Transición en Carreteras (Manual de Clotoides)* de Alfred Krenz y Horet Osterloh, editado por Tecnos. Actualmente agotadas.

Están clasificadas en 5 grupos:
  I Determina todos los elementos de la clotoide excepto σ y S_L.
  Ia Determina los elementos σ y S_L
  II Da coordenadas rectangulares de puntos de curva para valores no redondos del parámetro A
  III Da coordenadas rectangulares de puntos de curva para valores redondos del parámetro A
  IV Da coordenadas polares para valores no redondos del parámetro A
  V Da coordenadas polares para parámetros de valor redondo

Las tablas *I* y la *Ia* son las más importantes. Contienen los elementos de 877 clotoides distintas. Los valores tabulados corresponden al valor de cada elemento dividido por el radio. Para entrar en ellas es necesario conocer el radio y uno de los elementos. Se busca el resultado de su división en las tablas y, multiplicando cada uno de los valores tabulados por el radio obtenemos los valores de los elementos. Si el valor buscado no coincide con ninguno de las tablas, se dispone de las diferencias tabulares para poder hacer cualquier interpolación lineal con facilidad. Si no se tiene del radio será necesario al menos disponer del ángulo τ o el ángulo σ.

Las otras cuatro tablas están pensadas para facilitar el cálculo del replanteo. En la tabla *II* se entra con el valor del desarrollo del punto buscado partido por el parámetro. Una vez encontradas la x e y correspondientes se multiplican por el parámetro y obtenemos la X e Y definitivas. La tabla *III* da estos valores directamente para valores redondos del parámetro cada 5 o 10 metros, según el tamaño de la clotoide.

La *IV* y la *V* están fuera de uso, puesto que su función principal era calcular el replanteo desde la tangente de entrada.

2. Utilización de programas informáticos

Existen en el mercado gran cantidad de programas capaces de resolver estos cálculos. Sin embargo, no hace falta disponer de estos programas ni de grandes medios, para poder calcular los elementos de una clotoide sin limitaciones por los datos de partida como ocurre con las tablas en las que el radio es de uso obligado.

A continuación vamos a ver dos programas realizados en Basic para calculadoras programables, concretamente para la calculadora Casio 850, aunque con los ajustes pertinentes puede usarse en cualquier otra máquina u ordenador personal.

Programa de tablas de clotoides

Este programa permite el cálculo de los elementos de cualquier clotoide a partir de dos elementos conocidos, sean los que sean. Al arrancar el programa aparece un menú en el cual se solicita la entrada de dos números (o las letras A y B) correspondientes a los elementos que se presentan en la línea superior (el símbolo ϕ representa a σ que no está en el mapa de caracteres de la calculadora). No hace falta teclear "EXE" después de cada número. Si la pareja de elementos seleccionados requiere una búsqueda iterativa aparecerán en pantalla dos valores que van variando a medida que el programa se acerca a la solución buscada. El primero de ellos corresponde a τ y el segundo al número de iteraciones que lleva contabilizadas el programa. Este número suele llegar a algo más de 20 generalmente, aunque hay casos de más. Para observarlo hay que ir estudiando las variaciones de τ, que se aproximen hacia el valor aproximadamente esperado. Si los valores introducidos son incorrectos puede llegar a agotar el número de iteraciones permitido (45) y saldrá un mensaje de error.

También existen casos en los que puede haber dos soluciones. Entonces el programa pregunta si la opción buscada es mayor de 100^g (valor atípico), a lo que se debe responder con una "S" en caso afirmativo. Hay ocasiones en que la pareja de elementos tiene la particularidad que su cociente da un resultado muy pequeño, y dadas las limitaciones de una calculadora puede ocurrir que el resultado se acerque pero no suficientemente al correcto. En este caso es mejor probar con otros dos elementos. También conviene recordar que si se introducen dos valores sin sentido es probable que el programa no encuentre ninguna solución.

El programa, como respuesta, presenta todos los elementos de la clotoide y los valores unitarios con respecto al radio. Aunque las 66 posibilidades distintas de entrada de datos han sido estudiadas individualmente, puede ocurrir que en algún caso una pareja de datos aparentemente correcta no dé la respuesta deseada, aunque puedo asegurar que esta situación debe ser ya atípica.

Los conceptos en los que se basa el programa se explican en el apartado siguiente.

```
1 REM Tablas de Clotoides
2 REM (Ignacio de Corral Manuel de Villena)
3 REM (EUP Barcelona)
4 REM (Ingenieria Tecnica Topografica)
5 CLS:PRINT TAB(5);"TABLAS DE CLOTOIDES";
6 FOR N=0 TO 200
7 NEXT N
10 CLS:MODE 5:Z=PI+1E-4:B=0:A$=">":K1=0:T$="":D$="":E$="":F$="":CC=1:SET N
15 PRINT "R L A Z  X Y Xo DR Tc Tl Sl ";CHR$(143);:PRINT
20 PRINT "0 1 2 3  4 5 6 7 8 9 A B";
25 T$=INPUT$(2)
30 IFT$<>""GOTO 40
35 GOTO 25
40 IF T$="AB" OR T$="BA" THEN T$="99":CLS:GOSUB 710:GOSUB 711:GOTO 100
45 IF LEFT$(T$,1)="A" OR LEFT$(T$,1)="B" THEN T$= RIGHT$(T$,1)+LEFT$(T$,1):GOTO 60
```

```
50 IF RIGHT$(T$,1)="A" OR RIGHT$(T$,1)="B" GOTO 60
55 GOSUB 300
60 IF RIGHT$(T$,1)="A" THEN T$= LEFT$(T$,1)+"0":E$="S"
65 IF RIGHT$(T$,1)="B" THEN T$= LEFT$(T$,1)+"3":F$="S"
70 IF T$="33" GOTO 1
80 CLS:GOSUB (700+VAL(LEFT$(T$,1))
85 IF F$="S" THEN GOSUB 711:A$="SI*PI/200":B$="ATN(YR/XR)":C$="1":GOTO 200
90 IF E$="S" THEN GOSUB 710 ELSE GOSUB (700+VAL(RIGHT$(T$,1)))
100 RESTORE (600+(VAL (T$)))
105 READ A$,B$,C$
160 IF RIGHT$(C$,1)="*" THEN C$=LEFT$(C$,(LEN(C$)-1)):Z=VALF(B$):R=VALF(C$):GOTO 500
165 IF RIGHT$(C$,1)="+" THEN C$=LEFT$(C$,(LEN(C$)-1)):Z=Z-PI: INPUT "Hay dos soluciones.        Z >100
(S/N)?",D$
170 IF D$="S" THEN A$="1/("+A$+")":B$="1/("+B$+")":Z=Z+PI
175 IF LEFT$(T$,1)<>"3" GOTO 200
180 Z=Z*PI/200
185 GOSUB 480
190 R=VALF(C$)
195 GOTO 500
200 KC=VALF(A$)
205 GOSUB 480
210 IF Z>PI THEN E$="+"
215 IF Z>3*PI/2 THEN Z=PI-1E-6:E$="":CC=1:GOTO 200
220 IF ABS(K1-KC)<1E-7 THEN R=VALF(C$):GOTO 510
225 K1=VALF(B$)
230 IF E$="+" THEN GOSUB 400 ELSE GOSUB 410
235 GOTO 205
300 IF VAL(T$)>VAL(RIGHT$(T$,1)+LEFT$(T$,1)THEN T$= RIGHT$(T$,1)+LEFT$(T$,1)
305 RETURN
400 IF ABS K1>ABS KC THEN Z=Z-(PI/2/CC)ELSE Z=Z+(PI/2/CC)
405 GOTO 415
410 IF ABS K1>ABS KC THEN Z=Z+(PI/2/CC)ELSE Z=Z-(PI/2/CC)
415 CLS:SET F5: PRINT "Z="; Z*200/PI;:SET N:PRINT "      ";B;:CC=CC*2
420 IF B>15 AND COS Z=1 THEN C$=C$+"+" :B=0:Z=2*PI/3 :CC=1:CLS: GOTO 165
425 IF B>45 THEN CLS: PRINT "Datos poco precisos o erroneos.";:PRINT :PRINT "Utilice otros elementos.":END
430 B=B+1
435 RETURN
480 XR=2*Z-(Z^3/5)+(Z^5/108)-(Z^7/4680)+(Z^9/342720)
490 YR=(2*Z^2/3)-(Z^4/21)+(Z^6/660)-(Z^8/37800)+(Z^10/3447360)
495 RETURN
500 GOSUB 480
510 IF F$="S" THEN Z=Z*200/PI:F$="":GOSUB 300:GOTO 100
512 A=R*SQR(2*Z):L=(A^2)/R
515 X=R*XR:Y=R*YR
520 DR=Y-R+R*COS Z
525 XO=X-R*SIN Z
530 TC=Y/(SIN Z)
535 TL=X-(Y/TAN Z)
540 MODE 6:SET F4:CLS
545 PRINT "A=";A;" Z=";Z*200/PI;:PRINT
550 PRINT "R=";R;" L=";L
```

```
555 PRINT "X=";X;" Y=";Y;:PRINT
560 PRINT "DR=";DR;" Xo=";XO
565 PRINT "Tc=";TC;" Tl=";TL;:PRINT
570 X=POL(X,Y)
575 PRINT "Sl=";X;" ";CHR$(143); "=";Y
580 GOSUB 800
585 MODE 6:END
600 DATA SL/R,SQR((XR^2)+(YR^2)),R
601 DATA ,L/(2*R),R*
602 DATA ,A^2/(2*R^2),R*
603 DATA ,Z*PI/200,R*
604 DATA X/R,XR,R
605 DATA Y/R,YR,R
606 DATA XO/R,XR-SIN Z,R
607 DATA DR/R,YR-1+COS Z,R
608 DATA TC/R,YR/SIN Z,R
609 DATA TL/R,XR-(YR/TAN Z),R
610 DATA SL/L,(SQR((XR^2)+(YR^2)))/(2*Z),L/2/Z
612 DATA ,L^2/(2*A^2),L/2/Z*
613 DATA ,Z*PI/200,L/2/Z*
614 DATA L/X,2*Z/XR,L/2/Z
615 DATA Y/L,YR/2/Z,L/2/Z
616 DATA L/XO,2*Z/(XR-SINZ),L/2/Z
617 DATA DR/L,(YR-1+COSZ)/2/Z,L/2/Z
618 DATA TC/L,(YR/SIN Z)/2/Z,L/2/Z
619 DATA TL/L,(XR-(YR/TAN Z))/2/Z,L/2/Z
620 DATA SL/A,(SQR((XR^2)+(YR^2)))/SQR((2*Z)),A/SQR(2*Z)
623 DATA ,Z*PI/200,A/SQR(2*Z)*
624 DATA X/A,XR/SQR(2*Z),A/SQR(2*Z)
625 DATA Y/A,YR/SQR(2*Z),A/SQR(2*Z)
626 DATA XO/A,(XR-SIN Z)/SQR(2*Z),A/SQR(2*Z)
627 DATA DR/A,(YR-1+COS Z)/SQR(2*Z),A/SQR(2*Z)
628 DATA TC/A,(YR/SIN Z)/SQR(2*Z),A/SQR(2*Z)
629 DATA TL/A,(XR-(YR/TAN Z))/SQR(2*Z),A/SQR(2*Z)
630 DATA SL/Z,Z,SL/(SQR((XR^2)+(YR^2)))
634 DATA ,Z,X/XR
635 DATA ,Z,Y/YR
636 DATA ,Z,XO/(XR-SIN Z)
637 DATA ,Z,DR/(YR-1+COS Z)
638 DATA ,Z,TC/(YR/SIN Z)
639 DATA ,Z,TL/(XR-(YR/TAN Z))
640 DATA SL/X,(SQR((XR^2)+(YR^2)))/XR,X/XR
645 DATA Y/X,YR/XR,X/XR
646 DATA XO/X,1-(SIN Z/XR),X/XR
647 DATA DR/X,(YR-1+COS Z)/XR,X/XR
648 DATA TC/X,YR/(SIN Z)/XR,X/XR
649 DATA TL/X,(XR-(YR/TAN Z))/XR,X/XR
650 DATA SL/Y,(SQR((XR^2)+(YR^2)))/YR,Y/YR
656 DATA Y/XO,YR/(XR-SIN Z),Y/YR
657 DATA DR/Y,1-((1-COS Z)/YR),Y/YR
658 DATA TC/Y,1/SIN Z,Y/YR+
```

```
659 DATA TL/Y,(XR-(YR/TAN Z))/YR,Y/YR+
660 DATA SL/XO,(SQR((XR^2)+(YR^2)))/(XR-SIN Z),XO/(XR-SIN Z)
667 DATA XO/DR,(XR-SIN Z)/(YR-1+COS Z),XO/(XR-SIN Z)
668 DATA XO/TC,(XR-SIN Z)/(YR/SIN Z),XO/(XR-SIN Z)
669 DATA XO/TL,(XR-SIN Z)/(XR-(YR/TAN Z)),XO/(XR-SIN Z)
670 DATA SL/DR,(SQR((XR^2)+(YR^2)))/(YR-1+COS Z),DR/(YR-1+COS Z)
678 DATA TC/DR,(YR/SIN Z)/(YR-1+COS Z),DR/(YR-1+COS Z)+
679 DATA TL/DR,(XR-(YR/TAN Z))/(YR-1+COS Z),DR/(YR-1+COS Z)+
680 DATA SL/TC,(SQR((XR^2)+(YR^2)))/(YR/SIN Z),TC/(YR/SIN Z)
689 DATA TL/TC,((XR*SIN Z)/YR)-COS Z,TC/(YR/SIN Z)
690 DATA SL/TL,(SQR((XR^2)+(YR^2)))/(XR-(YR/TAN Z)),TL/(XR-(YR/TAN Z))
699 DATA SL/(SI*PI/200),SL/(ATN(YR/XR)),SL/(SQR((XR^2)+(YR^2)))+
700 INPUT "R=",R:RETURN
701 INPUT "L=",L:RETURN
702 INPUT "A=",A:RETURN
703 INPUT "Z=",Z:RETURN
704 INPUT "X=",X:RETURN
705 INPUT "Y=",Y:RETURN
706 INPUT "Xo=",XO:RETURN
707 INPUT "DR=",DR:RETURN
708 INPUT "Tc=",TC:RETURN
709 INPUT "Tl=",TL:RETURN
710 INPUT "Sl=",SL:RETURN
711 PRINT CHR$(143);"=";:INPUT SI:RETURN
800 CLS:MODE 5:SET F7
805 PRINT "A/R=";SQR(2*Z);"L/R=";2*Z;:PRINT
810 PRINT "X/R=";XR;"Y/R=";YR
815 SET F6
820 PRINT "DR/R=";YR-1+COS Z;"Xo/R=";XR-SIN Z;:PRINT
825 PRINT "Tc/R=";YR/SIN Z;"Tl/R=";XR-(YR/TAN Z)
830 PRINT "Sl/R=";SQR((XR^2)+(YR^2))
835 RETURN
```

El programa de *enlace de clotoides* pretende resolver cualquier función de τ cuya respuesta dependa de una búsqueda iterativa. La expresión se introduce con caracteres y números e igualada a cero pero sin poner "=0". Por ejemplo la expresión (41) se introduce del siguiente modo: $T_L/R\text{-}XR+YR/TAN\ Z$, donde supuestamente son conocidos R y T_L, XR es el equivalente a X/R, YR es Y/R y Z es τ. T_L/R se escribe con su valor numérico resuelto. Las funciones trigonométricas cuyo valor angular se conozca de antemano deben estar resueltas previamente puesto que el programa trabaja en radianes, y si se introduce un ángulo en centesimales dará error. En este mismo ejemplo si $R= 102.3\ m$ y $T_L = 83.56\ m$ la expresión introducida será: $0.81681329\text{-}XR+YR/TAN\ Z$ y la respuesta de τ será 38.2507^g. Si se oprime "EXE" ahora, pregunta si la otra solución es mayor que la ya calculada. Si se responde "S" buscará la otra solución entre el valor de τ hallado y 200^g. Si se responde "N" lo buscará entre 0^g y el τ susodicho. Esta posibilidad está pensada para aquellas funciones en las que se puedan encontrar dos τ, como es caso genérico de la intersección de una clotoide con una curva circular. También es interesante observar que este segundo programa puede obtener el valor de τ que también se obtiene en el primer programa, como hemos visto en este ejemplo.

Existen dos valores más que se pueden teclear directamente en las ecuaciones. "DRR" que corresponde a $\Lambda R/R$ y "X0R" (con cero, no con O) X_0/R. Ambos ahorran tiempo en las ya de por sí largas expresiones que se pueden llegar a introducir. Veremos más ejemplos para aplicar en este programa en apartados próximos.

```
1 REM Enlace de clotoides
2 REM (Ignacio de Corral Manuel de Villena)
3 REM (EUP Barcelona)
4 REM (Ingenieria Tecnica Topografica)
10 PRINT TAB(4);"ENLACE DE CLOTOIDES";
11 FOR N=0 TO 200
12 NEXT N
15 CLS:MODE 5:Z=PI-1E-4:Z1=PI:Z2=0:B=0:C=1:DRR=0:X0R=0:T=1:SET N
20 PRINT "(";G$;")=";:INPUT A$
22 IF A$=""GOTO 25
23 G$=A$
25 XR=2*Z-(Z^3/5)+(Z^5/108)-(Z^7/4680)+(Z^9/342720)
30 YR=(2*Z^2/3)-(Z^4/21)+(Z^6/660)-(Z^8/37800)+(Z^10/3447360)
35 DRR=YR-1+COS Z
40 X0R=XR-SIN Z
42 D=VALF(G$)
43 IF B>45 THEN CLS:PRINT "BUSQUEDA ERRONEA"
45 IF ABS D<1E-7 GOTO 100
47 IF Z>PI+0.5 AND T=2 THEN G$="-("+G$+")":T=1:C=1:B=0:Z=PI+1E-4:GOTO 25
50 IF Z>PI THEN T=2:C=1:B=0:Z=PI+1E-4
52 ON T GOSUB 80,90
55 CLS:PRINT "Z=";Z*200/PI;"  "B;:B=B+1:C=C*2:GOTO 25
80 IF D>0 THEN Z=Z-((Z1-Z2)/2/C) ELSE Z=Z+((Z1-Z2)/2/C)
85 RETURN
90 IF D<0 THEN Z=Z-((Z1-Z2)/2/C) ELSE Z=Z+((Z1-Z2)/2/C)
95 RETURN
100 CLS:MODE 6: PRINT TAB(7);"Z=";Z*200/PI
105 INPUT "La otra solucion es > ";D$
110 IF D$="S" THEN Z2=Z:Z=((Z1+Z2)/2)-1E-2:GOTO 120
115 Z1=Z:Z=(Z/2)+1E-4
120 B=0:C=1:T=1:MODE 5:GOTO 25
```

5.2.4 Cálculo de los elementos de la clotoide a partir de dos elementos conocidos de esta

Si se conocen dos cualquiera de los tres elementos fundamentales R, L, A o uno de éstos y el ángulo τ, la resolución del resto de los elementos sería inmediata con las fórmulas ya conocidas. Pero si los datos de partida son alguno de los otros elementos con o sin los fundamentales, debemos recurrir a fórmulas deducidas de las ya conocidas o incluso a la búsqueda del valor de τ por medio de iteraciones. Vamos a ver seis de estos casos y un séptimo que consideramos particular. Por supuesto los seis primeros se pueden resolver con el programas de *Tablas de clotoides*, pero para comprender mejor la clotoide y para entender cómo funciona el programa es conveniente profundizar en este tema.

1 Conocidos ΔR y τ

Partimos de la ecuación (39), en donde todos los valores son función de τ, puesto que conocemos Y/R (37)

Entonces el radio R será igual a

$$R = \frac{\Delta R}{\dfrac{Y}{R} + \cos\tau - 1} \tag{42}$$

Con el radio y τ podemos hallar el parámetro despejado en (9)

$$A = R\sqrt{2\tau} \tag{43}$$

El resto de los elementos no ofrece ninguna dificultad, si se aplican las correspondientes fórmulas.

También podíamos haber buscado el valor de τ en las tablas y, localizado $\Delta R/R$, tendríamos que:

$$R = \frac{\Delta R}{(\Delta R / R)} \tag{44}$$

2 Conocido Y_0 y ΔR

Deducimos el radio

$$R = Y_0 - \Delta R = (R + \Delta R) - \Delta R \tag{45}$$

Luego nuestros datos de partida son R y ΔR. En la ecuación (39) tenemos ΔR pero no conocemos Y/R ni τ. Pero, como sabemos, Y/R es función de τ (36), con lo que tenemos una sola incógnita. La determinación del valor de τ se realiza mediante una búsqueda iterativa en la expresión de $\Delta R/R$ (39). Para resolverlo vamos a utilizar un sistema de búsqueda lógica. Iremos probando sucesivos valores de τ, hasta encontrar aquel que satisfaga esta expresión.

Una búsqueda lógica puede consistir en ir probando valores y comparando el resultado obtenido con el que debía ser. La variación del valor de τ se hará en intervalos mitad del variado en la iteración anterior. El signo de ésta variación se hará en función de si su aplicación obtiene un valor que se aleja o se acerca al resultado deseado. Supongamos que partimos de un $\tau = \pi/2$, si vemos que da un resultado superior al $\Delta R/R$ que tenemos, probaremos ahora con valor de $\tau = \pi/2 + \pi/4$. Si el resultado sigue siendo superior al $\Delta R/R$ y con más diferencia probaremos con valor de $\tau = \pi/2 - \pi/4$. Ahora el resultado estará por debajo o por encima pero más próximo. Si está por debajo probaremos con $\tau = \pi/2 - \pi/4 + \pi/8$ y nos aproximaremos nuevamente al resultado deseado. Así sucesivamente hasta llegar al resultado correcto con la precisión suficiente. Como es lógico, esto no se hace manualmente, sino mediante un sencillo programa asequible a cualquier calculadora programable. Este programa es el que aquí llamamos *enlace de clotoides*. Esto es aplicable a muchas expresiones función de τ para obtener otros valores de la clotoide. Sin embargo, hay que observar que la tendencia creciente o decreciente del valor de τ no siempre coincide con una tendencia del mismo sentido en el resultado, puesto que depende de la propia expresión matemática.

Conocido τ y R el resto de los elementos tendrá fácil resolución, aplicando las expresiones de cada uno de los elementos o entrando en programa de *tablas*.

La búsqueda en las tablas clásicas de este caso es muy sencilla, puesto que solo consiste en buscar el valor correspondiente al cociente $\Delta R/R$, con lo que localizaremos el resto de los elementos.

Por último la expresión que se introduce en el programa de enlaces es *YR+cos τ-1-(ΔR/R(en valor numérico))*.

3 Conocido X_O y ΔR

Dividimos un valor por el otro y a su vez dividimos ambos por el radio.

$$\frac{X_O}{\Delta R}=\frac{(X_O/R)}{(\Delta R/R)} \tag{46}$$

Sustituimos en la expresión los valores de (38) y (39).

$$\frac{X_O}{\Delta R}=\frac{X/R-\text{sen }\tau}{Y/R+\cos \tau -1} \tag{47}$$

Como X/R y Y/R son función de τ, tenemos una ecuación en la que tenemos una sola incógnita que es τ, y que resolveremos mediante una búsqueda iterativa con el programa de *enlaces* introduciendo *X0R/DRR - (X_O/ΔR(valor numérico))*. Conocido τ, y con uno de los datos de partida, podremos hallar el Radio R, necesario para hallar el resto de los elementos.

Observemos que este caso no tiene solución por tablas.

4 Conocido X_O e Y_O

Como antes dividimos un valor por el otro, a su vez los dividimos por el radio y sustituimos, como antes, (38) y (39).

$$\frac{X_O}{Y_O}=\frac{X_O}{R+\Delta R}=\frac{(X_O/R)}{1+(\Delta R/R)}=\frac{X/R-\text{sen }\tau}{1+Y/R+\cos \tau -1} \tag{48}$$

Tenemos una ecuación en la que todo está en función de τ, que determinaremos mediante iteraciones.

La expresión a introducir en el programa de *Enlaces* sería la siguiente: *X_O/Y_O-((XR-SIN Z)/(YR+COS*

Z)). El primer cociente de la expresión es un valor numérico. Pero se puede introducir más esquematizada: $X_0/Y_0-((X0R)/(1+DRR))$.

5. Conocidos X e Y

$$\frac{X}{Y}=\frac{(X/R)}{(Y/R)}=\frac{\sum 2\dfrac{(-1)^{(n+1)}\ \tau^{(2n-1)}}{(4n-3)\cdot(2n-2)!}}{\sum 2\dfrac{(-1)^{(n+1)}\ \tau^{(2n)}}{(4n-1)\cdot(2n-1)!}}=\frac{2\tau-\dfrac{2\tau^3}{10}+\dfrac{2\tau^5}{216}-\dfrac{2\tau^7}{9360}+\dfrac{2\tau^9}{685440}}{\dfrac{2\tau^2}{3}-\dfrac{2\tau^4}{42}+\dfrac{2\tau^6}{1320}-\dfrac{2\tau^8}{75600}+\dfrac{2\tau^{10}}{6894720}} \tag{49}$$

La expresión es función de τ, puesto X/R e Y/R lo son. Se resuelve por iteraciones.

6 Conocidos T_L y T_C

$$\frac{T_L}{T_C}=\frac{X-\dfrac{Y}{\tan\tau}}{\dfrac{Y}{sen\ \tau}}=\frac{X}{Y}sen\ \tau-\cos\ \tau=\frac{(X/R)}{(Y/R)}sen\ \tau-\cos\ \tau \tag{50}$$

Como siempre conseguimos una expresión en la que la única incógnita es τ, y que calculamos por medio de una búsqueda iterativa con el programa de *enlaces*. Con τ y T_C podemos hallar *Y en la expresión (24)*, y como conocemos *Y/R* podremos hallar el radio *R*. En el programa de *tablas* el resultado es inmediato.

7. Conocidos dos puntos de la clotoide, de los cuales tenemos su distancia en desarrollo deducidos de los Pk, y sus valores de τ, deducidos de las diferencias entre sus correspondientes acimutes y el acimut de la recta tangente, τ_1 y τ_2. Si sabemos su distancia en desarrollo (Pk), tendremos lo que es su diferencia de desarrollos $\Delta L=L_2-L_1$.

$$L_1=\frac{A^2}{R_1} \qquad L_2=\frac{A^2}{R_2}=L_1+\Delta L=\frac{A^2}{R_1}+\Delta L \qquad \rightarrow \qquad A\left(\frac{A}{R_1}-\frac{A}{R_2}\right)+\Delta L=0 \tag{51}$$

Por otro lado

$$\frac{A}{R_1}=\sqrt{2\tau_1} \qquad\qquad \frac{A}{R_2}=\sqrt{2\tau_2} \tag{52}$$

Sustituyendo en la expresión anterior tenemos

$$A\left(\sqrt{2\tau_1}-\sqrt{2\tau_2}\right)+\Delta L=0 \qquad \rightarrow \qquad A=\frac{-\Delta L}{\sqrt{2\tau_1}-\sqrt{2\tau_2}} \tag{53}$$

5.2.5 Cálculo de puntos de una clotoide

Normalmente no se trabaja en coordenadas locales de la clotoide sino en un sistema de coordenadas general que abarca al conjunto de la obra. Por ello hay que transformar la x_P de la expresión (14) e y_P de la (19) que obtenemos de un punto P de la clotoide en X_P e Y_P del sistema de coordenadas general.

La tangente de entrada C (Fig. 5.5) tendrá una X_C y una Y_C correspondientes al sistema de coordenadas general y además habremos de conocer el acimut de la recta tangente a la clotoide y que pasa por C. Para poder hallar las coordenadas locales x_P, y_P del punto P necesitamos conocer el desarrollo L y el parámetro de la clotoide. Con x_P, y_P podremos hallar también σ y S_L. Restando (o sumando según el caso) al acimut θ_C^M de la recta tangente el valor angular de σ obtendremos el acimut de C a P que junto con la distancia S_L nos permitirá calcular, sin dificultad, las coordenadas de P (X_P ,Y_P), a partir de las de C, en el sistema general de coordenadas.

5.2.6 Intersección de la clotoide con otras alineaciones

1. Intersección de recta y clotoide

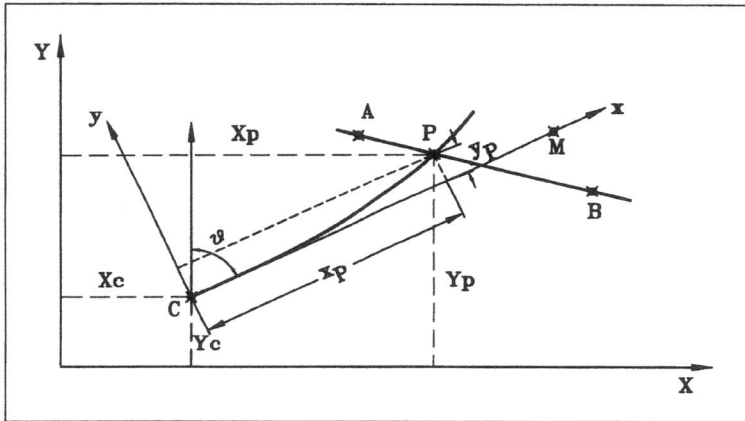

Fig. 5.5

Como datos de partida vamos a suponer que tenemos las coordenadas de dos puntos A y B de la recta, y las coordenadas C, origen de la clotoide. También conocemos θ_C^M, acimut de la recta tangente de la clotoide CM y el parámetro A de la clotoide. El punto P, intersección de la recta y la clotoide, tendrá unas coordenadas generales $X_P Y_P$ y unas particulares $x_P y_P$ o locales.

Sobre la figura 5.5 podemos deducir

$$X_P = X_C + x_P \, sen \, \theta_C^M - y_P \cos \theta_C^M \qquad (54)$$

$$Y_P = Y_C + x_P \cos \theta_C^M + y_P \, sen \, \theta_C^M \tag{55}$$

Ecuaciones que corresponden a la transformación de coordenadas de puntos en coordenadas particulares de la clotoide a coordenadas del mismo sistema que la recta.

Deducimos la ecuación de la recta $Y = mX + n$ que para el punto P, será

$$Y_P = m \, X_P + n \tag{56}$$

Si ahora sustituimos las ecuaciones (54) y (55) en ésta última expresión, tendremos

$$Y_C + x_P \cos \theta + y_P \, sen \, \theta = m(X_C + x_P \, sen \, \theta - y_P \cos \theta) + n \tag{58}$$

$$x_P(\cos \theta - m \, sen \, \theta) + y_P(sen \, \theta + m \cos \theta) + (Y_C - m \, X_C - n) = 0 \tag{59}$$

Si ahora multiplicamos y dividimos x_P e y_P por R_P, sabiendo que

$$R_P = \frac{A}{\sqrt{2\tau_P}} \tag{60}$$

$$\frac{x_P}{R_P} \frac{A}{\sqrt{2\tau_P}}(\cos \theta - m \, sen \, \theta) + \frac{y_P}{R_P} \frac{A}{\sqrt{2\tau_P}}(sen \, \theta + m \cos \theta) + (Y_C - m \, X_C - n) = 0 \tag{61}$$

Queda una ecuación que es función de τ_P y por iteración hallamos el valor angular que la hace 0. Conocido τ y A, podremos hallar el desarrollo L correspondiente $L = A\sqrt{2\tau}$

Hallaremos así las coordenadas de P, tal como hemos explicado en el apartado anterior. Como comprobación, verificaremos que las coordenadas resultantes corresponden a un punto que pertenece a la recta *AB*.

Otro método de cálculo sería a partir del punto intersección de la recta *AB* con la recta *CM* y del ángulo α que forman ambas alineaciones. Si llamamos Q a dicho punto intersección

$$\tan\alpha = \frac{y}{CQ - x_P} = \frac{\frac{y_P}{R}}{\frac{CQ}{R} - \frac{x_P}{R}} = \frac{\frac{y_P}{R}}{\frac{CQ\sqrt{2\tau_P}}{A} - \frac{x_P}{R}} \qquad \rightarrow \qquad 1 - \frac{\tan\alpha(\frac{CQ\sqrt{2\tau_P}}{A} - \frac{x_P}{R})}{\frac{y_P}{R}} = 0 \tag{63}$$

Por iteraciones resolveríamos la ecuación hallando el valor de τ.

2. Intersección de curva circular y clotoide

Necesitamos como datos iniciales las coordenadas del centro de la curva circular X_0, Y_0 y su radio R_C. De la clotoide debemos conocer las coordenadas del punto C, origen de la clotoide, el acimut de la recta tangente CV y el parámetro A (Fig. 5.6).

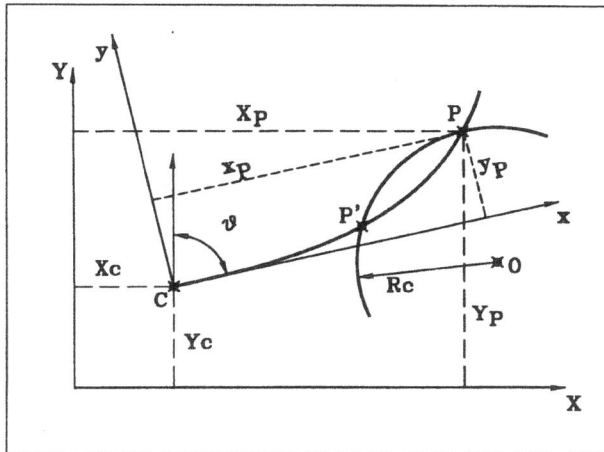

Fig. 5.6

Primeramente, hallamos las coordenadas relativas a la clotoide x_0 e y_0 del centro de la curva circular. Para ello, calculamos previamente el acimut y la distancia de C a O.

$$x_O = D_C^O \cos(\theta_C^O - \theta_C^V) \qquad\qquad y_O = D_C^O \, sen(\theta_C^O - \theta_C^V) \qquad\qquad (64)$$

Obsérvese que en el dibujo la y_0 es negativa con respecto al sistema de referencia local de la clotoide.

Partiendo de la ecuación de la circunferencia:

$$(x_P - x_O)^2 + (y_P - y_O)^2 = R_C^2 \qquad\qquad (65)$$

Si, como antes, multiplicamos y dividimos por el radio, nos queda

$$R_C^2 - \left(\left(\frac{x_P}{R}\frac{A}{\sqrt{2\tau_P}}\right) - x_O\right)^2 - \left(\left(\frac{y_P}{R}\frac{A}{\sqrt{2\tau_P}}\right) - y_O\right)^2 = 0 \qquad\qquad (66)$$

En nuestro ejemplo, al aplicar los valores conocidos, el signo menos que acompaña a y_0 se convertiría en más. En esta expresión todos sus valores son función de τ_P. Y por iteraciones encontraremos aquellos dos valores que hagan 0 la ecuación. A nuestro propio criterio queda la decisión de cuál de los dos posibles valores de τ será el buscado. El resto del proceso es igual que en el caso de la intersección con la recta. Con τ y A hallaremos L_P , y con el las coordenadas de P. Asegurando el cálculo mediante la comprobación de la distancia entre P y O en coordenadas generales.

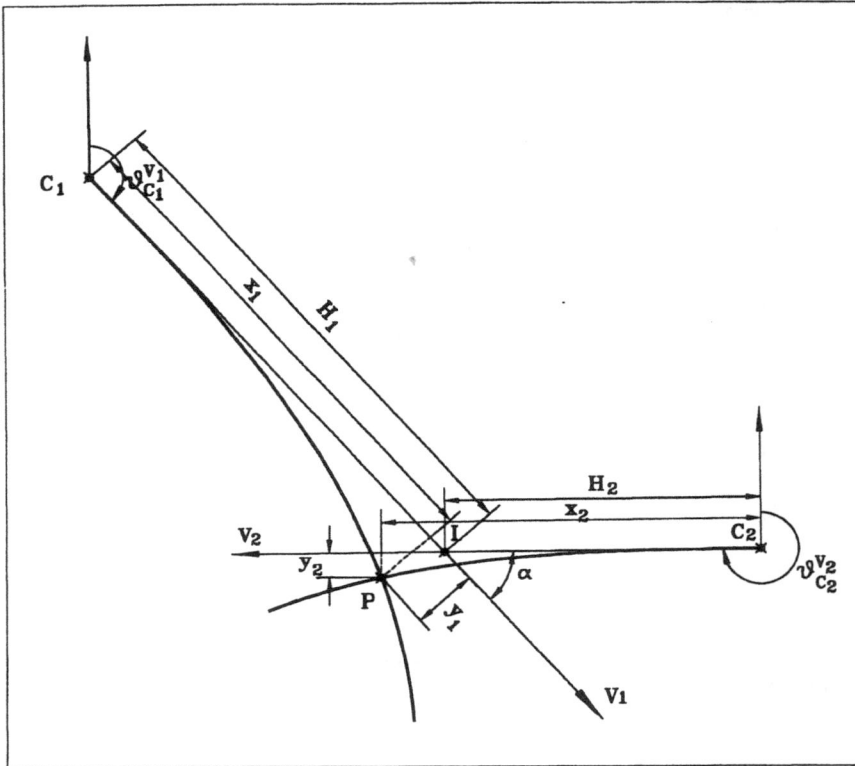

Fig. 5.7

3. Intersección de clotoides

Para calcular la intersección de dos clotoides, debemos conocer los parámetros de ambas y su situación en coordenadas absolutas. Es decir, las coordenadas en el mismo sistema de referencia de los puntos C_1 y C_2 y los acimutes de sus rectas tangentes respectivas C_1V_1 y C_2V_2 (Fig.5.7).

Por intersección de las dos rectas C_1V_1 y C_2V_2 hallaremos el punto I, y con el las distancias H_1 y H_2. También hallamos α

$$\alpha = \theta_{C_1}^{V_1} - \theta_{V_2}^{C_2} \tag{67}$$

A partir de ahora trabajaremos en coordenadas locales de las clotoides. Si observamos la figura 5.8 veremos que es una ampliación de la zona de intersección, y en ella están acotadas lo que llamamos a, b, c y d. Vamos a poner x_2 e y_2 en función de x_1 e y_1

$$x_2 = H_2 + a \cdot b = H_2 + (H_1 - x_1)\cos\alpha + y_1 sen\,\alpha \qquad (68)$$

$$y_2 = c - d = y_1 \cos\alpha - (H_1 - x_1) sen\,\alpha \qquad (69)$$

Si ahora multiplicamos y dividimos x_1 e y_1 por el radio R_1 sabiendo que (61) tendremos

$$x_2 = H_2 + \left(H_1 - \frac{x_1}{R_1}\frac{A_1}{\sqrt{2\tau_1}}\right)\cos\alpha + \frac{y_1}{R_1}\frac{A_1}{\sqrt{2\tau_1}} sen\,\alpha \qquad (70)$$

$$y_2 = \frac{y_1}{R_1}\frac{A_1}{\sqrt{2\tau_1}}\cos\alpha - \left(H_1 - \frac{x_1}{R_1}\frac{A_1}{\sqrt{2\tau_1}}\right) sen\,\alpha \qquad (71)$$

Tenemos entonces x_2 e y_2 en función de τ_1. Si probamos ahora un valor cualquiera de τ_1, obtendremos unos valores x_2 e y_2, función de τ_1.

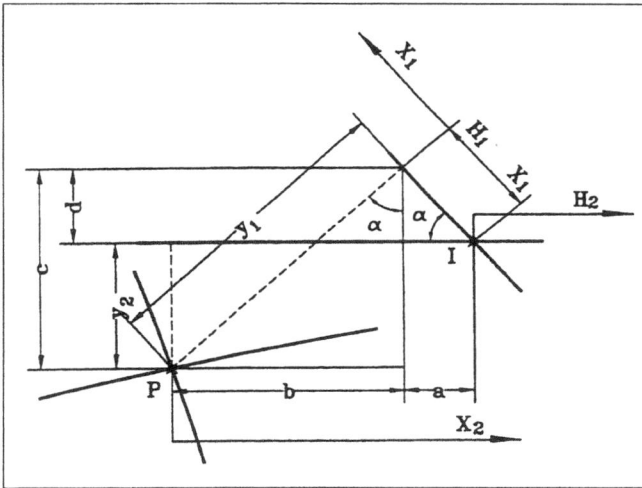

Fig. 5.8

Por otro lado

$$x_2 = \frac{A_2}{\sqrt{2\tau_2}}\left(\frac{x_2}{R_2}\right) \qquad (72)$$

Con el valor ya conocido de x_2, función de τ_1, podemos hallar por iteraciones el valor de τ_2 que cumple con la ecuación anterior. Conocido τ_2 hallamos el y_2 función de τ_2

$$y_2 = \frac{A_2}{\sqrt{2\tau_2}}\left(\frac{y_2}{R_2}\right) \qquad (73)$$

Que es lógicamente distinto del hallado en la ecuación (71) en donde y_2 era función de τ_1. Repitiendo este proceso mediante una búsqueda lógica, encontraremos el punto intersección cuando se cumpla

$$y_2\ f(\tau_1) = y_2\ f(\tau_2) \qquad (74)$$

El resultado nos viene en coordenadas locales de las dos clotoides. El paso a coordenadas absolutas no tiene ninguna dificultad. Este problema no se puede resolver con el programa de enlaces, porque no prevé la doble iteración que, dicho sea de paso, solo se da en este caso. Sería muy interesante como ejercicio, realizar un programa que pudiera resolver la intersección de clotoides o modificar el de enlaces para que lo hiciera.

5.2.7 Clotoides paralelas

Dos clotoides paralelas habrán de cumplir la condición de tener común el centro del círculo osculador tangente a ambas. Supongamos que queremos hallar una clotoide paralela a una distancia s de otra que llamaremos *1*, y de la cual conocemos al menos su parámetro y el radio. Conoceremos (figura 5.9) entonces Y_0.

$$Y_O = ON_1 = R_1 + \Delta R_1 \tag{75}$$

$$ON_2 = ON_1 - s = R_1 + \Delta R_1 - s = R_2 + \Delta R_2 \tag{76}$$

Por otro lado, si las clotoides son paralelas se tiene que cumplir que sus círculos osculadores tangentes también lo sean.

$$R_2 = R_1 - s \tag{77}$$

Sustituyendo en la ecuación (76)

$$R_1 + \Delta R_1 - s = R_1 - s + \Delta R_2 \quad \rightarrow \quad \Delta R_1 = \Delta R_2 \tag{78}$$

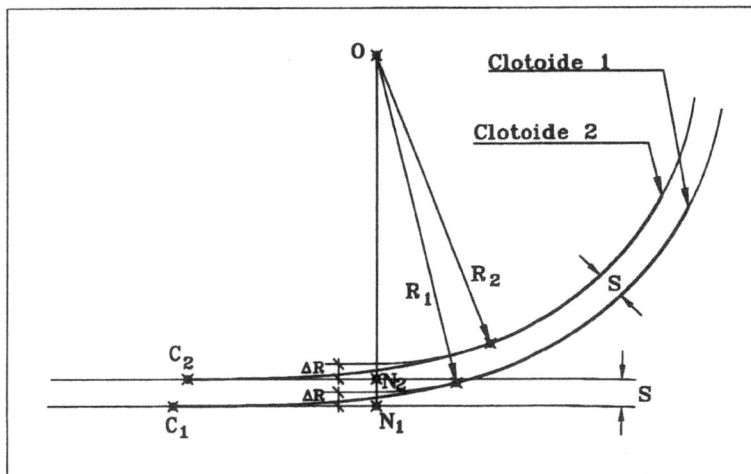

Fig. 5.9

Por lo tanto, de la clotoide 2, conocemos el Radio R_2 y ΔR_2. con dichos valores podemos hallar el valor de τ_2 , A_2 y el resto de los elementos de la nueva clotoide.

De lo expuesto podemos extraer como conclusión que *dos clotoides paralelas no tienen el mismo parámetro*. Al tener ambas el mismo punto centro del círculo osculador, pero distinta X_O, el punto origen de la nueva no ocupa una posición paralela al de la antigua. En el siguiente ejemplo podemos ver la envergadura de este desplazamiento del punto origen, para una separación entre clotoides de 3.50 m.

Clotoide 1	$A_1 = 120$	Clotoide 2	$A_2 = 118.754$
	$R_1 = 250$		$R_2 = 246.5$
	$X_{O1} = 28.788$		$X_{O2} = 28.593$

5.2.8 Cálculo de puntos desplazados de una clotoide

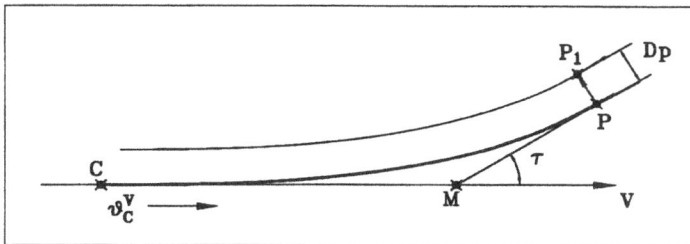

Fig. 5.10

Es imprescindible conocer todos los datos referentes a la clotoide y su situación en el sistema de coordenadas generales si es que se pretenden hallar las coordenadas del punto en dicho sistema general.

Del punto P (Fig. 5.10), hemos de tener el desarrollo desde la tangente de entrada de la clotoide. Habitualmente saldrá a partir de la diferencia del punto kilométrico con el PK de la tangente, al igual que ya planteamos en la curva circular. Esto nos permitirá hallar las coordenadas del punto P locales y generales en su caso.

Conocido el desarrollo podremos calcular su valor de τ y obtener así la dirección de la normal en el punto P:

$$\theta_{P_1}^P = \theta_C^V - \tau - 100 \tag{79}$$

Con lo que, conocido el valor D_P del desplazamiento desde P_1, podremos calcular sus coordenadas.

La posición del punto P_1 se podría localizar también en la intersección de la normal en el punto P con la clotoide paralela y separada una distancia D_P.

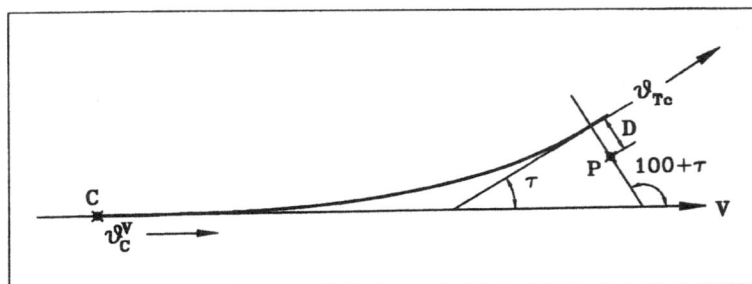

Fig. 5.11

5.2.9 Distancia de un punto a una clotoide

En el supuesto de tener una clotoide y el punto P del que se quiere conocer la mínima distancia a la clotoide, primeramente deben convertirse las coordenadas generales del punto P a locales de la clotoide. El problema podemos resolverlo de dos maneras distintas, ambas mediante un proceso iterativo.

La primera de ellas sería calcular sucesivos puntos de la clotoide mediante un proceso lógico, e ir comparando sus distancias al punto P hasta encontrar aquel que tenga la distancia menor, en cuyo momento tendremos el valor buscado.

El otro método sería calculando también sucesivos puntos de la clotoide mediante un proceso lógico, e ir comparando sus acimutes con el punto P, hasta encontrar aquel que tenga una diferencia de 100^g con el acimut de su respectiva tangente corta T_C (Fig. 5.11), puesto que:

$$\theta_{T_c} = \theta_C^V - \tau \tag{80}$$

En cualquiera de los dos casos se pueden utilizar, si interesa, las coordenadas generales del punto P, e ir hallando las coordenadas generales de los sucesivos puntos de la clotoide.

Hay un caso particular que podemos incluir en este apartado, para cuando conocidas las coordenadas de un punto Q (Fig.5.12) y los datos referentes a una clotoide incluida la situación de su recta tangente, pretendemos situar la clotoide a una distancia determinada de dicho punto, sin variar sus características y desplazándola por la recta tangente.

Supuesto que conocemos dos puntos A y B de una recta y un cierto punto Q, tenemos una clotoide CF de parámetro y radio conocido. Pretendemos encajar la clotoide de tal modo que sea tangente a la recta AB y que pase a una distancia determinada S del punto Q.

Calculando la distancia del punto Q a la recta obtendremos Y_Q, que podemos decir que será la ordenada de Q en el sistema de coordenadas locales de la clotoide.

Observando la figura 5.12 vemos que la solución al problema está en hallar la abscisa de dicho punto X_Q, puesto que entonces tendremos situada la clotoide a la distancia S de Q.

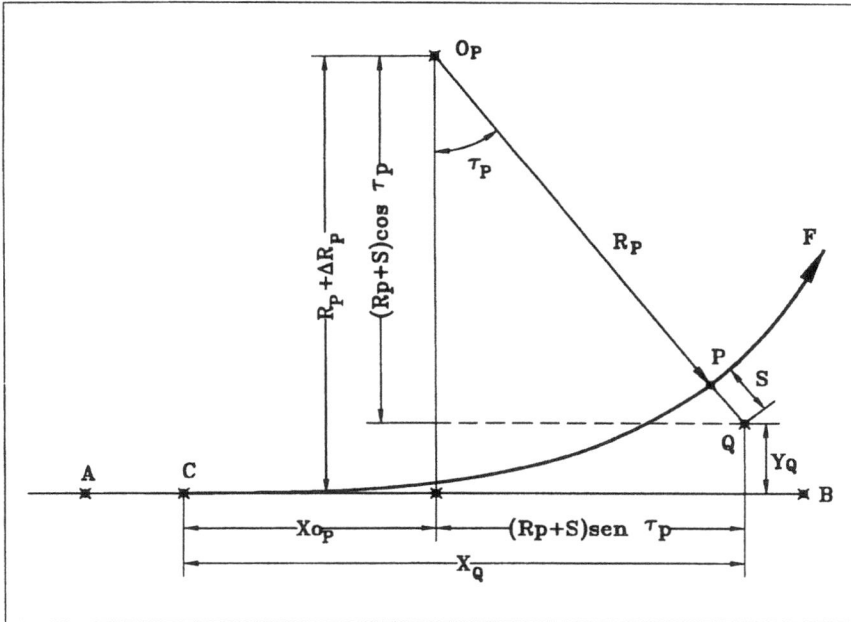

Fig. 5.12

De la figura deducimos

$$x_Q = x_{O_P} + (R_P + S) sen\tau_P \qquad y_Q = (R_P + \Delta R_P) - (R_P + S)cos\tau_P \tag{81}$$

Si dividimos ahora esta última expresión por el radio R_P

$$\frac{y_Q}{R_P} = 1 + \frac{\Delta R_P}{R_P} - (1 + \frac{S}{R_P})cos\tau_P \tag{82}$$

Por otro lado

$$R_P = \frac{A}{\sqrt{2\tau_P}} \qquad\qquad \frac{\Delta R_P}{R_P} = \frac{y^P}{R_P} + cos\tau_P - 1 \tag{83}$$

Sustituyendo estos dos valores en la expresión anterior

$$\frac{y_Q}{A}\sqrt{2\tau_P}=1+\frac{y_P}{R_P}+\cos\tau_P-1-\cos\tau_P-\frac{S}{A}\sqrt{2\tau_P}\cos\tau_P \tag{84}$$

$$\frac{y_Q}{A}\sqrt{2\tau_P}-\frac{y_P}{R_P}+\frac{S}{A}\sqrt{2\tau_P}\cos\tau_P=0 \tag{85}$$

Expresión en la que hemos de buscar, como en otras ocasiones, el valor de τ_P que haga la ecuación igual a cero. Recordemos que y_P/R_P es función también de τ_P y que y_Q, A y S son datos conocidos. Hallado τ_P tendremos de forma inmediata R_P y con el radio el valor de Xo_P. Entonces podremos calcular

$$x_{O_P}=X_P-R_P\,sen\tau_P \tag{86}$$

Valor que nos faltaba para calcular x_Q en la expresión (81).

5.3   La instrucción de carreteras y la clotoide

En el apartado 3.2.2 (pág. 13) de la norma se habla de curvas de acuerdo, como aquellas curvas necesarias para mantener una velocidad conveniente, así como unas condiciones de seguridad y comodidad en todo el trazado de una carretera. Se adopta en todos los casos como curva de acuerdo la clotoide, y será aplicable en todas las curvas que no superen los 1500 m de radio.

Los valores mínimos de la clotoide se plantean en función de unos ciertos datos que enumeramos a continuación :
  V: Velocidad específica en Km/h
  R: Radio de la curva
  J: Variación de la aceleración centrípeta en m/s^2
  p: Peralte en tanto por uno
  a: Ancho de la calzada en m
  ξ: Inclinación del borde de la calzada en relación con el eje de la carretera en tanto por uno
  n: Coeficiente variable con el número de carriles

Los valores J, ξ son función de la velocidad específica y figuran, junto con el de n, en el cuadro 7 de la página 15 de la instrucción. Este cuadro está reproducido en la figura 13.

Los valores mínimos de la clotoide se dan sobre el parámetro A y sobre el desarrollo L y en razón a tres condiciones distintas:

a) Por limitación de la aceleración centrípeta

Con lo que el valor de J se limita para que sea aceptable desde el punto de vista de la comodidad.

Cuadro 7. **VALORES DE J - ξ - n**

Velocidad específica en km/h	30	40	50	60	70	80	100	120
J normal en m/seg^3	0,5					0,40		
J máximo en m/seg^3	0,7					0,6	0,5	0,4
ξ normal en %	0,7		0,6		0,5		0,4	
ξ máximo en %	0,8				0,7			
Calzada con	2 carriles		3 carriles		4 carriles		6 carriles	
n	1		1,2		1,5		2	

CONDICIONES DE LA CURVA DE ACUERDO
PARAMETROS MINIMOS

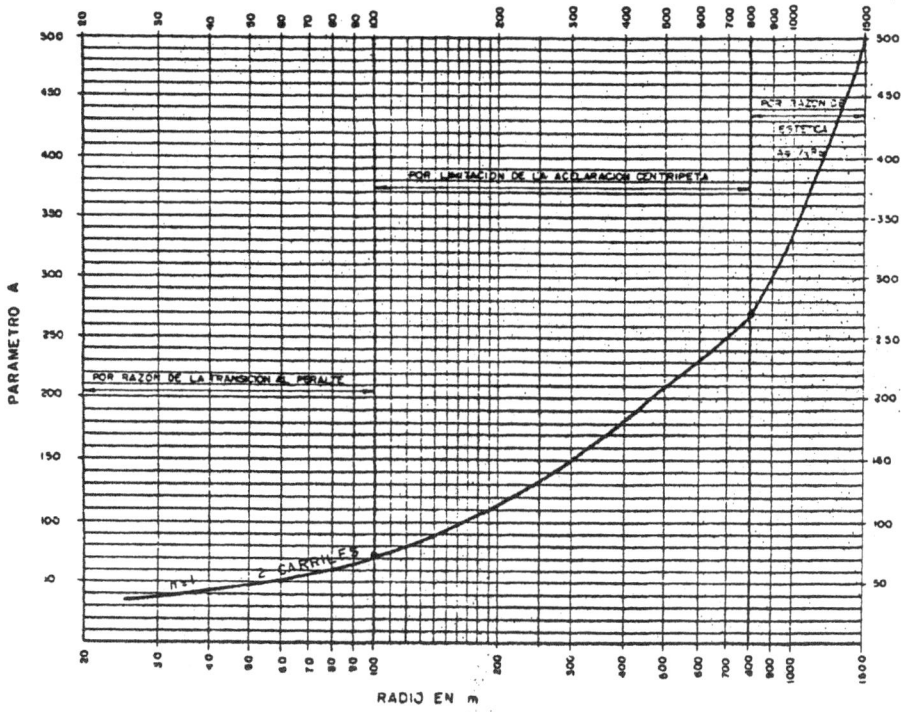

Fig. 5.13

$$A \geq \sqrt{\frac{VR}{46.656J}\left(\frac{V^2}{R}-127p\right)} \qquad L \geq \frac{1}{46.656J}V\left(\frac{V^2}{R}-127p\right) \qquad (87)$$

b) Por razón de estética

El ángulo de desviación en el punto de tangencia con la curva circular debe ser superior a 3.5^g . Este ángulo es τ y el parámetro y el desarrollo equivalen a:

$$A \geq \frac{1}{3}R \qquad\qquad L \geq \frac{1}{9}R \qquad\qquad (88)$$

c) Por razón de transición al peralte

Como ya veremos en próximas lecciones, el desarrollo de la clotoide se utiliza para efectuar la transición del peralte nulo, o calzada en bombeo, en recta al peralte de un cierto valor en la curva circular. Con la siguiente expresión se consigue que el valor ξ no supere un cierto valor máximo:

$$A \geq \sqrt{\frac{na}{2\xi}pR} \qquad\qquad L \geq \frac{na}{2\xi}p \qquad\qquad (89)$$

Estas son las tres condiciones que se dan a la hora de buscar el parámetro mínimo, pero en la práctica se calculan los valores mínimos de las tres condiciones y se adopta el mayor de los tres.

La figura 7 (página 16 de la Instrucción) da los resultados de A de las expresiones anteriores, mediante la introducción del radio. Esta misma figura está representada en la figura 13 de este capítulo.

En el apartado 3.2.3 (pág. 15 de la norma) se habla de los tipos de alineaciones curvas existentes, incluso el caso de la curva circular de R > 1500 m. Nosotros lo tratamos en el siguiente apartado de esta lección.

Si el ángulo que forman la recta tangente a la clotoide entrada y la recta tangente a la clotoide salida es menor de 6.3662^g(lo que sería el suplementario de V en la figura 5.14), no se utilizan clotoides sino solo circulares. Ver tabla pag. 35 del Borrador de la Norma.

5.4 Encaje de clotoides

Como ya dijimos al hablar del estado de alineaciones y en el comienzo de ésta lección, la clotoide no puede estudiarse como una figura aislada, sino enlazada a rectas y curvas circulares con las que forma un conjunto de alineaciones y en las que cumple la función de realizar la transición entre dichas rectas y círculos.

El caso más general de enlace entre dos alineaciones rectas es aquel en que se plantea un conjunto de clotoide- circular-clotoide (Fig. 5-14), siendo ambas clotoides de igual parámetro y mismo desarrollo por ser tangentes ambas a la misma curva circular. Pero existen otros casos en los que se puede aplicar un conjunto de clotoide-circular-clotoide sin que ambas clotoides sean iguales (Fig. 5.20). Llamamos *enlaces simétricos* a los comentados en primer lugar y *enlaces no simétricos* en el segundo caso. En cualquiera de los dos casos si las dos clotoides enlazan directamente sin curva circular se las denomina *clotoides de vértice* (Figuras 5.15 y 5.22).

También existen enlaces de recta con círculo cuando este es de curvatura contraria a la clotoide (Fig. 5.23).

Por último, también se hacen enlaces entre círculos, distinguiendo el caso de que ambos círculos sean exteriores con la curvatura en el mismo sentido o al contrario, o cuando un círculo es interior al otro. El caso de exteriores y con curvatura del mismo sentido lo tenemos en las figuras 5.24 y 5.25. El de exteriores con curva de distinto sentido lo vemos en las figuras 5.26 y 5.27 siendo denominado este último *curva de inflexión*. Cuando el enlace se hace entre curvas interiores se le llama *ovoide* (Fig. 5.28).

Vamos a estudiar el encaje de clotoides en los siguientes tipos de enlaces:

1. Enlaces simétricos entre rectas:
   i. Clotoide-circular-clotoide
   ii. Clotoide-clotoide
   iii. Lazo
   iv. Alineaciones rectas paralelas
   v. Mejora de una curva circular
2. Enlaces no simétricos entre rectas:
   i. - Clotoide-circular-clotoide
   ii. Clotoide-clotoide
   iii. Enlace entre recta y círculo de sentido contrario
   iv. Enlace entre círculos exteriores de curvatura del mismo sentido
   v. Enlace entre círculos exteriores de curvatura de sentido contrario
   vi. Enlace entre círculos interiores de curvatura del mismo sentido
   vii. Utilización de clotoides para realizar sobreanchos

5.4.1 Enlace simétrico entre rectas con curva circular

Este tipo de enlaces son de uso frecuente. La ventaja de disponer de clotoides iguales permite simplificar el cálculo. Para definirlo, salvo casos particulares, se apoyan en los datos que suministra la Instrucción de Carreteras. Tal como comentamos en el capítulo anterior, el radio de la curva circular vendrá definido en función de la velocidad específica del tramo. Entonces el parámetro de las clotoides se puede fijar igual al mínimo que da la Instrucción para el radio adoptado (3.1.-IC, Fig. 7, pág 16). Tanto en el caso del radio como en el parámetro se buscan los máximos valores aplicables al encaje y que estén por encima del mínimo impuesto por la Instrucción.

Al ser el tipo de enlace más frecuentemente utilizado vamos a estudiar cinco casos distintos. En todos ellos damos por supuesto que conocemos el ángulo en el vértice θ, puesto que las dos rectas a las que tiene que ser tangente el enlace han de ser conocidas y el radio de la curva circular, salvo en el quinto caso.

En cualquiera de los casos siguientes pretendemos hallar todos los datos necesarios de la clotoide y la curva circular así como las *tangentes totales*. Estas son las distancias desde la tangente y salida del enlace hasta el vértice *V*, necesarias para localizar la situación de los puntos *C* y *C'* (Fig. 5.14).

1   Valores conocidos: *R* y *A*

Con el radio y el parámetro la resolución de ambas clotoides es inmediata:

$$L = \frac{A^2}{R} \qquad\qquad\qquad \tau = \frac{L}{2R} \qquad\qquad (90)$$

Con *L* y τ no tendremos ninguna dificultad para hallar el resto de los elementos de las clotoides que podamos necesitar.

Vamos ahora a calcular las tangentes totales del sistema para poder encajarlo:

$$T_T = \overline{CV} = \overline{C'V} \qquad\qquad \overline{CV} = \overline{CN} + \overline{NV} \qquad\qquad (91)$$

Donde *CN* es X_O y *NV* se deduce en el triángulo *ONV* (Fig. 5.14)

$$\overline{NV} = \frac{\overline{ON}}{\tan \hat{V}/2} \qquad\qquad \overline{ON} = R + \Delta R \quad \rightarrow \quad \overline{NV} = \frac{R + \Delta R}{\tan \hat{V}/2} \qquad (92)$$

Con lo que las tangentes totales quedan así

$$T_T = X_O + \frac{R + \Delta R}{\tan \hat{V}/2} \qquad\qquad (93)$$

El desarrollo total del sistema será igual al desarrollo de las dos clotoides más el desarrollo del arco de círculo

$$D_T = CF + FF' + F'C' = L + D_{Cc} + L = 2L + D_{Cc} \qquad\qquad (94)$$

Para calcular el desarrollo del arco circular D_{Cc} necesitamos conocer el ángulo en el centro ω

$$\hat{V} = 200 - (2\tau + \omega) \quad \rightarrow \quad \omega = 200 - \hat{V} - 2\tau \qquad\qquad D_{Cc} = \frac{\pi R \omega}{200} \qquad (95)$$

Con lo que el desarrollo total será igual a

$$D_T = 2L + \frac{\pi R \omega}{200} \qquad\qquad (96)$$

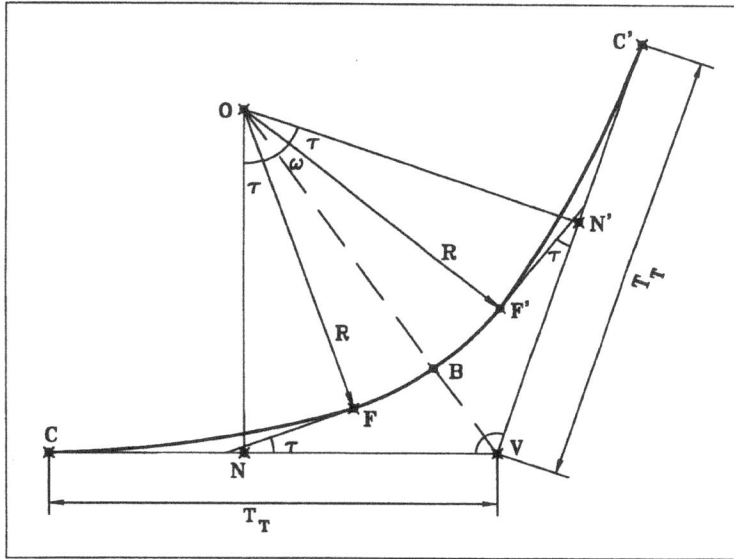

Fig. 5.14

Es conveniente observar que si en vez del parámetro A, tuviéramos cualquier otro de los elementos de la clotoide, como conocemos el radio R, calcularemos el valor del ángulo τ y con él el resto de los elementos de la clotoide. A partir de ese momento estaremos en una situación igual al caso anterior, con lo que la tangente y el desarrollo total se calcularán del mismo modo.

2 Valores conocidos: R y la distancia al vértice BV

En el triángulo ONV

$$\overline{OV} = R + \overline{BV} \qquad\qquad \overline{ON} = \overline{OV} \operatorname{sen} \frac{\hat{V}}{2} \qquad\qquad (97)$$

Además sabemos que la recta ON es

$$\overline{ON} = R + \Delta R \quad\rightarrow\quad \Delta R = \overline{ON} - R$$

Conocido R y ΔR el problema se reduce a lo comentado en el apartado anterior.

3 Valores conocidos: R y la tangente total T_T

Partimos de la expresión (93) de la tangente total. Si dividimos por el radio en ambos miembros de la expresión nos queda

$$\frac{T_T}{R} = \frac{X_O}{R} + \left(1 + \frac{\Delta R}{R}\right)\frac{1}{\tan \hat{V}/2} \tag{99}$$

Sustituyendo los valores de X_O/R y $\Delta R/R$ por sus expresiones correspondientes:

$$\frac{T_T}{R} = \frac{X}{R} - sen\tau + \left(1 + \frac{Y}{R} + \cos\tau - 1\right)\frac{1}{\tan \hat{V}/2} \quad \Rightarrow \quad \frac{T_T}{R} - \frac{X}{R} + sen\tau - \left(\frac{Y}{R} + \cos\tau\right)\frac{1}{\tan \hat{V}/2} = 0 \tag{100}$$

Expresión en la que todo está en función de τ. Probando sucesivos valores de τ, encontraremos aquel que cumpla con la ecuación. Y así con R y τ tendremos datos suficientes para resolver la clotoide al igual que en el primer caso. En el programa de enlaces se introduciría: $T_T/R-X0R-(1+DRR)/tan(V/2)$ donde T_T/R es conocido así como $tan(V/2)$ que se introduce con su valor numérico puesto que recordemos que el programa trabaja en radianes.

4 Valores conocidos: R y el desarrollo total D_T

Partiendo de la expresión ya conocida del desarrollo total (96) y sabiendo que

$$\tau = \frac{L}{2R} \quad \Rightarrow \quad L = 2R\,\tau = 2R\,\tau^g \frac{\pi}{200} \tag{101}$$

A su vez el ángulo ω es igual

$$\omega = 200 - \hat{V} - 2\tau^g \quad \Rightarrow \quad D_{Cc} = \frac{\pi R}{200}(200 - \hat{V} - 2\,\tau^g) \tag{102}$$

Sustituimos ahora los valores de L y D en la expresión inicial

$$D_T = 4\,\tau^g \frac{\pi R}{200} + \frac{\pi R}{200}(200 - \hat{V} - 2\tau^g) \tag{103}$$

$$D_T = \frac{\pi R}{200}(2\tau^g + 200 - \hat{V}) \quad \Rightarrow \quad \tau^g = \frac{200\left(\dfrac{D_T}{\pi R} - 1\right) + \hat{V}}{2} \tag{104}$$

Conocido el valor de τ, el problema estará resuelto.

5 Valores conocidos: los desarrollos de las dos clotoides L y de la curva circular D_{CC} sin conocer el radio R

En este caso también vamos a buscar el valor de τ y, una vez obtenido, junto con L podremos hallar el resto de los elementos de la clotoide y las tangentes totales. Partimos del valor de ω que como ya sabemos se puede deducir por dos caminos distintos

$$\omega = \frac{200 D_{Cc}}{\pi R} \qquad \omega = 200 - \hat{V} - 2\tau^g \qquad \rightarrow \qquad 200 - \hat{V} - 2\tau^g = \frac{200 D_{Cc}}{\pi R} \tag{105}$$

En esta expresión no conocemos ni τ ni R. Por otro lado

$$\tau = \frac{L}{2R} \qquad \rightarrow \qquad R = \frac{L}{2\tau} = \frac{L}{2\tau^g \frac{\pi}{200}} \tag{106}$$

Sustituimos ahora el valor de R en la expresión anterior

$$200 - \hat{V} - 2\tau^g = \frac{200 D_{Cc}}{\pi \frac{L}{2\tau \frac{\pi}{200}}} = \frac{2\tau D_{Cc}}{L} \qquad \rightarrow \qquad \tau^g = \frac{L(200 - \hat{V})}{2(L + D_{Cc})} \tag{107}$$

5.4.2 Enlace simétrico entre rectas sin curva circular

Aunque no tengan curva circular este tipo de enlaces, sigue siendo necesario conocer el valor del radio, puesto que dicho valor se produce en un punto, que es aquel donde se encuentran las dos clotoides. Es por esto que será necesario recurrir a la Norma o Instrucción para obtener este radio. Así pues, si conocemos el radio y el parámetro de la clotoide o cualquier otro de sus elementos, será fácil calcular el resto de los datos de la clotoide. La tangente total y el desarrollo total salen de las siguientes expresiones, según la figura 5.15:

$$T_T = X_O + \frac{R + \Delta R}{\tan \hat{V}/2} = (R + \Delta R)\tan \tau + Xo \qquad D_T = 2L \tag{108}$$

Sin embargo, la tangente total puede salir de otra forma. Observando la figura

$$\overline{C'V} = \overline{C'H} + \overline{HV} = X + Y\tan\tau \tag{109}$$

puesto que HF es igual a Y.

En las clotoides de vértice se cumple la condición de que el ángulo τ es complementario de $\hat{V}/2$, como puede observarse en el triángulo ONV de la figura 5.15.

$$\tau = 100 - \frac{V}{2} \tag{110}$$

Con lo cual τ es un dato de partida puesto que V es obligado conocerlo.

Dada la simplicidad de cualquier caso en que sepamos el valor del radio, vamos a plantear dos situaciones distintas en donde es precisamente el radio lo que queremos encontrar. Como antes daremos por conocidas la situación de las dos rectas, con lo que tendremos el ángulo en V.

1 Valores conocidos: τ y la tangente total T_T

Si en la última expresión de la tangente total dividimos por el radio en ambos miembros y despejamos R, tendremos

$$\frac{T_T}{R} = \frac{X}{R} + \frac{Y}{R}\tan\tau \qquad \rightarrow \qquad R = \frac{T_T}{\dfrac{X}{R} + \dfrac{Y}{R}\tan\tau} \qquad (111)$$

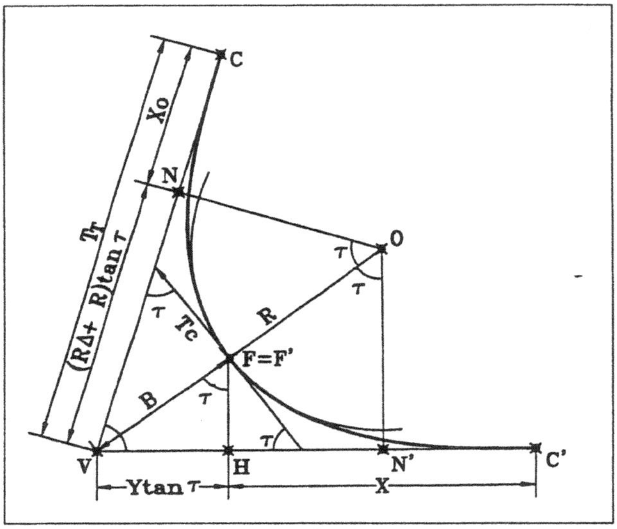

Fig. 5.15

Expresión en la que R es función de T_T y de τ, con lo que el problema se resuelve directamente.

2   Valores conocidos: τ y la distancia al vértice *VF*

Volviendo al triángulo *VFH* de la figura 5.15, podemos deducir el valor de *Y* en función de τ y la distancia al vértice

$$Y = B\cos\tau \qquad (112)$$

Podemos deducir el radio con facilidad, y calcular las tangentes totales.

5.4.3   Enlace simétrico entre rectas con curva circular en forma de lazo

Es un caso particular de los enlaces simétricos. Su principal peculiaridad es que el enlace está al revés, con respecto a las rectas tangentes, con lo que las tangentes de entrada y salida ocupan posiciones muy próximas al vértice, tal como puede verse en la figura 5.16.

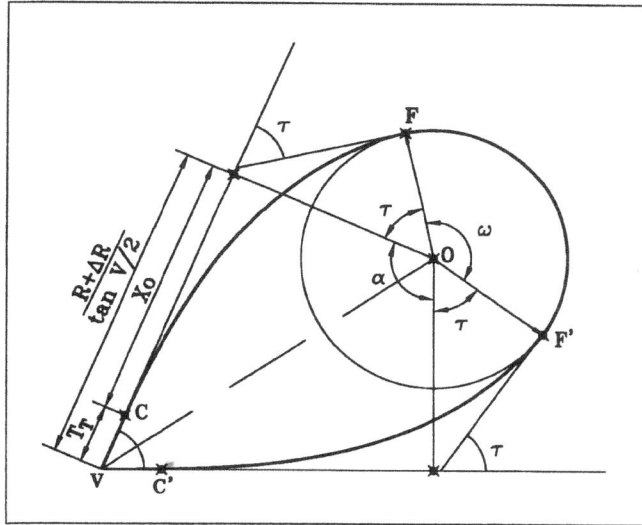

Fig. 5.16

Supuesto que conozcamos el radio y otro elemento de la clotoide podremos hallar la tangente total VC=VC'

$$T_T = \frac{R + \Delta R}{\tan \hat{V}/2} - X_O \tag{113}$$

Para el cálculo del desarrollo total CC' necesitaremos calcular el ángulo en el centro ω

$$\omega = 200 + \hat{V} - 2\tau \qquad \rightarrow \qquad D_{Cc} = \frac{\pi R \omega}{200} \qquad \rightarrow \qquad D_T = D_{Cc} + 2L \tag{114}$$

Pero ahora vamos a estudiar dos casos en los que, conociendo el radio, no tengamos un segundo elemento de la clotoide.

1 Valores conocidos: R y D_T

Partiendo de la expresión anterior para el desarrollo total

$$D_T = D_{Cc} + 2L = \frac{\pi R \omega}{200} + 2\left(2R\tau\frac{\pi}{200}\right) = \frac{\pi R}{200}(\omega + 4\tau) \tag{115}$$

Sustituyendo el valor de ω

$$\omega = 200 + \hat{V} - 2\tau \qquad \rightarrow \qquad D_T = \frac{\pi R}{200}(200 + \hat{V} + 2\tau) \tag{116}$$

Despejando el valor de τ

$$\tau = \frac{\dfrac{200\,D_T}{\pi R} - \hat{V} + 200}{2} \qquad (117)$$

Con τ y R hallaremos el resto de los datos, incluso la tangente total.

2 Valores conocidos: R y T_T

Partimos de la tangente total (113). Dividiendo en ambos miembros de la expresión por el radio

$$\frac{T_T}{R} = \frac{1 + \dfrac{\Delta R}{R}}{\tan\dfrac{\hat{V}}{2}} - \frac{X_O}{R} = \frac{1 + \dfrac{Y}{R} + \cos\tau - 1}{\tan\dfrac{\hat{V}}{2}} - \frac{X}{R} + sen\,\tau \qquad \rightarrow \qquad \frac{T_T}{R} - \frac{\dfrac{Y}{R} + \cos\tau}{\tan\dfrac{\hat{V}}{2}} + \frac{X}{R} - sen\,\tau = 0 \qquad (118)$$

Probando sucesivos valores de τ encontraremos aquel que haga la ecuación igual a cero. En este caso la expresión a introducir en el programa de enlaces es: *T_T/R-(YR+cosZ)/tan(V/2))+XR-senZ* siendo *T_T/R* un valor conocido así como *tan(V/2)* que se introduce con el valor numérico que le corresponde.

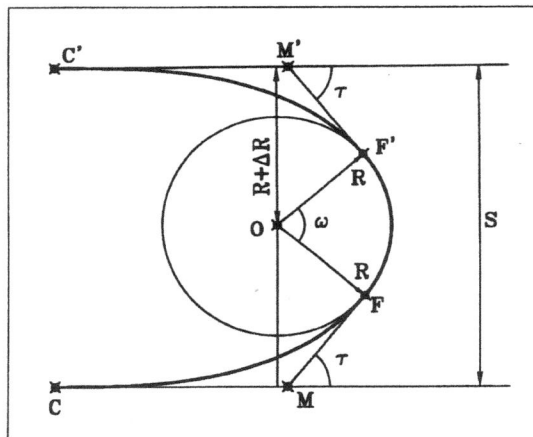

Fig. 5.17

5.4.4 Enlace simétrico entre rectas paralelas

Este tipo de enlaces podrían tratarse igualmente como un enlace simétrico entre rectas en el apartado 5.4.1, pero al ser rectas paralelas da lugar a un hecho que simplifica la cuestión. Según la figura 5.17, observamos que la separación entre las rectas es el doble de la ordenada del centro de la curva circular:

$$S = 2\,Yo = 2(R + \Delta R) \qquad (119)$$

Conocido el radio despejamos ΔR. Con ello podremos resolver el problema.

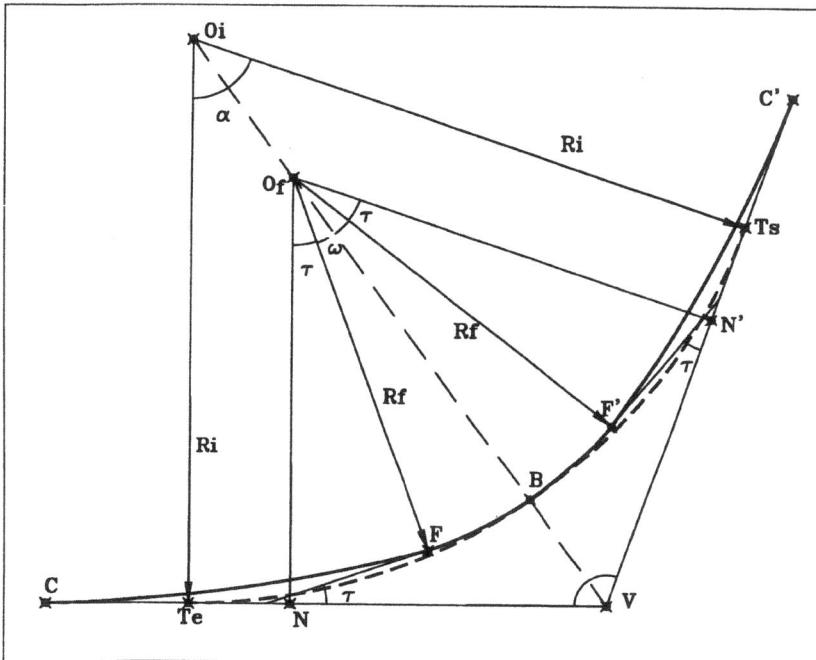

Fig. 5.18

5.4.5 Enlace simétrico entre rectas en sustitución de curvas circulares

Uno de los proyectos que se realiza con frecuencia es la renovación y mejora de antiguos tramos de carretera. Estos suelen consistir en una reposición del firme, aumento del ancho de arcenes y suavizado del trazado en zonas con muchas curvas. Esto implica trazados totalmente nuevos en estos tramos. En el resto de trazado se pueden suavizar las curvas existentes, habitualmente curvas circulares, sustituyéndolas por enlaces simétricos.

Estos enlaces se realizan manteniendo las rectas tangentes originales, y buscando el nuevo radio a partir del radio de la antigua curva, y del parámetro que impone la Instrucción de Carreteras.

Con estas premisas vamos a ver dos posibles situaciones.

1. Valores conocidos: la distancia al vértice *BV*

Realmente no es que supongamos que conocemos la distancia al vértice, sino que mantenemos la que ya había antes. Esto puede ser necesario si en las proximidades del punto medio de la curva no se pueden realizar modificaciones del trazado.

Al conocer los datos de la curva circular inicial tendremos (Fig. 5.18):

$O_iT_e = O_iT_s = R_i$
$VT_e = VT_s =$ Tangente
$T_eT_s =$ Desarrollo
$BV = B_i = B_f$

Deducimos la expresión que define a B_f sobre el triángulo VO_fN:

$$B_f = \overline{O_fV} - \overline{O_fB} = \frac{\overline{O_fN}}{sen\frac{\hat{V}}{2}} - R_f \qquad (120)$$

Dividimos ambos miembros por el radio e igualamos a cero

$$\frac{1 + \frac{\Delta R}{R_f}}{sen\frac{\hat{V}}{2}} - 1 - \frac{B}{R_f} = 0 \qquad (121)$$

Por otro lado, el parámetro es un valor impuesto por la norma pero, como vimos en el apartado 5.3, es función de una serie de valores conocidos, inherentes al trazado de la carretera, además del radio que no conocemos. Por ejemplo, si cogemos la tercera condición que lo hace por razón de transición al peralte

$$A \geq \sqrt{\frac{na}{2\xi}pR} \qquad (122)$$

Donde a R lo llamaremos R_f, nuestro radio final, y el resto de los datos los podemos convertir en un valor numérico K, con lo que nos queda que

$$A = K\sqrt{R_f} \qquad \rightarrow \qquad R_f = \frac{A^2}{K^2} \qquad (123)$$

Esta expresión saldría igualmente de cualquiera de las otras dos condiciones. R_f lo podemos poner en función de τ

$$A = R\sqrt{2\tau} \quad \rightarrow \quad A^2 = 2R_f^2\tau \quad \rightarrow \quad R_f = \frac{2R_f^2\tau}{K^2} \quad \rightarrow \quad R_f = \frac{K^2}{2\tau} \qquad (124)$$

Sustituyendo el valor de R_f en la expresión deducida a partir de la distancia al vértice tendremos

$$\frac{1+\dfrac{\Delta R}{R_f}}{sen\dfrac{\hat{V}}{2}}-1-\frac{B}{\left(\dfrac{K^2}{2\tau}\right)}=0 \tag{125}$$

Por iteración encontraremos el valor de τ que hace cumplir la ecuación. Sustituyéndolo en (123) obtendremos el valor de R_f y con él el parámetro. Conocidos los datos de la clotoide, será fácil calcular el enlace.

2 Valores conocidos: tangentes totales

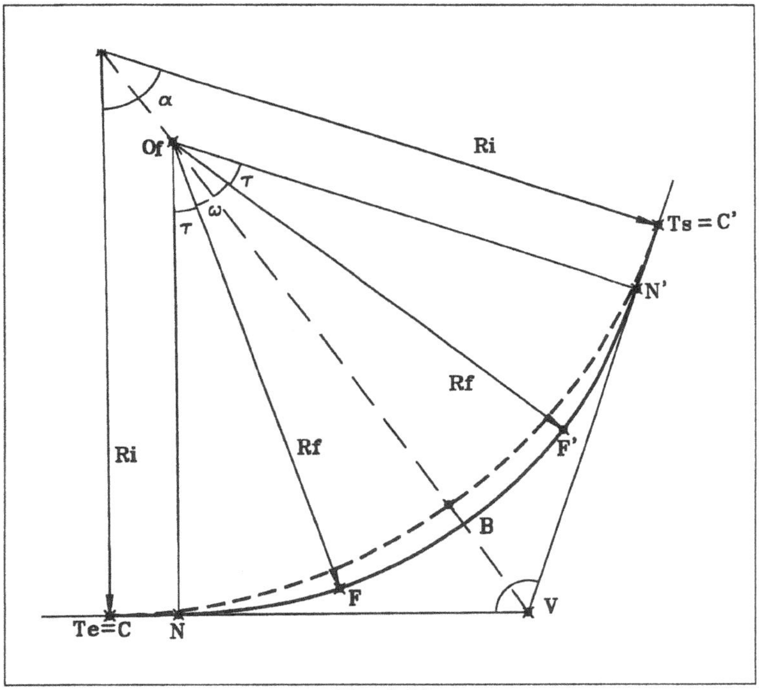

Fig. 5.19

Pretendemos mantener las tangentes iniciales como tangentes totales del nuevo enlace (Fig. 5.19). Al igual que antes, damos por supuesto que conocemos todos los datos de la curva circular inicial. La expresión de la tangente total es

$$T_T=X_O+\frac{(R_f+\Delta R)}{\tan\dfrac{\hat{V}}{2}}=T_i \tag{126}$$

Si dividimos por el radio y pasamos los términos al mismo lado

$$\frac{X_O}{R_f} + \frac{\left(1 + \dfrac{\Delta R}{R_f}\right)}{\tan\dfrac{\hat{V}}{2}} - \frac{T_i}{R_f} = 0 \tag{127}$$

Por otro lado, como en el caso anterior, el parámetro según la Instrucción de Carreteras será función del radio

$$A = K\sqrt{R_f} \qquad \rightarrow \qquad R_f = \frac{A^2}{K^2} \tag{128}$$

Que lo podemos poner en función de τ

$$R = \frac{K^2}{2\tau} \tag{129}$$

Sustituyendo el valor de R_f en la expresión deducida de la tangente total

$$\frac{X_O}{R_f} + \frac{\left(1 + \dfrac{\Delta R}{R_f}\right)}{\tan\dfrac{\hat{V}}{2}} - \frac{T_i}{\left(\dfrac{K^2}{2\tau}\right)} = 0 \tag{130}$$

Encontraremos el valor de τ por iteraciones y así hallaremos R_f y A. La expresión a introducir en el programa de enlaces es la siguiente: *XOR+(1+DRR)/Tan(V/2)-Z*2*T$_i$/K^2* donde *Tan(V/2)* debe ser introducido como un valor numérico, así como *T$_i$/K^2*.

5.4.6 Enlace no simétrico entre rectas con curva circular

Recordemos que denominamos enlaces no simétricos a aquellos enlaces en los que las dos clotoides son distintas. Este tipo de enlaces se da solo en situaciones muy particulares. En el caso de modificaciones de trazado ya existentes, bien porque haya una parte del enlace aprovechable o bien porque esté parcialmente ejecutado. También en situaciones donde el encaje tiene condicionantes muy fuertes que impiden el proyecto de un enlace simétrico.

La principal característica geométrica de este tipo de enlaces es que el centro del círculo obsculador tangente a ambas clotoides, no es equidistante de las dos alineaciones rectas donde se realiza el encaje. Esto implica decir que (Fig. 5.20)

$$\overline{ON} \ast \overline{ON'} \qquad \rightarrow \qquad R \ \Delta R \ast R \ \Delta R' \tag{131}$$

En el caso de disponer de todos los datos necesarios para efectuar el encaje, solo tendrá alguna dificultad hallar las tangentes totales. Observando la figura 5.20

$$T_T = X_O + \frac{R + \Delta R}{\tan \hat{V}} + \frac{R + \Delta R'}{sen \hat{V}} \qquad\qquad T_T' = X_O' + \frac{R + \Delta R}{sen \hat{V}} + \frac{R + \Delta R'}{\tan \hat{V}} \tag{132}$$

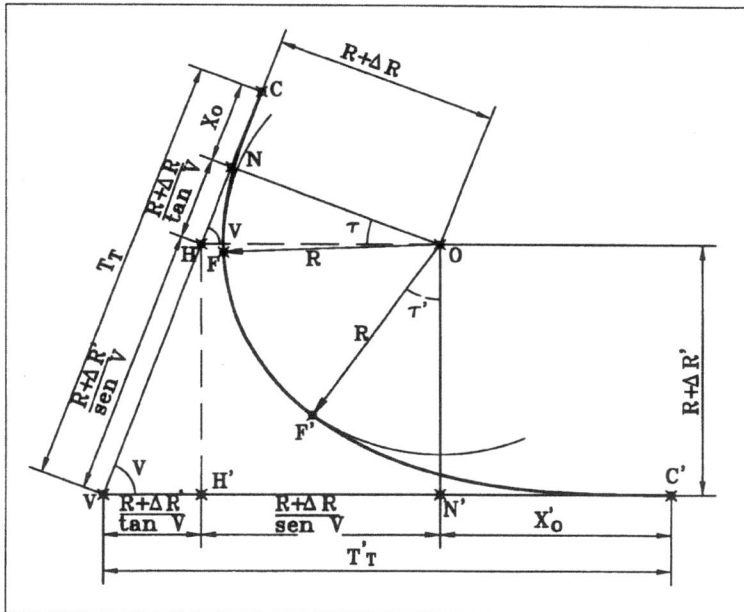

Fig. 5.20

Vamos a estudiar dos casos en los que suponemos conocido el radio además de otro valor.

1 Valores conocidos: El parámetro A y la tangente total T_T de una de las clotoides y el radio R

Este es el caso que hemos comentado anteriormente en que se pretende respetar parte del trazado original, tal como una de las clotoides y parte de la curva circular.

Si partimos de la expresión de la tangente total conocida

$$T_T = X_O + \frac{R + \Delta R}{\tan \hat{V}} + \frac{R + \Delta R'}{sen \hat{V}}$$

(133)

Aquí conocemos todo a excepción de $\Delta R'$ porque con A y R podemos hallar X_O y ΔR. Si lo despejamos

$$\Delta R' = \left(\left(T_T - X_O - \frac{R + \Delta R}{\tan \hat{V}} \right) sen \hat{V} \right) - R$$

(134)

Con R y $\Delta R'$ hallaremos A' y el resto de los elementos de la 2ª clotoide.

2 Valores conocidos: Las dos Tangentes Totales T_T y T_t' y el radio R

Esta situación ocurre cuando conocido el radio se pretende encajar unas clotoides en unas determinadas tangentes totales.

Dividimos por el radio las dos expresiones de las tangentes totales, que dimos al principio del apartado, y pasando los términos al mismo lado

$$\frac{T_T}{R} - \frac{X_O}{R} - \frac{1 + \frac{\Delta R}{R}}{\tan \hat{V}} - \frac{1 + \frac{\Delta R'}{R}}{sen \hat{V}} = 0$$

(135)

$$\frac{T_T'}{R} - \frac{X_O'}{R} - \frac{1 + \frac{\Delta R}{R}}{sen \hat{V}} - \frac{1 + \frac{\Delta R'}{R}}{\tan \hat{V}} = 0$$

(136)

Tenemos dos ecuaciones de las cuales conocemos los valores de V, R, T_T y $T_{T'}$. Sin embargo, no conocemos:

$\Delta R/R$ y X_O/R que son función de τ

$\Delta R'/R$ y X_O'/R que son función de τ'

Con lo que tenemos un sistema de dos ecuaciones con dos incógnitas τ y τ'. Para resolverlo vamos a hacer lo siguiente. Comencemos centrando la solución en un cierto intervalo de valores. Es decir que vamos a buscar de manera aproximada los valores de τ y τ'. Para ello iremos dando valores a τ en la ecuación (135) y hallando por iteración el valor de τ'. Con cada par de valores τ y τ', podremos dibujar puntos de una gráfica representativa de la ecuación (135) (Fig. 5.21).

Actuando ahora del mismo modo en (136), vamos a dar valores a τ' y por iteración hallaremos sus correspondientes valores de τ. De este modo también podremos dibujar la gráfica correspondiente a la ecuación (136).

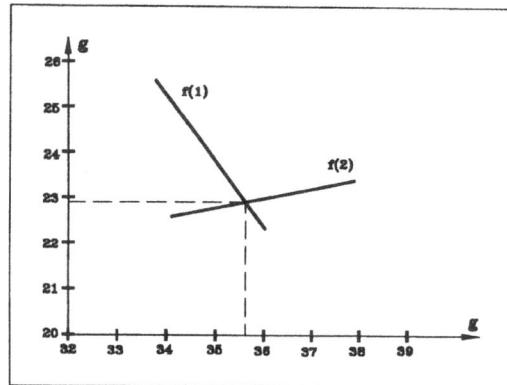

Fig. 5.21

Este proceso en realidad se efectúa siguiendo una cierta lógica. Los primeros valores que se van introduciendo en las ecuaciones pueden ser de veinte en veinte grados hasta encontrar la zona de intersección. Una vez hallada esta, se aumenta el número de puntos en la zona hasta que se pueda observar a una escala lo suficientemente grande el punto intersección con una aproximación del cuarto de grado. Esto es lo que aparece en el ejemplo de la figura 5.21.

Una vez localizada la intersección aproximada tendremos que el valor real de τ, está dentro del intervalo de un cuarto de grado, entre τ_S (superior) y τ_I (inferior). Si aplicamos el valor de τ en ambas ecuaciones obtendremos dos valores para τ'. Un τ'_1 en (135) y un τ'_2 en (136). Como el valor real de τ será aquel que haga que τ'_1 y τ'_2 sean iguales, lo que tenemos que hacer es ir probando sucesivo valores de τ, de una manera lógica, de tal modo que la diferencia entre τ'_1 y τ'_2 se vaya reduciendo hasta llegar a 0.

Dicho esto, al probar el valor de τ_S, tendremos dos valores de τ' cuya diferencia será

$$\Delta\tau'_S = \tau'_1 - \tau'_2 \tag{137}$$

Si ahora aplicamos τ_I, obtendremos dos nuevos valores τ'_1 y τ'_2 y su diferencia será

$$\Delta\tau'_I = \tau'_1 - \tau'_2 \tag{138}$$

Si dividimos el intervalo entre τ_S y τ_I por la mitad podemos probar un nuevo valor que llamaríamos τ_M, con el que encontraríamos dos nuevos valores τ'_1 y τ'_2, y su diferencia sería

$$\Delta\tau'_M = \tau'_1 - \tau'_2 \tag{139}$$

Indudablemente uno de estos valores de $\Delta\tau_S'$ y $\Delta\tau_I'$ estará por encima de cero y el otro por debajo. Nosotros debemos encontrar aquellos dos valores de τ'_1 y τ'_2, que sean iguales, es decir, cuya diferencia sea cero.

Analizando los $\Delta\tau'$, compararemos $\Delta\tau'_M$ con $\Delta\tau'_S$ y $\Delta\tau'_M$ con $\Delta\tau'_I$, y veremos entre que pareja de $\Delta\tau'$, estaría el 0. Con lo cual partiríamos en dos el intervalo entre τ_S y τ_M o el intervalo entre τ_M y

τ_S, hallando un nuevo $\Delta\tau'$, volviendo a analizar en donde se encuentra el cero. Continuaríamos sucesivamente hasta llegar a una diferencia $\Delta\tau'$ igual a cero, dentro de la precisión requerida.

Vamos a hacer un ejemplo para aclarar lo expuesto. Partimos del supuesto que ya tenemos localizado el punto intersección en la gráfica y definido el intervalo de τ inicial.
Los datos de partida son los siguientes: R = 300   T$_T$ = 500   T$_T'$ = 525
    V = 80^g

Las ecuaciones (135) y (136) aplicadas al ejemplo son:

$$\frac{500}{300} - \frac{X_o}{R} - \frac{1+\dfrac{\Delta R}{R}}{\tan 80} - \frac{1+\dfrac{\Delta R'}{R}}{sen\ 80} = 0 \qquad\qquad \frac{525}{300} - \frac{X_o'}{R} - \frac{1+\dfrac{\Delta R}{R}}{sen\ 80} - \frac{1+\dfrac{\Delta R'}{R}}{\tan 80} = 0 \qquad (140)$$

Los valores superior e inferior de τ deducidos de la gráfica utilizada en el tanteo inicial son
    τ_S = 16.9^g τ_I = 16.7^g

Este es el resultado de la búsqueda final de τ y τ':

τ	τ_1'	τ_2'	$\Delta\tau'$	Nº Iteración
16.7000	24.0317	22.6795	1.3522	1
16.9000	22.4186	22.6615	-0.2429	2
16.8000	23.2390	22.6705	0.5685	3
16.8500	22.8324	22.6660	0.1664	4
16.8750	22.6265	22.6638	-0.0373	5
16.8625	22.7297	22.6649	0.0648	6
16.86875	22.6778	22.6643	0.0135	7
16.87188	22.6520	22.6641	-0.0121	8
16.87031	22.6651	22.6642	0.0009	9
16.8711	22.6588	22.6641	-0.0053	10
16.8705	22.6636	22.6642	-0.0006	11
16.8704	22.6641	22.6642	-0.0001	12

    τ = 16.8704^g τ' = 22.6641^g

Conocido el radio y los dos valores de τ, podremos calcular el resto de los elementos de las dos clotoides.

5.4.7 Enlace no simétrico entre rectas sin curva circular

La característica geométrica que distingue los enlaces sin curva circular es la de que la suma de los respectivos valores de τ de cada de una de las clotoides es un valor suplementario al ángulo $\hat{V}$ (Fig. 5.22)

$$\hat{V} = 200 - \tau - \tau' \qquad (141)$$

A partir de esta premisa planteamos dos casos distintos en los que podemos resolver un enlace de este tipo.

1. Valores conocidos: Las dos tangentes totales.

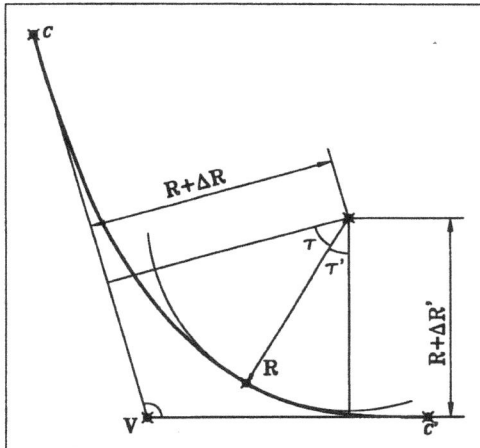

Fig. 5.22

Partimos de las ecuaciones de las tangentes totales deducidas en (132). Vamos a dividir ambas expresiones por el radio R. A su vez dividimos ambas ecuaciones entre sí y pasamos todos los términos al mismo lado

$$f(\tau,\tau') = \frac{T_T}{T_T'} - \frac{\dfrac{X_o}{R} + \dfrac{1 + \dfrac{\Delta R}{R}}{\tan\hat{V}} + \dfrac{1 + \dfrac{\Delta R'}{R}}{sen\hat{V}}}{\dfrac{X_o'}{R} + \dfrac{1 + \dfrac{\Delta R}{R}}{sen\hat{V}} + \dfrac{1 + \dfrac{\Delta R'}{R}}{\tan\hat{V}}} = 0 \qquad (142)$$

Tenemos una ecuación función de τ y τ'. Por otro lado

$$\hat{V} = 200 - \tau - \tau' \qquad (143)$$

Con lo que tenemos dos ecuaciones con dos incógnitas τ y τ', que podremos resolver por el mismo método que en el segundo subapartado del apartado 5.4.6.

Conocidos los valores τ y τ', serán conocidos X_o/R, $\Delta R/R$, $\Delta R'/R$. Despejando el radio de la expresión de la tangente total partida por el radio

$$\frac{T_T}{R} = \frac{X_o}{R} + \frac{1 + \dfrac{\Delta R}{R}}{\tan\hat{V}} + \frac{1 + \dfrac{\Delta R'}{R}}{sen\hat{V}} \qquad \rightarrow \qquad R = \frac{T_T}{\dfrac{X_o}{R} + \dfrac{1 + \dfrac{\Delta R}{R}}{\tan\hat{V}} + \dfrac{1 + \dfrac{\Delta R'}{R}}{sen\hat{V}}} \qquad (144)$$

Podremos resolver el enlace, calculando todos los datos de las clotoides que necesitemos.

2 Valores conocidos: Una de las tangentes totales y el radio *R*

Partimos de la expresión ya conocida de la tangente total partida por el radio

$$\frac{T_T}{R} - \frac{X_O}{R} - \frac{1 + \frac{\Delta R}{R}}{\tan \hat{V}} - \frac{1 + \frac{\Delta R'}{R}}{sen \hat{V}} = 0 \qquad (145)$$

Aquí las incógnitas son X_O/R, $\Delta R/R$, $\Delta R'/R$. Las dos primeras son función de τ y la tercera función de τ'. Utilizando la otra expresión ya conocida de

$$\hat{V} = 200 - \tau - \tau' \qquad (146)$$

Volveremos a tener dos ecuaciones con dos incógnitas. Lo resolveremos del mismo modo que en los dos últimos casos.

5.4.8   Enlace entre recta y circulo de sentido contrario

Este caso y los siguientes se producen, sobre todo, en confluencias de dos alineaciones independientes, como son cruces con enlaces, incorporaciones y salidas.

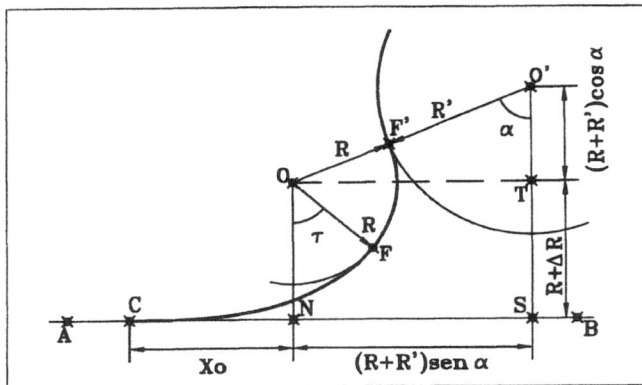

Fig. 5.23

En el caso que nos ocupa, se pretende enlazar la recta *AB* (Fig. 5.23), con el círculo de centro *O'*. Lógicamente debemos de disponer de la posición de la recta y del centro de dicha curva. Se supone que conocemos el radio *R'* de esta curva así como el parámetro y el radio de la clotoide que queremos utilizar en el enlace. Lo que buscamos son las coordenadas de la tangente de la recta a la clotoide, punto *C*, del punto *O* centro de la curva de radio *R* y de la tangente a ambos círculos, *F'*.

Como conocemos *A* y *R* podemos hallar X_O y ΔR. Para poder hallar las coordenadas de *C*, tendremos que calcular la distancia *CS*

$$\overline{CS} = \overline{CN} + \overline{NS} = X_O + (R + R')sen\alpha \qquad (147)$$

Donde la distancia *NS* la deducimos del triángulo *O'OT*, puesto que *NS = OT*. Sin embargo el ángulo α no lo conocemos. *O'S* es conocido mediante el cálculo de la distancia del punto *O'* a la recta *AB*. Gracias a esta distancia *OS* podremos deducir el valor de α y darle coordenadas al propio punto *S*. Sobre la figura observemos que

$$\overline{O'S}=\overline{O'T}+\overline{TS}=(R+R')\cos\alpha +(R+\Delta R) \tag{148}$$

Donde $O'T$ lo deducimos también en el triángulo $O'OT$. Podemos despejar α, función de datos conocidos

$$\alpha = \text{arc cos}\left(\frac{\overline{OS}-R-\Delta R}{R+R'}\right) \tag{149}$$

Con α ya podremos calcular la distancia CS, que nos permitirá hallar las coordenadas de C. Las de O saldrán también desde S, con la distancia conocida NS y $(R+\Delta R)$. Conocida la situación de este punto será fácil calcular las coordenadas de F' en la dirección de O' y a una distancia R desde O.

5.4.9 Enlace entre círculos exteriores de curvatura del mismo sentido

Cuando se pretende enlazar dos círculos en los que el centro de uno de ellos no está en el interior del otro, en los que lógicamente, una sola clotoide no puede realizar el enlace, recurrimos a parejas de clotoides tangentes a ambos círculos y tangentes a una misma recta que las une (Fig. 5.24). Para su estudio vamos a distinguir dos casos. En el primero supondremos

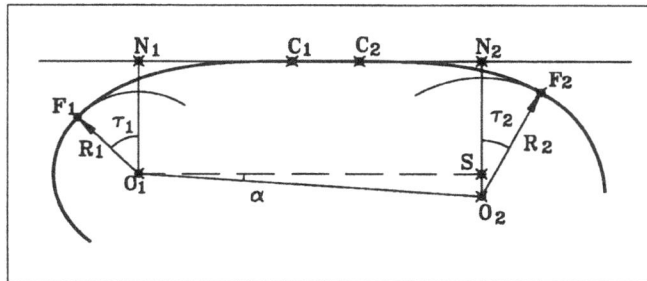

Fig. 5.24

que existe dicha recta y en el segundo haremos que las clotoides sean tangentes entre sí, sin mediar ninguna recta.

1 Dos clotoides tangentes a una recta común

Suponemos conocidos los radios de las dos curvas así como los parámetros de clotoides que queremos utilizar. También necesitaremos las coordenadas de los centros de las dos curvas. Podemos calcular todos los elementos de ambas clotoides.

Como estas son tangentes a la misma recta O_1N_1 es paralelo O_2N_2. Con esta condición podemos deducir lo siguiente:

$$\overline{O_2S}=\overline{O_2N_2}-\overline{N_2S}=(R_2+\Delta R_2)-(R_1+\Delta R_1) \tag{150}$$

En el triángulo O_1O_2S (Fig. 5.24) además del lado O_2S conocemos el lado O_1O_2, que sale por diferencia de coordenadas. Entonces podemos calcular el ángulo α, que nos permitirá hallar el acimut de la recta O_1S a partir del de la recta O_1O_2. Como O_1S es paralela a C_1C_2, tendremos el acimut de dicha recta tangente a ambas clotoides.

$$\alpha = \text{arc } sen \frac{R_2 - R_1 + \Delta R_2 - \Delta R_1}{\overline{O_1O_2}} \qquad \rightarrow \qquad \theta_{C_1}^{C_2} = \theta_{O_1}^{O_2} - \alpha \qquad (151)$$

Del mismo triángulo obtenemos la distancia O_1S por el teorema de Pitágoras. De aquí deducimos lo siguiente

$$\overline{O_1S} = \overline{N_1N_2} = \overline{N_1C_1} + \overline{C_1C_2} + \overline{C_2N_2} = X_{O_1} + \overline{C_1C_2} + X_{O_2} \qquad (152)$$

Despejamos C_1C_2

$$\overline{C_1C_2} = \overline{O_1S} - X_{O_1} - X_{O_2} \qquad (153)$$

Así ya podremos calcular las coordenadas de C_1 y C_2 y las de F_1 y F_2.

2. Dos clotoides tangentes entre si

Este es un caso particular, en el que podríamos deducir los parámetros de las clotoides si admitimos que están enlazadas entre sí (Fig. 5.25). Además debemos imponer, para que exista una única solución, la condición de que los parámetros de las clotoides mantengan la misma relación de proporcionalidad que los radios. Si conocemos R_1 y R_2

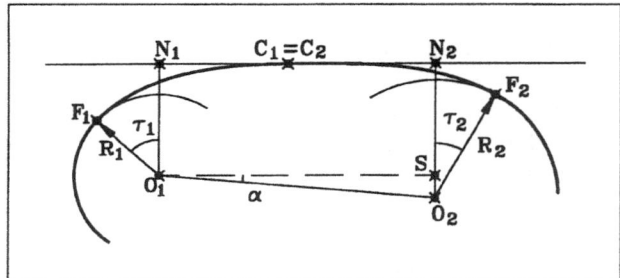

Fig. 5.25

$$\frac{A_1}{A_2} = \frac{R_1}{R_2} \qquad (154)$$

En el triángulo O_1O_2S

$$\overline{O_1O_2}^2 = \overline{O_1S}^2 + \overline{SO_2}^2 = \overline{N_1N_2}^2 + \overline{SO_2}^2 = (X_{O_1} + X_{O_2})^2 + ((R_2 + \Delta R_2) - (R_1 + \Delta R_1))^2 \qquad (155)$$

Dividiendo por el radio R_1 en ambos miembros

$$\frac{\overline{O_1O_2}^2}{R_1^2} = \left(\frac{X_{O_1}}{R_1} + \frac{X_{O_2}}{R_1}\right)^2 + \left(\left(\frac{R_2}{R_1} + \frac{\Delta R_2}{R_1}\right) - \left(\frac{R_1}{R_1} + \frac{\Delta R_1}{R_1}\right)\right)^2 \tag{156}$$

Si ahora multiplicamos y dividimos por R_2 a Xo_2 y a ΔR_2

$$\frac{\overline{O_1O_2}^2}{R_1^2} = \left(\frac{X_{O_1}}{R_1} + \frac{X_{O_2}}{R_2}\frac{R_2}{R_1}\right)^2 + \left(\frac{R_2}{R_1} + \frac{\Delta R_2}{R_2}\frac{R_2}{R_1} - 1 - \frac{\Delta R_1}{R_1}\right)^2 \tag{157}$$

Por otro lado vamos a demostrar que en razón a la proporcionalidad existente entre parámetros y radios los valores de τ de ambas clotoides han de ser iguales. Si dividimos los valores de τ entre sí y sabiendo (9)

$$\frac{\tau_1}{\tau_2} = \frac{\frac{1}{2}\left(\frac{A_1}{R_1}\right)^2}{\frac{1}{2}\left(\frac{A_2}{R_2}\right)^2} = \left(\frac{A_1}{A_2}\frac{R_2}{R_1}\right)^2 = 1 \qquad \rightarrow \qquad \tau_1 = \tau_2 \tag{158}$$

Si decimos que $\tau_1 = \tau_2$, y teniendo en cuenta (154) por la misma regla se cumplirá que

$$\frac{X_{O_1}}{R_1} = \frac{X_{O_2}}{R_2} \qquad\qquad \frac{\Delta R_1}{R_1} = \frac{\Delta R_2}{R_2} \tag{159}$$

Donde X_O/R y $\Delta R/R$ son cocientes comunes a ambas clotoides. Si ponemos toda la expresión anterior deducida de O_1O_2, en función de valores dependientes de τ_1, e igualamos a 0

$$\left(\frac{X_{O_1}}{R_1}\right)^2\left(1 + \frac{R_2}{R_1}\right)^2 + \left(\frac{R_2}{R_1} - 1\right)^2\left(1 + \frac{\Delta R_1}{R_1}\right)^2 - \frac{\overline{O_1O_2}^2}{R_1^2} = 0 \tag{160}$$

En esta expresión todo está en función de τ_1. Por iteraciones encontraremos dicho valor de τ_1, y con él y cada uno de los radios calcularemos los parámetros de la dos clotoides así como todos sus elementos. El cálculo de las coordenadas de $C_1 = C_2$ y de F_1 y F_2 lo haremos igual que en el apartado anterior.

5.4.10 Enlace entre círculos exteriores de curvatura de sentidos contrarios

Este caso es igual al anterior, salvo por el hecho de que las dos curvas circulares tienen curvatura contraria (Fig. 5.26). También planteamos dos casos como antes. Uno con recta entre las dos clotoides y otro sin ella.

1 Dos clotoides tangentes a una recta común

Partimos como antes de que conocemos los radios y los parámetros de ambas clotoides y las coordenadas de los centros de las dos curvas. La recta O_1S es paralela a C_1C_2 y S está en la recta O_2N_2. En el triángulo O_1SO_2 conocemos la distancia O_1O_2 por diferencia de coordenadas.

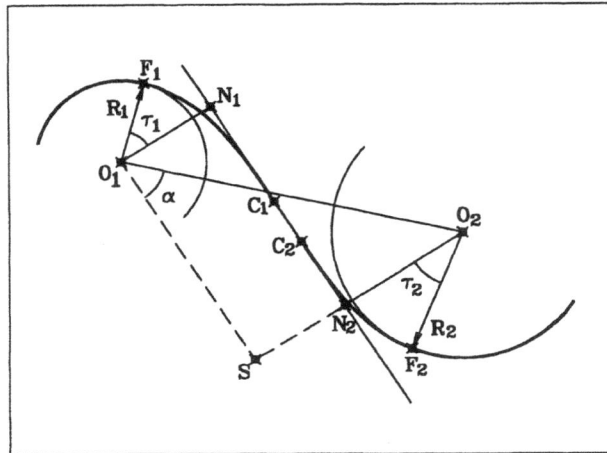

Fig. 5.26

Por otro lado, observando la figura 5.26

$$\overline{SO_2}=\overline{SN_2}+\overline{N_2O_2}=(R_1+\Delta R_1)+(R_2+\Delta R_2) \tag{161}$$

Con estos dos lados podemos deducir el ángulo α que nos permitirá calcular el acimut de la recta C_1C_2

$$\alpha = \text{arc } sen \ \frac{R_1+R_2+\Delta R_1+\Delta R_2}{\overline{O_1O_2}} \qquad \rightarrow \qquad \theta_{C_1}^{C_2} = \theta_{O_1}^{O_2}+\alpha \tag{162}$$

También podremos calcular en el mismo triángulo la distancia O_1S, y con ella la distancia C_1C_2 necesaria para el cálculo de las coordenadas de estos dos puntos:

$$\overline{C_1C_2}=\overline{O_1S}-\overline{N_1C_1}-\overline{C_2N_2}=\overline{O_1S}-X_{O_1}-X_{O_2} \tag{163}$$

El resto del encaje no ofrece ninguna dificultad.

2 Dos clotoides tangentes entre si

Partimos de la misma premisa expuesta en el segundo subapartado del apartado 5.4.9, de la proporcionalidad existente entre radios y parámetros. En el triángulo O_1O_2S

$$\overline{O_1O_2}^2=\overline{O_1S}^2+\overline{SO_2}^2=\overline{N_1N_2}^2+\overline{SO_2}^2=(X_{O_1}+X_{O_2})^2+((R_2+\Delta R_2)+(R_1+\Delta R_1))^2 \tag{164}$$

Dividiendo por el radio R_1^2 en ambos miembros

$$\frac{\overline{O_1O_2}^2}{R_1^2}=\left(\frac{X_{O_1}}{R_1}+\frac{X_{O_2}}{R_1}\right)^2+\left(\left(\frac{R_2}{R_1}+\frac{\Delta R_2}{R_1}\right)+\left(\frac{R_1}{R_1}+\frac{\Delta R_1}{R_1}\right)\right)^2 \tag{165}$$

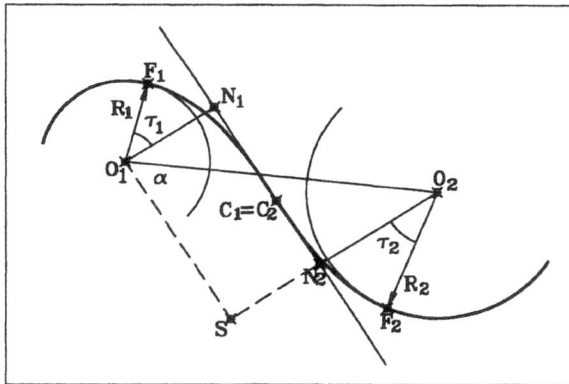

Fig. 5.27

Si ahora multiplicamos y dividimos por R_2 a X_{O_2} y a ΔR_2

$$\frac{\overline{O_1O_2}^2}{R_1^2}=\left(\frac{X_{O_1}}{R_1}+\frac{X_{O_2}}{R_2}\frac{R_2}{R_1}\right)^2+\left(\frac{R_2}{R_1}+\frac{\Delta R_2}{R_2}\frac{R_2}{R_1}+1+\frac{\Delta R_1}{R_1}\right)^2 \tag{166}$$

Sustituimos en la expresión anterior los cocientes X_O/R y $\Delta R/R$, de la clotoide dos por los de la uno, por su razón de proporcionalidad, e igualamos la expresión a 0

$$\left(\frac{X_O}{R}\right)^2\left(1+\frac{R_2}{R_1}\right)^2+\left(\frac{R_2}{R_1}+1\right)^2\left(1+\frac{\Delta R}{R}\right)^2-\frac{\overline{O_1O_2}^2}{R_1^2}=0 \tag{167}$$

Lo tenemos todo en función de τ. Por iteraciones (*(XOR^2)*(1+R₂/R₁)^2+((R₂/R₁+1)^2)*(1+DRR)^2* *-((O₁O₂)/R₁)^2*) , encontraremos dicho valor, y con él y cada uno de los radios calcularemos los parámetros de la dos clotoides así como todos sus elementos. A continuación calcularíamos las coordenadas de los puntos necesarios para el encaje.

5.4.11 Enlace entre círculos interiores de curvatura del mismo sentido

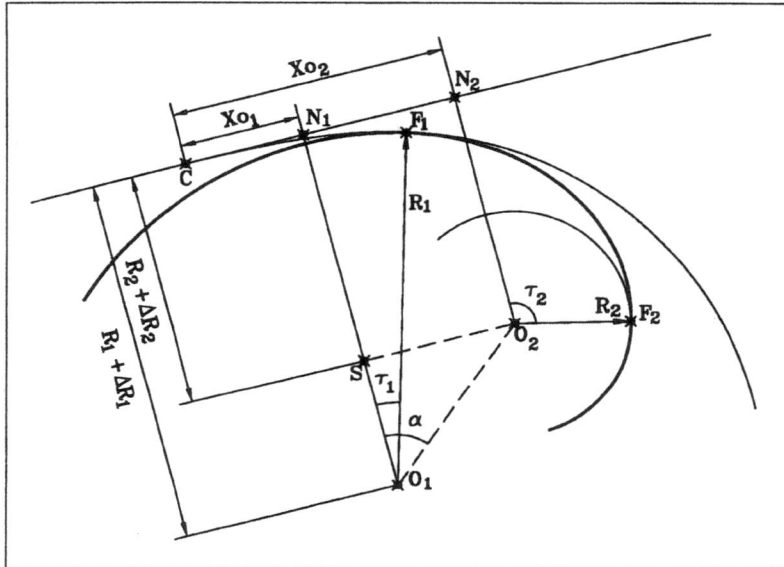

Fig. 5.28

Este caso solo se cumplirá cuando una de las curvas circulares es interior a la otra sin ser concéntricas, situación en la que el problema no tiene solución.

Según la Instrucción de Carreteras el parámetro debe cumplir la condición del apartado 3.2.2.3 a) de la norma, que ya hemos estudiado en (87). Además se tiene que cumplir que:

$$A \geq \frac{R}{2} \qquad\qquad A > 100 \qquad\qquad (168)$$

Siendo R el radio de la curva menor.

Vamos a suponer que disponemos de los radios de las dos curvas R_1 y R_2, y de las coordenadas de los centros de ambas O_1 y O_2. También tendremos el parámetro de la clotoide.

Podemos calcular los elementos de la clotoide correspondientes a los dos puntos de tangencia, Xo_1

y ΔR_1, Xo_2 y ΔR_2. En la figura 5.8 hemos marcado el punto C inicio de la clotoide y la recta tangente a la clotoide en dicho punto. En el triángulo O_1O_2S, conocemos O_1O_2 por diferencia de coordenadas, pero además los otros lados son también conocidos

$$\overline{SO_2}=X_{O_2}-X_{O_1} \qquad\qquad \overline{O_1S}=(R_1+\Delta R_1)-(R_2+\Delta R_2) \qquad\qquad (169)$$

Con lo cual podemos deducir el ángulo α

$$\alpha = \text{arc } sen\ \frac{X_{O_2}-X_{O_1}}{\overline{O_1O_2}} \quad\rightarrow\quad \theta_{O_1}^{S}=\theta_{O_1}^{O_2}-\alpha \quad\rightarrow\quad \theta_{N_1}^{N_2}=\theta_{O_1}^{S}+100 \qquad (170)$$

Con este acimut de O_1 a S y los valores de $R_1+\Delta R_1$, $R_2+\Delta R_2$, podemos hallar las coordenadas de N_1 y N_2, y con Xo_1 o Xo_2 desde uno de estos puntos obtendremos las coordenadas de C, necesarias para el cálculo de cualquier punto intermedio de la clotoide.

Los puntos F_1 y F_2 , tangentes a ambos círculos se pueden calcular a partir de los centros O_1 y O_2. El punto F_1 se deduce a partir del radio R_1 y el acimut de O_1 a F_1 y *el punto* F_2 con el radio R_2 y el acimut de O_2 a F_2

$$\theta_{O_1}^{F_1}=\theta_{O_1}^{S}+\tau_1 \qquad\qquad\qquad \theta_{O_2}^{F_2}=\theta_{O_1}^{S}+\tau_2 \qquad\qquad (171)$$

5.4.12 Utilización de clotoides para realizar sobreanchos

El sobreancho es el sobredimensionamiento que se le da a la calzada en las zonas de curvas para garantizar el paso de vehículos de gran longitud. En la Instrucción de Carreteras se impone su utilización en curvas con un radio menor de 250 m. Para su cálculo se utiliza la fórmula:

$$S = \frac{l^2}{2R} \qquad\qquad (172)$$

Donde S es el sobreancho para un solo carril, R es el radio de la curva y l es la longitud del vehículo medido desde la parte frontal hasta el eje trasero. Normalmente se utiliza un valor de l igual a 9 m. Es con este valor con el que se ha dibujado la gráfica de la figura 31 de la Instrucción, para que introduciendo el radio obtengamos el sobreancho.

Para realizar la transición al sobreancho, o lo que es lo mismo, el paso de anchura normal en recta a anchura con sobreancho en curva, se utilizan las curvas de acuerdo o clotoides, aunque es de uso frecuente realizar una transición lineal entre la recta y la curva circular. La transición con clotoide se puede realizar de dos modos distintos.

1 Mediante valores del sobreancho dados desde el eje

La Instrucción nos da el sobreancho que le corresponde a cada punto de la clotoide, mediante la fórmula:

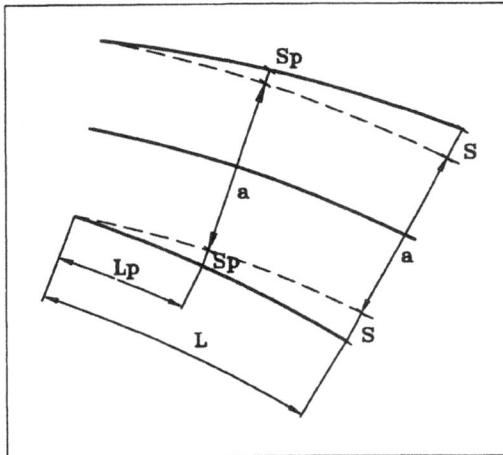

Fig. 5.29

$$S_P = S \left(4\left(\frac{L_P}{L}\right)^3 - 3\left(\frac{L_P}{L}\right)^4 \right) \qquad (173)$$

Donde L es el desarrollo de la clotoide (Fig. 5-29), S es el sobreancho final, S_P el sobreancho en un punto intermedio cualquiera P y L_P el desarrollo desde el origen de la clotoide de dicho punto P. Esta fórmula solo es válida cuando

$$S \le \frac{L^3}{24A^2} \qquad (174)$$

Donde L y A son el desarrollo de la clotoide y el parámetro respectivamente. Existe un diagrama en la figura 33 de la Norma que nos da el valor del sobreancho, con el mismo resultado que la fórmula.

2 Mediante dos clotoides que definen el sobreancho en los bordes de calzada

En este caso son dos clotoides que definen el borde de la calzada, que divergen de la clotoide del eje hasta conseguir el sobreancho final (Fig. 5-30). Su característica principal es que las tres clotoides, la del eje y las dos de los bordes, son tangentes a tres curvas circulares concéntricas.

Para la curva exterior tendremos

$$R_e = R + \frac{a}{2} + S \qquad\qquad R_e + \Delta R_e - \frac{a}{2} = R + \Delta R \qquad (175)$$

Si sustituyo el valor de R_e en esta expresión

$$R + \frac{a}{2} + S + \Delta R_e - \frac{a}{2} = R + \Delta R \qquad \rightarrow \qquad \Delta R_e = \Delta R - S \qquad (176)$$

Para la curva interior

$$R_i = R - \frac{a}{2} - S \qquad\qquad R_i + \Delta R_i + \frac{a}{2} = R + \Delta R \qquad\qquad (177)$$

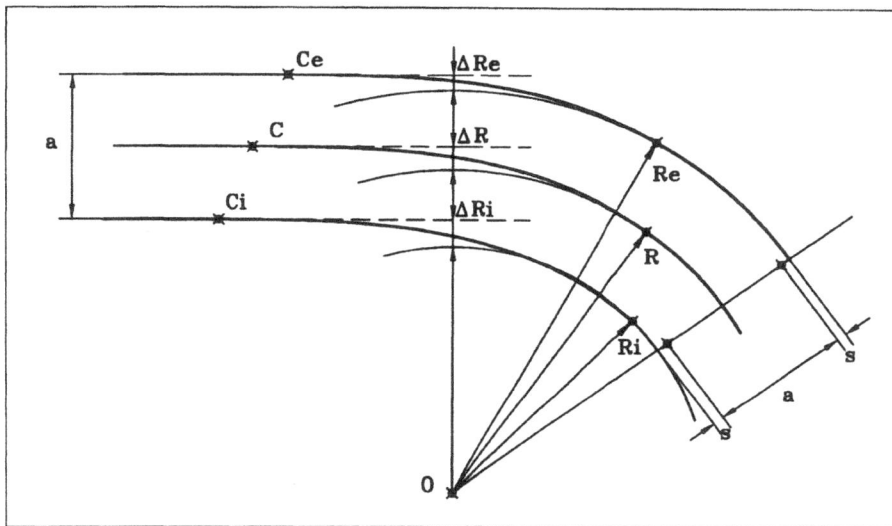

Fig. 5.30

Si sustituyo el valor de R_i en esta expresión:

$$R - \frac{a}{2} - S + \Delta R_i + \frac{a}{2} = R + \Delta R \qquad \rightarrow \qquad \Delta R_i = \Delta R + S \qquad\qquad (178)$$

Con los valores de ΔR y R respectivos, podremos calcular todos los elementos de ambas clotoides, y con las coordenadas del centro de la curva hallaremos las de las tangentes. Este método solo será válido cuando $S < \Delta R_e$.

Para solventar el problema de valores del sobreancho mayores que ΔR_e, se aplica el doble del sobreancho al borde interior, con lo que entonces nos queda:

$$\Delta R_i = \Delta R + 2S \qquad\qquad \Delta R_e = \Delta R \qquad\qquad (179)$$

La clotoide exterior en este caso es paralela a la del eje.

Un caso particular de este método se da cuando hay que aplicar el sobreancho en una clotoide de vértice.

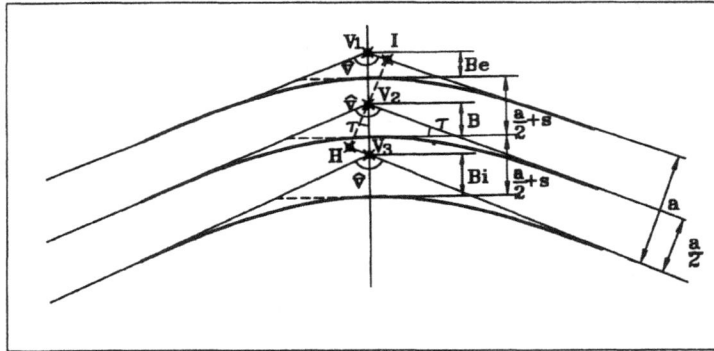

Fig. 5.31

Observando la figura 5.31 vemos que las rectas tangentes a las tres clotoides de vértice son paralelas, lo cual implica que tienen el mismo valor de τ. Valor que es inmediato puesto que

$$\tau = 100 - \frac{\hat{V}}{2} \tag{180}$$

Vemos entonces que la transición se realiza modificando las clotoides a partir del valor de la bisectriz

$$\overline{V_2 V_3} \; B_i \; B \; \frac{a}{2} \; S \qquad\qquad \overline{V_1 V_2} \; B \; B_e \; \frac{a}{2} \; S \tag{181}$$

$$B_i = B + \frac{a}{2} + S - \overline{V_2 V_3} = B + \frac{a}{2} + S - \frac{a}{2\cos\tau} \qquad\qquad B_e = B - \frac{a}{2} - S + \overline{V_1 V_2} = B - \frac{a}{2} - S - \frac{a}{2\cos\tau} \tag{182}$$

Donde $V_2 V_3$ y $V_1 V_2$ salen de los triángulos $V_2 V_3 H$ y $V_1 V_2 I$, respectivamente. Con el valor de τ y la bisectriz se pueden calcular la tangente corta y con ella el resto de los elementos de las clotoides

$$T_C = \frac{B}{\tan\tau} \tag{183}$$

Calculadas la tangentes totales podremos hallar las coordenadas de las tangentes de entrada y salida.

5.5 Cálculo de coordenadas de puntos intermedios en enlaces

No tiene dificultad, como ya hemos visto, calcular puntos intermedios de una clotoide. Recordemos que esto se hacía a partir de las coordenadas del punto de tangencia con la recta y del acimut de dicha recta, calculando σ y S_L a partir del desarrollo desde dicho punto de tangencia y el parámetro de la clotoide.

Cuando la clotoide forma parte de un conjunto de alineaciones y está incorporada dentro de lo que es el estado de alineaciones, debemos tener en cuenta el valor en desarrollo desde el origen o PK, del punto en cuestión. Habremos de calcular la diferencia entre el PK de la tangente con la recta de la clotoide y dicho punto, para así obtener el desarrollo.

Sin embargo deberá tenerse en cuenta si la clotoide está como curva de acuerdo de entrada o salida, según sea el sentido de la marcha, que es también el del orden creciente de los PK. Puesto que si está como curva de salida del enlace, tendremos que el punto de tangencia con la recta está situado en una posición posterior al punto del cual buscamos sus coordenadas, siendo en este caso necesario tenerlo presente.

5.6 Enlaces e intersecciones

Existen muchos tipos de cruces distintos, tanto a nivel como con puente. Los enlaces son aquellos que tienen algún cruce a distinto nivel, mientras que en las intersecciones todos los encuentros entre carreteras se producen a nivel. En la figura 5. 32 pueden verse diversos ejemplos de intersecciones y enlaces.

5.7 Conceptos básicos de introducción de alineaciones en programas de trazado de carreteras

El enfoque que se le dan a las alineaciones (sean rectas, circulares o clotoides), en programas específicos para trazado de carreteras es un tanto particular y conviene hacer algunos comentarios al respecto.

Los datos que se introducen en el ordenador no son, como podría suponerse, los que vienen en el estado de alineaciones. Estos van a ser el resultado de los cálculos posteriores que se hagan con el programa. Hay que distinguir tres tipos de formatos de alineaciones distintas:

1. Alineaciones fijas: Rectas y curvas circulares obligadamente
2. Alineaciones flotantes: Clotoides, circulares y recta
3. Alineaciones giratorias: Cualquier alineación (recta o circular) que pase por un punto dado o a una distancia concreta de un punto de coordenadas conocidas

La introducción comienza con una alineación fija, recta o circular, la cual se define con las coordenadas de dos puntos en el caso de una recta (o un punto y un acimut), y de dos puntos y el radio (con signo para indicar la dirección) en el caso de la curva circular. Después se puede meter una flotante introduciendo el parámetro de la clotoide y el radio de la curva a la que es tangente en su punto final, así como la correspondiente clotoide de salida. A continuación debe venir una fija de nuevo para encajar los datos de la flotante.

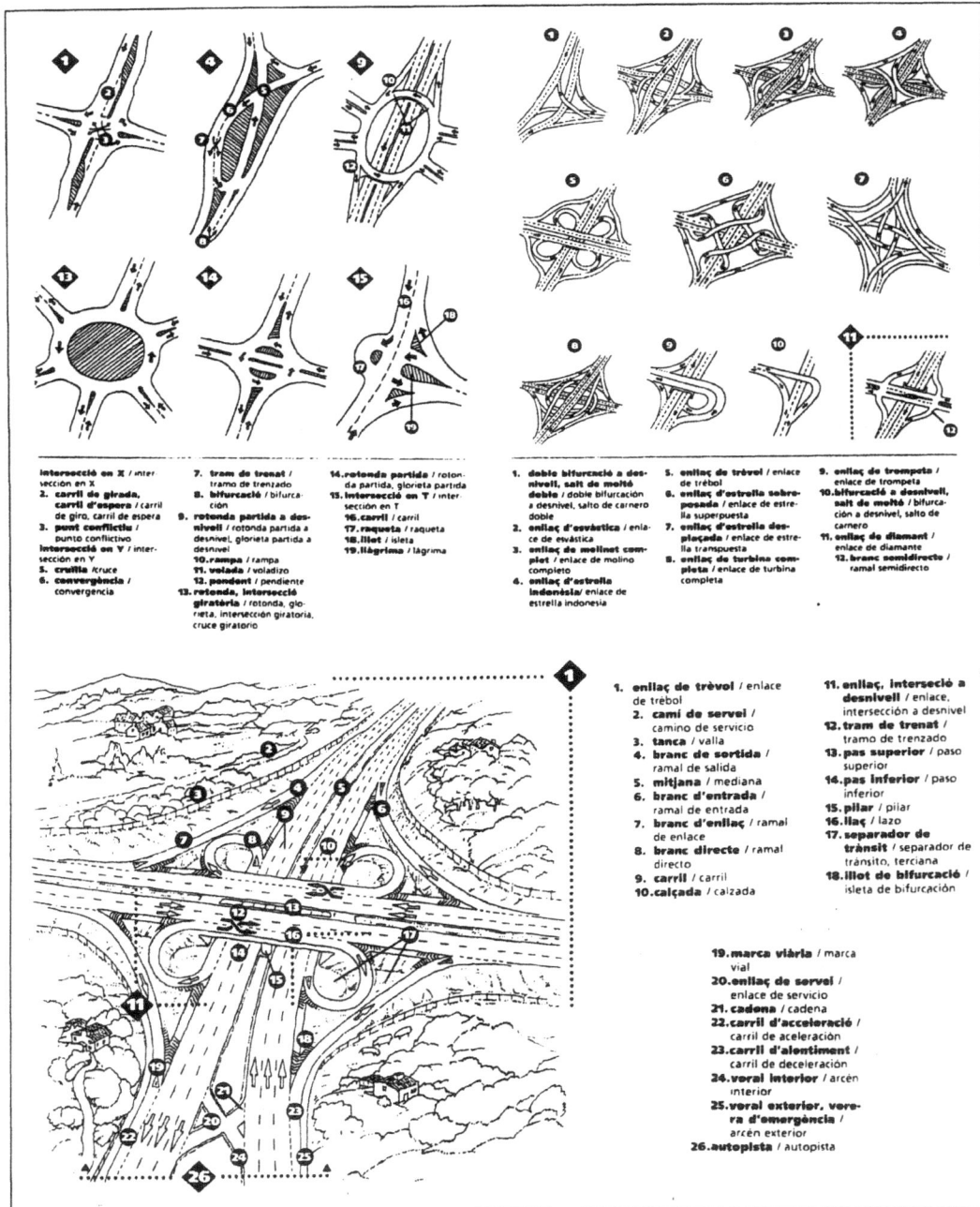

intersecció en X / intersección en X
2. carril de girada, carril d'espera / carril de giro, carril de espera
3. punt conflictiu / punto conflictivo
intersecció en Y / intersección en Y
5. cruïlla / cruce
6. convergència / convergencia

7. tram de trenat / tramo de trenzado
8. bifurcació / bifurcación
9. rotonda partida a desnivell / rotonda partida a desnivel, glorieta partida a desnivel
10.rampa / rampa
11. volada / voladizo
12. pendent / pendiente
13. rotonda, intersecció giratòria / rotonda, glorieta, intersección giratoria, cruce giratorio

14.rotonda partida / rotonda partida, glorieta partida
15.intersecció en T / intersección en T
16.carril / carril
17.raqueta / raqueta
18.illot / isleta
19.llàgrima / lágrima

1. doble bifurcació a desnivell, salt de moltó doble / doble bifurcación a desnivel, salto de carnero doble
2. enllaç d'esvàstica / enlace de esvástica
3. enllaç de molinet complet / enlace de molino completo
4. enllaç d'estrella indonèsia / enlace de estrella indonesia

5. enllaç de trèvol / enlace de trébol
6. enllaç d'estrella sobreposada / enlace de estrella superpuesta
7. enllaç d'estrella desalçada / enlace de estrella transpuesta
8. enllaç de turbina completa / enlace de turbina completa

9. enllaç de trompeta / enlace de trompeta
10.bifurcació a desnivell, salt de moltó / bifurcación a desnivel, salto de carnero
11. enllaç de diamant / enlace de diamante
12. branc semidirecte / ramal semidirecto

1. enllaç de trèvol / enlace de trébol
2. camí de servei / camino de servicio
3. tanca / valla
4. branc de sortida / ramal de salida
5. mitjana / mediana
6. branc d'entrada / ramal de entrada
7. branc d'enllaç / ramal de enlace
8. branc directe / ramal directo
9. carril / carril
10.calçada / calzada

11. enllaç, intersecció a desnivell / enlace, intersección a desnivel
12. tram de trenat / tramo de trenzado
13. pas superior / paso superior
14.pas inferior / paso inferior
15. pilar / pilar
16.llaç / lazo
17. separador de trànsit / separador de tránsito, terciana
18.illot de bifurcació / isleta de bifurcación

19.marca viària / marca vial
20.enllaç de servei / enlace de servicio
21. cadena / cadena
22.carril d'acceleració / carril de aceleración
23.carril d'alentiment / carril de deceleración
24.voral interior / arcén interior
25.voral exterior, vorera d'emergència / arcén exterior
26.autopista / autopista

Fig. 5.32 (Procedente del Diccionari visual de la construcció)

5.8 Ejercicios

1) Calcular el parámetro y el radio de la clotoide en los siguientes casos, utilizando si es necesario el programa de enlaces, y comprobando el resultado con el programa de tablas. En cualquier caso se debe aplicar la fórmulas estudiadas en cada caso.

a) $L = 185.623$ m $\tau = 9.2681^g$

b) $X_0 = 71.193$ m $\Delta R = 2.056$ m

c) $X_0 = 74.576$ m $Y_0 = 81.175$ m

d) $T_C = 60$ m $T_L = 111$ m

e) $Y = 149.732$ m $T_C = 188.654$ m

f) Son conocidos los valores de τ, correspondientes a dos puntos de la clotoide y su diferencia en desarrollo.

$$L_2 - L_1 = 130 \qquad\qquad \tau_1 = 11^g \qquad\qquad \tau_2 = 24^g$$

2) Calcular la intersección de la recta AB con la clotoide CF. (Fig.5.33)

   $X_C = 3492.5356$ m $X_A = 3649.2974$ m

   $Y_C = 1894.2596$ m $Y_A = 1901.3366$ m

   Acim. CV = 94.6031^g Acim. AB = 277.7075^g A = 85

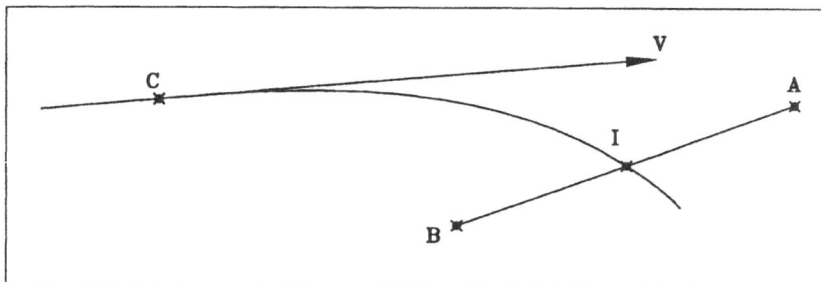

Fig. 5.33

3) Calcular la intersección de la clotoide CF con el círculo de centro en O y radio 100. (Fig. 5.34)

$X_C = 350.2$

$Y_C = 477.412$

$X_0 = 505.121$

$Y_0 = 403.033$

Acim. CV = 116.4166^g

A = 250 $R_{CL} = 200$

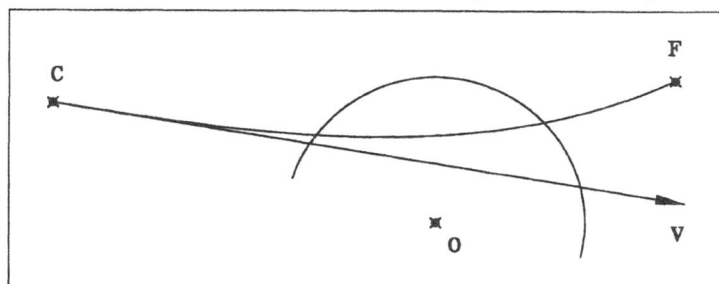

Fig. 5.34

4) Calcular la clotoide paralela a 3.5 m hacia la derecha de la clotoide definida. Calcular las coordenadas de los puntos de tangencia. (Fig. 5.35)

$X_C = 412.164$
$Y_C = 667.753$
Acim. $CV = 47.1243^g$
$A = 120$
$R = 250$

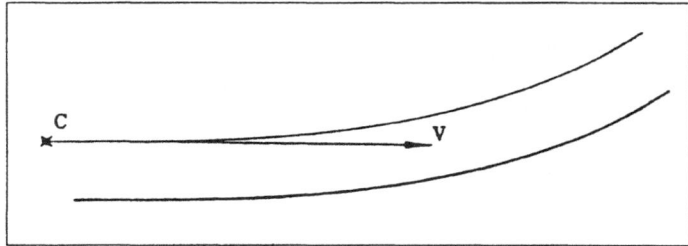

Fig. 5.35

5) Sobre la clotoide de $A = 175$ y radio positivo calcular las coordenadas de puntos desplazados 3.15 a la izquierda de la curva, cada 20 m, desde la tangente de entrada C hasta el punto de $L = 100$.

$X_C = 1001.790$
$Y_C = 927.681$
Acim. $CV = 87.4612^g$ $\tau = 31.8310^g$

6) Calcular el desplazamiento D_P sobre la recta tangente a la clotoide, de dicha clotoide de $A = 1000$ y $R = 1500$, para que pase a 25 m de un punto P que está a 23.5 m de la recta tangente. (Fig. 5.36) [COGADG86]

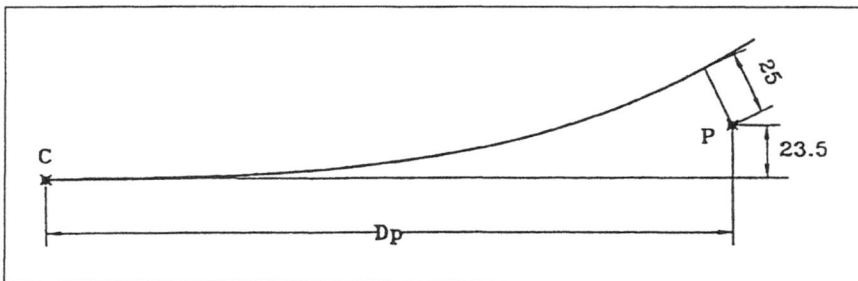

Fig. 5.36

7) Dada la clotoide CF, tangente en C a la recta CV y la alineación AB. Calcular la mínima distancia de la clotoide a la alineación AB.

$X_C = 1396.0556$ m	$X_V = 1215.451$ m	$X_A = 1330.180$ m	$X_B = 1293.456$ m
$Y_C = 2456.2694$ m	$Y_V = 1963.312$ m	$Y_A = 2410.062$ m	$Y_B = 2093.866$ m
$A = 250$			

8) Dadas las alineaciones AB y CD se quiere encajar un enlace simétrico con curva circular de radio 100 m y tangente total 66.282 m. Calcular el parámetro de las clotoides, el desarrollo total y las coordenadas de las tangentes a la recta y a la circunferencia, así como el centro de dicha

circunferencia. El eje definitivo pasa por los puntos A y D.

$X_A = 450885.707$ m $X_B = 450839.875$ m $X_C = 450729.239$ m $X_D = 450675.858$ m

$Y_A = 4599932.320$ m $Y_B = 4600083.583$ m $Y_C = 4600237.857$ m $Y_D = 4600266.416$ m

9) Dos alineaciones rectas forman un ángulo de 65^g. Hallar el parámetro y el radio de la *clotoide de vértice* que tiene una distancia al vértice de 175 m.

10) Encajada entre dos alineaciones rectas que forman un ángulo de 110^g, hay una curva circular de radio 74.5 m. Se quiere sustituir por un enlace simétrico con curva circular, respetando la distancia al vértice existente, y con el parámetro marcado en la IC-3.1 por razón de transición al peralte. Calcular el parámetro y el radio del nuevo enlace así como las tangentes totales y el desarrollo total. [COGADG86]

   a= 7   n= 1   p= 0.095 ξ= 0.006

11) Según la figura 5.37 y sus datos, calcular las coordenadas de las tangentes a la recta y a los círculos. Calcular el desarrollo total del enlace. [COGADG86]

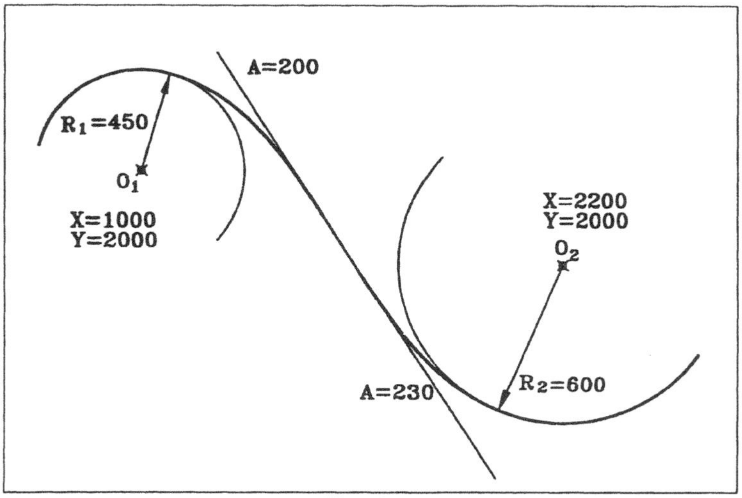

Fig. 5.37

12) Calcular los parámetros de las dos clotoides que definen el sobreancho dado por la IC-3.1, siendo la clotoide del eje de A=90 y R=100. Calcular la posición que ocupan, con respecto a la tangente a la recta de la clotoide en el eje, las respectivas tangentes de las clotoides calculadas, dando el resultado en coordenadas locales de la clotoide del eje. La calzada tiene 7 m de ancho.[COGADG86]

13) Realizar el ejercicio 11 suponiendo conocidos los mismos datos, salvo los parámetros de las clotoides. Queda entonces un caso similar al de la figura 5.27.

14) Calcular las coordenadas de los puntos F_1 y F_2. (Fig. 5.38)

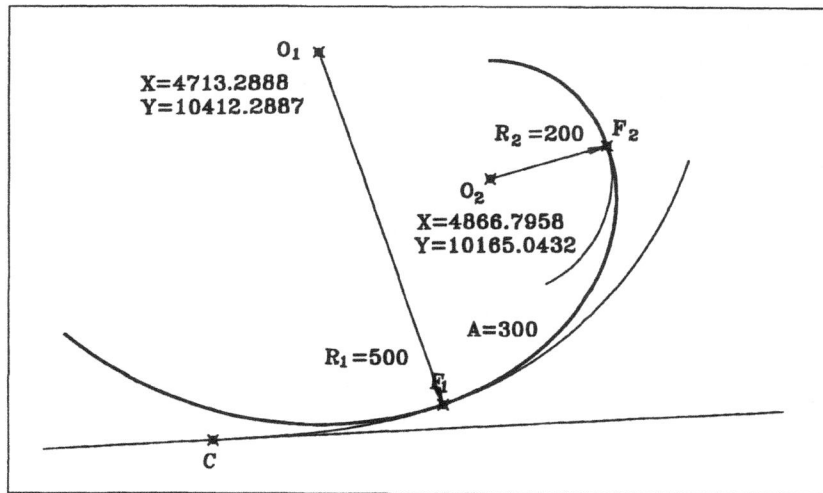

Fig. 5.38

15) Una tubería en alineación circular cruza una carretera. La curva es de radio 500 y centro en O. La carretera está en una clotoide de A=300 y radio +200, con tangente de entrada en el PK 6+241.934 y un acimut en dicha tangente de $102^g.6087$. El ancho de la carretera es de 11 m. Calcular la longitud del tubo que ha de ser reforzado en el cruce con la carretera.

$X_O = 12606.195$ $X_{TE\ CL} = 12029.436$
$Y_O = 8512.928$ $Y_{TE\ CL} = 8963.412$

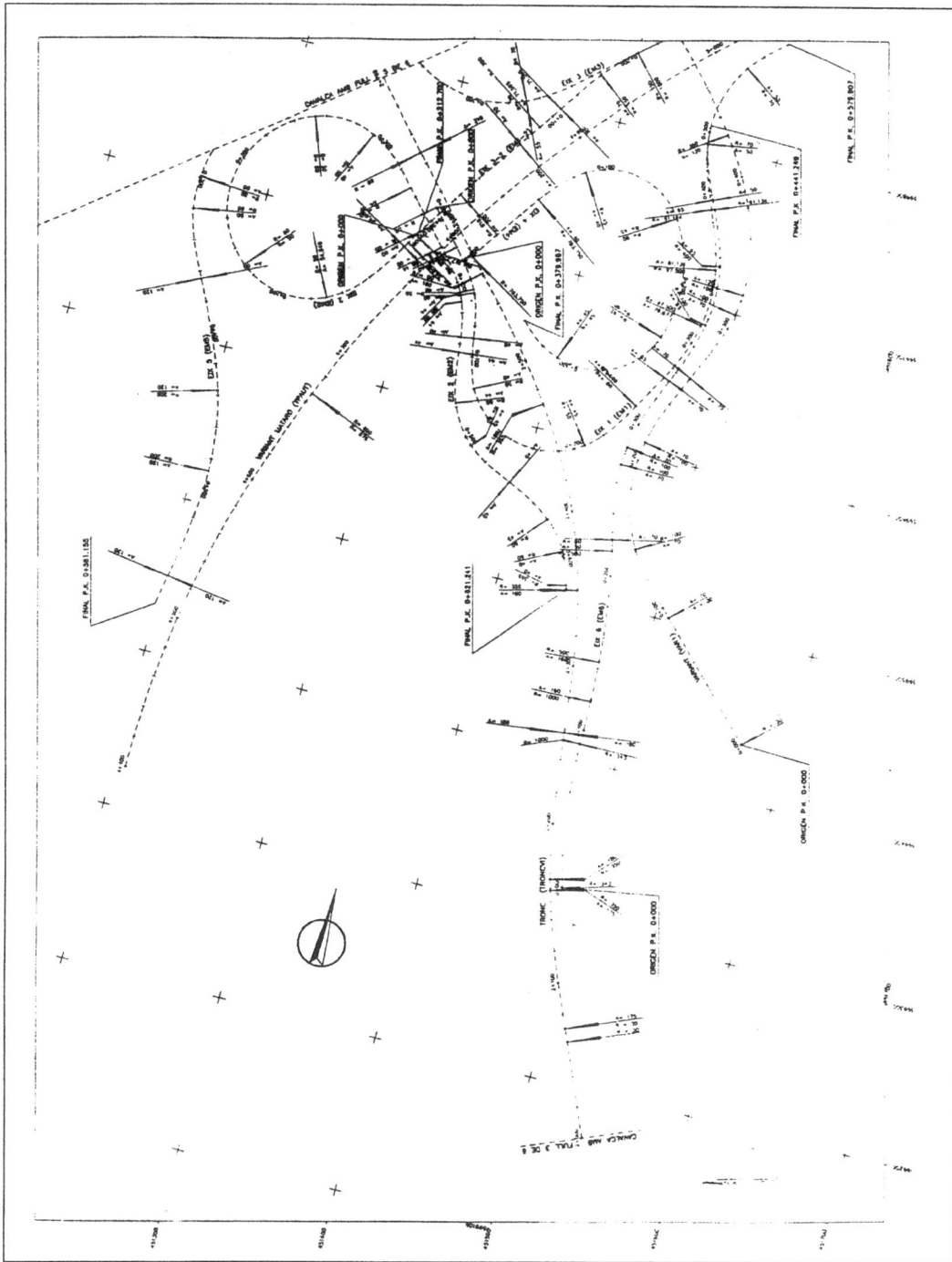

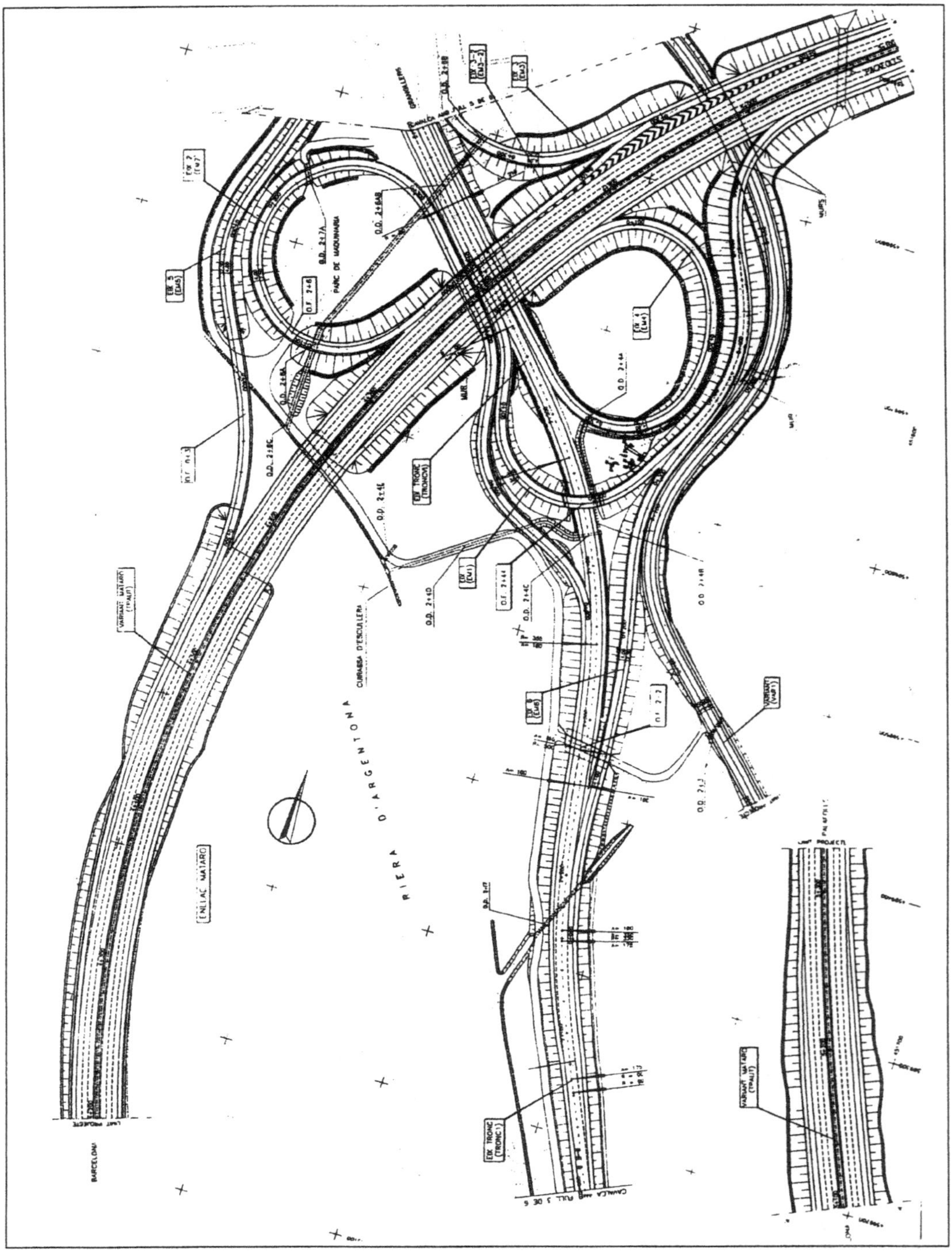
RIERA D'ARGENTONA

6 La rasante

6.1 Definición de rasante, alzado, planta y traza

Rasante: Proyección de cualquier objeto de características geométricas lineales, sobre un plano vertical definido a partir del eje longitudinal de dicha figura.

Alzado: Definición gráfica y numérica formada por la rasante.

Planta: Proyección de la rasante sobre un plano horizontal.

Traza: Proyección de la rasante sobre la superficie irregular que forma el terreno donde se quiere emplazar el objeto (Fig. 6.1).

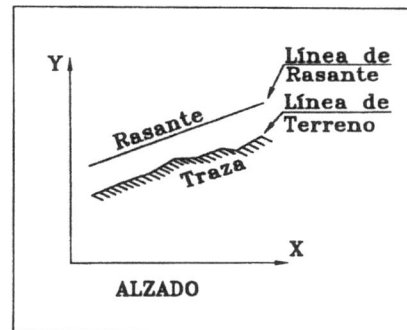

Fig. 6.1

6.2 Rasantes rectas

Para realizar una definición en alzado, utilizamos el plano vertical antes mencionado. Los ejes de este plano serán: el desarrollo del eje longitudinal en planta para las abscisas, y las diferencias en alturas a un determinado plano de comparación, para las ordenadas. En muchos casos el eje de las X parte del origen del eje longitudinal (punto kilométrico cero), y las Y de la cota cero, siendo entonces altitudes los valores de dicho eje.

Al igual que para la definición del eje en planta, se trazan unas determinadas alineaciones rectas, sobre las cuales después se encajan las curvas que configuran el trazado. Para definir el eje en alzado se trazan unas alineaciones rectas de inclinación conocida, sobre las cuales encajaremos posteriormente las curvas consiguientes. Diremos entonces que estas alineaciones, rectas o rasantes rectas, vendrán definidas por puntos cuyas X serán distancias en metros al origen Do, y su Y las cotas o altitudes Z.

La inclinación de estas rectas se mide en tanto por ciento y se le denomina *pendiente*, siendo positiva cuando la rasante aumenta de cota en el sentido de la marcha y negativa cuando está en bajada. Se admite también el término de *rampa* para las pendientes positivas y *pendiente* para las negativas (Fig. 6.2).

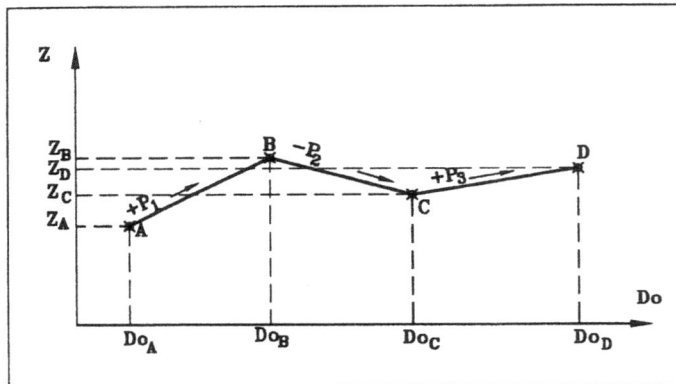

Fig. 6.2

La definición de una rasante formada por un conjunto de rasantes rectas, se realizará mediante el cálculo de los puntos de quiebro de dichas rectas. Estos puntos se calculan por intersección de rectas.

6.3 Cambios de rasante

Entendemos por cambio de rasante, los puntos intersección de rasantes rectas, que se caracterizan por ser punto de cambio del valor de la pendiente. Se distingue entonces, entre cambios de rasante cóncavos *BCD* y convexos *ABC*, según se ve en la figura 6.2.

6.4 Curvas de acuerdo vertical entre rectas

Son curvas que se utilizan para enlazar los cambios de rasante. Suavizan el cambio de pendiente mejorando la estabilidad y el confort. Esto, que parece solo aplicable a carreteras, se utiliza también en ferrocarriles, obras de canalización, conducciones de cualquier tipo de servicio, etc.

En carreteras aumentan la visibilidad, en el caso de cambios de rasante convexos, lógicamente. También en los cóncavos, de noche, la luz de los faros alcanza distancias mayores cuando se utilizan curvas de acuerdo.

La figura geométrica utilizada para este tipo de curvas es la parábola.

6.5 Acuerdos verticales en forma parabólica

Se utiliza únicamente la parábola de eje vertical. La ecuación general de la parábola de eje paralelo al eje de las Y es

$$y = A x^2 + B x + C \tag{1}$$

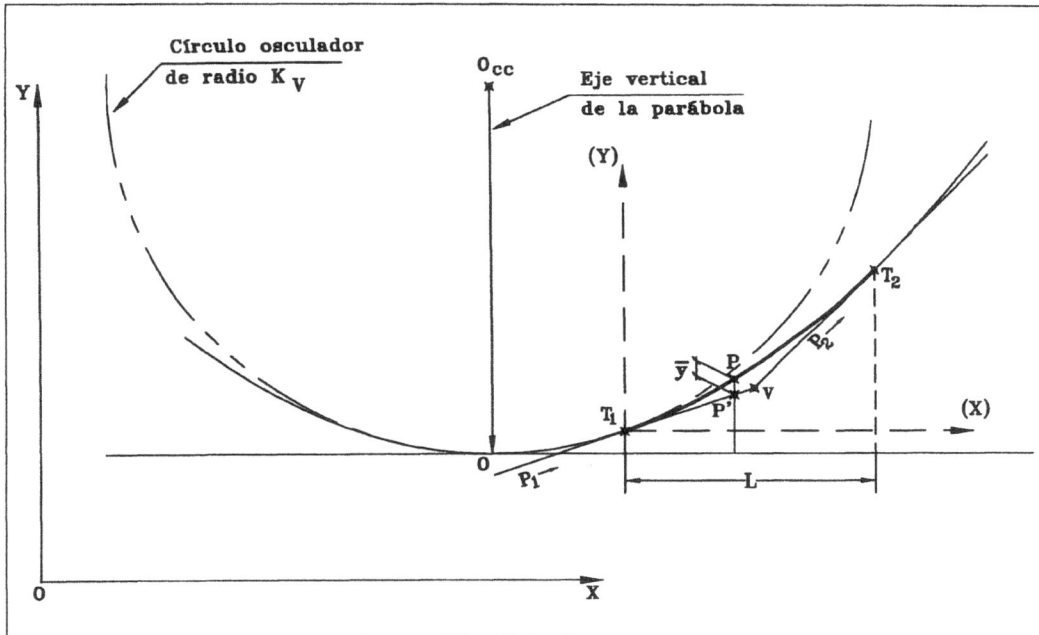

Fig. 6.3

Y su primera derivada para un punto cualquiera de la curva

$$y' = 2 A x_P + B \tag{2}$$

Recordemos que la derivada de una función en un punto es igual al coeficiente angular de la tangente a la curva en dicho punto.

Podemos observar en la figura 6.3, que los puntos T_1 y T_2 corresponden a los puntos tangentes a la curva y a las rasantes rectas que intersectan a su vez en V. Entonces aplicando la expresión deducida anteriormente a los puntos T_1 y T_2

$$
\begin{aligned}
T_1 &\quad\to\quad y' = 2AX_{T_1} + B = P_1 \\
T_2 &\quad\to\quad y' = 2AX_{T_2} + B = P_2
\end{aligned}
\tag{3}
$$

Siendo P_1 y P_2 los valores de las pendientes de las dos rasantes rectas en tanto por uno, y L la longitud de la parábola en planta. Recordemos que las pendientes se consideran positivas cuando suben, en el sentido considerado de avance, y negativas cuando bajan. Restando ambas pendientes

$$P_2 - P_1 = 2A(x_{T_2} - x_{T_1}) = 2AL \quad \rightarrow \quad 2A = \frac{P_2 - P_1}{L} \tag{4}$$

Si lo sustituimos ahora en la derivada de la expresión general de la parábola, deducida anteriormente y aplicamos el término B deducido en la expresión de P_1

$$y' = \left(\frac{P_2 - P_1}{L}\right)x_P + B = \left(\frac{P_2 - P_1}{L}\right)x_P + P_1 - 2Ax_{T_1} = \left(\frac{P_2 - P_1}{L}\right)x_P + P_1 - \left(\frac{P_2 - P_1}{L}\right)x_{T_1} = \left(\frac{P_2 - P_1}{L}\right)(x_P - x_{T_1}) + P_1 \tag{5}$$

Función que se cumple también para un sistema de coordenadas de ejes paralelos al original de la parábola y con centro en T_1. Cualquier punto en este nuevo sistema tendrá de coordenadas (x) e (y). Entonces

$$(x)_P = x_P - x_{T_1} \tag{6}$$

Integrando la (5)

$$(y)_P = \left(\frac{P_2 - P_1}{L}\right)\frac{(x)_P^2}{2} + P_1(x)_P + C \tag{7}$$

Cuando $(x) = 0$, $(y) = 0$ con lo que $C = 0$. Para un punto P cualquiera tendremos las coordenadas $(x)_P$ e $(y)_P$ (Fig. 6.3). Con lo que

$$P_1 = \frac{(y)_P - \bar{y}_P}{(x)_P} \quad \rightarrow \quad (y)_P = P_1(x)_P + \bar{y}_P \tag{8}$$

Siendo $\bar{y}_P$ la distancia entre un punto P cualquiera de la curva y otro P' proyección de P sobre la rasante recta. Con lo que sustituyendo este valor de $(y)_P$ en la expresión (7)

$$\left(\frac{P_2 - P_1}{L}\right)\frac{(x)_P^2}{2} + (x)_P P_1 = (x)_P P_1 + \bar{y}_P \quad \rightarrow \quad \bar{y}_P = \left(\frac{P_2 - P_1}{L}\right)\frac{(x)_P^2}{2} \tag{9}$$

El radio de curvatura de la parábola es : $R = 1/2A$. Lo demostramos del siguiente modo. Para una curva expresada en forma explícita el radio de curvatura es

$$R = \frac{(1 + y'^2)^{3/2}}{y''} \tag{10}$$

Si sustituimos los valores de las derivadas primera y segunda de la ecuación (1)

$$R = \frac{(1 + (2Ax + B)^2)^{3/2}}{2A} = \frac{(1 + (2A(-B/2A) + B)^2)^{3/2}}{2A} = \frac{1}{2A} \tag{11}$$

Expresión que únicamente se cumple en el vértice de una parábola de eje vertical y paralelo al eje de las Y. Llamamos entonces K_V al parámetro del acuerdo vertical que también es el radio de la curva circular tangente a la parábola en el punto de mayor curvatura, es decir, en el vértice. Fijándonos en la expresión (4), podemos obtener la ecuación que nos define K_v

$$K_v = \frac{1}{2A} = \frac{L}{P_2 - P_1} \qquad (12)$$

Siendo de signo positivo para los acuerdos cóncavos y negativo para los convexos. Con lo cual K_v es también la distancia horizontal requerida para que se produzca un cambio de pendiente de un 1% a los largo de la curva.[CARCAR-80]

Si lo sustituimos en la expresión de $\bar{y}_P$, al generalizar obtenemos

$$\bar{y} = \frac{(x)^2}{2K_v} \qquad (13)$$

Si ahora llamamos θ a la diferencia de pendientes

$$\theta = P_2 - P_1 \qquad \rightarrow \qquad K_v = \frac{L}{\theta} \qquad (14)$$

Llegando finalmente a otra ecuación fundamental en los acuerdos verticales

$$L = K_v \theta \qquad (15)$$

Para obtener la ordenada de cualquier punto, debemos hallar la ordenada de su correspondiente P', teniendo en cuenta el signo de P_1, y sumarle su respectiva $(y)_P$

$$(y)_P = (y)_{P'} + \bar{y} = (x)_P P_1 + \frac{(x)_P^2}{2K_v} \qquad (16)$$

Como ya sabemos, x es la diferencia en abscisas del punto P a la tangente. Utilizando T_2 como punto de partida también se puede calcular la ordenada de P, siempre que tengamos en cuenta el signo contrario para P_2

$$(y)_P = (x)_P P_1 + \frac{(x)_P^2}{2K_v} = (y)_{T_2} + ((x)_{T_2} - (x)_P)P_2 + \frac{((x)_{T_2} - (x)_P)^2}{2K_v} \qquad (17)$$

Vemos que la $\bar{y}_P$ tomada desde T_2 es la distancia entre el punto P y la proyección de dicho punto sobre la prolongación de la segunda rasante recta. Observamos entonces que hay un punto en que $\bar{y}$, obligadamente tiene que valer lo mismo, independientemente si se calcula desde T_1 o desde T_2. Este es P_V, proyección sobre la curva del punto V. Esto implica decir que

$$(x) = x_{P_V} - x_{T_1} = x_{T_2} - x_{P_V} \qquad (18)$$

Lo cual nos permite afirmar que los acuerdos son simétricos, sobre el eje de las X, respecto de V. El valor de x es el que aplicaríamos en la expresión de $\bar{y}$. Por otro lado, como

$$x_{T_2} - x_{T_1} = L \qquad \rightarrow \qquad x_{P_V} - x_{T_1} = x_{T_2} - x_{P_V} = \frac{L}{2} = T \qquad (19)$$

Llamando T a la tangente del acuerdo vertical. De lo expuesto deducimos el valor de $\bar{y}_V$ al que llamaremos d, como

$$d = \frac{T^2}{2K_V} = \frac{\left(\frac{L}{2}\right)^2}{2K_V} = \frac{K_V^2\,\theta^2}{8K_V} = \frac{K_V\,\theta^2}{8} \tag{20}$$

Volviendo a $\bar{y}$,si derivamos su expresión (13),obtendremos el incremento de pendiente desde la tangente para ese punto

$$\bar{y}' = \frac{x}{K_V} \tag{21}$$

Con lo que la pendiente en el punto P será

$$P_P = P_1 + \frac{x}{K_v} \tag{22}$$

Resultado que depende de los signos de los valores que intervienen. Inversamente podríamos hallar el punto de pendiente cero, o lo que es lo mismo, el punto más bajo en un acuerdo cóncavo o el más alto en uno convexo. Despejando x en la expresión anterior y poniendo P_P igual a cero

$$x = -P_1 K_V = -\frac{P_1}{\theta}L \tag{23}$$

Si el resultado es negativo, el punto de cambio de pendiente estará fuera del tramo comprendido entre las dos tangentes.

De lo estudiado se deduce también la siguiente propiedad: En una parábola de eje vertical, el coeficiente angular (pendiente) de la recta que une dos puntos de la curva, es el promedio de los coeficientes angulares de las tangentes en esos puntos [CARCAR-80]. Naturalmente aplicando las pendientes con el signo que les corresponda.

6.5.1 Resolución de acuerdos verticales

Vamos a hacer un ejemplo numérico para poder comprender mejor todo lo estudiado, aplicándolo a un acuerdo convexo (Fig. 6.4). Los datos iniciales de las rasantes rectas pueden ser dos puntos de cada una de ellas o un punto y la pendiente de cada una.

En nuestro ejemplo daremos dos puntos, A y B, de la rasante primera y un punto C y la pendiente en la segunda.

$Do_A = 10$	$Z_A = 145.02$	$Do_B = 50$	$Z_B = 151.32$
$Do_C = 120$	$Z_C = 153.61$	$P_2 = -4\%$	

Calculamos la pendiente P_1 en tanto por uno $P_1 = 0.1575$

Por intersección de rectas calculamos las coordenadas de V, vértice del acuerdo
          $Do_V = 75.772$ $Z_V = 155.379$

Ahora podemos proceder a realizar el encaje del acuerdo vertical que en nuestro caso tendrá un K_V de -600.Calculamos θ recordando que las pendientes deben aplicarse con su signo, y en tanto por uno

$$\theta = P_2 - P_1 = -0.04 - 0.1575 = -0.1975$$

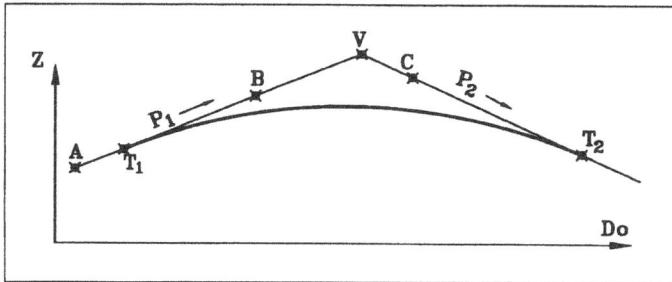

Fig. 6.4

Hallamos la longitud L y la tangente T

$$L = K_V \, \theta = (-600) \cdot (-0.1975) = 118.5 \qquad\qquad T = \frac{L}{2} = 59.25$$

El valor de d lo podemos hallar directamente aplicando los datos conocidos a su expresión

$$d = \frac{K_V \theta^2}{8} = \frac{-600 \cdot 0.1975^2}{8} = -2.925$$

O también aplicando la fórmula general de $\bar{y}$, expresión (13)

$$\bar{y} = \frac{x^2}{2K_V} \quad \rightarrow \quad d = \frac{T^2}{2K_V} = \frac{59.25^2}{2 \cdot (-600)} = -2.925$$

Puesto que en V se cumple $d = y$, $x = T$

$$Z_{V'} = Z_V + d = 155.379 \ -2.925 \ = 152.454$$

Ahora calculamos la situación de los puntos de tangencia a partir de V, puesto que conocemos su diferencia en Do que es igual a T

$$Do_{T_1} = Do_V - T = 75.772 - 59.25 = 16.522 \qquad\qquad Z_{T_1} = Z_V + T \cdot P_1 = 155.379 + 59.25 \cdot (-0.1575) = 146.047$$

$$Do_{T_2} = Do_V + T = 75.772 + 59.25 = 135.022 \qquad\qquad Z_{T_2} = Z_V + T \cdot P_2 = 155.379 + 59.25 \cdot (-0.04) = 153.009$$

6.5.2 Cálculo de puntos sucesivos en un acuerdo vertical

Para replantear una rasante en acuerdo utilizaremos puntos de dicha rasante con una separación constante. Esta separación deberá de garantizar que la flecha que se produce entre dos puntos en la zona de mayor curvatura, es menor que la precisión exigida en replanteo. Pero como ocurre también en el replanteo en planta, se suele escoger para la mayoría de los casos una separación que sea válida tanto para el replanteo planta como en alzado, y que sea un valor lo suficientemente pequeño para garantizar la perfecta definición de la curva. Este suele venir definido en el proyecto.

Continuando con el ejemplo del apartado anterior, vamos a calcular puntos de rasante cada 20 m. El primer punto tendrá una *Do* igual a 20

$$Do_1 = 20 \quad \rightarrow \quad x_1 = 20 - Do_{T_1} = 20 - 16.522 = 3.478$$

Calculamos la cota sobre la rasante recta del punto 1

$$Z_{P_1(RR)} = Z_{T_1} + x P_1 = 146.047 + 3.478 \cdot 0.1575 = 146.595$$

Hallamos su correspondiente $\bar{y}$

$$\bar{y} = \frac{x^2}{2 K_V} = \frac{3.478^2}{2 \cdot (-600)} = -0.01$$

Así podemos obtener la cota del punto 1

$$Z_{P_1} = Z_{P_1(RR)} + \bar{y} = 146.595 - 0.010 = 146.585$$

Repitiendo el mismo proceso para los demás puntos obtenemos sus cotas.

Punto 2:
$$Do_2 = 40 \quad \rightarrow \quad x_2 = 23.478$$
$$Z_{P_2(RR)} = 149.745 \qquad \bar{y_2} = -0.459 \qquad Z_{P_2} = 149.286$$

Punto 3:
$$Do_3 = 60 \quad \rightarrow \quad x_3 = 43.478$$
$$Z_{P_3(RR)} = 152.895 \qquad \bar{y_3} = -1.575 \qquad Z_{P_3} = 151.320$$

Continuamos calculando desde la rasante 1, aunque podríamos hacerlo desde la 2 también.
Punto 4:
$$Do_4 = 80 \quad \rightarrow \quad x_4 = 63.478$$
$$Z_{P_4(RR)} = 156.045 \qquad \bar{y_4} = -3.358 \qquad Z_{P_4} = 152.687$$

Punto 5:
$$Do_5 = 100 \quad \rightarrow \quad x_5 = 83.478$$
$$Z_{P_5(RR)} = 159.195 \qquad \bar{y_5} = -5.807 \qquad Z_{P_5} = 153.388$$

Punto 6:
$$Do_6 = 120 \quad \rightarrow \quad x_6 = 103.478$$
$$Z_{P_6(RR)} = 162.345 \qquad \bar{y_6} = -8.923 \qquad Z_{P_6} = 153.422$$

6.6 Proyecto de rasantes

Para realizar el proyecto de una rasante partiremos siempre del conocimiento del terreno donde se quiere proyectar. Para ello necesitamos un perfil longitudinal de dicho terreno. Este perfil tiene que

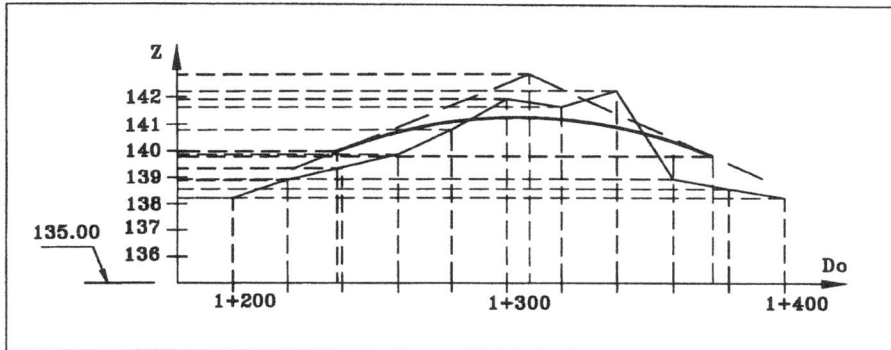

Fig. 6.5

estar definido por una serie de puntos con Do y Z conocidos (Fig. 6.5). Sobre dicho perfil se trazan las rasantes rectas de la forma que más se adapten al terreno y a las necesidades del proyecto. Para el estudio de esta adaptación se calculan los desniveles entre puntos del terreno y puntos de la rasante de igual Do. A este desnivel se le llama *cota roja*.

$$CR = Z_{RASANTE} - Z_{TERRENO}$$

Una vez definidas las rasantes rectas, resolveremos los acuerdos verticales en función de algún dato impuesto. Puede ser el K_v o d o L o alguna cota roja que pueda interesar. Calculado el acuerdo podremos analizar las *cotas rojas* que se producen entre puntos de rasante en acuerdo y puntos del terreno.

Otro problema con el que nos encontraremos será localizar las coordenadas de los puntos intersección del terreno con la rasante. Si el terreno cruza con la rasante en un tramo en rasante recta, el punto intersección será el resultado de la intersección de dicha rasante recta con la recta formada por los puntos del terreno anterior y posterior a la zona de cruce. Si la intersección se produce en una zona en acuerdo, tendremos que analizar el problema geométrico de la intersección de una recta con una parábola, como veremos en el apartado siguiente.

Una vez calculados todos los acuerdos verticales de nuestra rasante quedarán definidos en un estadillo similar al del ejercicio 9, al que llamamos *estado de alineaciones en alzado*.

6.7 Intersección de recta y acuerdo vertical.

Según la figura 6.6, la recta CD corta al acuerdo parabólico TT' y K_v conocido, en el punto I. Como ya sabemos

$$\overline{y}_I = Z_I - Z_{I'} = \frac{x^2}{2K_v} \tag{22}$$

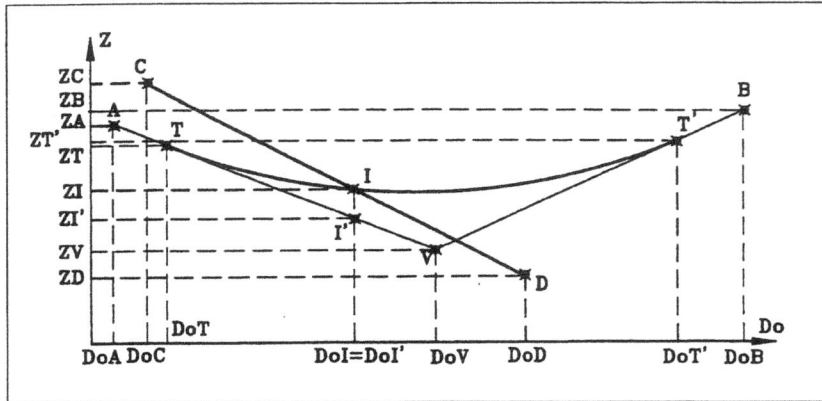

Fig. 6.6

Por otro lado podemos definir la ecuación de la recta *AV* en el punto *I'*

$$Z_{I'}=m_1 Do_{I'}+n_1 \qquad (23)$$

En la que ya ponemos Do_I porque *I* e *I'* tienen la misma *Do*. La ecuación de la recta *CD* en el punto *I* será

$$Z_I=m_2 Do_I+n_2 \qquad (24)$$

Si restamos la ecuación (24) menos la (23)

$$m_2 Do_I+n_2-m_1 Do_I-n_1=\frac{x^2}{2K_V} \qquad (25)$$

Pero Do_I es

$$Do_I=Do_T+x \qquad (26)$$

Valor de Do_T que debemos conocer previamente. Sustituyéndolo en la expresión anterior

$$m_2 Do_T+m_2 x+n_2-m_1 Do_T-m_1 x-n_1=\frac{x^2}{2K_V} \quad \Rightarrow \quad \frac{1}{2K_V}x^2+(m_1-m_2)x+(n_1-n_2+m_1 Do_T-m_2 Do_T)=0 \qquad (27)$$

Nos queda una ecuación de segundo grado en la que uno de los valores posibles de *x* será el correspondiente al punto *I*. Conocida la Do_I podremos hallar su respectiva Z_I.

Otra forma de resolver la intersección sería la siguiente. Partiendo de la derivada primera de la expresión general de la parábola

$$y'=2Ax+B \qquad (28)$$

Damos por supuesto que conocemos *Do* y *Z* de los puntos tangentes del acuerdo *T* y *T'*. Si sustituimos la *Do* de ambas, y las pendientes P_1 y P_2, en la expresión de *y'* tendremos

$$P_1 = 2ADo_T + B \qquad P_2 = 2ADo_{T'} + B \qquad (29)$$

Dos ecuaciones con dos incógnitas A y B, que podremos deducir sin dificultad. Conocidos A y B hallaremos C en la expresión general de la parábola aplicada a cualquiera de los dos puntos

$$Z_T = ADo_T^2 + BDo_T + C \qquad \rightarrow \qquad C = Z_T - ADo_T^2 - BDo_T \qquad (30)$$

Si ahora aplicamos la ecuación general para el punto I

$$Z_I = ADo_I^2 + BDo_I + C \qquad (31)$$

También tenemos la ecuación de la recta CD que para el punto I será

$$Z_I = mDo_I + n \qquad (32)$$

Igualando ambas expresiones y desarrollando

$$mDo_I + n = ADo_I^2 + BDo_I + C \qquad \rightarrow \qquad ADo_I^2 + (B-m)Do_I + (C-n) = 0 \qquad (33)$$

Una ecuación de segundo grado donde podremos hallar el valor correcto para Do_I y con él, el valor de Z_I.

6.8 Encaje de acuerdos verticales

En ocasiones un acuerdo vertical debe cumplir la condición de paso por un determinado punto. Esta condición viene dada por la cota roja desde un punto fijo conocido.

En la figura 6.7 vemos que el acuerdo ha de pasar con un cierto valor de cota roja en el punto conocido P_T. Podemos suponer que P_T es un punto del terreno perteneciente al perfil longitudinal. Previamente tenemos que encajar las rasantes rectas AB y CD siguiendo los condicionantes impuestos por el Proyecto en cuestión. El paso siguiente será hallar el punto V intersección de ambas rasantes rectas, así como el valor de las pendientes P_1 y P_2 con el que calcularemos θ. Calculamos Z_P puesto que conocemos Do_P. Deducimos entonces el valor de $\bar{y}$

$$\bar{y} = (Z_{P_T} - Z_{P'}) + CR \qquad (34)$$

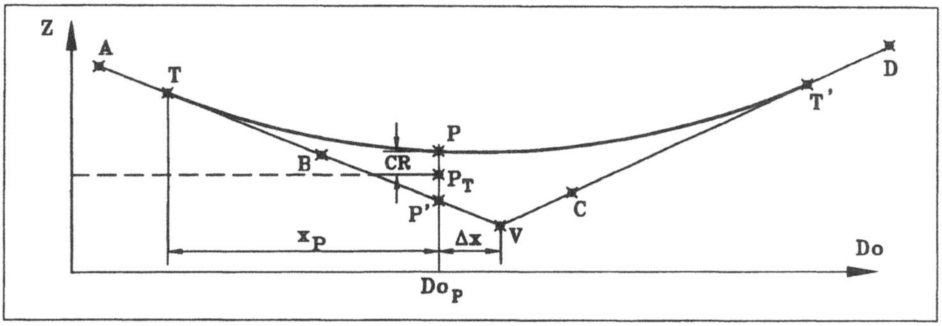

Fig. 6.7

Aplicándolo en la expresión conocida de $\bar{y}$ (13)

$$\bar{y}=\frac{x_P^2}{2K_V} \qquad \rightarrow \qquad K_V=\frac{x_P^2}{2\bar{y}} \qquad (35)$$

Por otro lado

$$T=x_P+(Do_V-Do_P)=\frac{K_V\theta}{2} \qquad \rightarrow \qquad K_V=\frac{2}{\theta}x_P+\frac{2}{\theta}(Do_V-Do_P) \qquad (36)$$

Igualando las dos expresiones de K_V e igualando a cero

$$\frac{1}{2\bar{y}}x_P^2-\frac{2}{\theta}x_P-\frac{2}{\theta}(Do_V-Do_P)=0 \qquad (37)$$

Tenemos una ecuación de segundo grado, donde hallaremos el x_P que nos interesa. Ahora ya podremos obtener T y K_V y encajar el acuerdo.

Resumiendo lo estudiado, para encajar un acuerdo vertical que pase por un punto determinado, necesitamos conocer las pendientes P_1 y P_2 y el valor de Δx (Fig. 6.7), que es la diferencia en D_o entre el punto P y el V.

6.8.1 Acuerdos verticales con tangentes desiguales

Hay ocasiones en que nos vemos obligados a encajar un acuerdo vertical en una posición no simétrica respecto del vértice. Realmente, y según lo hemos estudiado, este problema no tendría solución. Lo que se hace es utilizar dos acuerdos enlazados entre dos rasantes rectas.

Tenemos dos rasantes rectas cuya intersección V (Fig. 6-8), es conocida, y de las cuales tenemos sus pendientes. Los valores impuestos son las posiciones de las dos tangentes T_1 y T_2. La solución consiste en hallar dos acuerdos verticales tangentes entre sí y tangentes en los puntos T_1 y T_2. Para ello calculamos los A y B, situados en el punto medio de las alineaciones T_1V y VT_2, respectivamente. Sus coordenadas serán

$$Do_A=\frac{Do_{T_1}+Do_V}{2} \qquad Z_A=\frac{Z_{T_1}+Z_V}{2} \qquad (38)$$

$$Do_B=\frac{Do_V+Do_{T_2}}{2} \qquad Z_B=\frac{Z_V+Z_{T_2}}{2} \qquad (39)$$

Con estos dos puntos, trazaremos una nueva rasante recta que va a cumplir la condición de ser tangente a los dos acuerdos en V', punto que lógicamente tiene la misma distancia al origen que V.

$$Do_{V'}=Do_V \qquad Z_{V'}=(Do_V-Do_A)\frac{Z_B-Z_A}{Do_B-Do_A}+Z_A \qquad (40)$$

Tendremos entonces dos acuerdos verticales de longitudes iguales a las dos tangentes impuestas y tangentes entre sí en V'.

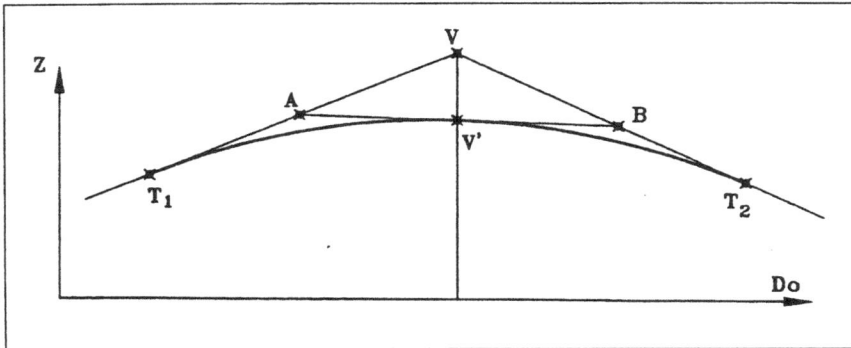

Fig. 6.8

6.9 El trazado en alzado en la instrucción de carreteras

En el apartado 4 de la Instrucción página 23, se trata todo lo referente a rasantes rectas y a acuerdos verticales. Vamos a estudiar algunos aspectos de lo que allí se comenta.

Inclinación de las rasantes

El límite lo fija el cuadro 10. Si la longitud de la rampa es inferior a 250 m y la IMD < 1000 se pueden aumentar estos valores en un 1%. IMD es *intensidad media diaria*.

	I M D			
Terreno	< 250	250-500	500-2000	>2000
Llano	5	4	3	3
Ondulado	6	5	4	4
Accidentado	7	6	5	5
Muy accidentado	8	7	6	5

El resultado de esta tabla es rampa en tanto por ciento.

Longitud máxima de las rampas
La tabla anterior da los valores para longitudes indefinidas si el proyecto lo permite.
La tabla II (ver IC-3.1) especifica la disminución de la velocidad en función del porcentaje de rampa.

Acuerdos de rasantes. Condiciones de la curva de acuerdo

Estas condiciones son: 1. Por razón de visibilidad
2. Por razón de estética

1. *Por razón de visibilidad*

El apartado 2.6 define que la distancia de visibilidad en carreteras de 2 o 4 carriles, o con calzadas separadas será igual a la distancia de parada. Si son 3 los carriles, será igual a la distancia de adelantamiento (ver cuadro n° 2). Si la longitud de la curva de acuerdo es superior a la distancia de visibilidad viene dado por:

Fig. 6.9

$$K_{V_{(CONVEXO)}} = \frac{D^2}{2\left(\sqrt{h_1}+\sqrt{h_2}\right)^2} \qquad\qquad K_{V_{(CONCAVO)}} = \frac{D^2}{2\left(h+D\frac{a\ \Pi}{180}\right)} \tag{41}$$

Siendo :

K_v = Parámetro del acuerdo

h_1 = Altura del punto de vista

h_2 = Altura del objeto (obstáculo) sobre la calzada

h = Altura de los faros del vehículo

a = Ángulo en grados sexagesimales de dispersión de la luz de los faros (Fig. 6.9)

D = Distancia de visibilidad

En el caso de que la distancia de visibilidad sea igual a la distancia de parada se admite que
$h_1 = 1.20 \qquad h_2 = 0.10 \qquad h = 0.75 \qquad a = 1$

En el caso de distancia de adelantamiento $h_1 = h_2 = 1.20$

En el cuadro 12 se indican los valores mínimos del parámetro para diferentes velocidades específicas.

2. *Por razón de estética:* $L_v \geq V$

Siendo L_v : Longitud del acuerdo   V : Velocidad específica

Cuando L_v sea inferior a V se hallará $K_v \geq \dfrac{V}{\theta}$

En las figuras 21, 22 y 23 de la norma se obtienen las longitudes mínima de acuerdo para diferentes velocidades específicas.

Para acabar este apartado incluimos la definición del parámetro K_v que plantea el Borrador de la norma 3.1-IC-1990: "Se definirá como parámetro K_v de un acuerdo vertical a una longitud igual a 100 veces el recorrido (en planta) necesario para que la inclinación de la rasante varíe en un 1%". Además se recomienda que el K_v no sea inferior a 940 m en los acuerdos convexos y a 820 m en los cóncavos. También se dice que "El desarrollo de un acuerdo vertical será superior al correspondiente a un tiempo de recorrido de 4 segundos a la velocidad de recorrido".

6.10 Ejercicios

1) Dadas las rasantes rectas AT_1 y T_2B, calcular el parámetro del acuerdo vertical que enlaza ambas rasantes y es en tangente en los puntos T_1 y T_2. Calcular el punto de cambio de pendiente del acuerdo.

$Do_A = 703$ m $Z_A = 145.844$ m $Do_{T1} = 676$ m $Z_{T1} = 145.412$ m
$Do_B = 934$ m $Z_B = 145.544$ m $Do_{T2} = 976$ m $Z_{T2} = 144.662$ m

2) Entre dos rasantes rectas AV y VB se encaja un acuerdo de parámetro $K_V = -8082.372$ m. Calcular las coordenadas de V, los elementos del acuerdo y la cota roja del punto C. Calcular el punto de pendiente cero.

$Do_A = 102$ m $Z_A = 247.032$ m $Do_B = 311$ m $Z_B = 247.451$ m
$Do_C = 109.5$ m $Z_C = 249.346$ m $P_{AV} = 2.5$ % $P_{VB} = -1.8$ %

3) Calcular los dos puntos de intersección de la rasante recta FG con el acuerdo vertical de la figura. Calcular el punto de pendiente nula y la pendiente en los puntos de intersección. (Fig. 6.10)

$Do_A = 270$ m $Z_A = 46.462$ m $Do_B = 310$ m $Z_B = 45.542$ m
$Do_C = 400$ m $Z_C = 44.055$ m $Do_D = 430$ m $Z_D = 43.884$ m
$Do_F = 280$ m $Z_F = 44.172$ m $Do_G = 650$ m $Z_G = 45.095$ m

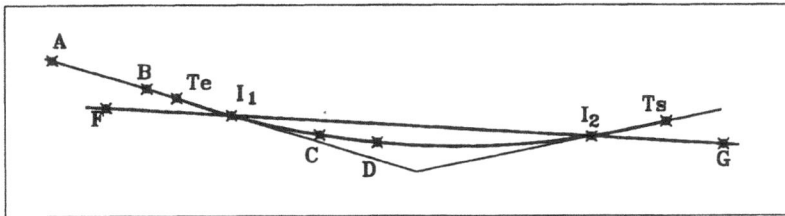

Fig. 6.10

4) Calcular el parámetro K_V de un acuerdo vertical tangente a las rasantes rectas AV y VB y que pase por el punto P con una cota roja de 0.62 m. Calcular la pendiente de la rasante a su paso por P.

$Do_A = 12.3$ m $Z_A = 42.4516$ m   Pend VB $= -6$ %
$Do_V = 156.935$ m $Z_V = 46.584$ m $Do_P = 162.222$ m
$Z_P = 44.595$ m

5) Dadas las rasantes rectas T_1V y VT_2, calcular el acuerdo vertical tangente en los puntos T_1 y T_2. [SATYR88]

$Do_{T1} = 1200$ $Z_{T1} = 601$ $Do_{T2} = 1440$ $Z_{T2} = 604$
$Do_V = 1360$ $Z_V = 606$

6) En tramo de carretera en servicio, pretendemos calcular el K_v de un acuerdo vertical. Hemos tomado dos puntos de cada una de las rasantes rectas AB y CD, que forman el acuerdo que pretendemos conocer. Además tomamos un punto P perteneciente al acuerdo. Hallar el K_v.

$Do_A = 10$ m $Z_A = 145.02$ m $Do_B = 50$ m $Z_B = 151.32$ m

$Do_C = 120$ m $Z_C = 153.61$ m $Do_D = 170$ m $Z_D = 151.61$ m

$Do_P = 80$ m $Z_P = 152.687$ m

7) Para controlar un replanteo altimétrico en una obra en ejecución, partimos de los datos de proyecto de un acuerdo vertical. Conocemos la cota de la tangente de entrada $T_1 = 122.217$ m y la pendiente de la rasante recta de entrada $P_1 = 3.6\%$. Tomamos la cota de dos puntos A y B, separados 10 m y pertenecientes al acuerdo. Calcular el K_v del acuerdo convexo.

$Z_A = 123.674$ m $Z_B = 123.553$ m

8) Al hormigonar la losa de un puente se han cometido errores de ejecución, siendo necesario modificar la rasante para poder obtener un espesor mínimo en la capa de rodadura sobre el puente. Debemos modificar la rasante de tal modo que en el PK 5+463, punto de mayor variación, se obtenga un incremento en su cota de 5.5 cm.
Realizar el cálculo para dos posibles soluciones con las siguientes condiciones:

Solución 1ª: Solución larga. La más estética puesto que minimiza la apariencia de la modificación. Su inconveniente es que es más cara en su ejecución por suponer un incremento en el material a emplear. Esto puede ser muy importante si la carretera está ya ejecutándose y estamos en la capa de firmes.

Condiciones:
 a) Se aplican 3 acuerdos enlazados entre sí, de igual longitud, y enlazados con el acuerdo nº 6 en el PK   5+252.888.
b) De los tres acuerdos, el primero y el tercero son cóncavos y de igual Kv.
c) El vértice del acuerdo segundo (convexo), coincide con el PK 5+463.

Solución 2ª: Solución corta. Respeta la rasante original en la mayor parte del recorrido. Es la más económica, sobre todo cuando ya se está extendiendo sub-base o aglomerado. Su inconveniente es que es menos estética, es decir, puede apreciarse el cambio, sobre todo gracias a la raya blanca.

Condiciones:
a) Se aplican tres acuerdos enlazados entre sí, y de igual longitud.
b) El primero y el tercero son cóncavos y de igual Kv.
c) El vértice del acuerdo segundo (convexo) coincide con el PK 5+463.
d) La longitud total de los tres acuerdos es de 105 m.

```
                          ALINEACIONES EN ALZADO
                                                        HOJA:   1

      TITULO..............
      FECHA................ 10-03-1994
      NOMBRE DEL FICHERO... tronc

       NR                          P.K.         COTA      PENDIENTE % / PARAMETRO
       ..                          ----         ----      -----------------------

              P.K. INICIO:        0.0000      180.1705         -2.0000

              TANGENTE ENTRADA   2423.2748     131.7050         -2.0000
        1         VERTICE         2471.2748     130.7450       1200.0000
              TANGENTE  SALIDA    2519.2748     133.6250          6.0000

              TANGENTE ENTRADA   2763.2246     148.2620          6.0000
        2         VERTICE         2917.2246     157.5020       -3500.0000
              TANGENTE  SALIDA    3071.2246     153.1900         -2.8000

              TANGENTE ENTRADA   3245.0905     148.3218         -2.8000
        3         VERTICE         3377.0905     144.6258        3000.0000
              TANGENTE  SALIDA    3509.0905     152.5458          6.0000

              TANGENTE ENTRADA   3718.7518     165.1255          6.0000
        4         VERTICE         3916.2518     176.9755       -5000.0000
              TANGENTE  SALIDA    4113.7518     173.2230         -1.9000

              TANGENTE ENTRADA   4195.0435     171.6784         -1.9000
        5         VERTICE         4298.5435     169.7119        3000.0000
              TANGENTE  SALIDA    4402.0435     174.8869          5.0000

              TANGENTE ENTRADA   4990.3880     204.3042          5.0000
        6         VERTICE         5121.6380     210.8667       -3500.0000
              TANGENTE  SALIDA    5252.8880     207.5854         -2.5000

              TANGENTE ENTRADA   5725.3000     195.7751         -2.5000
        7         VERTICE         5800.3000     193.9001       -6000.0000
              TANGENTE  SALIDA    5875.3000     190.1501         -5.0000

              TANGENTE ENTRADA   5964.9827     185.6660         -5.0000
        8         VERTICE         6102.4827     178.7910        2500.0000
              TANGENTE  SALIDA    6239.9827     187.0410          6.0000

              P.K. FINAL :        6239.983      187.041           6.000
```

Fig. 6.11

7 Perfiles longitudinales y transversales

7.1 El perfil longitudinal

Es la intersección del terreno con el plano vertical definido a partir de un determinado eje longitudinal proyectado. Su representación se realiza sobre unos ejes cartesianos X e Y, que definen la distancia al origen Do y la altitud Z respectivamente.

La escala de estos ejes puede ser distinta, y se tiende a exagerar la representación altimétrica mediante un aumento de la escala en el eje Y, llegando hasta diez veces el de X.

La densidad o secuencia de los puntos de un perfil es la separación que existe entre los puntos que lo representan. Es función de la escala y de las necesidades del objetivo final. Por regla general se toman datos del terreno siguiendo una secuencia constante (cada tantos metros), de tal modo que esta secuencia siga cumpliendo con la precisión exigida por la escala y los condicionantes del objetivo final. De cualquier forma, también se toman los puntos que, sin corresponder a la secuencia general, representen accidentes del terreno o cruces con objetos significativos, como carreteras, líneas eléctricas, etc.

Por último, se debe decir que los desniveles a representar serán los que pueden delimitar el valor de la escala del eje vertical y de la secuencia entre puntos. Es posible que un perfil con pocas variaciones de nivel sea conveniente exagerarlo, aumentando la escala del eje vertical, para que puedan apreciarse los desniveles existentes.

7.1.1 Métodos de obtención de un perfil longitudinal

Clasificación:

          1. Gráficamente
          2. Por métodos topográficos
          3. Por fotogrametría
          4. A partir de modelos digitales del terreno

1 Gráficamente

Si el plano en cuestión tiene curvas de nivel, se tomarán para el perfil los puntos de su intersección con dichas curvas. Si no vinieran dibujadas, al menos han de venir una nube de puntos con su cota respectiva, que nos pueden dar idea de una cierta representación altimétrica. Lo cual no nos quita de tener que curvar el plano, al menos en la zona de paso del perfil longitudinal.

También se da el caso de obtener el perfil a partir de un levantamiento hecho intencionadamente. Con lo que lo único que se exigirá en dicho taquimétrico es conocer aproximadamente, la línea definitoria del perfil. Si esta no se conociera se debería de ensanchar la zona de levantamiento con el fin de garantizar que el perfil quedará dentro de lo levantado. Esta solución se utiliza con frecuencia cuando se estudia la posible situación o modificación de un eje proyectado.

2 Por métodos topográficos

Es el método más preciso de los cuatro mencionados. Podemos clasificarlos según los medios utilizados:
a) Con taquímetro
b) Con nivel

En cualquiera de los dos casos suponemos replanteado el eje en planta del cual queremos hacer el longitudinal.

2.*a* Con taquímetro

Inicialmente bastará con disponer del replanteo de los puntos principales del eje. Es decir, tangentes de entrada y salida de todas las curvas. El medio de medida podrá ser cualquiera de los conocidos, en función de las disponibilidades, y la precisión exigida en el trabajo. Con lo cual igual puede hacerse con mira, cinta o distanciómetro.

Si se utilizan los puntos principales como puntos de estación, se debe distinguir la geometría de cada tramo, sea recta, circular o clotoide. Si es en recta solo se ha de visar al punto final de dicha recta, e ir tomando todos aquellos puntos que cumplan con la separación secuencial previamente establecida. Además se observarán aquellos puntos que puedan interesar, como los puntos de cambio de pendiente, objetos que crucen con la línea del eje, etc.

Lo expuesto en el párrafo anterior también es válido para el caso de circular o clotoide. Si es el caso de la primera se utilizará alguno de los métodos de replanteo interno por traza ya estudiado en el Capítulo 4. Si es una clotoide se replanteará por polares desde la tangente.

De todos modos, el caso más habitual es el de disponer de bases de replanteo desde donde se pueden replantear los puntos con la separación secuencial y al mismo tiempo tomar ya su cota. Con respecto a los puntos intermedios se puede entrar en la alineación a ojo, y una vez localizadas las coordenadas de dicho punto, verificar con el correspondiente programa de "Distancia Punto-Eje" su desplazamiento real con respecto al eje del longitudinal. Esto si se realiza *in situ*, tiene la ventaja de que permite corregir la posición del punto en el acto. Si no se dispone de un programa de este tipo no quedará más remedio que tomar un punto a cada lado de la alineación, y hallar posteriormente, en la oficina, el punto de intersección con el eje. Este es el caso de un punto de cambio de pendiente, que lógicamente cae fuera de la secuencia de los puntos principales. Como puede verse en la figura 7.1, al ser muy complicado encontrar en el campo la intersección de nuestro eje con la línea de cambio de pendiente, debemos tomar un punto a cada lado del eje y posteriormente calcularemos su intersección en la oficina.

Si los medios utilizados son cinta y mira utilizaremos ésta exclusivamente para obtener el desnivel, y mediremos las distancias entre puntos sucesivos, o desde la estación, con la cinta. Si se utiliza solo la mira, para medir distancias y desniveles, el perfil longitudinal obtenido será de poca precisión, aunque suele ser suficiente en muchos casos.

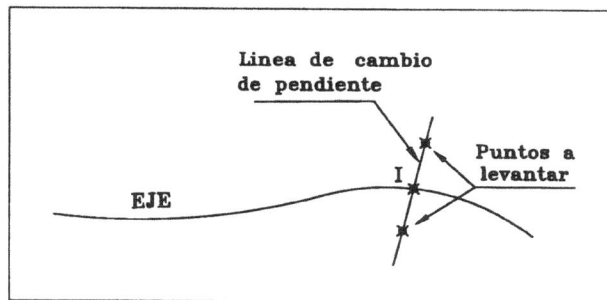

Fig. 7.1

2.*b* Con nivel

Lógicamente se conseguirán los resultados altimétricos más precisos, aunque innecesarios en la mayor parte de los casos. Al hacer el perfil longitudinal de cualquier tipo de terreno no es aplicable tanta exactitud. De cualquier forma el distanciómetro consigue resultados suficientemente precisos para la mayoría de los trabajos.

Para poder utilizar un nivel deberá de disponerse del replanteo previo de todos los puntos a observar. El método de trabajo se hará realizando un itinerario de nivelación doble y con cierre en un punto de cota conocida, que pase por todos los puntos replanteados.

3 Por fotogrametría

Si disponemos de un restituidor analítico (un estereocomparador con un ordenador), podremos superponer el eje proyectado con el terreno restituido y obtener el perfil sin mayor dificultad, siempre que utilicen el mismo sistema de referencia. Si es un restituidor digital (con o sin estereocomparador y un ordenador), dispondremos de las imágenes escaneadas, sobre las que podremos realizar el perfil del eje que introduzcamos.

4   A partir de modelos digitales del terreno

Existen programas que trabajan con modelos digitales del terreno a partir de una nube de puntos, o
de un plano previamente digitalizado. Sobre dicho modelo se traza el eje proyectado y el propio
programa es capaz de dibujar el perfil longitudinal de dicho eje. Por supuesto la calidad en el
resultado final del perfil depende absolutamente del modelo digital, que a su vez depende de la calidad
del levantamiento en unos casos, y de la escala del plano digitalizado en otros.

Por eso podemos decir que obtenemos un perfil de similares características a las de uno obtenido por
métodos gráficos, sobre todo en el caso de que sea un plano digitalizado.

7.1.2   Toma de los datos de campo de un perfil longitudinal

La toma de datos debe hacerse organizadamente. Las medidas de los diversos puntos se apuntarán
directamente por el orden de obtención, aunque no corresponda con el de secuencia de los puntos del
perfil. Esto evita errores debidos a la confusión de datos y permite saber cuál fue el orden de orden
de obtención de estos. Lógicamente se tiene que dejar muy claro el número o PK de cada punto. Con
libreta electrónica no debe haber problemas con el orden puesto que los datos representan puntos en
posición absoluta, con X, Y y Z.

Se acompañará de unos croquis parciales que detallarán todos los aspectos relevantes existentes en
planta y alzado. Si hay construcciones que interfieren con el perfil, se croquizarán a gran escala
escribiendo todo lo que se sepa sobre ellas (Fig. 7.2).

7.1.3   Cálculo y dibujo de los datos de campo de un perfil longitudinal

El cálculo se realiza con rapidez utilizando
cualquier hoja de cálculo. Hay programas de
topografía que pueden realizar todos estos cálculos
e incluso dibujarlos. También hay programas de
CAD que resuelven este problema.

Al final del capítulo pueden verse algunos
ejemplos de representación de un perfil
longitudinal. Como podemos ver, en todos ellos
se encuadran dentro de unos ejes de coordenadas
en los que como ya hemos dicho se sitúan los
puntos por su *Do* (Distancia al origen) y su *Z*.

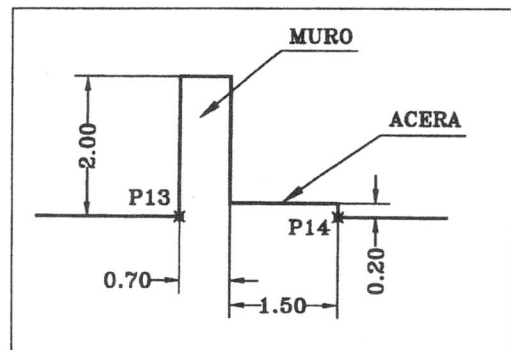

Fig. 7.2

Además del tramo del perfil que se trata se informará de las escalas de ambos ejes. Debajo de cada
perfil debe aparecer un cuadro con un conjunto de datos, al que comúnmente se le llama *guitarra*, y

que detallamos a continuación.

Los *PK* o *Do* de cada uno de los puntos representados en el perfil, así como las *distancias parciales* entre puntos sucesivos. Una fila en la que se ponen las *cotas del terreno*.

En el caso de existir una rasante ya proyectada, se verán los siguientes datos:

Las *rasantes rectas y los acuerdos verticales* superpuestos con el dibujo del perfil del terreno.

Los *datos definitorios de la rasante*: Pendientes de las rasantes rectas, K_v de los acuerdos, *Do* y *Z* de las tangentes de entrada y salida y de los vértices de la rasante, etc.

Una fila con las *cotas de rasante*.

Una fila con las *cotas rojas*, que puede dividirse en dos para distinguir las cotas en *desmonte* o *terraplén*.

Una definición de alineaciones llamado *diagrama de curvaturas*, en la que de una manera esquemática figura la información geométrica del eje en planta proyectado.

Por último también existirá el *diagrama de peraltes*, donde se informa del estado de la pendiente transversal en el desarrollo del eje.

7.2   El perfil transversal

Es el resultado de la intersección de un plano vertical y normal al eje de la figura proyectada, con el terreno sobre el que se quiere situar. Ocupa una posición normal a la del perfil longitudinal.

La longitud (o ancho) al menos tendrá que cubrir las necesidades del trabajo para lo que se proyecta. Se representa con dos ejes X e Y. En el de las X se ponen las distancias al eje en valores positivos y negativos. En el de las Y se marcan las cotas o altitudes.

No suele haber diferencias en la escala para los dos ejes, pues se pueden utilizar para medir superficies sobre ellos. La escala, en ocasiones, es función del número de perfiles que entran en una hoja a DIN-1, de tal modo que se vean sin dificultad, o también de un tamaño suficiente para superficiar con planímetro u otro método.

La densidad de puntos será como siempre, función de la escala y de lo que se pretende obtener del perfil. Sin embargo, no existe una secuencia constante de separación de los mismos, si no que se toman solo los que representan un cambio de pendiente o cualquier interferencia con el perfil (caminos, muros, ...).

Para el replanteo de su línea se requiere el punto del eje. Pero para garantizar la perpendicular suele marcarse, al menos, un punto de la línea del propio perfil transversal. Un error en el trazado de dicha normal puede llegar crear problemas de importancia, pues está desvirtuando la figura del perfil, lo cual puede influir en la medición de materiales costosos.

7.2.1   Métodos de obtención de un perfil transversal

Pueden clasificarse del mismo modo que los perfiles longitudinales:
1. Gráficamente
2. Por métodos topográficos
3. Por fotogrametría
4. A partir de modelos digitales del terreno

1   Gráficamente

Si es a partir de un plano con curvas de nivel, tendremos que dibujar previamente el eje longitudinal para marcar las correspondientes perpendiculares. La obtención de los puntos definitorios se hará igual que cualquier otro perfil. No suele ser un método muy aconsejable, salvo que el plano que se utilice esté plenamente garantizado, o sea de una escala más grande que la que se pretende utilizar para hacer los perfiles.

Se puede hacer a partir de un levantamiento, que es lo más razonable, cuando el terreno tiene pocos cambios de pendiente, o cuando resulte difícil de observar en campo por problemas de visibilidad o de acceso. Por supuesto, la precisión que obtengamos dependerá de la densidad de puntos y de la escala. Es un método aconsejable cuando, por falta de tiempo, no se pueden hacer los perfiles y se corre el riesgo de perder la forma del terreno actual, que es el caso que se da en los controles de movimientos de tierras. Además hoy en día, con los programas de curvado que existen, esta solución es mucho más utilizada.

2   Por métodos topográficos

Siempre partiremos del supuesto de que existen en el terreno como mínimo, los puntos del eje definitorios de los perfiles transversales correspondientes. Lógicamente, han de coincidir con los puntos tomados en el perfil longitudinal.

El principal inconveniente para la toma de un perfil transversal está en el propio replanteo de la línea que lo define. Es decir, la normal al eje longitudinal. Lo más aceptable, es replantear, al menos, un punto de esta línea al mismo tiempo que se replantea el eje principal (por ejemplo el punto del eje y uno desplazado perpendicularmente 5 m a la derecha o al izquierda). Ayudados por estos dos puntos, podremos tomar los puntos del perfil, entrando en la alineación a ojo. Este sistema es suficiente para la precisión que se requiere en la mayor parte de los casos. Es aconsejable realizar esta entrada en alineación con dos peones, puesto que hace falta otra persona que ayude a meter en línea al peón que lleva el prisma. Pero si solo se dispone de uno, entonces convendría replantear dos puntos de línea, uno a cada lado del eje, y de este modo evitar el error de alineación cuando se pretende meterse en línea entre dos puntos.

Si la precisión que se exige es mayor que la que da este método de marcar la alineación, podremos recurrir a dos soluciones:

a) Comprobar numéricamente que los puntos tomados, entrando en alineación a ojo, no se separan del eje del transversal. Resulta factible con los programas adecuados. Para esto deberemos tener un programa en una calculadora u ordenador portátil, que sea capaz de calcular las coordenadas del punto tomado. Además debemos disponer de las coordenadas del punto en el eje y del acimut de la tangente en dicho punto. Con estos cinco datos, introducidos en un programa de distancia punto recta, podremos conocer la separación del punto tomado con respecto a la línea del perfil. El introducir para cada punto del eje sus coordenadas y su acimut, puede evitarse si se dispone de un programa que sea capaz de calcular estos datos a partir de un estado de alineaciones en planta del eje, que este previamente introducido en la máquina. Bastará en este caso con marcar el Pk en el que nos encontramos para que el programa nos de la solución.

b) Estacionar el taquímetro en el eje principal y marcar la perpendicular con él. Como puede verse, la alineación será perfecta puesto que se está replanteando para cada punto del perfil que se toma. Esta perpendicular tendrá un tratamiento distinto, según sea la configuración geométrica de la alineación que se trate.

Si esta alineación es una recta no existe ningún problema. Por si acaso, comprobar la perpendicular con el punto del eje principal, opuesto al utilizado.

En la curva circular se toma la bisectriz del punto anterior y posterior, siempre que estén separados la misma distancia, si no se tendrá que calcularlo en función del desarrollo del punto de estación y del anterior o posterior. Si nos fijamos en la figura 17 del capítulo 4, para marcar la perpendicular en nuestro punto de estación P_2, que coincide con la dirección del radio en ese mismo punto, debemos visar al punto P_1 y al Punto P_3, midiendo su ángulo. En el valor mitad

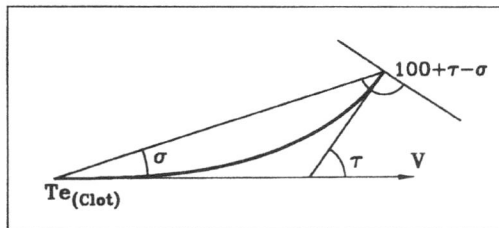

Fig. 7.3

de dicho ángulo se encuentra la bisectriz y dirección de la perpendicular buscada. Sin embargo, para marcar la perpendicular en P_3 no podemos hacer esto puesto que P_3 no está a la misma distancia de P_2 y de T_s (siguiente punto situado sobre el terreno). En este caso debemos marcar la dirección del perfil calculando previamente uno de los dos ángulos marcados en la figura, el P_2P_3O o el OP_3T_S. Esta situación se produce en el primer y último punto de una curva circular.

En el caso de la clotoide, si disponemos del listado de ordenador con las coordenadas de cada punto del eje, también vendrá el valor del acimut de la tangente en cada punto. Orientando el aparato a una base o a otro punto conocido, podremos marcar la dirección normal a la tangente. Si no disponemos de este listado, al menos habremos de conocer el valor del desarrollo (en la clotoide) de cada punto, orientando el aparato a la tangente de entrada (Fig. 7.3). Con el desarrollo y el parámetro podremos calcular el valor de τ y σ, y así la dirección perpendicular buscada.

De todos modos el método de estacionar el aparato en el eje no se suele usar para ganar precisión (casi siempre innecesaria), si no por no disponer de otro instrumental (léase distanciómetro o estación total).

Si los puntos que definen el eje longitudinal mantienen una separación constante, se puede marcar la perpendicular con cinta situando puntos a la misma distancia del punto anterior y posterior del perfil que nos interesa. En el caso de la figura 7.4, la perpendicular en P26 la marcaríamos con medidas con cinta iguales desde P25 y P27.

Por último diríamos que también se puede marcar la perpendicular a ojo (si el ojo es bueno), y el trabajo de poca responsabilidad. También se hace así cuando el terreno es llano o con curvas de nivel paralelas al eje longitudinal, en cuyo caso un error de desplazamiento de un punto no tiene por qué afectar a la cota, en la precisión requerida.

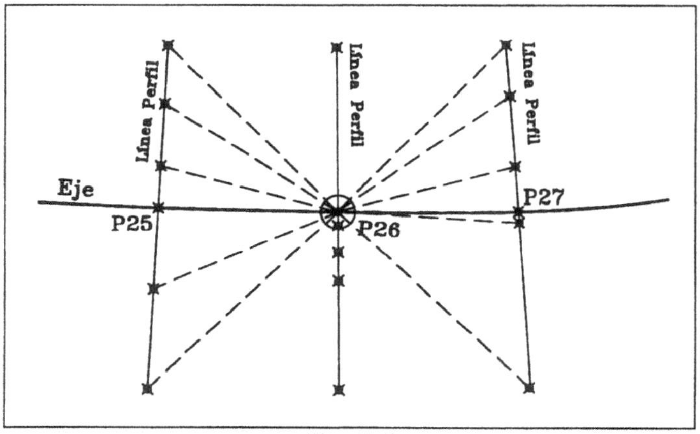

Fig. 7.4

Una vez obtenida la línea definitoria del perfil, pasemos a hablar de los métodos topográficos para obtener sus datos en función de los medios disponibles:
1. Taquímetro y mira
2. Taquímetro y cinta
3. Taquímetro y distanciómetro o estación total
4. Nivel, cinta y mira
5. Regla y nivel de mano

Distinguiremos en los 3 primeros en el caso de que estén con el aparato sobre el eje del perfil o en un punto exterior (base de replanteo). Aunque también existe la posibilidad de un método mixto, utilizando puntos del eje para la toma de datos del propio perfil y de los anteriores y posteriores (Fig.

7.4). Como puede verse en la figura, estacionados el punto del eje P26, podremos tomar el perfil del punto estación y además los perfiles del P25 y el P27. De este modo nos ahorramos estacionamientos, pues hacemos uno por cada tres perfiles.

Por otro lado, en los tres primeros casos, también podemos realizar la toma de datos en valores relativos al eje (DO y Z) o en valores absolutos (X, Y y Z):

a) En valores relativos

Si estacionamos en el eje, mediremos la distancias con cinta o distanciómetro y los desniveles relativos al punto de estación (se supone con cota conocida). Si estacionamos en una base exterior, solo usamos el aparato para medir los desniveles entre el punto del eje y los otros puntos, mientras que la distancia la medimos con cinta desde el eje.

b) En valores absolutos

Indiferentemente de donde estemos estacionados, podemos calcular las coordenadas de cada punto observado y luego calcular las distancias al eje por diferencia de coordenadas. Este sistema tiene la ventaja de poder comprobar el desplazamiento de los puntos al eje del transversal, como ya vimos anteriormente al comienzo de este apartado.

Por último, desde una base exterior se pueden observar los puntos con mira y cinta o distanciómetro, y calcular las distancias al eje por el teorema del coseno. Los desniveles como en cualquier otro caso (Fig. 7.5). Es decir con las distancias medidas desde la base 3 y el ángulo α podremos deducir la distancia entre *a* y *b*.

Lo que se refiere al método de nivel, mira y cinta, poco hay que comentar, salvo que la medida de alturas es de mayor precisión, innecesaria en muchos casos.

El método de regla y nivel de mano es un método expedito que puede ser útil en algún caso, pero nunca para grandes distancias por el error de

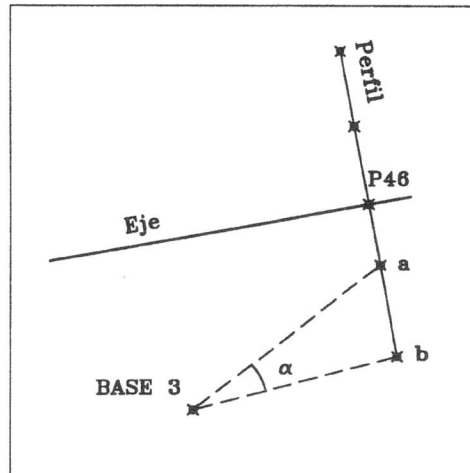

Fig. 7.5

arrastre. Consiste en utilizar una regla larga, de 3 m o más, horizontalizada con un nivel de carpintero. Sobre ella se miden las distancias horizontales y los desniveles entre puntos (Fig. 7.6).

También existen estaciones totales que dan los valores relativos entre dos puntos (separación en horizontal y desnivel), concebidos expresamente para este tema. Ni que decir tiene la ventaja del uso de la libreta electrónica en trabajos de este tipo, donde pueden llegar a acumularse centenares de datos. Todos estos datos pueden reciclarse y utilizarse, posteriormente, en programas de topografía, de trazado o de seguimiento de obra.

Sobre los métodos de *fotogrametría* y *modelos digitales del terreno*, me remito a lo ya comentado para los perfiles longitudinales. Aunque conviene recordar que existen muchos programas desarrollados para la toma de perfiles, en los cuales el método de trabajo es la toma de datos mediante un taquimétrico. Este después se curva con el programa y se obtienen los perfiles definiendo previamente el eje longitudinal. El método es mucho más

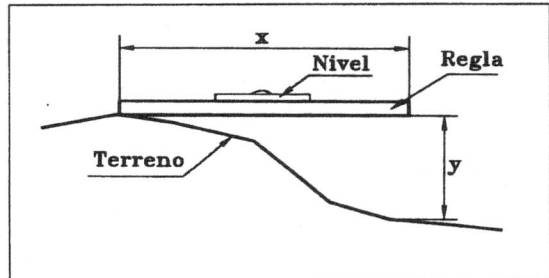

Fig. 7.6

rápido que tomar perfiles en el campo uno a uno, y permite hacer perfiles no solo cada x metros, sino también en los lugares donde haga falta, por ejemplo por variaciones del terreno.

7.2.2 Toma de datos

Lo dicho para los longitudinales. Sobre todo se debe mantener mucho orden y tener clara la situación de izquierda y derecha que es el error más común al apuntar los datos en la libreta. En el caso de utilizar métodos de observación mixtos, por ejemplo el de la figura 7.4, hay que expresarlo con claridad en el impreso y croquis. Se llegan a dar situaciones, a causa de la vegetación o de obstáculos, de tener que tomar algún perfil desde dos estaciones distintas.

7.2.3 Cálculo y dibujo de los datos de campo

Variables en función del método empleado, pero sencillos. En el caso, antes mencionado, de utilizar más de un método de trabajo, independizar el cálculo pero procurando sacar un único listado de resultados.

El dibujo dependerá del uso que se le vaya a dar, pues puede dibujarse desde solo el perfil con una línea de plano de comparación, hasta una guitarra completa (naturalmente sin los datos propios del longitudinal como son el diagrama de peraltes, el de curvaturas, ...).

7.3 Conclusión del capítulo

La toma de datos para el perfil longitudinal y los transversales puede hacerse conjuntamente (es lo mejor). Los valores obtenidos de cotas rojas en el dibujo del longitudinal se trasladan al perfil transversal, y junto con la sección transversal proyectada obtendremos los perfiles de proyecto. Es una cuestión que veremos en el siguiente capítulo.

PERFIL LONGITUDINAL

REPRESENTACION DE PERALTES

PLANTA

3 - PERFIL LONGITUDINAL

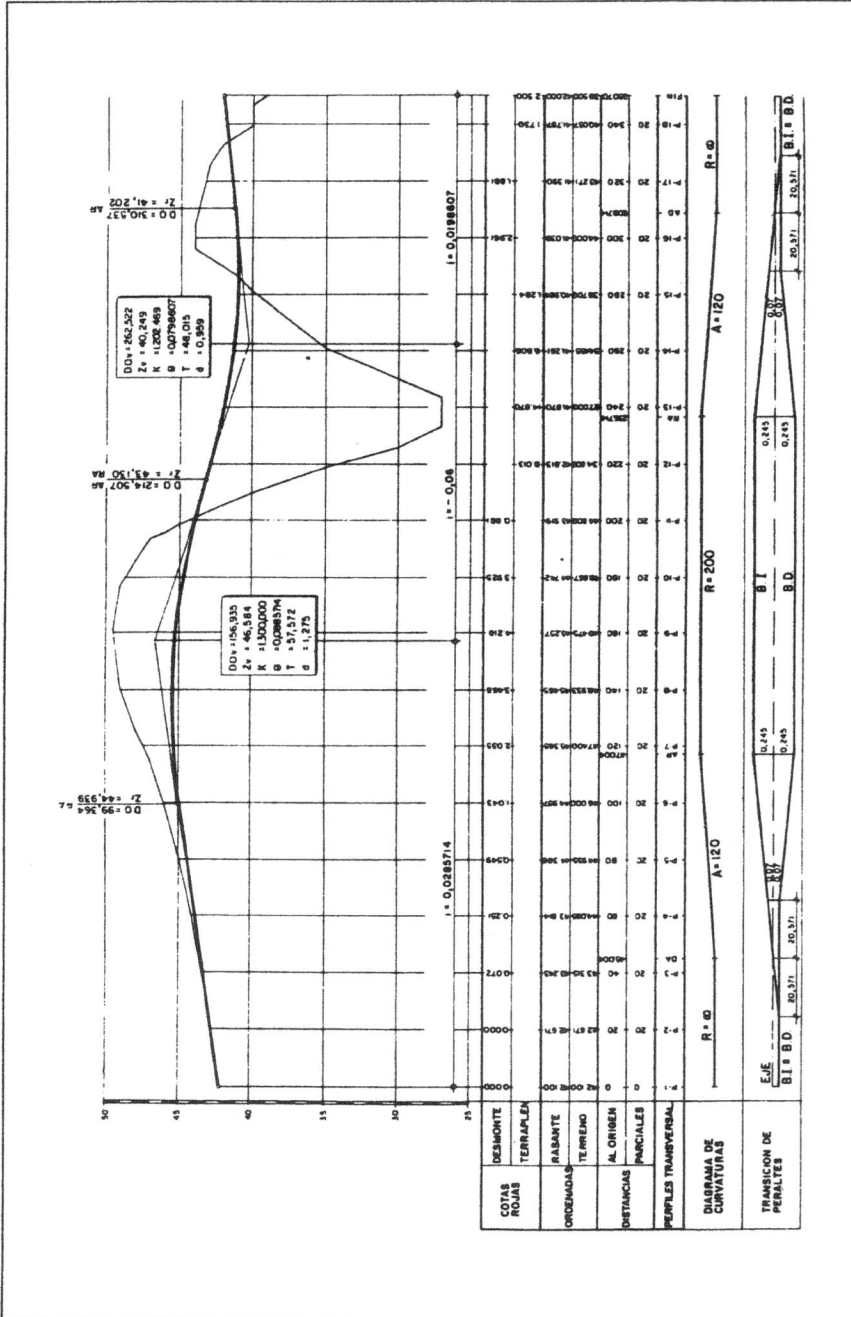

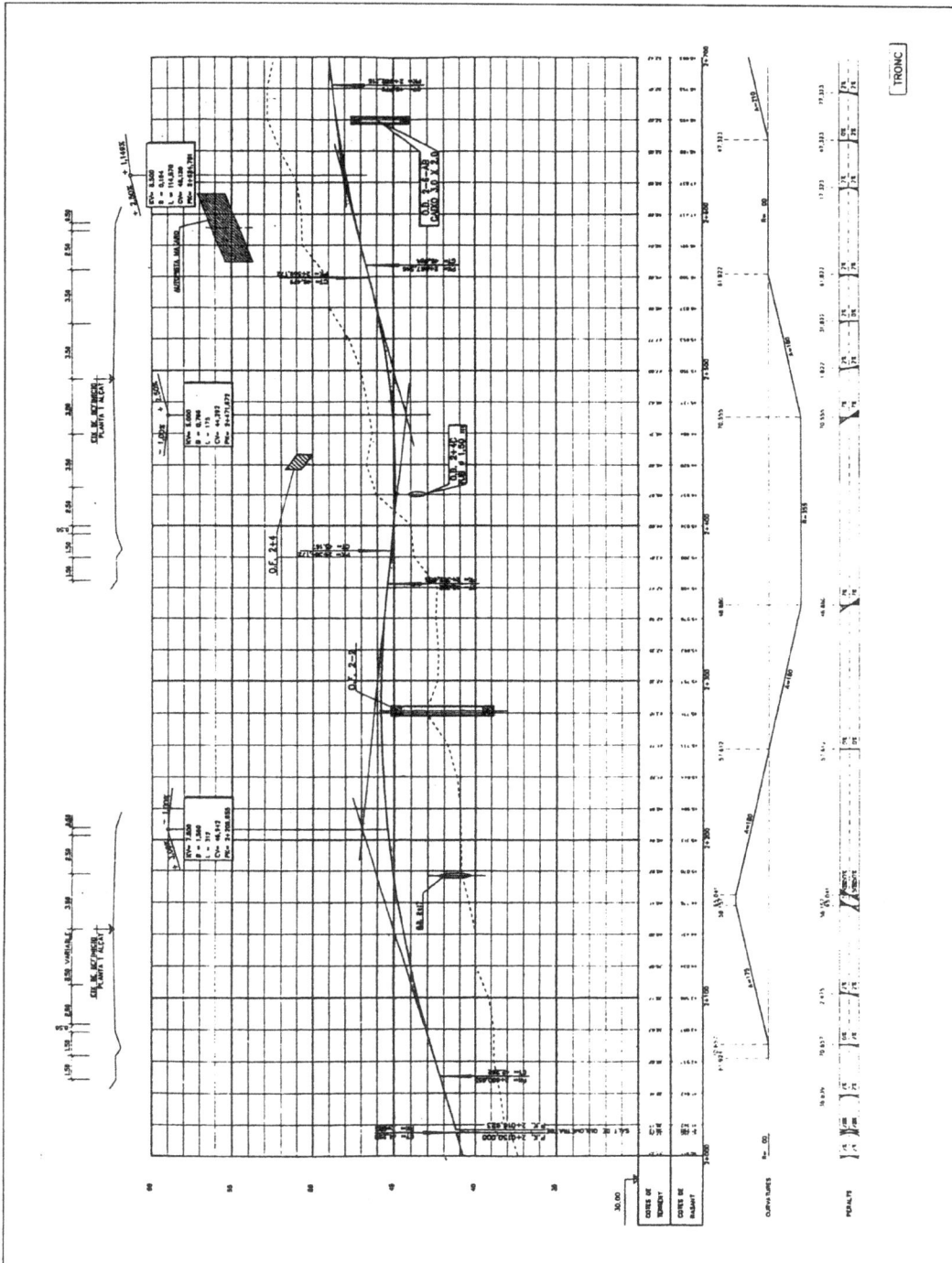

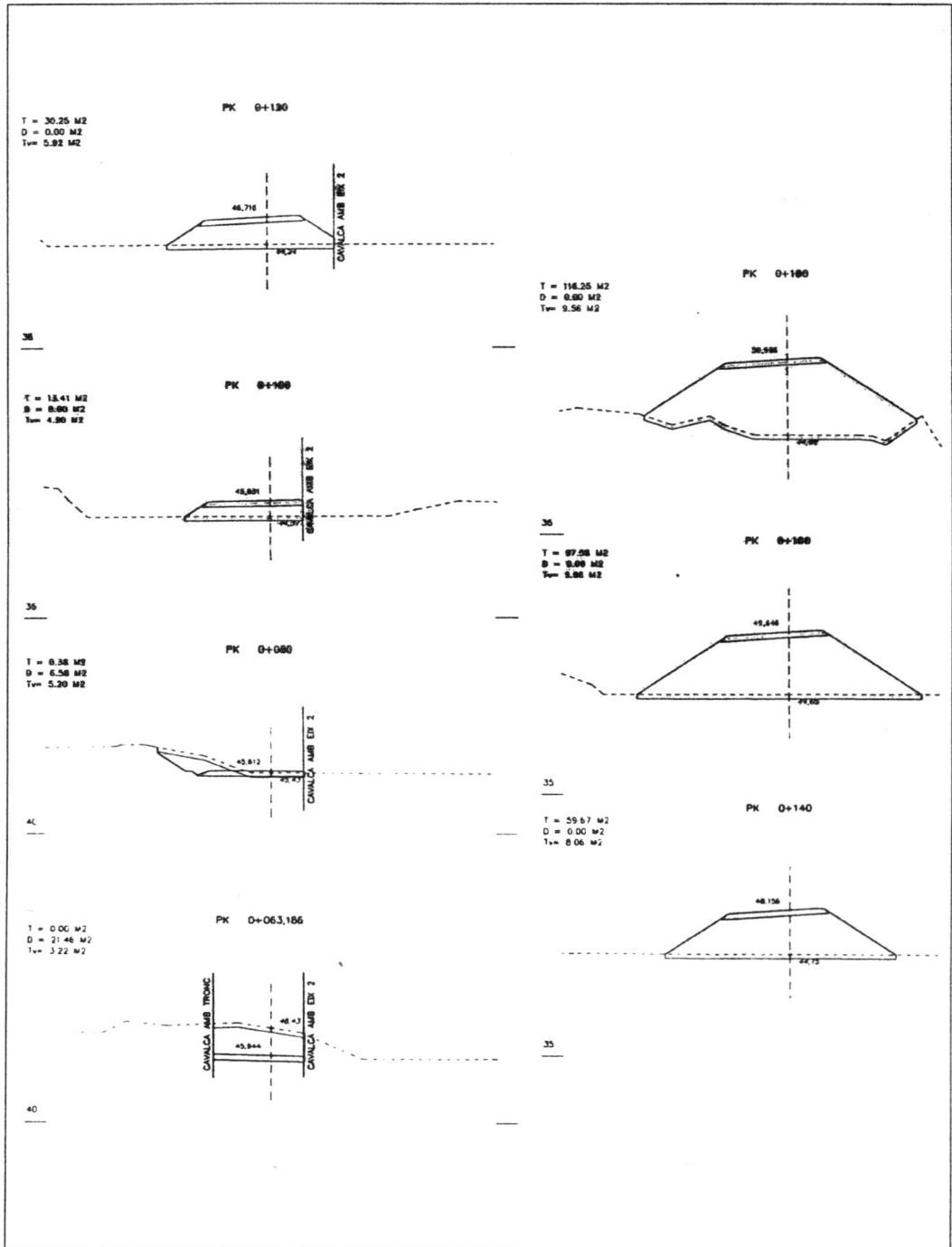

8 La sección transversal

8.1 Introducción

Como su propio nombre indica, corresponde a una sección normal al eje longitudinal de cualquier tipo de obra lineal proyectada. Esta sección será distinta en cada punto del eje longitudinal por donde se tome.

Para su estudio vamos a referirnos al caso de carreteras, que es el más común, aunque naturalmente también podríamos hablar de ferrocarriles, canales, tuberías, conducciones de cualquier tipo, etc. Podemos decir que es el caso en el que la sección transversal es más completa, teniendo tal número de variantes, que su estudio puede hacerse hasta cierto punto complejo.

8.2 Elementos de la sección transversal

Son los siguientes (Fig. 8.1):

1. El terreno
2. La cota roja
3. La sección tipo
4. Taludes y cunetas
5. Peraltes

8.2.1 El terreno

Es el elemento que, debido a su irregularidad inherente, hace que no haya dos secciones transversales iguales. Sus datos son los reflejados en el perfil transversal.

8.2.2 La cota roja

Es la diferencia existente en cada punto entre la rasante longitudinal proyectada y el terreno.

También es el elemento que relaciona el terreno con la sección tipo. Su valor lo suministra el perfil longitudinal, donde viene reflejada la rasante y la cota del terreno.

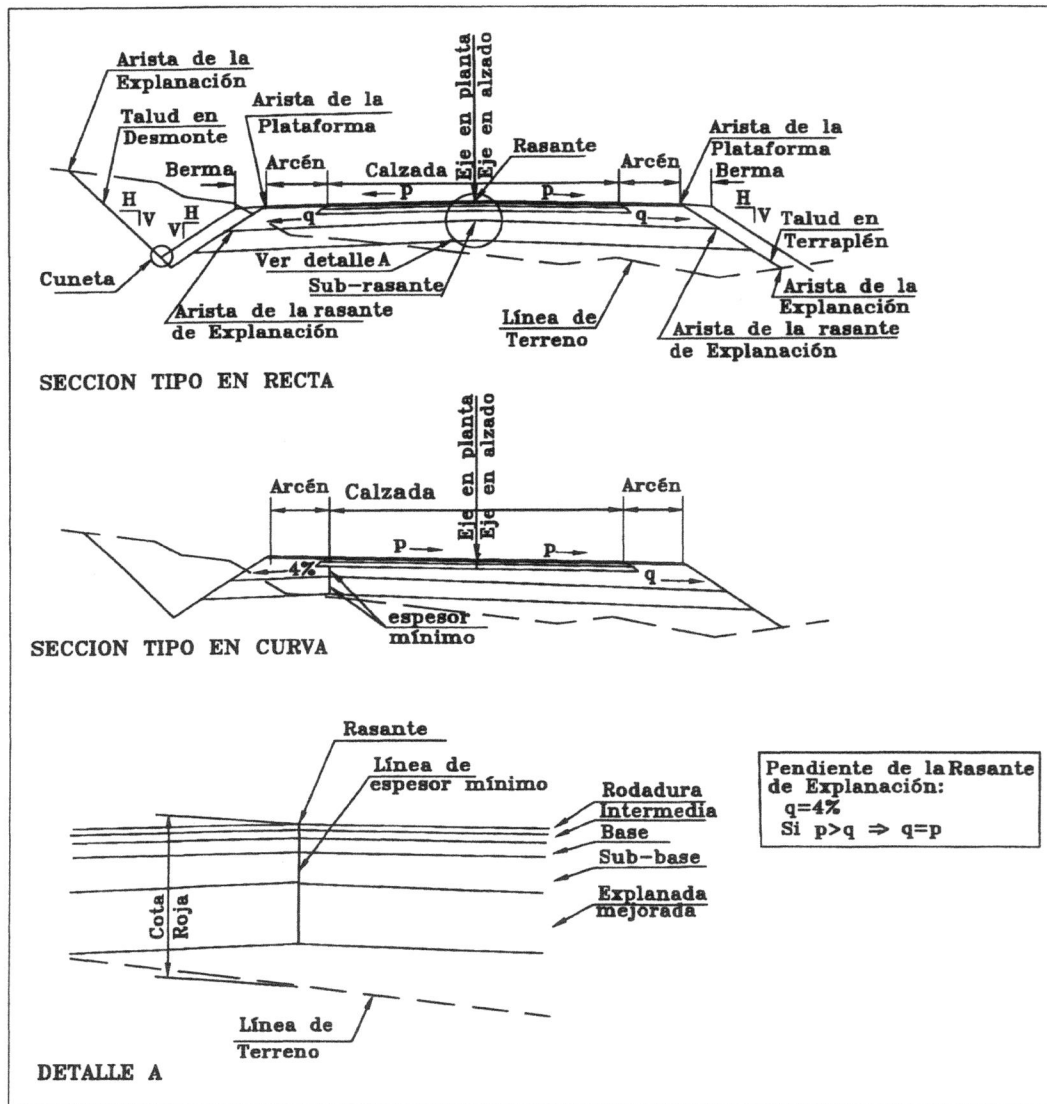

Fig. 8.1

8.2.3 La sección tipo

Es la representación transversal estándar de cualquier figura lineal proyectada. En el caso de la carretera, representa una sección genérica de la carretera, válida para la mayor parte de la obra, con solamente dos secciones definidas: una para recta y otra para curva. En las últimas páginas de es capítulo pueden verse algunos ejemplos de secciones tipo.

Refiriéndonos entonces al caso concreto de la carretera, los elementos que componen la sección tipo son los siguientes (Fig. 8.1):

a) Anchos

Definidos a izquierda y derecha, acotan su longitud y concretan los puntos kilométricos a los que están referidos, sobre todo cuando existe más de un valor. Las excepciones que no puedan ser representadas en la sección tipo serán definidas en plantas aclaratorias. Pueden ser acotados o no según sus características.

Anchos acotados:

a.1) Calzada: Zona de la carretera destinada a la circulación de vehículos. Se componen de un cierto número de carriles. Un carril es una banda de anchura suficiente para el paso de vehículos en fila. El ancho de los carriles depende de la velocidad permitida, puesto que el vehículo tiende a oscilar transversalmente dentro del carril si esta es alta. Además el ancho del carril también debe ser mayor en curva que en recta para facilitar el paso de vehículos de gran longitud. También se consigue una disminución de velocidad al reducir el ancho de los carriles (zonas urbanas, zonas en obras, etc). El ancho más pequeño de carril suele ser de 2.75 m aunque si hay tráfico de camiones se sube a 3 m. El más alto suele ser de 3.75 m.

a.2) Arcén: Zona longitudinal de la carretera, comprendida entre el borde de la calzada y la arista de la plataforma, que permite el estacionamiento momentáneo de vehículos. Sirve también como franja lateral de seguridad. Su ancho está entre 0.5 m y 2.5 m.

a.3) Plataforma: Zona de la carretera destinada al uso de los vehículos, formada por las calzadas y los arcenes. Está limitado por las *aristas de la plataforma*. Las aristas son líneas que delimitan determinados anchos. En este caso son la intersección del talud del paquete de firmes con la plataforma. También llamadas *borde exterior de la plataforma*.

a.4) Berma: Franja longitudinal adyacente al arcén. Solo se utiliza en vías importantes y de alta velocidad. Su función es hacer de franja de seguridad al borde de la plataforma, pues hace de transición entre el arcén y el talud. Además se utiliza como sobreancho para garantizar la compactación en los bordes de las sucesivas capas del firme, con lo que queda como una capa sin afirmar.

a.5) Mediana: Faja de terreno comprendida entre dos calzadas cuando estas van separadas. Su función es la de independizar las calzadas de sentidos contrarios dando un margen de seguridad para evitar los choques frontales. Aunque la anchura ideal para cumplir este objetivo es de 8 m, debido a su alto coste, es frecuente que sean de 4. En vías en las que se prevé mucho tráfico en el futuro, se construyen medianas muy anchas que luego pueden servir para incrementar el número de carriles sin necesidad de nuevas expropiaciones.

Anchos no acotados (porque dependen de la cota roja y de la posición de desmonte o terraplén a ambos lados):

a.6) *Explanación*: Zona de terreno ocupada por la carretera. También se le llama *zona de ocupación*. Sus límites son las *aristas exteriores de la explanación*, que corresponden a la intersección del talud del desmonte o terraplén con el terreno natural.

a.7) Rasante de la explanación: Coronación de las tierras sobre las que se apoyan las capas del firme, bien procedente de la excavación en desmonte, bien de la culminación de un terraplén. Si existe una capa de explanada mejorada (ver apartado c), la rasante de explanación será su coronación. Los límites los forman las *aristas de la rasante de la explanación* que son el borde exterior de la rasante de explanación.

a.8) *Ancho de expropiación*: Es el ancho de explanación incrementado en algunos metros por cada banda de la carretera. Estas franjas de terreno a ambos lados de la carretera sirven para la colocación de canalizaciones y servicios.

b) *Espesores*
Definen la altura mínima de cada capa que forman el paquete de firmes. Se acotan casi siempre en el eje en alzado. Si no es así, se marca la distancia a este.

c) *Capas*
Son los materiales que componen la sección tipo, de los cuales se delimitan sus anchos y espesores. Exceptuando la capa de explanada mejorada, al conjunto del resto de capas se le conoce como paquete de firmes. El número y los materiales de las diversas capas es variable de una carretera a otra. De manera general nombramos las siguientes:

c.1) Compuestas por materiales bituminosos:
- Capa de rodadura
- Capa intermedia
- Capa de bases
c.2) Resto de capas:
- Capa de sub-base (zahorras, suelo-cemento, grava-cemento)
- Capa de explanada mejorada (material seleccionado)
- Capa de arcén. De espesor distinto y material de sub-base

d) Pendientes

Inclinación transversal estándar. Variable en función del peralte, a izquierda y derecha. Pueden existir unas condiciones de variabilidad de la pendiente para la calzada y la rasante de la explanación, también en función del peralte. Suele ser distinta en calzadas, arcenes y bermas. Por ejemplo, unas pendientes frecuentes en carreteras de dos carriles y dos sentidos de circulación es el 2% para la calzada, 4% en los arcenes y el 8% en las bermas.

e) Rasante

Lugar de la sección transversal donde se define ésta. No siempre es el eje de la sección ni el eje en planta. Por ejemplo en autopistas se sitúa en el borde interior de las calzadas. En la sección tipo viene definido como "eje en alzado".

f) Sub-rasante

Rasante de la explanación o de la coronación de tierras. Se define a partir de la rasante y a la que se le resta la suma de espesores de todas las capas, excepto de la explanada mejorada.

g) Taludes

Pendientes que formarán las tierras según el caso, en desmonte o terraplén, y el tipo de terreno existente. También están definidos los taludes de las diversas capas del paquete de firmes. Normalmente el 1/1.

h) Cunetas

Definidas para el caso de desmonte.

i) Sección en desmonte o terraplén

Suele ser la misma, representando cada caso en la izquierda y la derecha respectivamente.

j) Sección en recta y curva

Son dos secciones distintas y en ellas se define la posición del eje de la sub-rasante y la pendiente de los arcenes y de la rasante de explanación.

k) Ejes

Existen tres ejes definidos:

k.1) Eje en planta: Lugar de la sección tipo por donde transcurre el eje que define la planimetría de la carretera.

k.2) Eje en alzado: Lugar de la sección tipo donde se define la rasante.

k.3) Eje de la sub-rasante: Posición que ocupa la definitoria de la sub-rasante. Esta es distinta en recta y curva, puesto que en la primera suele estar en la vertical del eje en alzado, y en curva en el borde de la calzada. Ver figura 8.1.

8.2.4 Taludes y cunetas.

En muchos casos se amplía la información sobre los taludes proyectados en unas secciones tipo particulares para taludes y cunetas. Los taludes más utilizados son el 2/3 (2 en vertical y 3 en horizontal), para terraplén y el 1/1 para desmonte. Pero pueden variar según la consistencia del terreno y las necesidades del proyecto, llegando incluso a formar terrazas. Por razones de seguridad los taludes, tanto en desmonte como terraplén, no deberían superar el 1/3 o el 1/4, pero su utilización incrementa mucho el coste de las obras.

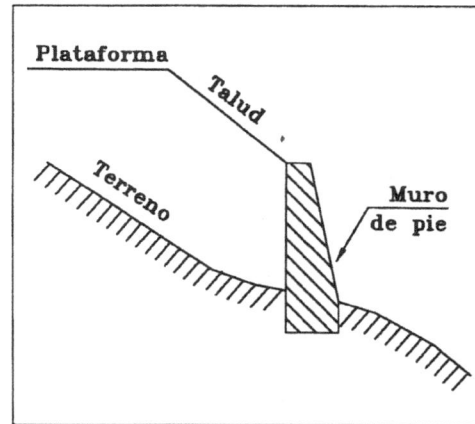

Fig. 8.2

Cuando la inclinación de talud es muy similar a la del terreno natural, la intersección de ambos puede alejarse mucho de la carretera y dar lugar a grandes áreas ocupadas y grandes volúmenes en movimiento de tierras. Para solucionar este problema se colocan *muros de pie* (Fig. 8.2). Este problema se da también cuando la carretera pasa cerca de otras carreteras o edificios a los que no se puede invadir con el talud.

Una cuneta es una zanja longitudinal abierta en el terreno junto a la plataforma. Suele tener la misma inclinación longitudinal que la rasante de la carretera.

Su función principal es recoger el agua de la calzada y los taludes, aunque también se puede utilizar para proteger la calzada de caída de piedras o tierras procedentes de los taludes.

Se agrupan siguiendo los cuatro grupos de la figura 8.3.

8.2.5 Peraltes

Consiste en inclinar el plano de la sección transversal de un vial, con caída hacia la parte interior de la curva, para disminuir los efectos de la fuerza centrífuga. Afecta exclusivamente a la pendiente transversal de la calzada y arcén. Sin embargo, no afecta a la pendiente del talud. En los longitudinales viene la información de los peraltes proyectados para una determinada carretera, en los ya conocidos diagramas de peraltes. Habitualmente vendrá en tanto por ciento, aunque también puede venir en su lugar los desniveles de las semicalzadas.

En la instrucción de carreteras, en los cuadros 5 y 6, y en la figura 4 de la IC 3.1, se da información sobre cuál es el peralte adecuado en una curva de determinado radio para una velocidad específica definida. Su estudio se refiere en gran parte a la transición necesaria para pasar de una calzada en recta y sin peralte, a una curva con peralte. Esta transición se realiza utilizando un pequeño tramo en recta y todo el desarrollo de la curva de transición.

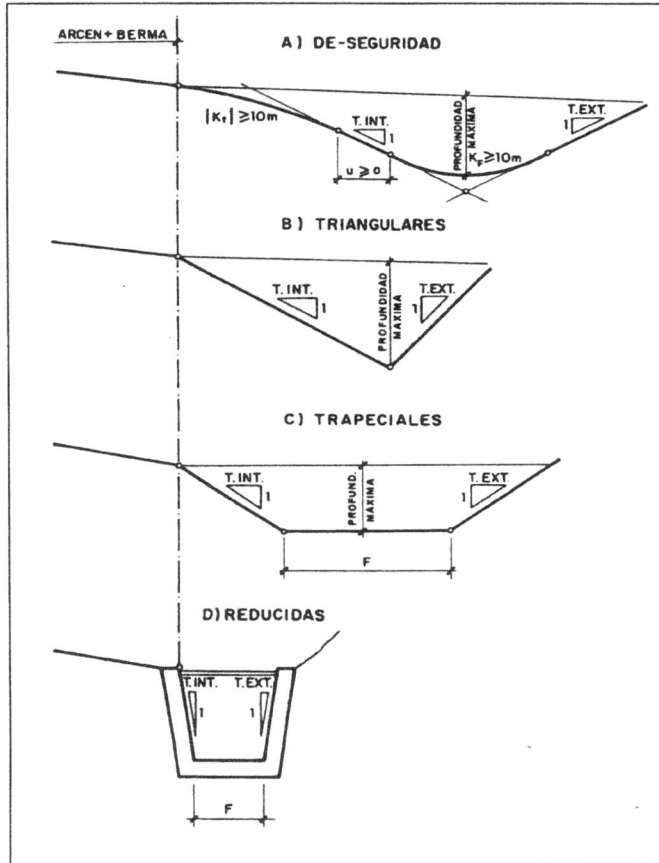

Fig. 8.3

Partiendo de la sección en bombeo, de una calzada en recta, tendremos tres posiciones más en las que conoceremos la pendiente de la sección transversal (Fig. 8.4).

A) Posición de bombeo. Se utiliza en las tramos en recta.

B) Posición intermedia con distinto peralte a izquierda y derecha. Un lado tendrá el 0% y el otro el 2%. Esta posición corresponde a la tangente de entrada de la clotoide.

C) Posición intermedia. Primera que tiene el peralte hacia un solo lado (del 2%). Corresponde a un punto que está a la misma distancia de la tangente de entrada de la clotoide que el punto inicio de la transición del peralte.

D) Posición final de la transición. También es la inicial de peralte constante. Coincide con la tangente de salida de clotoide y entrada de curva circular.

Tomando como referencia la tangente de entrada de la clotoide la posición *A* estará en la recta a una distancia

$$d = \frac{Lo}{50\,p} \tag{1}$$

Siendo *Lo* el desarrollo de la clotoide y *p* el peralte en tanto por uno. Cumplirá siempre la condición de que *d* > 4*a* (*a* es la anchura de la calzada). La posición *C* estará dentro de la clotoide a una distancia *d*. Cualquier posición intermedia será proporcional a la distancia entre dos posiciones fijas. El desarrollo total de la transición será igual a

$$d_T = Lo \left(1 + \frac{1}{50\,p} \right) \tag{2}$$

Con respecto al giro, según se ve en la figura 8.4, puede realizarse alrededor del eje de la calzada, alrededor del borde interior o alrededor del borde exterior. El sistema más recomendable es el del giro en el eje, puesto que los otros dos alteran la cota de la rasante en dicho eje. En ocasiones se utilizan para evitar puntos bajos en los bordes donde se acumularía el agua. En la figura 8.7 puede verse una perspectiva de una transición de peralte.

La transición también dependerá de la forma geométrica del eje en planta. En la instrucción se plantean seis casos posibles:
1. Alineación con curva central y curvas de acuerdo
2. Alineación con curvas de acuerdo exclusivamente
3. Alineación con curva circular exclusivamente
4. Alineación con curvas circulares de curvatura en distinto sentido enlazadas con curvas de acuerdo
5. Alineación con dos curvas circulares enlazadas con curva de acuerdo intermedio (ovoide)
6. Alineación con dos curvas circulares contiguas

1. Alineación con curva central y curvas de acuerdo
Este es el caso comentado anteriormente. Diremos también que sin utilizar la instrucción, es de uso frecuente, realizar la transición del peralte en el tramo de clotoide, situando la última posición de bombeo (A) en la tangente de entrada. Para calcular cualquier punto intermedio se hace directamente proporcional a la longitud de transición recorrida. El peralte exterior de la curva es el que aprovecha el tramo de clotoide completo, el interior solo se mueve a partir de que el exterior alcanza el 2% hacia dentro. Por ejemplo, para una curva a derechas con peralte del 6%, la calzada exterior (la izquierda) se desplazará del 2% con caída hacia la izquierda en la tangente de entrada de la clotoide, a un 6% con caída hacia la derecha en la tangente de salida de la clotoide. Esta transición se hace de manera proporcional a la longitud recorrida. Sin embargo, la calzada derecha no modifica su 2% inicial con caída hacia la derecha, hasta que la calzada izquierda no supera el 2% con caída a derechas.

3.1 - IC.

METODOS DE TRANSICION DEL PERALTE

(PERFILES LONGITUDINALES DEL EJE Y DE LOS BORDES)

SECCIONES TRANSVERSALES

a) GIRO ALREDEDOR DE EJE

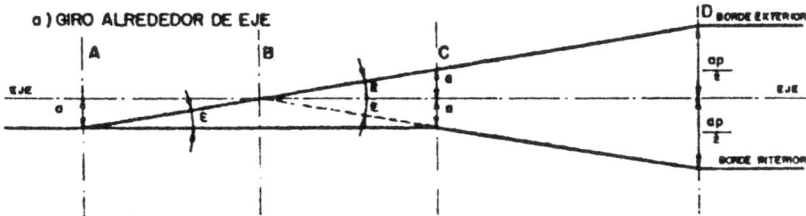

b) GIRO ALREDEDOR DEL BORDE INTERIOR

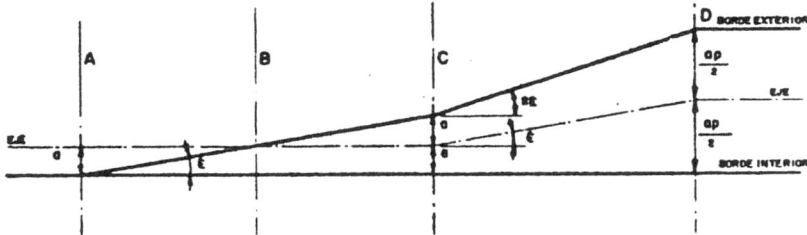

c) GIRO ALREDEDOR DEL BORDE EXTERIOR

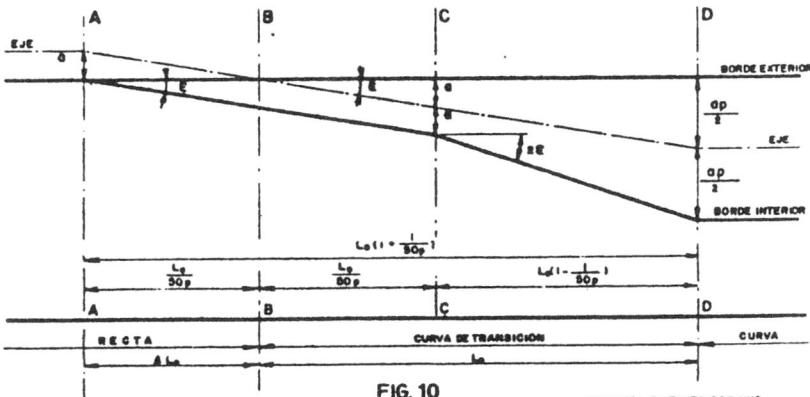

FIG. 10

PERALTES EN TANTO POR UNO

Fig. 8.4

2. *Alineación con curvas de acuerdo exclusivamente*

Es similar al primero con la única salvedad de que, al no existir curva circular, existirá un punto anguloso en el enlace de las dos clotoides. Esto se resuelve intercalando un pequeño tramo con el peralte máximo constante; con una longitud:

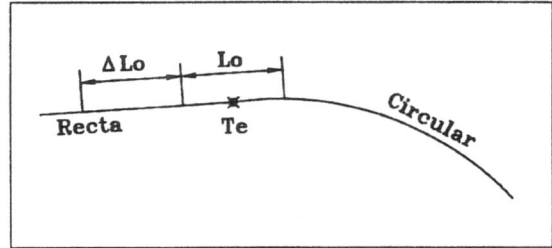

Fig. 8.5

$$l = \frac{V}{3.6} \qquad (3)$$

Siendo *V* la velocidad específica en Km/h, incrementamos a cada tramo de transición de peralte en $l/2$.

3. *Alineación con curva circular exclusivamente*

En el cuadro 8, obtenemos los valores de *Lo* y *ΔLo*, que corresponden al tramo en curva y al tramo en recta (de posición *A* a *B*), respectivamente de la transición. Con el condicionante de que Lo se reparte a parte iguales entre la recta y la curva. (Fig.8.5)

Cuadro 8

Carriles	2	3	4	6
Lo	20	20	25	35
ΔLo	20	20	25	35

4. *Alineación con curvas circulares de curvatura en distinto sentido enlazadas con curvas de acuerdo*

Este es el segundo caso del apartado 5.4.10 (Fig. 5.27). Al no existir recta entre ambas clotoides, se admite un pequeño tramo con posición de bombeo de longitud

$$L \leq \frac{A_1 + A_2}{40} \qquad (4)$$

Donde A_1 y A_2 son los parámetros de las dos clotoides.

5. Alineación con dos curvas circulares enlazadas con curva de acuerdo intermedio (Ovoide).

Se hará la transición sin dificultades, en el tramo de clotoide puesto que las dos curvas circulares tienen la misma curvatura.

6. Alineación con dos curvas circulares contiguas.

Si son dos curvas circulares las que están enlazadas se hará la transición en la curva de radio mayor.

En los casos 5º y 6º ha de cumplir el valor de ξ del cuadro 7 (Apartado 5.3, Fig. 5.13 de este libro).

Según el Borrador de la norma 3.1-IC(1990) y [CUMOPT-92] los peraltes a utilizar en función de la velocidad específica y del radio mínimo son del 8% para vías urbanas con velocidad de 100 y 80 Km/h y radios de 500 y 250 m respectivamente. Para la velocidad de 60 Km/h se admite un 5% con radios de 156 m. En autopistas y autovías, siempre que el radio no rebase los 900 m; y en vías rápidas y en carreteras convencionales siempre que el radio no rebase los 450 m se puede aplicar un peralte de 10%, salvo que pueda haber problemas de hielo y nieve en cuyo caso se reduce al 8%. En los nudos se admite un 8% para los lazos y un 5 % para el resto de ramales.

8.2.5.1 Influencia de la variación del peralte de la calzada en arcenes y bermas

Los arcenes suelen tener en recta una pendiente transversal del 4%, y la berma del 8%, ambos con caída hacia el exterior de la carretera. El arcén interior, el más próximo al centro de curvatura, se mantendrá en su valor del 4% y variará con el peralte de la calzada a partir de p>4%. Ver la figura 8.7.

En el exterior se prevén tres casos (Fig. 8.6). El primero se mantiene el arcén en su posición en recta (el 4%) mientras la diferencia de pendientes de calzada y arcén al llegar a la curva circular sea menor o igual al 7%. En el 2º caso, si la diferencia de pendientes es mayor del 7% ,con arcenes de anchura inferior a 1.50 m., el arcén acompañará al peralte de la calzada, conjuntamente en la transición del mismo, realizando una variación desde A hasta C para situarse al 2% en caída hacia dentro(Fig.8.7). Si la diferencia es mayor del 7% y los arcenes son de más de 1.50 m. de anchura, aplicaremos el tercer caso. Se mantendrá el arcén en su posición en recta (el 4%), redondeando la arista en un ancho de un metro, tomado sobre el arcén. Solución no utilizada hoy en día.

En el Borrador de la Norma se plantea que el valor del 7% para velocidades de proyecto inferiores a 80 Km/h. Para velocidades de 100 Km/h será del 6% y para velocidades superiores a 110 Km/h será del 5%. Y se admite también que esta diferencia máxima de pendientes sea válida también para el estudio entre arcenes y bermas. Con lo cual la berma exterior se desplazará a partir de que la diferencia entre su pendiente y la del arcén llegue al 7%, e irá variando a partir de ese momento junto con el arcén.

Por otro lado en la actualidad se tiende a admitir que la pendiente del arcén sea la misma que la de la calzada.

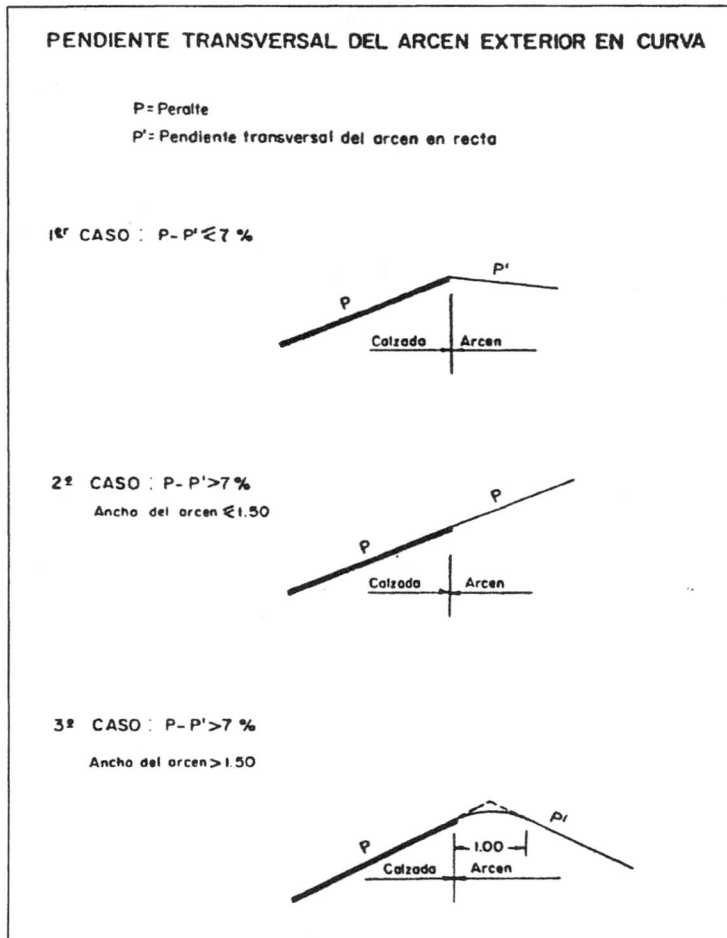

Fig. 8.6

8.2.5.2 Influencia de la variación de la calzada en la rasante de explanación

Al entrar en una curva, el eje de la sub-rasante se desplaza de su situación en recta, normalmente en el eje de la calzada, al borde de la calzada exterior. Esta transición se realiza entre las posiciones *A* y *C*.

La rasante de explanación tiene sus pendientes definidas en la sección tipo. En la mayoría de los casos, para la sección en recta se considera una pendiente transversal del 4%, cuando la calzada tiene un 2%. Al llegar a una curva el eje siempre se desplaza como ya hemos comentado, pero no así la pendiente transversal, que lo hace a partir de que la calzada sobrepase el 4%. Si por ejemplo el peralte final de la calzada es del 5%, esta hará su transición entre las posiciones A y D, y la rasante de explanación del lado interior no comenzará a moverse hasta que la calzada no supere el 4%. El lado exterior conservará su pendiente del 4%, por supuesto.

Obsérvese en la figura 8.1, la posición de la rasante de explanación en recta y en curva, así como la condición recuadrada para su variación de peralte.

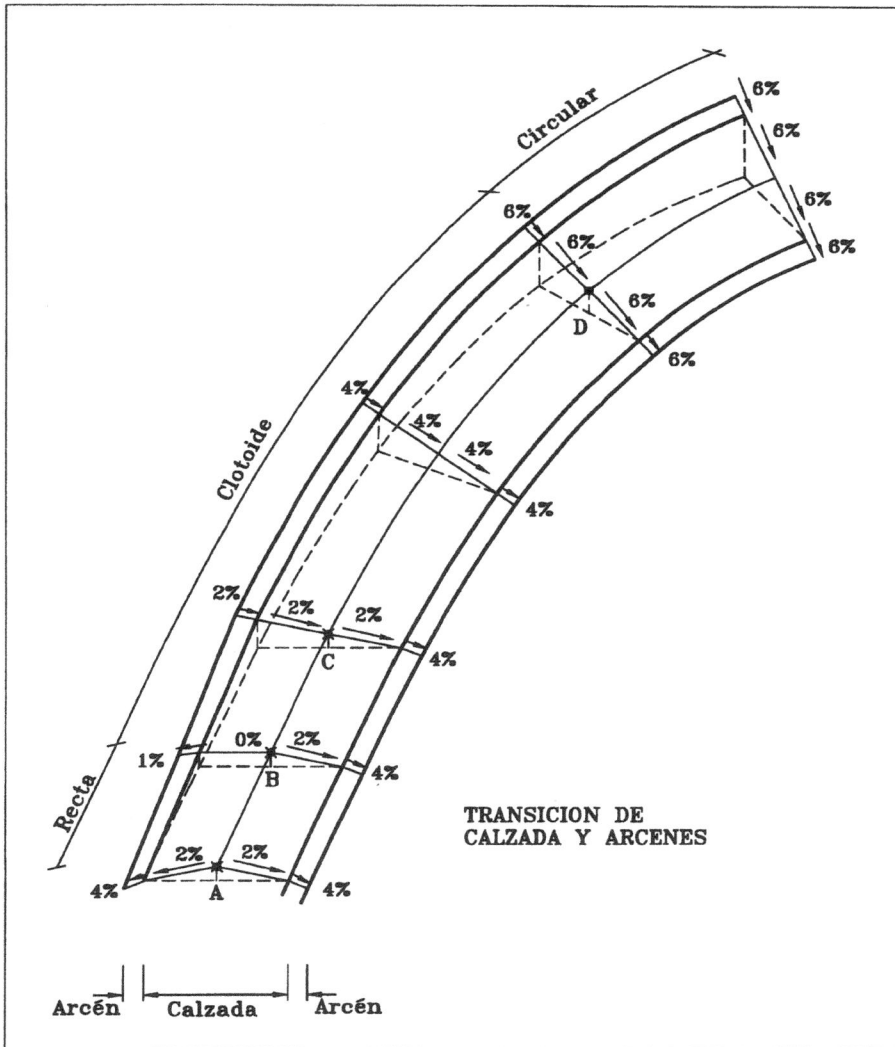

Fig. 8.7

Hoy en día se tiende a situar la rasante de explanación paralela a la calzada, tanto en recta como en curva. Es decir, que $q=p$.

8.2.5.3 Cálculo del desnivel entre dos puntos del borde calzada

Este desnivel solo guarda alguna dificultad cuando se pretende calcular en zonas de transición del peralte. La diferencia de cota entre dos puntos del borde de calzada, cuando el peralte es variable, es igual a la diferencia entre ambos peraltes por la distancia de ambos puntos al eje más la diferencia de cotas en el eje:

$$\Delta Z_{I'_1}^{I'_2}=a(p_2-p_1)\pm\Delta Z_{I_1}^{I_2} \tag{5}$$

Donde I_1 e I_2 son los puntos del eje, e I'_1 e I'_2 son los puntos en el borde de la calzada, a es el ancho de calzada, y p_1 y p_2 los peraltes en I_1 e I_2 respectivamente.

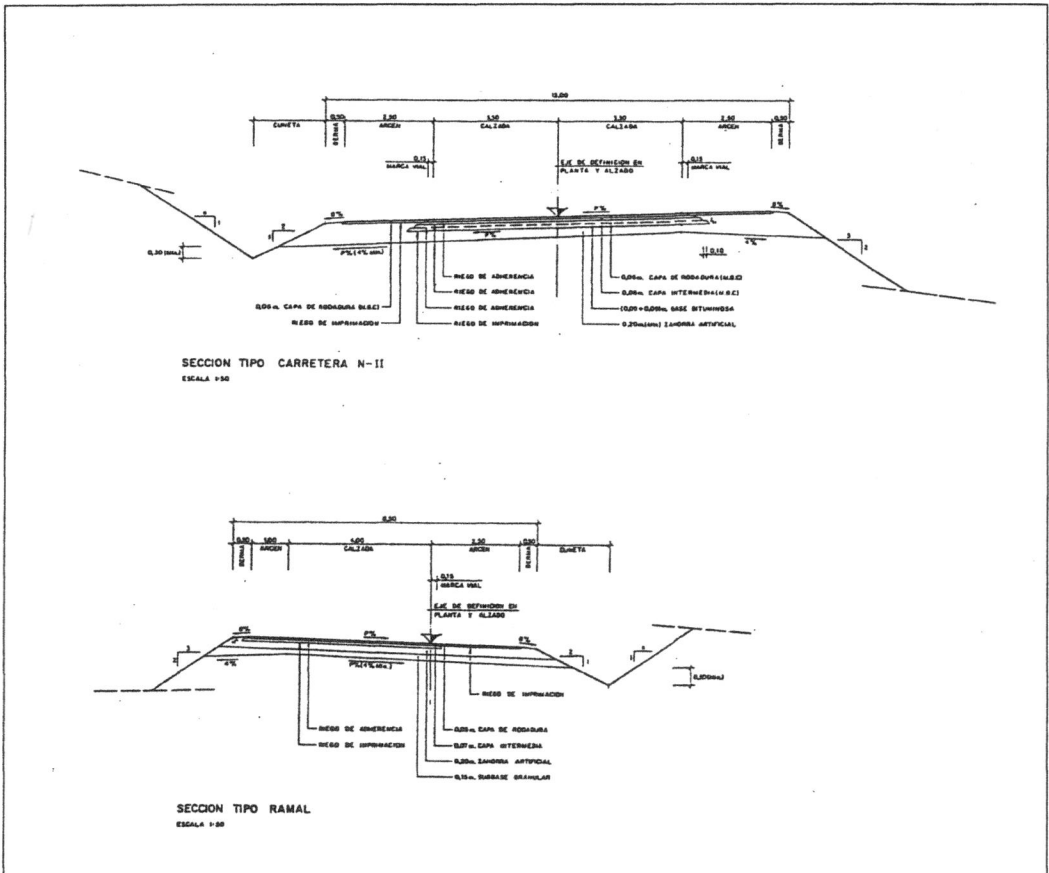

SECCION TIPO CARRETERA N-II

SECCION TIPO RAMAL

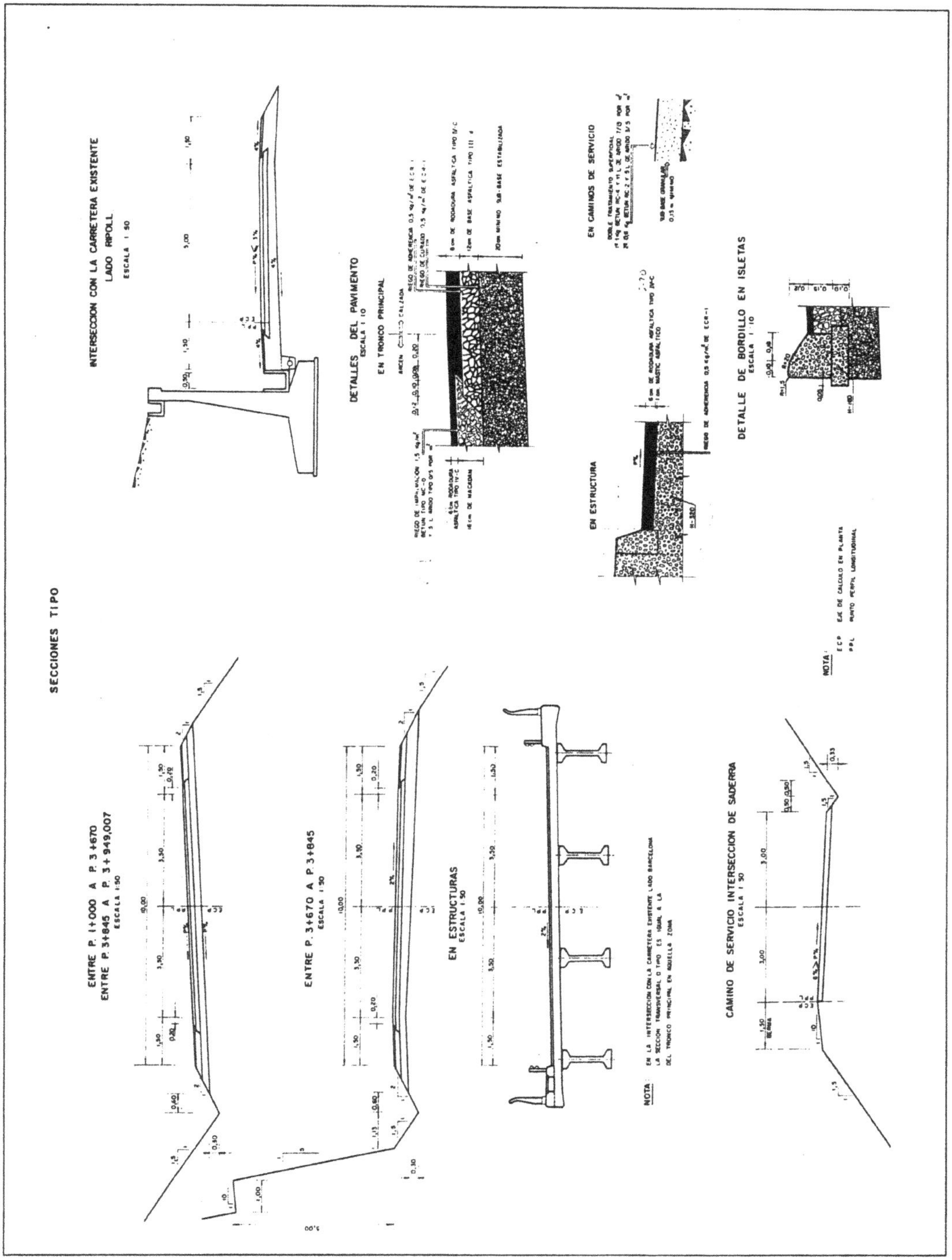
SECCIONES TIPO
ENTRE P. 1+000 A P. 3+670
ENTRE P. 3+845 A P. 3+949,007
ESCALA 1:50
ENTRE P. 3+670 A P. 3+845
ESCALA 1:50
EN ESTRUCTURAS
ESCALA 1:50
CAMINO DE SERVICIO INTERSECCION DE SADERRA
ESCALA 1:50
INTERSECCION CON LA CARRETERA EXISTENTE
LADO RIPOLL
ESCALA 1:50
DETALLES DEL PAVIMENTO
ESCALA 1:10
EN TRONCO PRINCIPAL
EN ESTRUCTURA
EN CAMINOS DE SERVICIO
DETALLE DE BORDILLO EN ISLETAS
ESCALA 1:10
NOTA: E C P EJE DE CALCULO EN PLANTA
P P L PUNTO PERFIL LONGITUDINAL

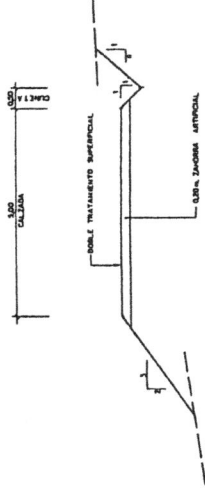

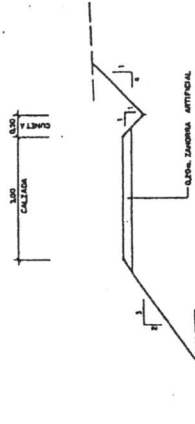

SECCION TIPO CAMINO SERVICIO
(VARIANTE V.2-3)
ESCALA 1:50

SECCION TIPO CAMINO SERVICIO
ESCALA 1:50

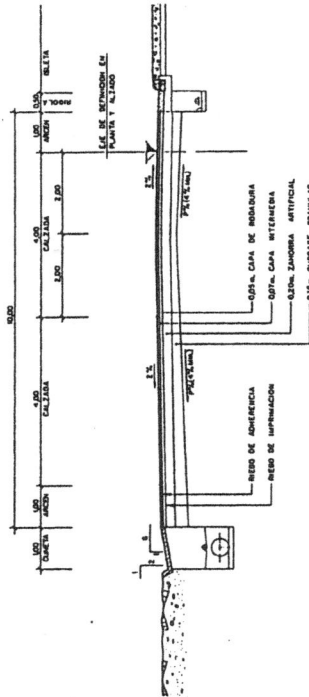

SECCION TIPO GLORIETA

NOTA: SE REDONDEARA EL VÉRTICE CREADO EN LA SECCION TRANSVERSAL POR LOS PERALTES DEL 2% EN UN METRO A CADA LADO DEL MISMO.
ESCALA 1:50

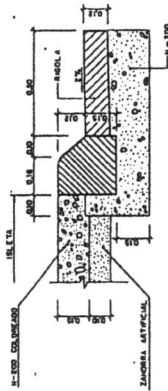

DETALLE BORDILLO
TIPO C-1
ESCALA 1:10

9 Cálculo y replanteo de rasantes y taludes

9.1   Cálculo de los datos de replanteo altimétrico en superficies

Para el replanteo de las cotas de los puntos que definen una determinada superficie, deberemos disponer de una rasante longitudinal, definido por el eje planimétrico de la superficie, o por una línea paralela a este.

En el caso de la carretera será el eje en alzado la base fundamental para el cálculo. Con este y la sección tipo podremos calcular cualquier punto de la sección transversal.

Para definir convenientemente una determinada superficie, debemos distribuir los puntos del tal modo que, siendo los mínimos necesarios, representen fielmente la figura altimétrica proyectada.

Continuando con la carretera, los puntos se replantean a izquierda y derecha del eje. La separación entre estos puntos es función de la precisión que se desee obtener en el resultado final y de los medios mecánicos a emplear durante la ejecución. En efecto, si se densifica el número de puntos, se conseguirá mejor calidad en el acabado, pero también la maquinaria que se utilice en la formación de la superficie requerirá puntos colocados de una manera determinada, caso de una motoniveladora, con lo que será inútil replantear más.

De cualquier modo estos puntos se distribuyen formando líneas perpendiculares al eje longitudinal, y separados una determinada distancia constante, que también es función de los dos condicionantes expuestos anteriormente.

9.1.1   Cálculo de los puntos de la sección transversal de una carretera

Los datos de partida los encontraremos en el perfil longitudinal proyectado, conjuntamente con el del terreno, los perfiles transversales y las sección tipo. En la figura 9.1 disponemos de todos los datos numéricos para el cálculo de la sección transversal en tres puntos distintos. Estos son los PK 120, 140 y 200, de los cuales realizaremos totalmente el cálculo del primero.

Primeramente vemos un longitudinal en el que hay un cambio de rasante con los datos del vértice y el Kv del acuerdo. En la guitarra tenemos las cotas del terreno con sus correspondientes distancias al origen y los diagramas de curvaturas y peraltes. peraltes cuya transición se espera que se realice según norma IC-3.1.

A continuación tenemos los datos del terreno en los perfiles transversales 120, 140 y 200. Después viene la sección tipo tanto en recta como en curva, y los datos necesarios para su aplicación.

Comenzamos calculando los datos del acuerdo vertical

$$\theta = P_2 - P_1 = -0.0885714$$
$$K_V = -1300$$
$$L = K_V \ \theta = (-1300) \cdot (-0.0885714) = 115.1428$$
$$T = 57.571$$
$$Do_{T_1} = Do_V - T = 156.935 - 57.571 = 99.364$$
$$Do_{T_2} = Do_V + T = 156.935 + 57.571 = 214.506$$
$$Z_{T_1} = Z_V + T \cdot P_1 = 46.584 + 57.571(-0.0285714) = 44.939$$
$$Z_{T_2} = Z_V + T \cdot P_2 = 46.584 + 57.571(-0.06) = 43.130$$

Ahora calculamos la cota en rasante para el punto $Z_{P\text{-}120}$

$$Z_{P\text{-}120} = Z_{T_1} + (Do_{P\text{-}120} - Do_{T_1})P_1 + \bar{y} =$$
$$= 44.939 + (120 - 99.364)0.0285714 + \frac{(120 - 99.364)^2}{2(-1300)} = 45.365$$

Dato que conviene verificar calculándolo desde la tangente de salida.

Ahora debemos analizar el peralte que le corresponde a la calzada, a los arcenes y a la rasante de explanación. Para ello localizamos la posición que ocupa el *PK-120* en el diagrama de curvaturas. Vemos que está en la recta pero próximo a la tangente de entrada de una clotoide. El desarrollo de la clotoide será

$$L = \frac{A^2}{R} = \frac{120^2}{200} = 72$$

Con *L* deducimos el *PK* de la tangente de salida de la clotoide

$$PK_{TS_{CL}} = 128.451 + 72 = 200.451$$

Calculamos ahora la distancia de las posiciones de transición de peralte, *A* y *C*, a la tangente de entrada de la clotoide, posición *B*.

$$\overline{AB} = \overline{BC} = \frac{L}{50P} = \frac{72}{50 \cdot 0.07} = 20.571$$

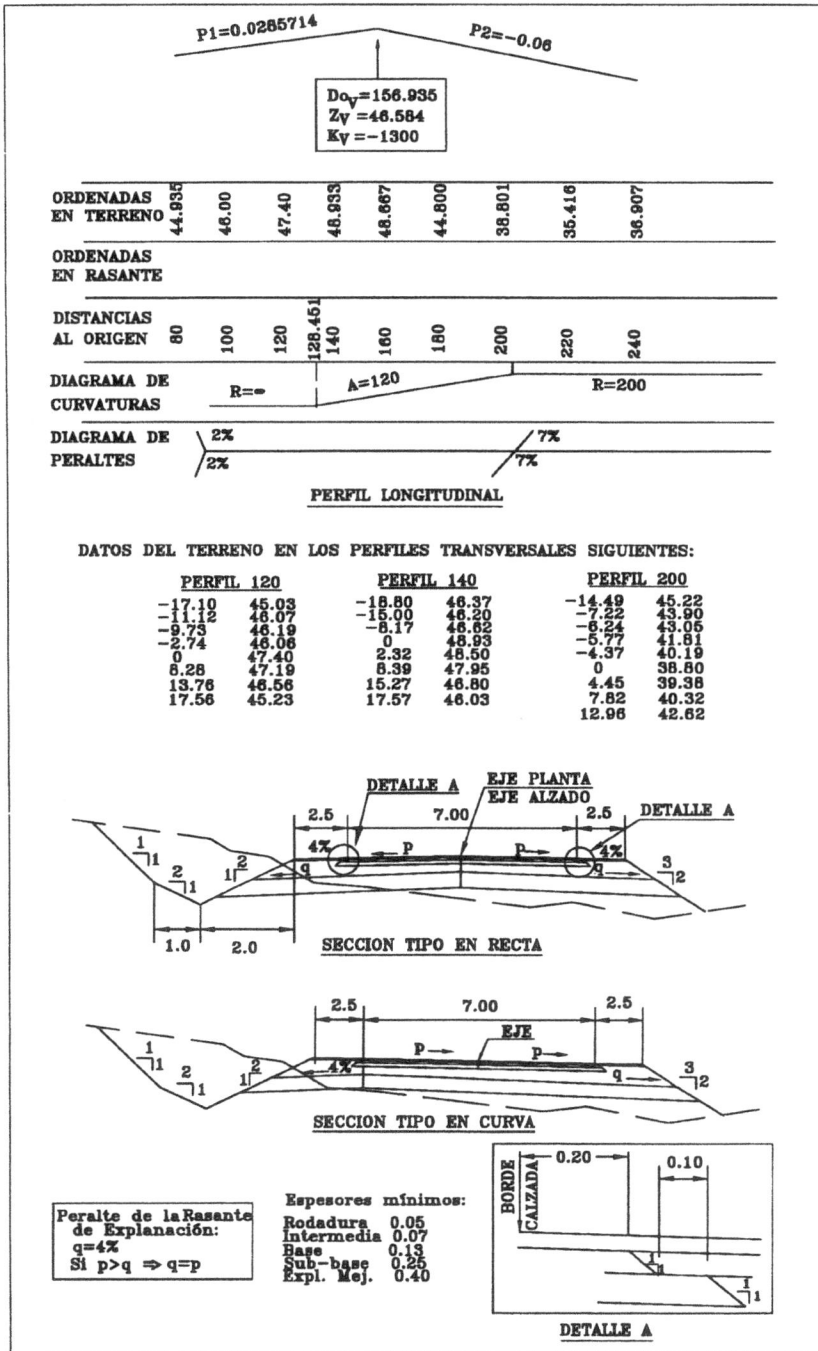

Fig. 9.1

Hallamos la distancia al origen de la posiciones *A* y *B*, entre las que se debe encontrar el *PK-120*

$$Do_A = Do_{T_{E_{CC}}} - \overline{AB} = 128.451 - 20.571 = 107.880$$
$$Do_B = Do_{T_{E_{CC}}} = 128.451$$

La posición A, corresponde al peralte en recta, bombeo al 2%, según dice el diagrama de peraltes. La posición B, tiene el peralte nulo en la calzada izquierda, en nuestro caso. Con lo que ya podemos afirmar que el peralte en la calzada derecha es del 2% con caída a la derecha y el izquierdo lo calcularemos en proporción lineal entre ambas posiciones

$$P_{Calz.Der} = 0.02$$
$$P_{Calz.Izq} = \frac{8.451 \cdot 0.02}{20.571} = 0.00822$$

Con respecto a los arcenes el derecho no sufrirá variación en el PK que nos ocupa. El izquierdo, sin embargo, sí. Para que el arcén exterior de la curva, en este caso el izquierdo, no sufra variación la Instrucción exige que la diferencia entre el peralte del arcén y el de la calzada en la curva sea menor del 7%. Vemos que esta diferencia es de: 7%+4%=11%, con lo que podemos afirmar que dicho arcén debe hacer la transición del 4%, con caída hacia la izquierda, al 2% con caída a la derecha entre las posiciones A y C, respectivamente.

$$P_{Arcén\ Der} = 0.04$$
$$P_{Arcén\ Izq} = 0.04 - \frac{0.06 \cdot (120 - 107.88)}{2 \cdot 20.571} = 0.04 - 0.0177 = 0.0223$$

Por último hallaremos la posición que ocupa el eje de la sub-rasante. Ya sabemos que la transición la realiza desde el eje al borde de la calzada, según demuestra la sección tipo, entre las posiciones *A* y *C* de la transición del peralte.

$$Desp.\ SubRas = -\left(\frac{3.50 \cdot (120 - 107.88)}{2 \cdot 20.571}\right) = -1.031$$

El peralte *q* no sufre variaciones, pues como dice la tabla recuadrada en la parte inferior izquierda de la figura 1, el peralte de la calzada no supera el 4%.

Ahora vamos a calcular todos los puntos que pueden ser importantes para la definición del sección transversal en el *PK 120* (Fig. 9.2). Comenzaremos con los del eje. Con la cota de la rasante y los datos de espesores mínimos de las capas de aglomerado, hallamos los siguientes puntos:

$$X_{del\ Eje} = 0 \qquad Z_{RASANTE} = 45.365$$
$$X_A = 0 \qquad Z_A = 45.365 - 0.05 = 45.315$$
$$X_B = 0 \qquad Z_B = 45.365 - 0.05 - 0.07 = 45.245$$
$$X_C = 0 \qquad Z_C = 45.365 - 0.05 - 0.07 - 0.13 = 45.115$$

Para los puntos *D* y *E*, hemos de tener en cuenta el desplazamiento del eje de la sub-rasante para el cálculo de la *X*. Para la *Y* tenemos que tener presente que el espesor mínimo ha de cumplirse en la vertical de los puntos *D* y *E*. Esto significa calcular la cota en la vertical de *D* sobre la coronación de la sub-base, a partir de la Z_C, para luego restarles los espesores de sub-base y explanada mejorada.

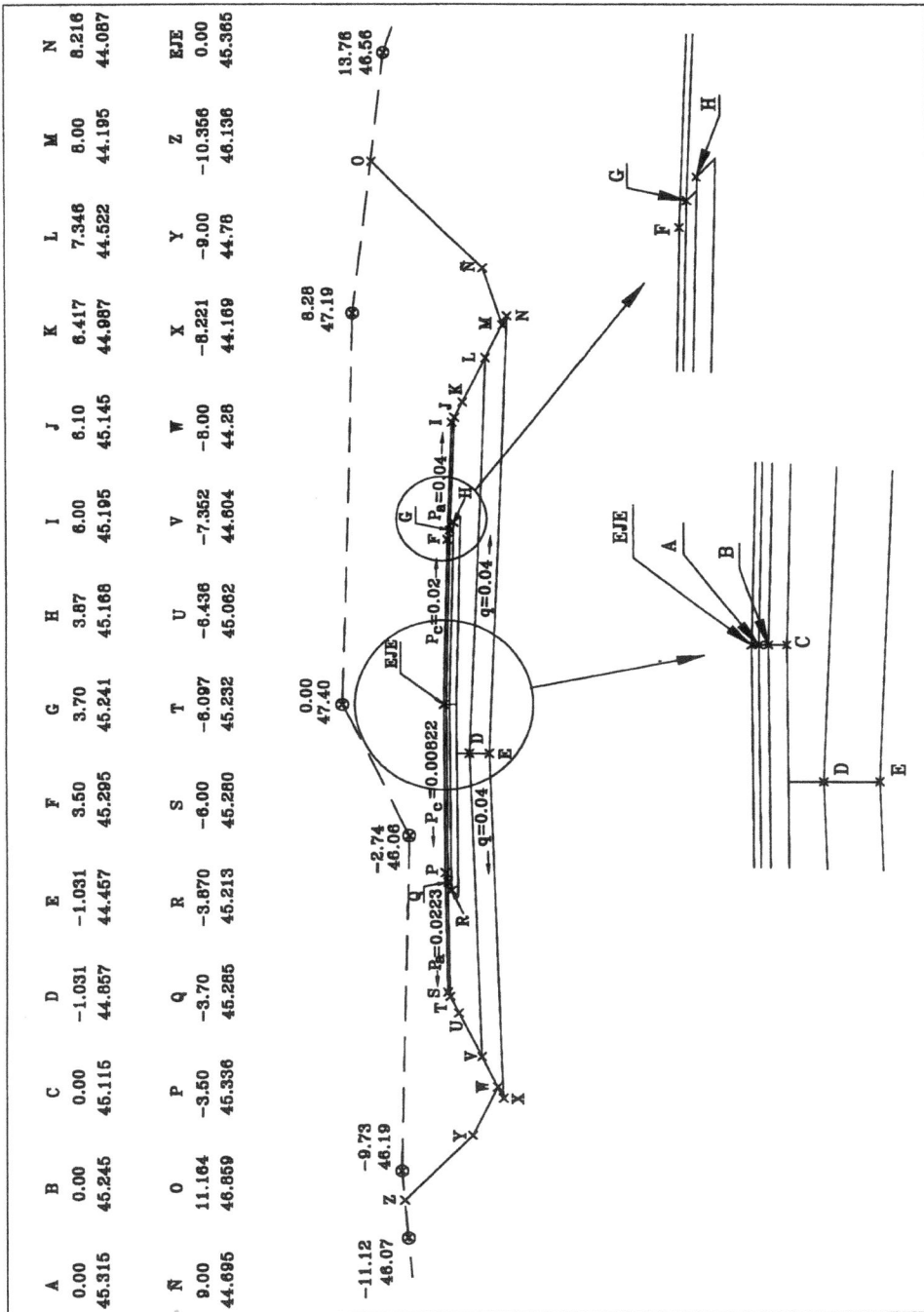

A	B	C	D	E	F	G	H	I	J	K	L	M	N
0.00	0.00	0.00	-1.031	-1.031	3.50	3.70	3.87	6.00	6.10	6.417	7.346	8.00	8.216
45.315	45.245	45.115	44.857	44.457	45.295	45.241	45.168	45.195	45.145	44.987	44.522	44.195	44.087

Ñ	O	P	Q	R	S	T	U	V	W	X	Y	Z	EJE
9.00	11.164	-3.50	-3.70	-3.870	-6.00	-6.097	-6.436	-7.352	-8.00	-8.221	-9.00	-10.356	0.00
44.695	46.859	45.336	45.285	45.213	45.280	45.232	45.062	44.804	44.28	44.169	44.78	46.136	45.365

Fig. 9.2

$$X_D = -1.031 \qquad Z_D = 45.115 - 1.031 \cdot 0.00822 - 0.25 = 44.857$$
$$X_E = -1.031 \qquad Z_E = Z_D - 0.40 = 44.457$$

Con los puntos calculados podemos hallar el resto de los puntos. Para no extendernos en exceso calcularemos solamente los del lado derecho, puesto que los del lado izquierdo tienen el mismo proceso de cálculo.

Sin embargo, antes de empezar, debemos estudiar en que situación con respecto al terreno nos encontramos en los bordes exteriores de la plataforma. Es decir si aplicaremos la sección de terraplén o la de desmonte. Para ello calculamos antes que nada los puntos I y S. Analizamos los bordes exteriores de las dos calzadas y solo admitiremos la sección en terraplén cuando al calcular la cuneta, esta quede por encima del terreno. Como criterio general, escogeremos sección en terraplén cuando toda la rasante de coronación de las tierras (puntos X, E y N) esté por encima del terreno. Entonces, en aquel lado de la sección transversal cuya coronación de tierras esté por debajo del terreno, aplicaremos la correspondiente cuneta de la sección en desmonte.

$$X_F = 3.50 \qquad\qquad Z_F = 45.365 - 3.50 \cdot 0.02 = 45.295$$
$$X_G = 3.50 + 0.20 = 3.70 \qquad Z_G = 45.315 - 3.70 \cdot 0.02 = 45.241$$
$$X_H = 3.50 + 0.20 + 0.07 + 0.10 = 3.87 \qquad Z_H = 45.245 - 3.87 \cdot 0.02 = 45.168$$
$$X_I = 3.50 + 2.50 = 6.00 \qquad Z_I = 45.295 - 0.04 \cdot 2.50 = 45.195$$

Calculamos también $Z_S = 45.28$. Comparamos Z_I y Z_S con el terreno y vemos que tenemos desmonte a ambos lados.

$$X_M = 3.50 + 2.50 + 2.00 = 8.00 \qquad Z_M = 45.195 - 2.00 \cdot \frac{1}{2} = 44.195$$

$$X_N = 3.50 + 2.50 + 2.00 + 1.00 = 9.00 \qquad Z_N = 44.095 + 1.00 \cdot \frac{1}{2} = 44.695$$

Para G y H, aplicamos los datos del detalle "A", y partimos de la cota en el eje de la capa a que corresponden. Es decir, para el cálculo de G utilizamos A, y para H usamos B. Las cotas de M y $\tilde{N}$ se calculan a partir de I y de los datos que vienen en la sección tipo para el caso de cuneta. Es decir el primero un talud del 1/2 y una longitud de 2.0 m. El segundo un talud del 1/2 y una longitud de 1 metro.

Los puntos J, K, L, N y O se calculan por un procedimiento distinto. Los cuatro primeros pertenecen a la misma línea y son el resultado de la intersección de dicha línea con las correspondientes a cada capa. De este modo el punto J, estará en la intersección de la recta IM y la que parte de G con pendiente del 0.04. Del mismo modo K estará en la intersección de IM y la recta procedente de C con pendiente del 0.02 (no del 0.04). Este punto no es necesario para la definición de la sección transversal pero sí para el replanteo, puesto que durante la ejecución la sub-base, se realiza en dos fases. Una hasta la línea UCK, y posteriormente, extendidas las capas de base e intermedia, se completa la capa de Sub-base en arcenes hasta TR y hasta GJ.

El punto *L* se hallará en la intersección de *IM* con la recta que parte de *D* con pendiente del 0.04. Y el punto *N* también con la misma recta *IM* y la que viene de *E* con pendiente del 0.04. Punto que no necesariamente debe estar entre los puntos *I* y *M*. Por último *O* es el resultado de la intersección del talud en desmonte 1/1, que parte de *Ñ*, y los puntos del perfil transversal del terreno más próximos a *O*. Para no alargarnos demasiado, no realizaremos estos cálculos y los daremos ya por entendidos.

Por último, diremos que en la carretera tenemos también casos particulares, en los que la sección transversal tiene un tratamiento distinto. Estos son el caso de un puente, un túnel y los cruces o incorporaciones. En los dos primeros puede existir una sección tipo o una sección de detalle, donde nos informan de la sección transversal para cada estructura, no así en los cruces, donde solo suele venir información planimétrica.

9.1.2 Cálculo de los puntos de la sección transversal de cualquier otro tipo de obra lineal

La sección transversal de cualquier otro tipo de obra lineal, por lo general, tiene la característica común de ser horizontal, con lo que el cálculo se simplifica enormemente. Este es el caso de conducciones entubadas de cualquier tipo.

El caso del ferrocarril es distinto, puesto que su sección es más parecida a la de la carretera, aunque sin llegar a la cantidad de variantes que ofrece esta.

Las conducciones presenta otra característica que es la de una sección transversal cambiante en anchura y forma, a lo largo del todo el recorrido longitudinal. Por ejemplo, el proyecto de una obra de alcantarillado, puede tener cambios del diámetro del tubo, lo que implica modificaciones en el espesor de la solera, en el ancho de la zanja. Según la profundidad de excavación puede haber taludes de valores distintos, incluso con banquetas. También habrá arquetas de registro y de empalme de tuberías. Estas tendrán distintas secciones, función del diámetro de los tubos de llegada y de la finalidad de dicha arqueta.

Todas estas variaciones deberán estudiarse concienzudamente, y preparar una planta y un longitudinal con la sección transversal que corresponde en cada en cada punto del proyecto. De este modo se garantizará que no habrá los olvidos ni las confusiones, que se producen en ocasiones.

Según la precisión que se exija en la pendiente longitudinal, calcularemos puntos de rasante con una separación determinada. Por ejemplo en un canal harán falta puntos muy próximos, y todo lo contrario en el replanteo de cables enterrados. En los casos que exista solera de apoyo u hormigón de nivelación o limpieza, calcularemos las cotas sobre esta rasante, nunca sobre la rasante de excavación, salvo que las necesidades de obra lo requieran.

En vías de ferrocarril tendremos unas tolerancias muy cortas (de milímetros), en el replanteo de los raíles, lo que nos obligará a calcular puntos muy próximos. Sin embargo, para el replanteo de la sección en tierras, nos bastará con puntos con un criterio de separación similar al de la carretera.

9.2   Replanteos altimétricos

9.2.1   Instauración de la red de apoyo altimétrica

Habitualmente esta red será la misma que la red planimétrica, pero en muchos casos no es suficiente para las necesidades de los replanteos altimétricos.

La configuración de estas redes depende fundamentalmente del instrumento utilizado para nivelar. Si es un nivel estos puntos deberán estar lo suficientemente próximos a las zonas de replanteo, de tal modo que necesiten los mínimos cambios posibles para acceder a ellas. A veces, en grandes terraplenes en formación, las bases de nivelación se van quedando abajo, por lo que es necesario subirse la cota con varios cambios lo cual perjudicará finalmente al punto replanteado. Una previsión al respecto consistiría en situar bases de nivelación en zonas quizás más alejadas pero con altitud más parecida a la que se replanteará.

Si el aparato utilizado es el distanciómetro no tendrá que de cumplirse esta condición, aunque no se podrá abusar de las distancias de replanteo en ningún caso, puesto que no es cuestión de la calidad del aparato al realizar la medida de distancia, sino la imposibilidad de apreciar el eje horizontal del prisma y enrasar debidamente con el hilo horizontal del retículo.

En todos los casos, suele ampliarse la red original con nuevas redes secundarias, que nos permiten acercarnos a la zona de replanteo. Estas redes se calcularán y compensarán por los métodos ya conocidos.

La calidad de la red de apoyo dependerá de las precisiones exigidas en cada obra. Y esta, a su vez, puede tener objetos que requieran distinta precisión. Con lo que lo más recomendable es garantizar la mayor precisión posible en toda la red. Es frecuente que redes secundarias, utilizadas para el replanteo de puntos con poca precisión, y que se impusieron con esa condición, más adelante se pretendan usar para replanteos más finos, con lo que se obtienen errores inaceptables.

9.2.2   Aparatos y medios a utilizar

Se utilizan, como ya dijimos antes, el distanciómetro (o estación total) y el nivel. El primero se utiliza ya, prácticamente para todo, pues las precisiones que alcanza son suficientes para la mayor parte de los casos. Su ventaja es la de que llega a sitios difícilmente accesibles para el nivel, como por ejemplo en estructuras. Su campo de acción desde el punto de estación es más grande que en el nivel, pues no está limitado por la falta de visibilidad en zonas de fuertes pendientes como le ocurre a este.

Sin embargo, el nivel alcanza mayor precisión en todos los casos y si el campo de visión es grande (próximo a la horizontal) es más rápido que el distanciómetro. Además permite colocar estacas a cota (o enrasadas) con mayor agilidad. Ni que decir tiene que su uso sigue siendo muy extendido, además de por las ventajas ya enumeradas, por el precio mucho más económico que el distanciómetro.

El equipo de trabajo utilizado frecuentemente consta de los dos aparatos. De este modo un auxiliar puede hacerse cargo del nivel y encargarse de gran parte de los replanteos altimétricos, que en muchas obras requieren una presencia casi constante. El proceso en este caso puede ser el siguiente: la estación total replantea (con una marca de pintura) la posición planimétrica de los puntos a nivelar sin preocuparse de su propia nivelación. El equipo del nivel clava las estacas, las nivela y las enrasa si es necesario, labor que requiere mucho tiempo. De este modo la estación puede llevarse a otro tajo en la que sea necesaria su presencia, como por ejemplo un estructura.

Si se replantea altimétricamente con estación se puede hacer tomando cota de la base donde se está estacionado o de la que se utiliza para orientar. En este 2º caso se resta la Z de la base orientación menos el término t leído(con su signo) a dicha base y dicho valor se toma como plano de comparación. Después la Z de cualquier punto será igual a la suma del plano de comparación más el término t (con su signo) que se lea en ese punto. La única condición es que el prisma esté a la misma altura que cuando se orientó, y si no tener en cuenta la diferencia entre las dos alturas de prisma. De algún modo es como utilizar la estación como si fuera un nivel.

9.2.3 Replanteo de puntos del eje y desplazados de una determinada rasante

El replanteo planimétrico de los puntos del eje se efectuará previamente. Estos puntos son imprescindibles para poder marcar los desplazados. Si se quiere, también se pueden marcar al mismo tiempo que los del eje por el mismo método.

Si solo se tienen los del eje, los desplazados se marcarán con cinta, garantizándose la perpendicular por los métodos ya estudiados, si es que así conviene.

La nivelación se hace entonces con nivel sobre las estacas previamente clavadas, si es que estas se pretenden colocar a cota.

Si es un distanciómetro el aparato utilizado para el replanteo del eje y los desplazados, puede usarse también para dar la cota al mismo tiempo que se marca el punto. Es el método más utilizado para el replanteo de cabezas y pies de talud, y no tanto para el refino.

9.2.4 Replanteo de pies y cabezas de talud

La situación exacta de un pie de terraplén o de una cabeza de desmonte no podremos conocerla previamente, a causa de las imprecisiones propias en la toma de datos de los perfiles transversales del terreno. En el apartado 9.1.1 calculábamos los puntos O y Z en la intersección de los taludes en desmonte con la recta que formaban los puntos más próximos a la intersección. Esto implica admitir que entre estos puntos el terreno forma una línea recta, lo cual no es cierto. Esto hace que se realicen unos ajustes en la posición del punto en el momento del replanteo.

Como decíamos en el apartado anterior, el aparato utilizado para este tipo de replanteos, hoy en día, es la estación total. Supongamos que tenemos calculada la posición que tiene que ocupar un punto de pie de terraplén. Lo situaremos físicamente en el campo y al nivelar el terreno donde cae el punto comprobaremos que su cota no coincide con la calculada (Fig. 9.3). Esto quiere decir que el punto replanteado no está en la línea que forma en el espacio el talud en terraplén. Lo que tenemos de hacer es desplazarlo por el terreno hasta que se encuentre en dicha línea. Es decir de P a P'.

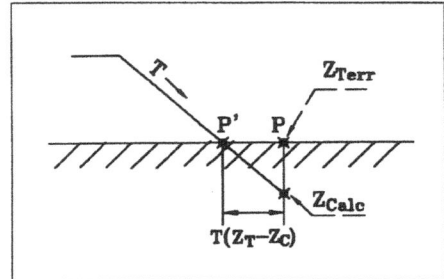

Fig. 9.3

Para realizar este ajuste admitiremos inicialmente que la zona circundante al punto es llana. Al replantear el punto original restaremos la cota que tenemos calculada de la que nos da en el terreno, y esa diferencia, multiplicada por la pendiente del talud, será el desplazamiento que debemos efectuar, sobre la línea transversal, para colocar el punto en su sitio correcto. Por ejemplo, si el talud es del 2/3 y hay una diferencia de 0.24 m entre la cota del terreno y la calculada, el desplazamiento de P a P' será 3/2·0.24=0.36 m.

Si disponemos de un programa que con la nueva distancia al ejede P', calcule las coordenadas del nuevo punto, podremos replantear el punto desde el aparato. Si no es así, deberá ser el peón con la cinta el que marque el desplazamiento. En cualquiera de los dos casos, se volverá a comprobar la cota del terreno por ver si está realmente dentro de la línea del talud. Habitualmente habrá una pequeña diferencia que se tendrá que ajustar de nuevo.

La cosa se complica si el terreno tiene pendiente y sobre todo si esta pendiente es cambiante. En este caso se tendrán que efectuar varios tanteos hasta conseguir meter el punto en la línea del talud. También se puede considerar la recta que forman los dos primeros puntos calculados en el tanteo, y hallar la intersección con la recta del talud correspondiente. Si el terreno es muy accidentado, caso de un roquedo, solo cabe tener paciencia, e incluso puede ser recomendable hacerlo personalmente con un nivel colocado en el mismo lugar.

Los puntos calculados previamente pueden ser utilizados para marcar la zona de desbroce, sin tener que preocuparse de afinar su situación, puesto que son puntos que pueden desaparecer con facilidad, debido al propio trabajo de desbroce, y además conviene marcar los pies de talud correctos sobre la zona ya limpiada.

Si no disponemos de pies y cabezas previamente calculados, serán la experiencia del técnico y el tipo de terreno, los que impondrán el número de tanteos para cada punto. La ausencia de estos puntos calculados se debe a no disponer de los perfiles del terreno, necesarios para su cálculo. Pero lógicamente tendremos la sección transversal calculada en lo que se refiere a los puntos de plataforma y de la explanación. Con esto podremos calcular los puntos limites de la rasante de explanación, lo que sería los puntos $\tilde{N}$ e Y en la figura 9.2.

Estos serán los puntos que replantearemos en el terreno y por la diferencia de cotas con el propio terreno hallaremos el desplazamiento que debemos efectuar para entrar en la línea de talud. Claro está que ya no se trata de un pequeño ajuste, sino de un desplazamiento grande de muchos metros. De cualquier modo, el proceso es el mismo que el ya comentado para los ajustes.

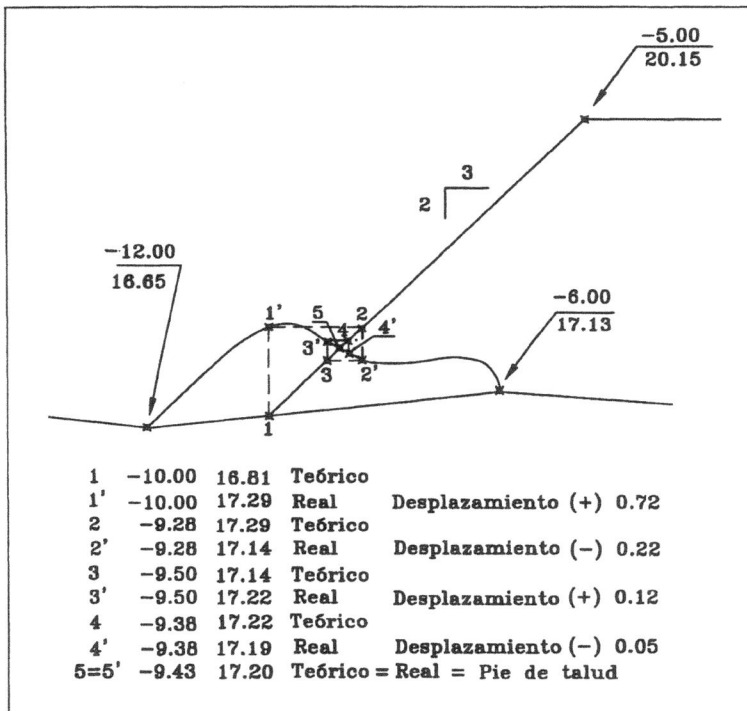

1	−10.00	16.81	Teórico	
1'	−10.00	17.29	Real	Desplazamiento (+) 0.72
2	−9.28	17.29	Teórico	
2'	−9.28	17.14	Real	Desplazamiento (−) 0.22
3	−9.50	17.14	Teórico	
3'	−9.50	17.22	Real	Desplazamiento (+) 0.12
4	−9.38	17.22	Teórico	
4'	−9.38	17.19	Real	Desplazamiento (−) 0.05
5=5'	−9.43	17.20	Teórico = Real = Pie de talud	

Fig. 9.4

En la figura 9.4 puede verse un ejemplo de un ajuste por tanteo.

Las estacas de replanteo se aconseja que sean altas, pintadas en algún color intenso y retranqueadas al menos un metro de la línea del talud, en el caso del terraplén, pues así no serán tapadas por las tierras utilizadas en su formación.

En la estaca se marca el valor de la excavación o del relleno, con respecto al terreno al pie de la estaca. Hay que pensar que este dato, si supera los dos metros, no puede ser medido con una cinta, con lo que solo se utiliza como información estimativa. Esto nos da idea de la precisión altimétrica necesaria en estos replanteos, que no debe ser muy alta.

En el caso del desmonte se puede utilizar una tablilla para ayudar a marcar la línea del talud. También puede usarse una cuerda (Fig. 9-5). De este modo puede controlarse la formación de la excavación sin necesidad de marcar nuevos puntos. Sin embargo, en el caso del terraplén, el seguimiento de la línea de talud no hay más remedio que hacerlo con sucesivos replanteos sobre la propia plataforma del terraplén. Si no se hiciera así podríamos formar escalones de difícil reparación, o sobreanchos que implican un incremento en los costes de la obra.

Por regla general el replanteo de pies de talud es un trabajo de gran responsabilidad. El material y la maquinaria que se utilizan son muy costosos y la superficie formada por un talud mal replanteado da un mal efecto estético, que redunda en la calidad final de la obra.

9.2.5 Refino de rasantes

Se entiende por refino a la nivelación de superficies cuya situación actual están próxima a la coronación definitiva de su rasante, que se pueden colocar estacas o clavos marcando su cabeza la cota exacta.

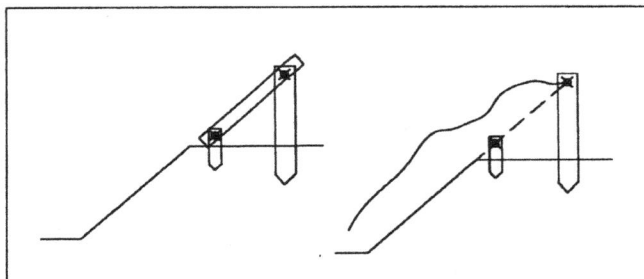

Fig. 9.5

La precisión del replanteo depende de la tolerancia admitida. En el caso de una carretera, esta varía de una capa a otra, siendo la sub-base y las capas de aglomerado las que exigen mayor precisión.

Para garantizar una superficie homogénea con igual precisión en toda su extensión, tenemos que densificar el número de puntos de replanteo, tanto longitudinal como transversalmente. Y si se exige mayor precisión, utilizar únicamente el nivel.

Por regla general hará falta refinar todas aquellas superficies, que vayan a ser el apoyo de otra con una exigencia muy importante de mantener un espesor constante, y aquellas que supongan mayor coste en el material a emplear. Es decir la coronación de la explanada mejorada, la coronación de la sub-base, y las coronaciones de base, intermedia y rodadura. Por ejemplo si se admite que la capa intermedia y la de rodadura se van a extender "a plancha fija", o lo que es lo mismo, a espesor constante sin necesidad de puntos de replanteo, es porque se ha asegurado el exacto replanteo (refino) de la coronación de la capa de base.

Mientras que las capas de explanada mejorada y de sub-base se replantean con estacas situadas a cota (en muchos casos la coronación de las tierras también), las capas de aglomerado se replantean en los costados de la plataforma sobre unos clavos de hierro altos llamados piquetes. Sobre estos hierros se coloca un cable a una altura constante, el cual sirve de guía a la máquina extendedora de manera totalmente automatizada.

9.2.6   Replanteo de zanjas

El replanteo altimétrico se suele realizar al mismo tiempo que el planimétrico. Este se suele marcar con una raya de yeso que define el eje de la zanja o con dos que definen los bordes de la excavación. Sin embargo, la cota de excavación se pone en una estaca desplazada del eje una distancia constante, para que pueda ser utilizada como referencia durante la excavación.

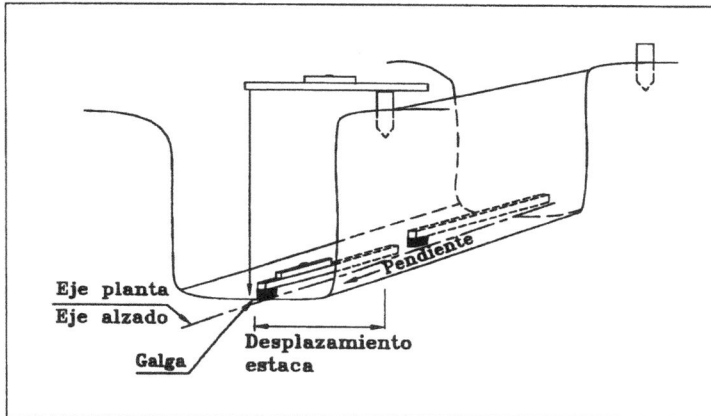

Fig. 9.6

La cota se marca en la cabeza de la estaca, pues en la mayoría de los casos, al ser taludes muy verticales, puede medirse desde ella al fondo de la excavación. En caso de que sea una tubería que se apoya sobre un lecho de hormigón, la cota se referirá a la coronación de dicho hormigón y no a la de la rasante en la tierra.

Habitualmente no se toman perfiles transversales del terreno, salvo que sea una zanja muy ancha, con lo cual la cota al pie de la estaca sirve para medir la excavación, considerando el terreno horizontal en línea con la estaca.

El número de puntos es función de la exactitud en la pendiente a replantear. La rasante en el fondo de la excavación, se baja de las estacas mediante un regle horizontalizado con un nivel de burbuja (Fig. 9.6). Entre punto y punto un peón controla la excavación con el regle y el nivel trasladando la pendiente hasta la próxima estaca donde se verifica, que se lleva la cota correcta. El desnivel que ha de marcar con el *regle*, que es función de la longitud de este, lo calcula el topógrafo y el peón encargado de la nivelación de la zanja, corta un trozo de madera que utiliza como galga en todas las niveladas. De este modo se evitan errores, más que frecuentes, cuya reparación es a veces muy costosa.

Hay ocasiones en que las zanjas son muy profundas o tienen escasa pendiente, y es necesario bajar el aparato al fondo de la excavación para replantear la rasante.

9.2.7 Replanteo en estructuras

Se considera estructura a un dique o una presa, y como es lógico al armazón que sostiene a un edificio. En obras lineales se entiende por estructura a todas aquellas obras de fábrica cuya ejecución es tratada aparte del resto de la obra, como puentes, muros, etc.

El replanteo de estructuras también se trata independientemente, pues requiere mayor dedicación y más precauciones en los trabajos topográficos.

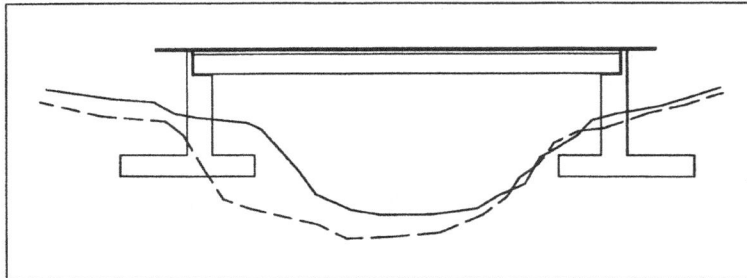

Fig. 9.7

Los primeros replanteos se realizan para marcar la excavación de la cimentaciones o zapatas. Se replantean puntos desplazados de la excavación, en muchas ocasiones con camillas, refiriendo la cota a la cabeza de la estaca. Esta cota es siempre la de apoyo de la cimentación, pues aunque suele ponerse un hormigón de limpieza o de nivelación este espesor es aproximado, con lo que se pretende es garantizar únicamente lo que atañe a la zapata. Este tipo de excavaciones, en muchos casos, no requiere taludes y se admiten paredes verticales, por su poca profundidad.

En ocasiones pueden encontrarse fallos de proyecto debidos a la definición equivocada del perfil del terreno sobre el que se proyectó la estructura. En efecto, si el perfil real del terreno es la línea discontinua de la figura 9.7, la cimentación del estribo izquierdo del puente quedará sin suficiente apoyo sobre el terreno. La modificación la deberá hacer el proyectista desplazando el estribo o rebajando la cota de cimentación, con lo que aumentará la luz del puente o la longitud del estribo en un caso u otro.

Preparada la excavación con el hormigón de limpieza, se replantea sobre él la posición del estribo muro o pilar y la cota de coronación de la zapata (Fig. 9.8). Con estos puntos se coloca el hierro de la armadura de la zapata, de tal modo que las esperas del muro ya quedan colocadas en su sitio.

Una vez hormigonada la zapata, se replantea sobre ella la línea de fachada del muro y la cota de coronación de dicho muro, sin contar con el trasdós que se hormigona en una fase posterior.

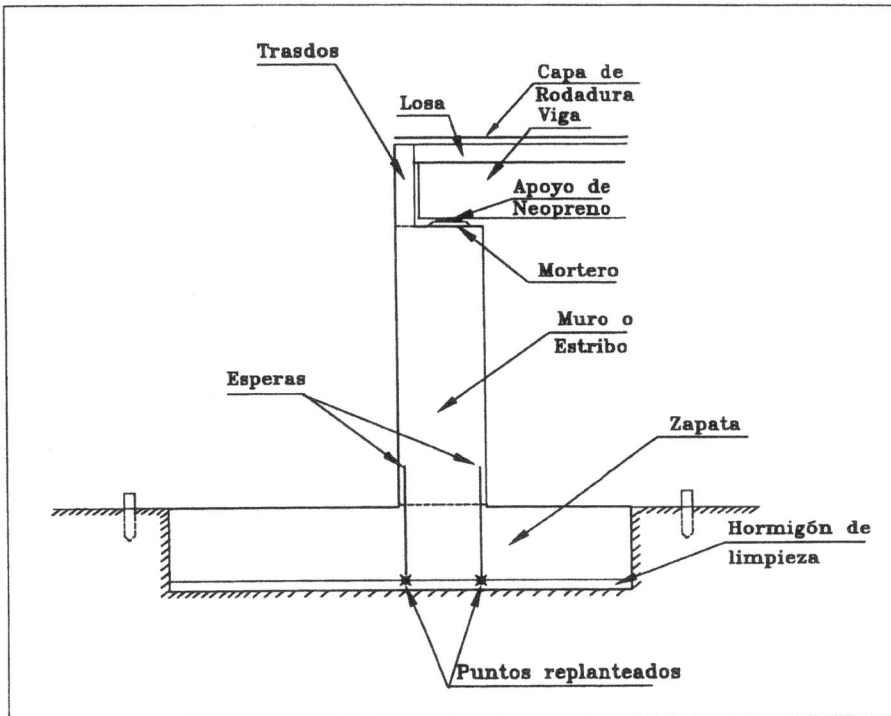

Fig. 9.8

Después se procede al replanteo de la losa. Esta puede ir sobre vigas que a su vez apoyarán en el muro sobre una pieza de neopreno con apoyo de mortero. Tanto la viga como el neopreno son piezas prefabricadas y de dimensiones conocidas, con lo que el replanteo altimétrico se hará sobre el apoyo de mortero. Si la viga tiene una inclinación importante, el apoyo de mortero deberá reflejar dicha inclinación. Por último, sobre las vigas y el encofrado de soporte, se marca la cota de coronación de la losa con tantos puntos como sea necesario para conseguir una superficie con la tolerancia exigida. Los defectos en el replanteo y en la ejecución de la losa suelen provocar errores aparentemente pequeños, de algunos centímetros, que luego provocarán problemas al extender la capa de rodadura, con lo que se crearán situaciones como las del ejercicio 8 del capítulo 6.

Debemos tener en cuenta que todos los replanteos para estructuras, requieren muchas precauciones por la responsabilidad que conlleva la obra ejecutada con hormigón. Esto implica una revisión constante de los replanteos y de la obra ejecutada para impedir el encadenamiento de errores, y las posibles equivocaciones.

9.3 Cálculo de replanteos planimétricos y altimétricos conjuntos

9.3.1 Aplicación en un enlace de carreteras

En la figura 9.9 podemos ver una autopista con un ramal de salida y uno de incorporación. Los puntos *U* y *Q* corresponden a la intersección de los bordes de arcén del tronco (eje de la autopista) con los bordes de arcén de los respectivos ramales. El punto proyección sobre el eje del ramal del punto *U*(0+102 aproximadamente) es el comienzo del eje en alzado del ramal. Además es el comienzo de la definición de la sección transversal del ramal, o lo que es lo mismo es el punto a partir del cual se aplica la sección tipo correspondiente al ramal. El eje en planta de dicho ramal de salida, sin embargo, comienza en el Pk 0+000, que coincide lógicamente, con la proyección del punto intersección del borde de calzada derecha del tronco con el borde de calzada izquierda del ramal. En el ramal de incorporación se produce una situación igual, pero debemos tener en cuenta que los Pk crecen en sentido inverso, con lo que el punto final del eje en planta (0+591 aproximadamente), es el punto que cumple lo ya comentado para el 0+000 del ramal de salida. Y la proyección del punto *Q* sobre el eje del ramal es el punto final del eje en alzado y de la definición de la sección transversal.

Los puntos *V* y *R* son los puntos enfrentados, con respecto a los ejes en planta de los respectivos ramales, de los puntos *U* y *Q*. Los puntos *S* y *T*, y *O* y *P* son las proyecciones de *U* y *V*, y *Q* y *R* respectivamente, sobre el eje del tronco.

Puede deducirse de lo explicado, que el tronco de la autopista impone su rasante y su sección transversal, incluidos los peraltes, a una parte de los ramales, hasta que estos sobrepasan el punto intersección de borde de arcén (*U* y *Q*).

Para calcular el empalme de la rasante del ramal de salida con el tronco, se calcula la cota en puntos separados una distancia fija (10 m, por ejemplo) del eje en plata del ramal, en la zona próxima al tronco. Es decir, calculamos la cota del punto del eje del ramal 0+000 sobre la rasante del tronco. Después la del 0+010, la del 0+020, etc, hasta llegar al 0+100. Para poder calcular estas cotas, deberemos calcular previamente las coordenadas de dichos puntos en planta y proyectarlas sobre el eje del tronco, y así obtener la distancia al eje (en la figura están marcadas cada 20 m). Con el peralte del tronco correspondiente al Pk proyectado, y la distancia calcularemos las cotas. Podremos dibujar, entonces, la rasante que tiene el eje del ramal del 0+000 al 0+100, y sobre el dibujo realizar el empalme con la rasante del ramal.

Una vez hecho esto nos queda por calcular el peralte de salida del ramal en el punto *U*. Para ello calculamos las cotas, sobre la rasante del tronco, de los puntos *U* y *V*, para lo cual tendremos que calcular previamente la proyección de dichos puntos sobre el eje del tronco obteniendo los puntos *S* y *T* y sus respectivas distancias *SU* y *TV*. Como antes, con los Pk de los puntos *S* y *T* hallaremos los peraltes que les corresponden sobre el tronco, necesarios para el cálculo de las cotas de *U* y *V*. El desnivel que se obtenga por diferencia de cotas entre *U* y *V*, partido a su vez por la distancia que los separa nos dará la pendiente entre esos puntos, que equivale al peralte inicial del ramal. Este mismo proceso es válido para el ramal de incorporación.

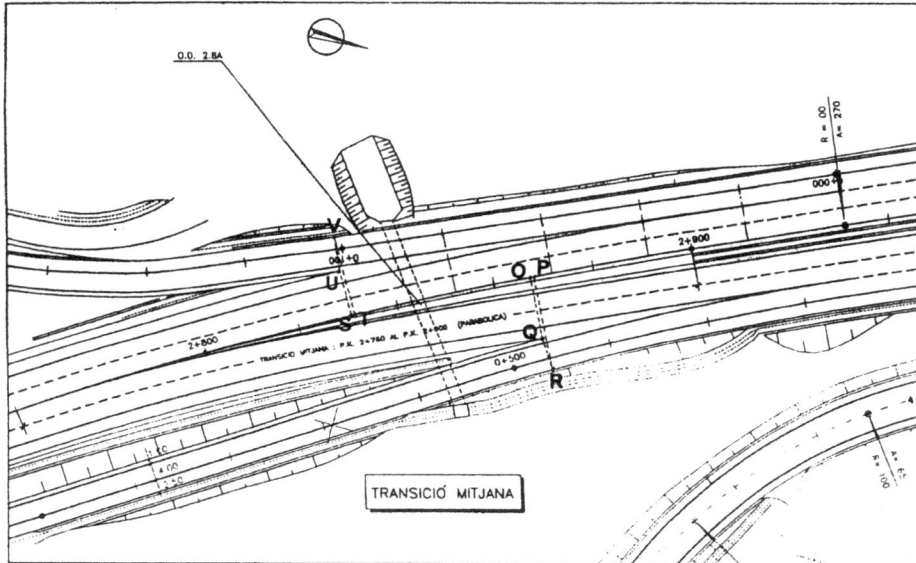

Fig. 9.9

9.3.2 Aplicación a una intersección de calles

En los proyectos de urbanización hay ocasiones en que los datos de replanteo no son suficientes. Esta carencia se acentúa en los cruces, donde se encuentran dos calles con rasantes y anchos distintos, y en cuyo caso deberemos hacer un estudio concienzudo para asegurar la salida de las aguas, y como consecuencia la situación de los imbornales. Si suponemos que los datos de proyecto son los que vienen en la figura 9.10, observamos que son dos calles de anchos distintos, cuyas rasantes están definidas por un punto con cota en el cruce de ambas y las pendientes por el eje. Planimétricamente están definidas por el ángulo que forman en su intersección, por los radios de las fachadas y los anchos de las calles que vienen en las secciones tipo. En estas vienen, también, las pendientes transversales de las calles y las alturas del bordillo.

Para comenzar el cálculo, hacemos un estudio de la planimetría, y calculamos los radios de las curvas de bordillo que, como se trata de curvas no paralelas a la fachada, debemos imponer como tangente de entrada la enfrentada con la tangente en fachada de la calle más ancha. Haciéndolo así garantizamos que los anchos de acera no queden por debajo del que exige la sección tipo (primer dibujo de la figura 9.11). Ahora situamos los comienzos de aparcamiento en las tangentes de las líneas de bordillo más alejadas del cruce y obligamos a los aparcamientos, de la acera enfrentada, a comenzar en esa misma posición. En el dibujo las tangentes que marcan inicio de aparcamiento están marcadas con un punto (segundo dibujo). Después calculamos las distancias de los tramos rectos, así como las distancias desde la intersección de ejes a los inicios de aparcamiento (ver primer dibujo, Fig. 9.11). Además calculamos los desarrollos de las curvas de las líneas de bordillo

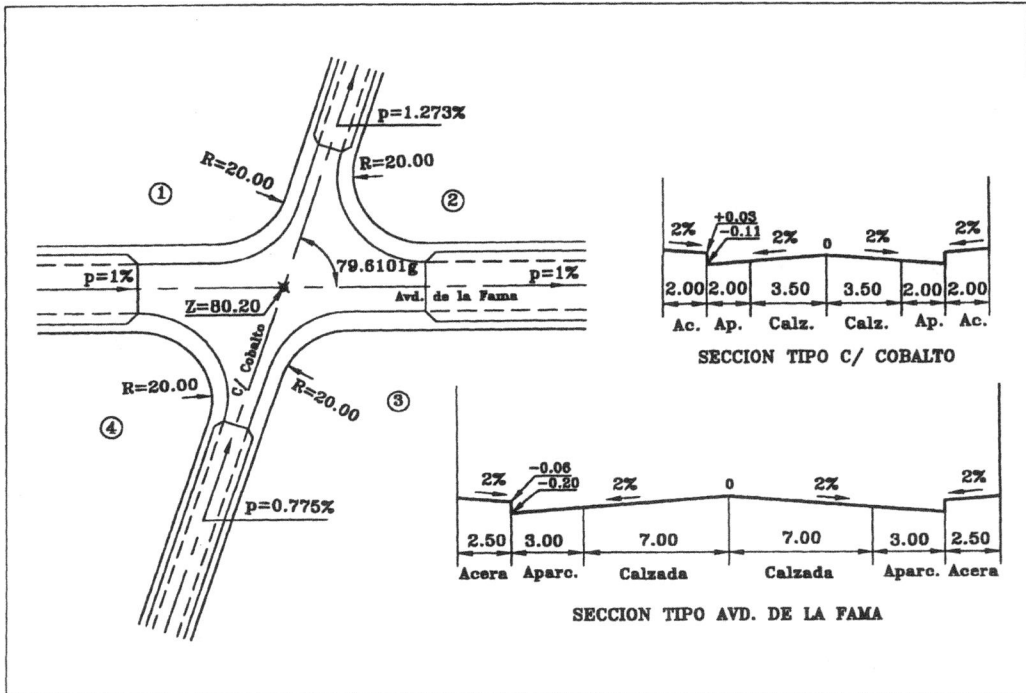

Fig. 9.10

En el mismo dibujo calculamos las cotas de los puntos de bordillo, a cota de calzada, de los comienzos de aparcamiento. Con estos puntos y los datos planimétricos calculados, podemos estudiar la rasante que van a tener los cuatro empalmes de línea de bordillos de calles, recordando siempre que el estudio se hace a cota de calzada, no por la parte alta del bordillo. Hemos numerado los enlaces de bordillos del 1 al 4 (en la figura rodeados con un círculo).

El primer concepto que tenemos que tener claro es que en las líneas de bordillo no se deben hacer cambios de pendiente sin un acuerdo vertical. Excepto cuando exista un quiebro en planta que nos permita romper el efecto antiestético, que un cambio de rasante brusco conlleva, como por ejemplo en los quiebros de aparcamiento.

Si comenzamos por el enlace de bordillos 1, obtenemos que en una longitud entre comienzos de aparcamiento de 69.951 m, hay un desnivel de -0.865 m, y nos da una pendiente del -1.237 % en la dirección Fama hacia Cobalto. Esto implica que no hace falta utilizar ningún acuerdo vertical para enlazar ambas calles en línea de bordillo, ya que el desalojo del agua está asegurada.

En el enlace 2 la longitud equivale al desarrollo de la curva circular por el bordillo, 46.065 m. El desnivel es de 0.07 m y la pendiente del 0.15 %, en la dirección Fama-Cobalto. Como es muy pequeña es conveniente poner un acuerdo. La intersección de ambas rasantes rectas obliga a un acuerdo vertical convexo con vértice en dicha intersección. Para que el acuerdo tenga la máxima longitud posible, obligamos a que el punto inicio de aparcamiento más cercano también sea tangente del acuerdo. Este punto es el correspondiente a la calle Cobalto. Tenemos entonces una T=20.525 m y una θ=0.02273. El K_v será igual a -1805.983 m.

El enlace 3 tiene la misma longitud que el 1 y un desnivel de 0.796, lo cual nos da una pendiente del 1.138% en la dirección Cobalto-Fama. Pendiente suficiente para dar salida al agua.

Por último el enlace 4 tiene la misma longitud que el 2 y un desnivel de 0.001 m. Lógicamente habría que poner un acuerdo para eliminar esta pendiente nula, pero como se trata de la línea de bordillo que está en la parte alta del cruce, podemos considerar que la pendiente transversal de las calles dará salida a las aguas.

De cualquier modo, tanto este como los tres enlaces debemos analizarlos en un estudio de pendientes del cruce de calles completo, para asegurar que no existe ningún punto bajo con problemas. Esto es lo es lo que hemos hecho en el segundo dibujo de la figura 9.11. Hemos calculado cotas de puntos en líneas de bordillo y en los ejes de las calles, y posteriormente calculamos las pendientes en diversos puntos del cruce. Se puede observar que el agua tiene salida en todo el cruce, con lo que podemos dar por buenos el cálculo de los enlaces de bordillo.

Para acabar nos falta situar los imbornales de recogida de aguas. Según nuestro proyecto se había previsto que en la Avd. de la Fama fueran repartidos con una separación de 25 m y en la Calle Cobalto cada 35 m. Los hemos repartido siguiendo este criterio aunque no convirtiéndolo en una norma rígida. Existen por ejemplo cuatro imbornales marcados con un *, cuya situación es obligada por ser puntos donde se acumula el agua. También en zonas donde exista poca pendiente puede preverse la posibilidad de poner más imbornales. En cualquier caso no es la única solución que vamos a encontrar, ya que podrían existir otras interpretaciones igualmente válidas.

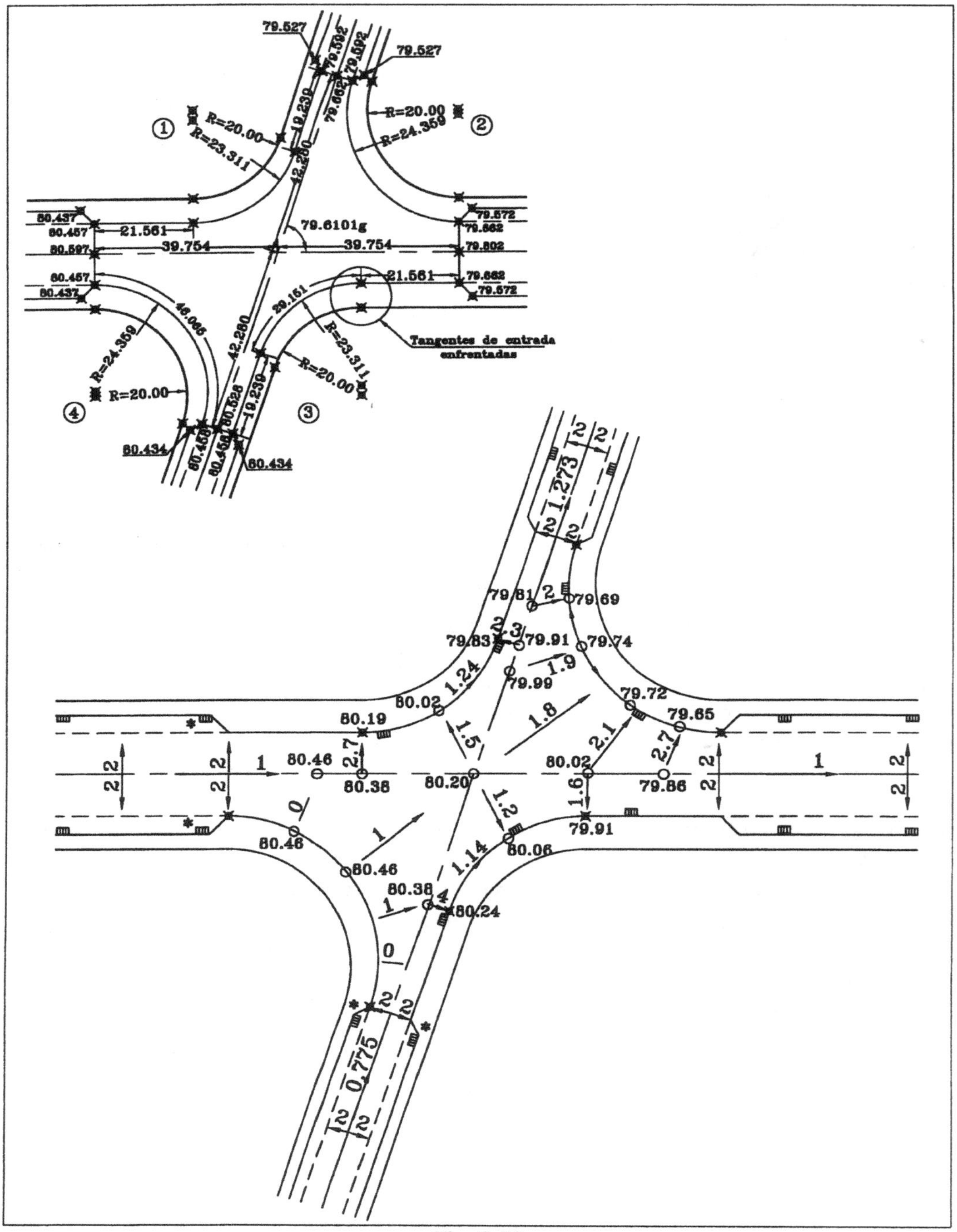

Fig. 9.11

9.4 Ejercicios

1) Calcular todos los puntos de las secciones transversales de los perfiles 140 y 200 de la figura 9.1.

2) Tenemos una calle de 6 m de ancho en la calzada cuyo eje está en el centro de la calle, y accede a una curva circular de radio $R = +500$, mediante una clotoide de parámetro $A = 248.4955$, siendo ambas alineaciones tangentes en el $PK = 13 + 633.500$. Dicha curva circular tiene un peralte del 3%. La transición debe hacerse siguiendo la norma 3.1-IC.

El eje en alzado del tramo se define con dos rasantes rectas de pendientes $P_1 = 3.5\%$ y $P_2 = -1.2\%$, en las que enlaza un acuerdo vertical de $K_v = -3000$. Acuerdo que tiene su tangente de entrada en el $PK = 13 + 545$ con una $Z = 123.503$. En el punto A de $PK = 13 + 613$, cruza perpendicularmente con una calle secundaria por la izquierda, de la cual tenemos un punto B de su eje a 50 m. de A y una cota $Z_B = 126.722$. Esta calle baja desde B hacia la calle principal con una pendiente del 4%.

Calcular el radio del acuerdo vertical de enlace de esta calle con la principal, teniendo en cuenta como pendiente la transversal de la calle principal en el punto A, y tangente de dicho acuerdo el borde de dicha calle principal.

3) En el $PK = 327$, hay una puerta de una nave industrial con la cota $Z = 15.901$. Calcular la pendiente de la rampa de acceso a la nave (Fig. 9.12).

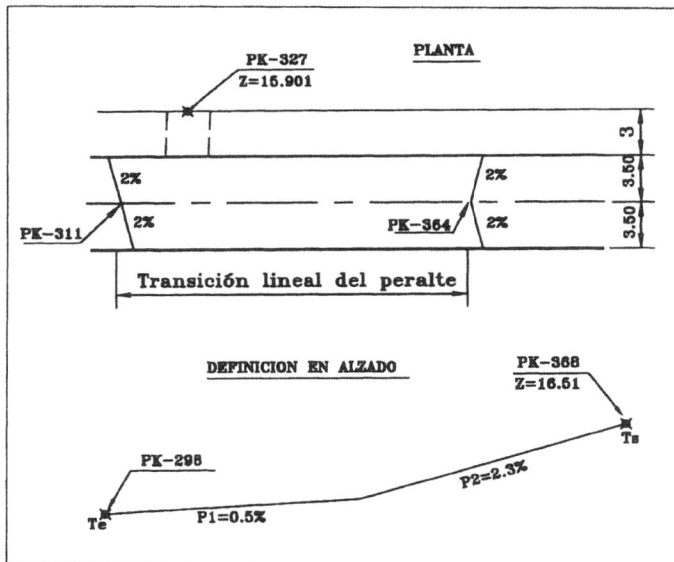

Fig. 9.12

4) Al replantear la rasante definida según la figura, se descubre la interferencia del tubo P, que cruza perpendicularmente nuestro eje de proyecto. Este tubo lleva una pendiente del 1.5 % de caída hacia la izquierda, en el sentido de avance de nuestro eje. Se toma la cota de la parte superior de dicho tubo $Z^P=19.62$, en su intersección con el eje. La carretera tiene un semiancho de plataforma de 4 m., y los arcenes tienen la misma pendiente que la calzada. Observamos también que se realiza una transición lineal del peralte, sin aplicar la norma.

Calcular el radio del acuerdo vertical modificado, teniendo en cuenta la condición de garantizar 40 cm de espesor mínimo en todo el ancho de la carretera a su cruce con el tubo (Fig. 9.13).

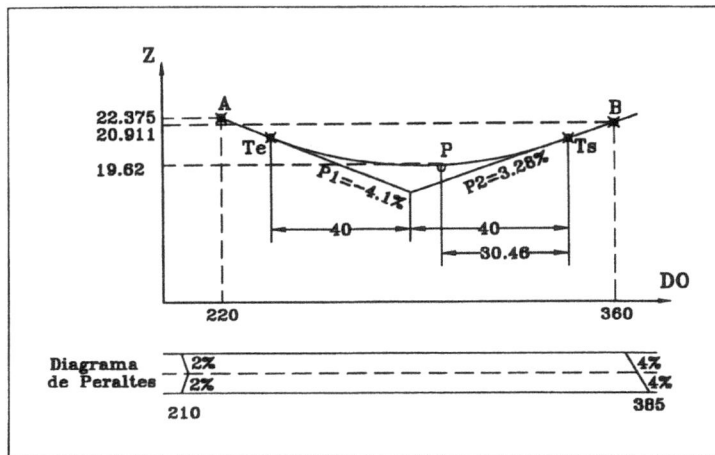

Fig. 9.13

5) La carretera definida en la figura en planta por los puntos *F* y *G* cruza ortogonalmente en el PK=11+491.002, un paso elevado en recta entre los puntos *A* y *B* de la misma figura. El eje del paso elevado lo definen los puntos *A* y *B*, entre los cuales la rasante es recta, y el Pk de la intersección con la carretera es 0+306.472. Se pide comprobar que el gálibo sea igual o superior a 5 m.. En caso de que no sea así, modificar el acuerdo lo mínimo posible para que cumpla dicha condición (Fig. 9.14).

6) Estamos estudiando la posible interferencia de una carretera proyectada con un colector ya existente. Disponemos de las coordenadas de nuestro eje de carretera y de la línea del colector. Se han nivelado las tapas de los pozos *A* y *B*, y se han medido sus profundidades. Comprobar que esta pasa sobre el colector con un mínimo de un metro en todo el ancho de plataforma (10 m.). En caso de que no sea así, calcular el K_V del nuevo acuerdo vertical que cumplirá esta condición, afectando a la rasante lo menos posible (Fig. 9.15).

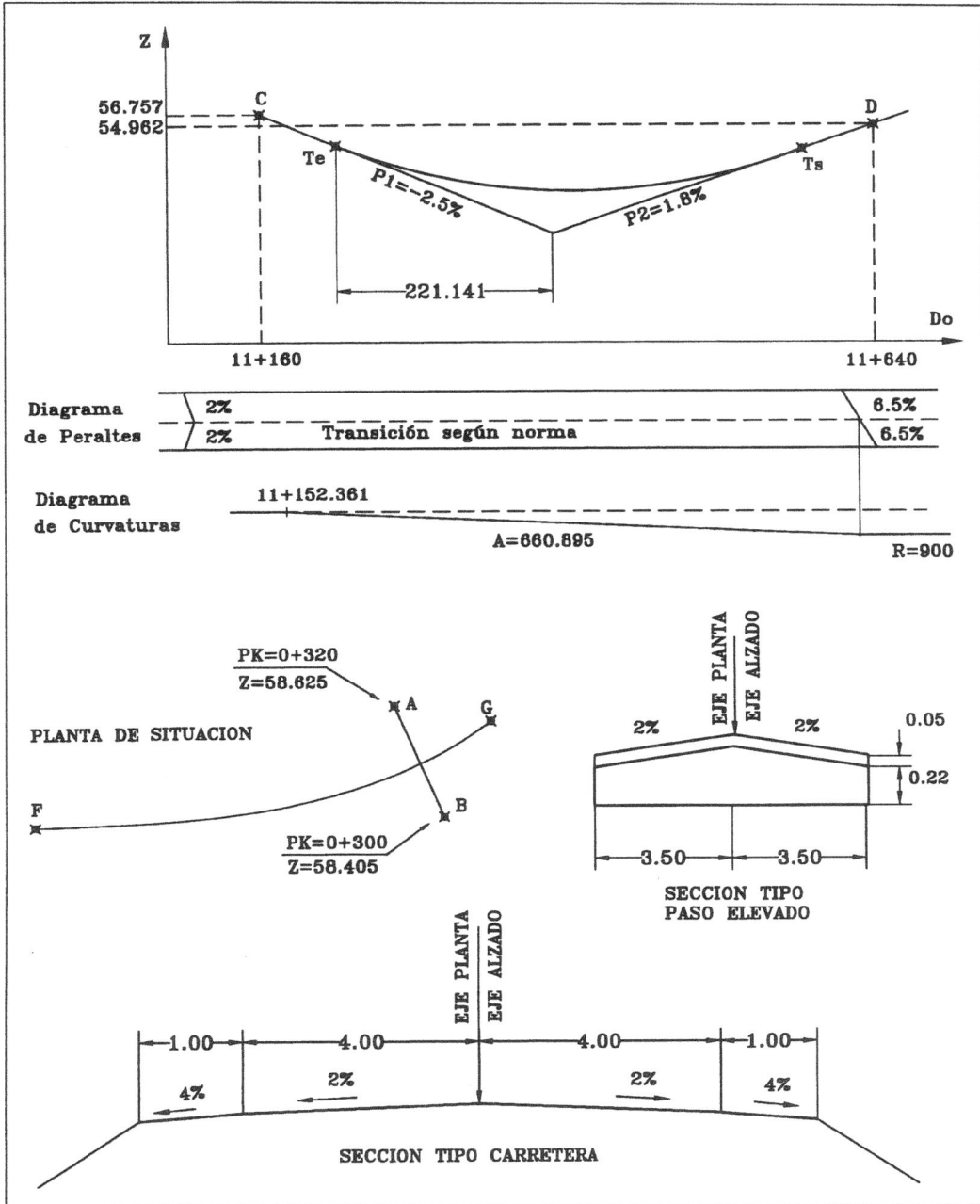

Fig. 9.14

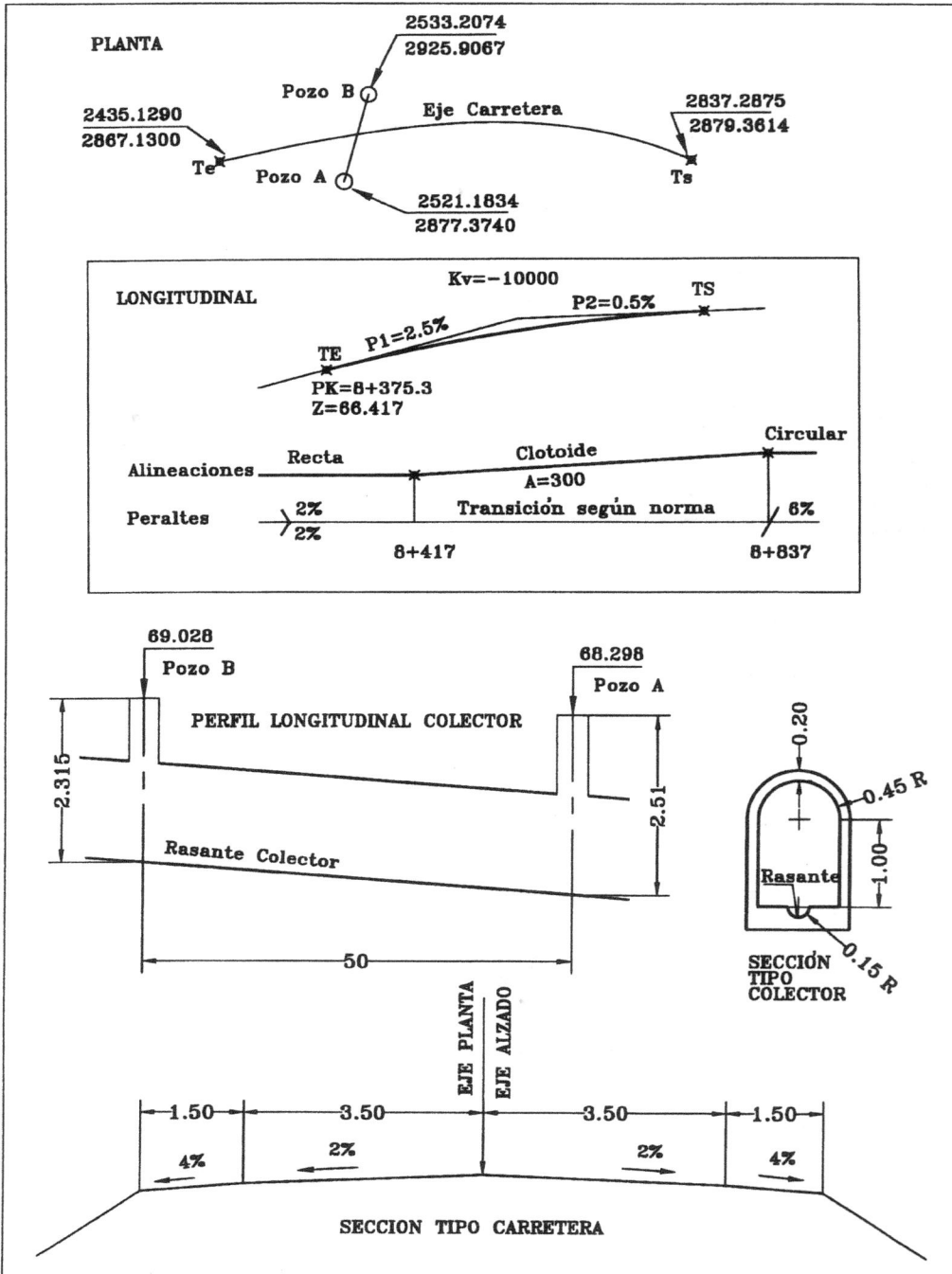

PLANTA

2533.2074
2925.9067

Pozo B

2837.2875
2879.3614

Eje Carretera

2435.1290
2867.1300

Te

Pozo A

Ts

2521.1834
2877.3740

LONGITUDINAL

Kv=−10000

P2=0.5%

TS

TE   P1=2.5%

PK=8+375.3
Z=66.417

Alineaciones	Recta	Clotoide	Circular
		A=300	
Peraltes	2%	Transición según norma	6%
	2%		

8+417

8+837

69.028
Pozo B

68.298
Pozo A

PERFIL LONGITUDINAL COLECTOR

2.315

2.51

Rasante Colector

50

0.20

0.45 R

1.00

Rasante

0.15 R

SECCIÓN
TIPO
COLECTOR

EJE PLANTA
EJE ALZADO

1.50	3.50	3.50	1.50
4%	2%	2%	4%

SECCION TIPO CARRETERA

Fig. 9.15

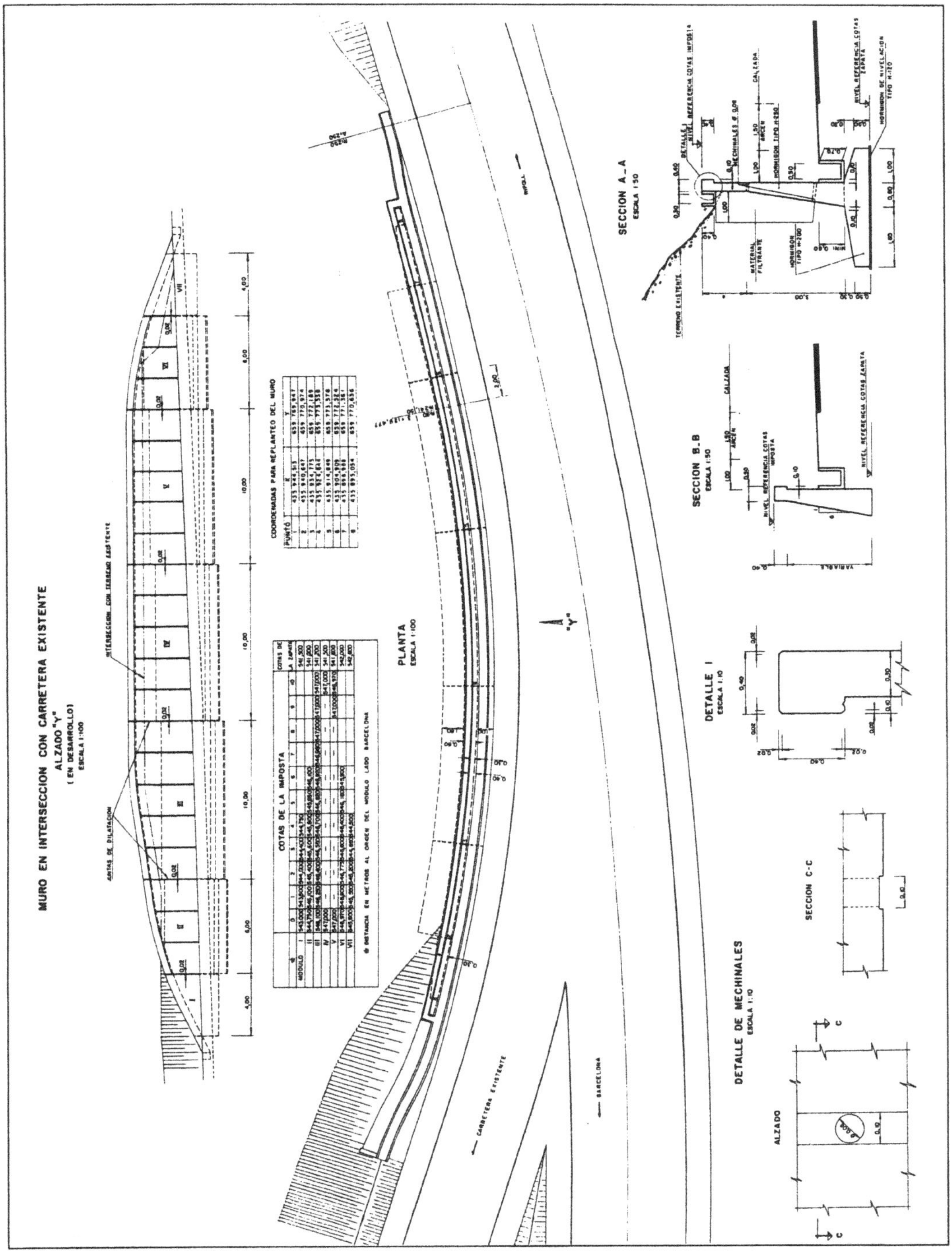
MURO EN INTERSECCION CON CARRETERA EXISTENTE
ALZADO "Y"
(EN DESARROLLO)
ESCALA 1:100
COTAS DE LA IMPOSTA
COORDENADAS PARA REPLANTEO DEL MURO
PLANTA
ESCALA 1:100
CARRETERA EXISTENTE
BARCELONA
SECCION A-A
ESCALA 1:50
SECCION B-B
ESCALA 1:50
DETALLE I
ESCALA 1:10
DETALLE DE MECHINALES
ESCALA 1:10
SECCION C-C
ALZADO

VISTA EN PERSPECTIVA

ESTRIBO I

n° PUNTO	x	y	z
	ESTRIBO 2		
A 2 1	450956.493	600.386.263	67.431
A 2 2	450948.095	600.390.088	67.421
A 2 3	450945.696	600.393.913	67.410
1	450950.176	600.384.410	66.450
2	450952.405	600.385.566	66.450
3	450948.010	600.385.766	66.450
4	450943.784	600.384.610	66.450
5	450949.993	600.384.707	68.484
7	450951.765	600.385.628	68.842
8	450948.754	600.380.430	68.942
8	450945.743	600.395.233	68.816
9	450943.971	600.394.313	68.457

MINIMO RADIO DE ENTRADA
6-100m, pero no menos de 20m
donde se prevean vehículos
largos

MINIMO RADIO DE SALIDA
≃ 40m, pero no menos
de 20m

Trayectoria estimada del vehículo
a través de la glorieta

CURVATURA DE LA TRAYECTORIA
DE ENTRADA
Radio mínimo medido en una longitud
de 20-25m (no más de 50m desde la
marca de ceda el paso) no debe exce-
der de 100m

1m

1m   1m

4m mínimo para una glorieta
con bordillo

30° preferible
intervalo 20°-60°

Entrada a la glorieta abocinada
para proporcionar carril (es)
adicional (es)

Anchura recomendada de la calzada
de circulación 1-1,2 x anchura de entrada máxima pero no más de 15 m

2,5 m
mín.

2,0 m
mín.

10 Mediciones

10.1 Introducción

El control del coste económico en una obra exige que todos los elementos que componen una obra sean conocidos, tanto en su dimensión y forma como en su cantidad.

En función de la figura geométrica que se adapte mejor a cada elemento, debemos tratar su medición de una manera distinta.

En el pliego de condiciones y en los presupuestos de cada proyecto (Ver capítulo 11), puede verse el tipo de unidades (m, m², m³, Kg...) y el método de medición adecuado a cada elemento en cada caso.

La obtención de las medidas puede ser directa sobre el elemento o sobre plano, siendo en ambos casos el coste del elemento a medir el que impondrá la precisión con la que trabajar. No debemos pretender en ningún caso que las medidas directas, por ser las mas precisas, sean las únicas que se puedan realizar, puesto que hay elementos que debido a su bajo coste o a lo complicado de su medición en obra, convendrá medirlos sobre plano.

Por otro lado debemos hablar del concepto de medida de proyecto y medida real. La primera se refiere al valor que suele venir reflejado en los planos que se van a utilizar para la ejecución de la obra. La medida real corresponde a la obtenida a partir del elemento ya replanteado y ejecutado. Ambos valores, que lógicamente debían de ser iguales, tienen discrepancias mas o menos grandes, en función de:

a) *La definición geométrica del proyecto.* Al proyectar hay elementos que pueden quedar más o menos bien concretados mediante medidas y acotaciones.

b) *La precisión del propio replanteo.* Es obvio que la precisión de nuestro replanteo influirá directamente en la forma y posición final del objeto, y por su puesto en las medidas que sobre el se hagan posteriormente.

c) *La calidad en la ejecución.* Una ejecución defectuosa también afectará a la posición y forma del objeto.

Desde un punto de vista geométrico podemos dividir su estudio en:

1. Mediciones lineales
2. Mediciones superficiales
3. Mediciones de volumen

10.2 Mediciones lineales

Según la precisión exigida puede hacerse sobre plano o directamente en el terreno. En la mayor parte de los casos es la medición más fácil de hacer directamente, pues el empleo de la cinta se adapta perfectamente a ello.

Si la medida se tiene que realizar sobre piezas prefabricadas, de dimensiones iguales, bastará con contar el número de ellas, bien sobre plano o bien en la obra. En este caso se encuentran infinidad de elementos, como tuberías, muros, vallas, aplacados sobre paredes, etc.

Directamente en obra se miden todos aquellos objetos cuyo coste sea lo suficientemente elevado, para las dificultades que pueda tener su medición, y que sean accesibles físicamente.

Hay elementos que se adaptan perfectamente a la medición sobre plano por venir estos perfectamente acotados o por ser muy complicado hacerlo en obra. Este es el caso de cables eléctricos colocados en techos y paredes altas, y el hierro de la armadura de elementos estructurales.

El tema del hierro o *ferralla* es el que plantea más problemas, pues tiene ciertos condicionantes, que lo hacen diferente al resto de las mediciones. Además es el único caso en el que la medición se realiza previamente a la propia ejecución. Esto es así porque esta medición a la que se llama "despiece", se utiliza para la elaboración (fabricación) de las distintas barras que componen la armadura.

Su medición final se presenta en Kg, pero se resuelve a partir de mediciones lineales de las barras, de distinto grosor, de las cuales se conoce el peso por metro lineal, para cada uno de los diámetros existentes.

La medición se realiza sobre unos planos específicos en los que vienen secciones del elemento estructural, con las barras que componen su armado. Las medidas acotadas que vienen, salvo casos concretos, no corresponden a las barras, sino a las dimensiones exteriores del elemento estructural. Se separan las barras en distintos diámetros y de distinta forma.

En lo que respecta a su forma podemos distinguir los siguientes tipos (Fig. 10.1):
- Barras rectas
- Barras dobladas

- Cerco: Atado perimetral de todas las barras
- Estribo: Es un cerco que ata barras opuestas
- Horquilla: Estribo abierto
- Zuncho: Barra de atado continuado helicoidal

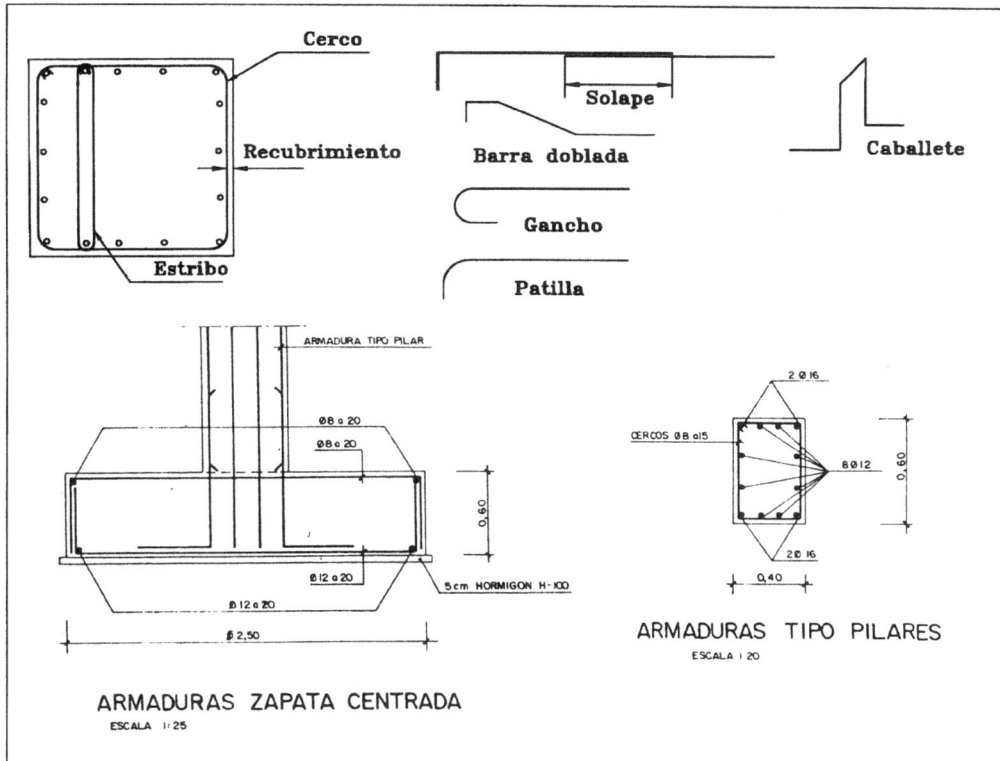

Fig. 10.1

Por su función dentro de la armadura pueden ser:

a) Barras principales. Su función es la de soportar los esfuerzos de flexotracción o de tracción pura, y también acompañar al hormigón en su trabajo a compresión.

b) Barras de reparto. Tiene la función de repartirse cargas con la armadura principal. Lógicamente suelen tener la misma forma. Se indica el número de ellas en los planos de despiece, o al menos la separación entre ellas.

c) Barras de atado. Son las que enlazan y sujetan dos elementos distintos de la armadura. Se les denomina barras de anclaje. A veces sirven de separadores. Este es el caso de los *caballetes*. Las barras de atado también pueden tener forma de *gancho, patilla* o rectas.

Por otro lado, también tenemos la *malla* que es un conjunto de barras rectas colocadas formando una red de forma cuadrangular.

A la hora de efectuar el despiece, debemos tener presente el *recubrimiento*, que es la separación de las barras a la cara del hormigón. También deberemos calcular el *solape*. Esto es la longitud con que dos barras se enlazan entre sí. Tiene un valor aproximado de cuarenta veces el diámetro de la barra.

Las esperas son barras que asoman por encima del hormigón y sirven para atar la armadura de la estructura que viene a continuación. Este es el caso de una zapata y del pilar que se coloca encima, en el que gracias a las esperas ambos quedan unidos.

En la figura 10.2 hay un ejemplo de una planilla con un despiece resuelto. Es un caso sencillo de tres zapatas iguales y sus correspondientes pilares (Fig. 10.1). Disponemos de un alzado de la zapata con el arranque del pilar y de una planta del pilar. Para completar los datos de los planos diremos que el pilar se a considerado de 3 m de altura, que las esperas asoman 0.65 m por encima del hormigón de la zapata (longitud que se considera arranque del pilar), y que el lado horizontal de estas mismas barras mide 0.50 m. Los recubrimientos en zapatas se consideran mayores (5 cm), por estar en contacto directo con la tierra, que en el pilar que es de 3 cm.

Observando la planilla, la primera columna es la de la posición, que se refiere a la situación igual que tiene un determinado tipo de barra. Por ejemplo, en el arranque de pilar, la posición 1 son las 2 barras de diámetro 16 mm (en la planta del pilar 2Ø16). Como hay dos en cada cara, en la columna de número de barras aparece un 4. La segunda columna se refiere a la cantidad de veces que se produce esta posición en objetos distintos (tres pilares). En la columna cuarta aparece el dibujo de la barra y sus dimensiones. En la quinta se calcula la longitud total de la barra desarrollada. En el mismo ejemplo será $1.20+0.50=1.70$. En la siguiente columna se refiere a la longitud total de barras en esa posición $3\cdot4\cdot1.70=20.40$ m. Después aparece el diámetro (en milímetros) de la barra y después el peso de la barra por metro lineal en kilos, valor que es intrínseco a cada diámetro y conocido por unas tablas. La última columna informa de los kilos totales de esa posición 20.40 m$\cdot1.578$ Kg/m$=32.19$ Kg.

Si observamos el alzado de la zapata, veremos que la nomenclatura varía un poco. Ahora pone "Ø8 a 20", que significa que son barras de diámetro 8 separadas 20 cm. Vemos que hay una barra de este diámetro que tiene forma de U boca abajo. Como estamos en un caso de zapata cuadrada debemos repartirlas cada 20 cm en una longitud de 2.50 m. Pero, teniendo en cuenta el recubrimiento de 5 cm por cada lado, serán 2.40 m. Con lo cual son doce barras y una más para finalizar en el borde de la zapata, en total trece. Esta posición la hemos llamado 3 en el apartado de la zapata. Tendrán una longitud de 2.40 m y los lados cortos de la U de 0.50, puesto que si la zapata mide 0.60 y le quitamos 5 cm por cada lado nos quedan 0.50 m. La posición 4 se refiere a barras exactamente iguales pero colocadas perpendicularmente a las comentadas, y están representadas en el alzado por un punto. La posición 1 y 2, perpendiculares entre sí, son las barras en U de diámetro 12 colocadas en la parte inferior de la zapata.

Los cercos de los pilares se reparten cada 15 cm y se separan los que pertenecen a los primeros 65 cm del arranque de pilar del resto. El número de barras que aparece en el apartado del arranque, sale de $1.20/0.15=8$. Las dimensiones se obtienen restando al ancho y largo del pilar el recubrimiento (3 cm) por cada cara. La longitud de las barras rectas de 3.65 m procede de los tres metros que tiene el pilar mas 0.65 m de solape con el pilar de la siguiente planta.

Mas adelante, en este mismo capítulo podremos ver una medición de todas las unidades que afectan a la ejecución de estos pilares.

						Planilla nº:	1
PROYECTO DE CONSTRUCCION DE UN EDIFICIO						Fecha:	SEP/95
ESTRUCTURA : ZAPATAS Y PILARES Nº 1, 2 y 3						Acero tipo	AEH – 500

POS.	CANT.	Nº BARRAS	ARMADURAS	LONG. BARRA	LONG. TOTAL	Ø	KG. x mL	KG. TOTAL
			ZAPATA					
1	3	13	0.50 2.40 0.50	3.40	132.60	12	0.888	117.75
2	3	13	0.50 2.40 0.50	3.40	132.60	12	0.888	117.75
3	3	13	0.50 2.40 0.50	3.40	132.60	8	0.395	52.38
4	3	13	0.50 2.40 0.50	3.40	132.60	8	0.395	52.38
			ARRANQUE PILAR					
1	3	4	1.20 0.50	1.70	20.40	16	1.578	32.19
2	3	8	1.20 0.50	1.70	40.80	12	0.888	36.23
3	3	8	0.34 0.54 0.34	1.76	42.24	8	0.395	16.68
			PILAR					
1	3	4	3.65	3.65	43.80	16	1.578	69.12
2	3	8	3.65	3.65	87.60	12	0.888	77.79
3	3	20	0.34 0.54 0.34	1.76	105.60	8	0.395	41.71
							TOTAL	613.98

Fig. 10.2

10.3   Mediciones de superficies

La medición de superficies se hace para todos los elementos que lo requieran, y además para el caso de volúmenes que se consideran como superficies con espesor constante.

Los métodos de medida de superficies aplicados normalmente son los siguientes:

1. Método de descomposición en triángulos
Muy útil si la figura es de lados rectos, aunque lento si son muchos los lados

2. Método de coordenadas cartesianas
También para figuras de lados rectos. Se emplea la fórmula

$$S = \frac{1}{2} \Sigma (X_{N+1} - X_N)(Y_{N+1} + Y_N) \tag{1}$$

Hay que recordar que el primer punto debe ser introducido de nuevo al final. Es la fórmula más utilizada.

Para áreas de contorno curvilíneo, se pueden utilizar fórmulas como la de Bezout, Simpson o Poncelet. Todas ellas fraccionan el perímetro curvilíneo de tal modo que en los tramos fraccionados, pueda admitirse una equiparación entre el arco y la cuerda. Con lo cual en muchos casos se puede resolver el problema igualmente con la fórmula (1) .

3. Métodos mecánicos
Nos referimos, principalmente, al planímetro. Los actuales son digitales y capaces de calcular superficies directamente en cualquier escala. Además pueden acumular resultados parciales.

Conviene leerse el proyecto con detenimiento para saber como ha de medirse en cada caso.

10.4   Mediciones de volúmenes

Según el elemento a medir podemos utilizar diversos métodos para obtener el volumen:
1. Descomposición en figuras geométricas sencillas
2. Cubicación entre curvas de nivel
3. La fórmula del prismatoide
4. La fórmula de la sección media
5. La fórmula de la altura media
6 . Cubicación en cuadrículas o retículas ortogonales
7. Generalización de la fórmula de altura media
8. Perfiles transversales

10.4.1   Descomposición en figuras geométricas sencillas

Las figuras pueden ser cubos, prismas, pirámides, casquetes esféricos, ... Es poco utilizado por la dificultad que entraña encontrar figuras que puedan componer todo el elemento. Se utiliza en la medición en obras de fábrica. Por ejemplo en zapatas, estribos, losas, ...

10.4.2 Cubicación entre curvas de nivel

Es el método, ya conocido por todos, de medir la superficie que encierra una curva de nivel, promediándola con la superficie de la siguiente, y multiplicando por la equidistancia, obtenemos el volumen entre las dos curvas.

Es buen sistema para medir volúmenes de tierras en forma de cono, que es el caso que se da en los acopios de tierras. La precisión dependerá de la escala del plano. Se superficia con planímetro. Si se curva con un programa específico y se lleva a un programa de CAD se pueden medir las superficies encerradas por curvas de nivel con rapidez, si cada una de estas está representada por una sola entidad.

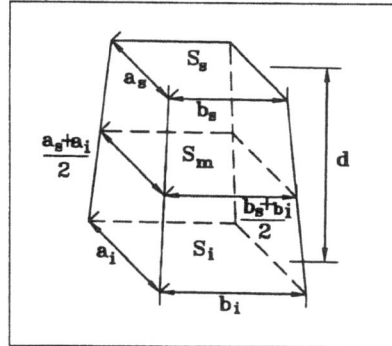

Fig. 10.3

10.4.3 La fórmula del prismatoide

Es el volumen de un sólido limitado por dos caras planas y paralelas de forma cualquiera, de la que debemos conocer las superficies de esas caras y la distancia que las separa (Fig. 10.3). Su fórmula es

$$V = \frac{d}{6}\left(S_s + S_i + 4S_m\right) \qquad (2)$$

10.4.4 La fórmula de la sección media

Hay ocasiones en las que encontrar la superficie media es complicado, por ser una figura compleja. Para estos casos se utiliza la fórmula de la sección media que, aunque da un valor aproximado, es suficiente para según que situaciones. Da siempre un error por exceso de hasta un 10%.

$$V = d\left(\frac{S_s + S_i}{2}\right) \qquad (3)$$

10.4.5 La fórmula de la altura media

Para utilizarla es necesario que el prisma sea de base triangular.

$$V = S_b \left(\frac{h_1 + h_2 + h_3}{3} \right) \tag{4}$$

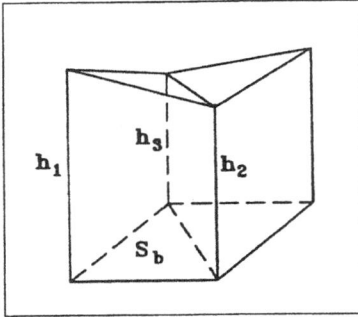

Fig. 10.4

Según la figura 10.4, un prisma de base cuadrangular se puede descomponer en dos de base triangular, para cubicar cada uno por separado con esta fórmula. Hay que tener presente la forma que tiene la cara superior del prisma al decidir en qué pareja de prismas triangulares la descomponemos.

Si esta misma fórmula la utilizamos para prismas cuyas bases tengan más de tres lados obtendremos un resultado aproximado, que puede ser válido o no, según cuál sea el material a medir. En este caso la denominaremos fórmula de la *altura media aproximada*.

10.4.6   Cubicación en cuadrículas o retículas ortogonales

Sobre un plano con curvas de nivel, cualquier figura proyectada se puede calcular el volumen de tierras que desplaza, si dicha figura se descompone en cuadrados de lados iguales y cada uno se cubica separadamente por la fórmula de la *altura media aproximada* (Fig. 10.5).

La base de la excavación suele ser horizontal y de cota conocida. Con lo que solo hemos de obtener las cotas de las esquinas superiores de cada cuadrado. Esto se hace por interpolación entre las curvas de nivel. Si la base inferior no

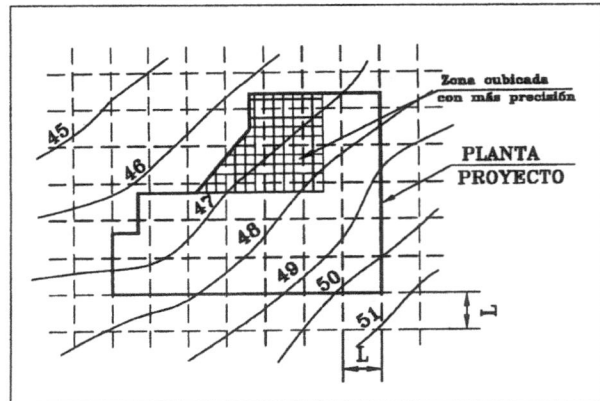

Fig. 10.5

fuera horizontal se cubica por diferencia de volúmenes, con respecto a un plano horizontal de referencia. Como es lógico la precisión aumentará al disminuir el lado de los cuadrados, aunque también depende de la escala del plano. En mediciones de objetos de características no lineales, en los que hay variaciones de nivel importantes en tramos cortos, este método se adapta mejor que el de perfiles, puesto que se puede densificar la malla en las zonas más accidentadas, obteniendo mayor precisión. Además los resultados se pueden fraccionar según la forma del objeto.

Es un método utilizado en canteras, donde se puede tener situada la retícula físicamente en el campo, y realizar mediciones desde sus puntos.

10.4.7 Generalización de la fórmula de la altura media

Si el terreno no tiene cambios de pendiente fuertes, y existen muchos puntos de relleno dentro de la zona levantada, podemos calcular la diferencia de altura entre cada punto y un cierto plano horizontal y promediarlas todas. Multiplicando entonces por la superficie que abarca la figura a cubicar obtendremos un volumen aproximado, válido en algunos casos (Fig. 10.6). La solución depende del número de puntos que intervienen, del reparto equitativo en toda la superficie y de la distribución de estos en caso de que haya cambios bruscos de nivel en zonas aisladas. No es un método recomendable, pues es difícil conseguir la distribución de puntos adecuada y el resultado puede desviarse bastante del correcto.

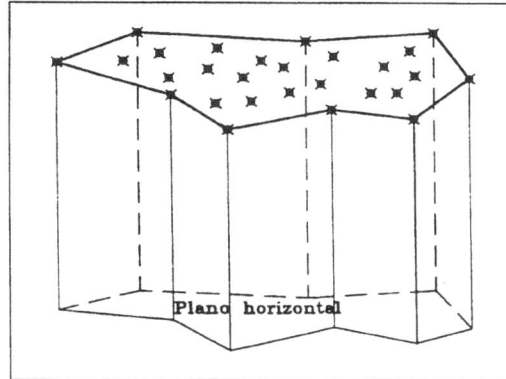

Fig. 10.6

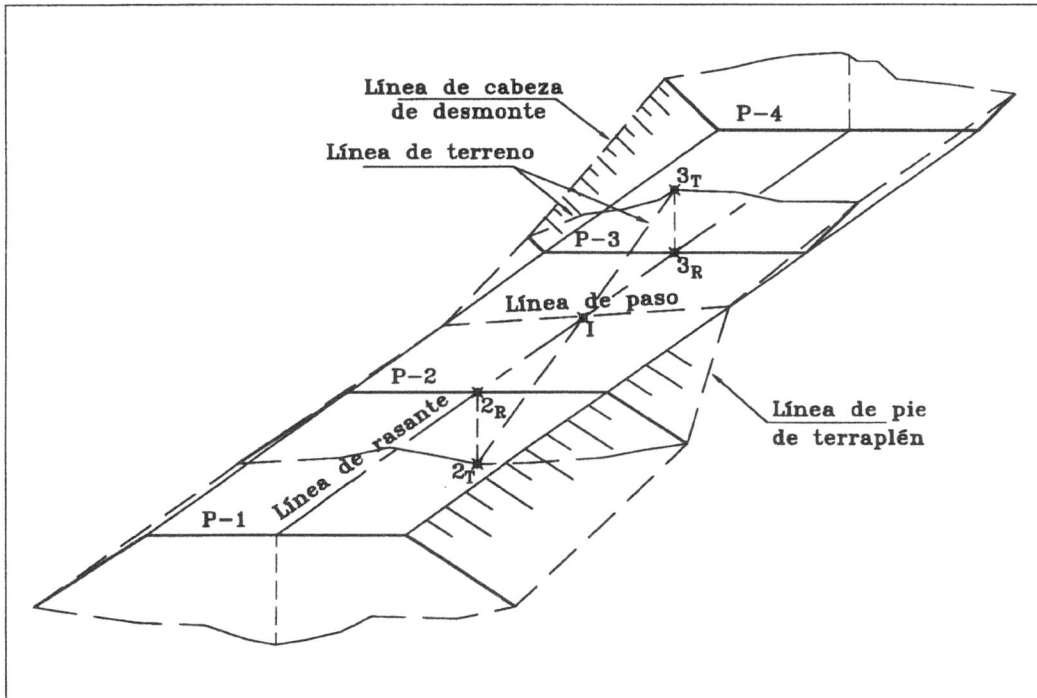

Fig. 10.7

10.4.8   Perfiles transversales

Consiste en hacer sucesivos cortes verticales a la figura a cubicar con una separación secuenciada, y superficiar cada uno de los cortes o perfiles transversales. El volumen se resuelve por la fórmula de la sección media, siempre y cuando ambos estén en terraplén o desmonte

$$V_T = \frac{T_1 \cdot T_2}{2} d \qquad\qquad V_D = \frac{D_1 \cdot D_2}{2} d \qquad\qquad (5)$$

Donde V_T y V_D son los respectivos volúmenes en terraplén y desmonte, T y D son las superficies de los perfiles en terraplén y desmonte y d es la distancia entre ambos perfiles. Es el método ideal para cubicaciones de obras lineales.

Si los perfiles son uno en desmonte y otro en terraplén (Fig. 10.7), tenemos tres soluciones posibles:

1. Hallar la línea de paso de desmonte a terraplén y calcular la distancia de cada uno a la línea de paso (Fig. 10.8). Esta figura corresponde a una sección longitudinal de la figura 10.7.

$$V_T = \frac{T \cdot 0}{2} d_1 \qquad\qquad V_D = \frac{D \cdot 0}{2} d_2 \qquad\qquad (6)$$

2. Calcular el volumen de desmonte y de terraplén, comparando con el cero correspondiente a cada perfil:

$$V_T = \frac{T + 0}{2} d \qquad\qquad V_D = \frac{D + 0}{2} d \qquad\qquad (7)$$

3. Mediante una fórmula aproximada

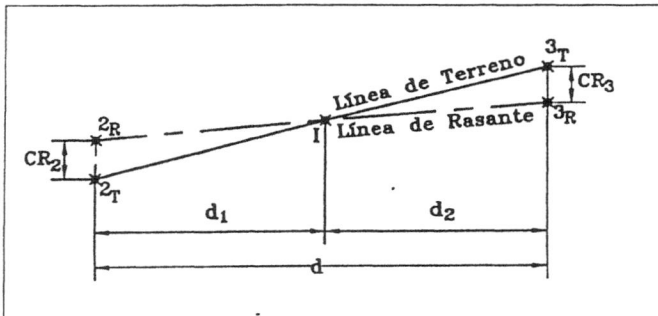

Fig. 10.8

La deducimos también de la figura 10.8. En ella observamos una sección longitudinal entre los perfiles P-2 y P-3 de la figura 10.7, uno desmonte y otro en terraplén, por la línea del eje. En ella vemos la línea del terreno, la línea de rasante, el punto I, intersección de ambas y las correspondientes cotas rojas, CR_2 y CR_3.

Por semejanza de los triángulos $2_R 2_T I$ y $3_T 3_R I$

$$\frac{CR_2}{CR_3} = \frac{d_1}{d_2} \qquad\qquad (8)$$

Vamos a admitir que existe una relación aproximada entre las superficies con sus respectivas cotas rojas en los dos perfiles

$$\frac{CR_2}{T} = \frac{CR_3}{D} \quad \rightarrow \quad \frac{CR_2}{CR_3} = \frac{T}{D} \tag{9}$$

Igualando con la expresión anterior

$$\frac{T}{D} = \frac{d_1}{d_2} \tag{10}$$

Despejamos d_2 y lo sustituimos en la expresión siguiente

$$d_1 = d - d_2 = d - \frac{d_1 D}{T} \quad \rightarrow \quad d_1 = \frac{d}{1 + \frac{D}{T}} \tag{11}$$

Expresión que nos daría d_1 en función de la distancia entre los dos perfiles y sus respectivas superficies en desmonte y terraplén. Del mismo modo podemos deducir la expresión correspondiente a d_2

$$d_2 = d - d_1 = d - \frac{d_2 T}{D} \quad \rightarrow \quad d_2 = \frac{d}{1 + \frac{T}{D}} \tag{12}$$

Si ahora aplicamos la fórmula de la sección media al volumen del terraplén, según la figura 10.8

$$V_T = \frac{T + 0}{2} d_1 \tag{13}$$

Sustituyendo el valor de d_1, deducido anteriormente

$$V_T = \frac{T}{2} \frac{d}{1 + \frac{D}{T}} = \frac{T}{2} \frac{d}{\frac{D + T}{T}} = \frac{d}{2} \frac{T^2}{D + T} \tag{14}$$

Que nos da el volumen en terraplén en función de valores conocidos.

Si ahora aplicamos la fórmula de la sección media para el volumen de desmonte

$$V_D = \frac{D + 0}{2} d_2 \tag{15}$$

Sustituyendo el valor hallado para d_2

$$V_D = \frac{D}{2} \frac{d}{1 + \frac{T}{D}} = \frac{D}{2} \frac{d}{\frac{D + T}{D}} = \frac{d}{2} \frac{D^2}{D + T} \tag{16}$$

Que es el volumen en desmonte en función de datos conocidos.

Estas dos expresiones nos permiten hallar volúmenes con una precisión aceptable sin necesidad de obtener las distancias d_1 y d_2 ni tampoco el punto de paso I.

$$V_T = \frac{T^2}{D+T}\ \frac{d}{2} \qquad\qquad V_D = \frac{D^2}{D+T}\ \frac{d}{2} \qquad (17)$$

Para hacer una cubicación por perfiles de gran precisión, haría falta tomar perfiles en todos los cambios de pendiente que se produzcan en el terreno, a lo largo del eje longitudinal. Lo cual sería muy costoso. Para grandes recorridos con perfiles separados secuencialmente, los errores que se cometen por este sistema se compensan parcialmente, con lo que se obtienen unos resultados cuya aproximación es suficiente para el coste económico que tienen las tierras. Del mismo modo, en las curvas se está cometiendo un error entre el lado interior y el exterior, por no conservar la misma distancia entre planos de perfiles. Pero también se supone que en obras lineales, lo suficientemente largas, este error se compensa parcialmente.

Por esto siempre se utilizan estas últimas fórmulas deducidas para el caso de terraplén con desmonte, sin necesidad de buscar mayor exactitud.

La precisión de la medición puede mejorarse aumentando el número de perfiles. O lo que es lo mismo, disminuyendo la separación entre ellos. Esta suele tener valores enteros como por ejemplo de 10, 20 o 50 m.

10.4.8.1 Corrección por curvatura

Como hemos comentado antes, la cubicación por perfiles se basa en la fórmula de la sección media. Esta exige que las bases, los perfiles en nuestro caso, sean paralelas. Cuando entramos en una curva este paralelismo se pierde, con lo cual la fórmula deja de tener validez. Si bien es cierto que en tramos largos de carretera este tipo de errores se compensan parcialmente y que el error en el resultado final de toda la obra puede ser despreciable, creo conveniente estudiar brevemente cuál es la corrección aplicar a este problema.

Según el teorema de Pappus y Guldinus, el volumen de un sólido engendrado por una superficie plana que gira alrededor de un eje contenido en el plano de su superficie, es igual al producto del área de esa superficie por el recorrido descrito por el centro de gravedad de la superficie durante el giro.

Para el caso de una carretera no se aplica rigurosamente este teorema debido a que no hay dos superficies iguales. Con lo cual el centro de gravedad en cada perfil ocupa un lugar distinto. J. Carciente desarrolla en su libro [CARCAR80] una solución aproximada, que resuelve el problema con la precisión suficiente.

En la figura 10.9 vemos que en los perfiles *1* y *2* el centro de gravedad está desplazado del eje

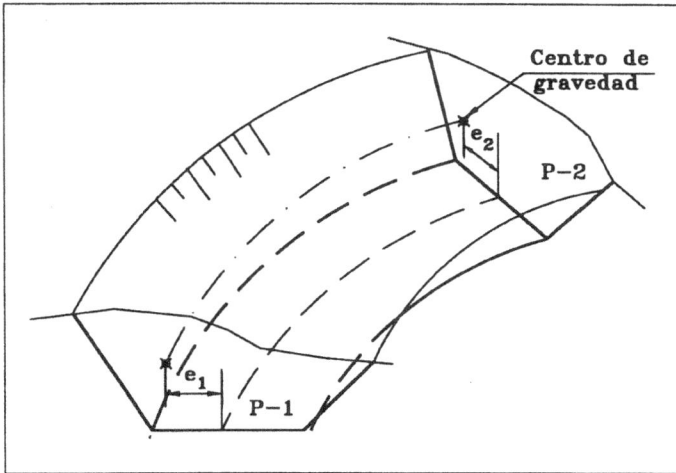

Fig. 10.9

longitudinal hacia la izquierda por ser en ese lado donde está la mayor parte del volumen. Esto quiere decir que si cubicamos sin tener en cuenta la curvatura, el volumen calculado será inferior al correcto, porque la longitud que separa los dos perfiles, tomada en el eje, es inferior a la que une los centros de gravedad.

La corrección que se aplica según J. Carciente es

$$C_C = -\frac{L}{2R}(S_1 e_1 + S_2 e_2) \tag{18}$$

L es la separación entre perfiles, *R* es el radio de la curva circular, S_1 y S_2 son las superficies de ambos perfiles. C_C es la corrección que se aplica al volumen obtenido de manera convencional entre *1* y *2*. Será positiva cuando el centro de gravedad esté en el lado exterior de la curva y negativa cuando esté en el interior.[1]

e_1 y e_2 son las distancias en horizontal de los centros de gravedad al eje de los perfiles *1* y *2* respectivamente. Se deducen de

$$e = \frac{1}{3}(X_D - X_I) \tag{19}$$

Donde X_D y X_I son las distancias al eje de los puntos extremos del perfil (los puntos *O* y *Z* de la figura 9.2). Aplicándolos en valor absoluto obtendremos *e* con un signo que aplicaremos en la expresión (18). Cuando *e* es positivo, el centro de gravedad está situado en lado derecho en el sentido de avance.

Para poder aplicar la corrección con el signo correcto, sin necesidad de tener en cuenta a que lado del eje está el centro de gravedad, utilizaremos el signo que lleva implícito el radio *R* según gire a derecha o izquierda en el sentido de avance. Criterio ya conocido. Si aplicamos el criterio de signos en el caso de la figura 10.9, observamos que *e* es negativo puesto que X_I es mayor que X_D, es decir, que el centro de gravedad está a la izquierda. Admitiendo que en los dos perfiles *e* es negativo, la expresión

---

[1] El signo menos en la expresión (18) lo he añadido para adaptar la fórmula al criterio de signos empleado en el libro. N.A.

entre paréntesis de (18) será negativa. Si aplicamos el radio con signo positivo por ser un giro a derechas la corrección saldrá positiva, que es lo que le corresponde a este ejemplo. El volumen en este caso quedará

$$V_D = \frac{D_1 + D_2}{2} L + C_C \qquad (20)$$

10.4.8.2 Cubicación entre perfiles distintos

Un caso más particular en la cubicación por perfiles se produce cuando los perfiles tienen parte en desmonte y parte en terraplén. Se pueden dar tres casos:

1. Que uno de los dos perfiles tenga toda su superficie en terraplén o desmonte, y el otro tenga parte en desmonte y parte en terraplén (Fig. 10.10).

2. Que los dos perfiles tengan parte de su superficie en terraplén y parte en desmonte pero ambos hacia el mismo lado (Fig. 10.11).

3. Igual que el caso anterior pero con terraplenes y desmontes cruzados (Fig. 10.12).

Para los tres casos existen dos métodos de resolución:

a) Método de los ejes paralelos
Consiste en trazar paralelas al eje longitudinal por los puntos *I*, intersección del terreno con la rasante. Estas líneas crean unas superficies parciales dentro de cada perfil, que junto con las enfrentadas en el otro perfil nos permitirá realizar los cálculos, como veremos un poco mas adelante.

b) Método de la línea de paso
Método que utiliza la línea de paso de desmonte a terraplén, y que une los puntos I de cada uno de los perfiles. Las superficies enfrentadas y separadas por esta línea serán las que usaremos para calcular el volumen.

El primer método es más exacto que el segundo pero exige más trabajo. Como la diferencia en precisión no es muy grande se suele utilizar el segundo. Sin embargo, conviene recordar que estos cálculos son muy fáciles de programar, con lo que a la hora de hacer un programa, no está de más incluir el método de cálculo mas exacto posible, o exigirlo en caso de compra.

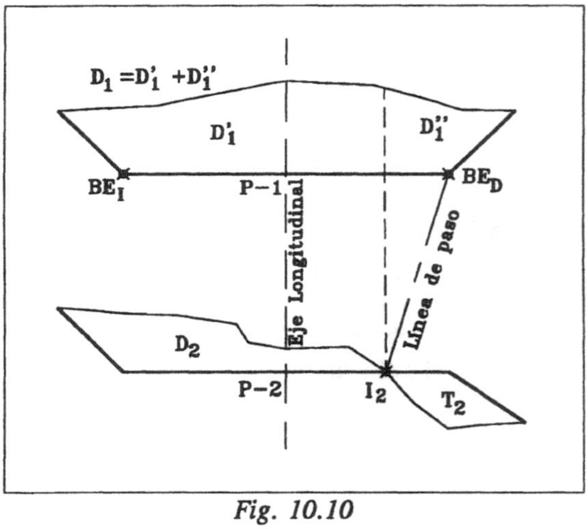

Fig. 10.10

Vamos ahora a resolver estos tres casos planteados en las figuras 10.10, 10.11 y 10.12, por los dos métodos comentados.

1. Figura 10.10

a) Método de los ejes paralelos

$$V_D' = \frac{D_1' + D_2}{2} d \qquad V_D'' = \frac{D_1''^2}{D_1'' + T_2} \frac{d}{2} \qquad\qquad V_D = V_D' + V_D'' \qquad (21)$$

$$V_T = \frac{T_2^2}{D_1'' + T_2} \frac{d}{2} \qquad\qquad (22)$$

b) Método de la línea de paso

En este caso la línea de paso, al no existir punto I en el primer perfil, se une con el borde de explanación que le corresponde, el BE_D. Hay que pensar que la línea de paso está sobre el plano de la rasante de la explanación.

$$V_D = \frac{D_1 + D_2}{2} d \qquad\qquad\qquad V_T = \frac{T_2 + 0}{2} d \qquad\qquad (23)$$

2. Figura 10.11

a) Método de los ejes paralelos

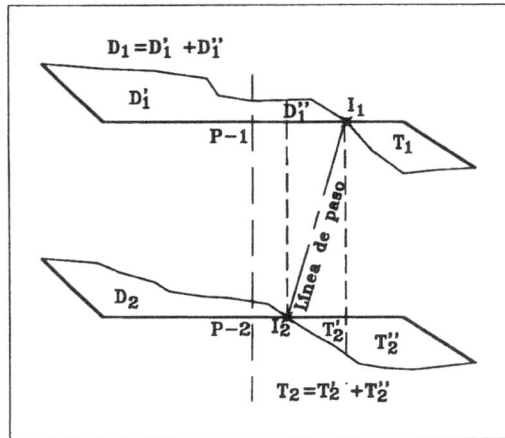

Fig. 10.11

$$V_D' = \frac{D_1' + D_2}{2} d \qquad V_D'' = \frac{D_1''^2}{D_1'' + T_2'} \frac{d}{2} \qquad\qquad V_D = V_D' + V_D'' \qquad (24)$$

$$V_T' = \frac{T_2'^2}{D_1'' + T_2'} \frac{d}{2} \qquad V_T'' = \frac{T_1 + T_2''}{2} d \qquad\qquad V_T = V_T' + V_T'' \qquad (25)$$

b) Método de la línea de paso

$$V_D = \frac{D_1 + D_2}{2} d \qquad\qquad V_T = \frac{T_1 + T_2}{2} d \qquad\qquad (26)$$

3. Figura 10.12

a) Método de los ejes paralelos

$$V_D' = \frac{D_2^2}{T_1' + D_2} \frac{d}{2} \qquad\qquad V_D'' = \frac{D_1^2}{D_1 + T_2''} \frac{d}{2} \qquad\qquad V_D = V_D' + V_D'' \qquad (27)$$

$$V_T' = \frac{T_1'^2}{T_1' + D_2} \frac{d}{2} \qquad V_T'' = \frac{T_1'' + T_2'}{2} d \qquad V_T''' = \frac{T_2'^2}{D_1 + T_2''} \frac{d}{2} \qquad V_T = V_T' + V_T'' + V_T''' \quad (28)$$

b) Método de la línea de paso

$$V_D' = \frac{D_2^2}{T_1 + D_2} \frac{d}{2} \qquad\qquad V_D'' = \frac{D_1^2}{D_1 + T_2} \frac{d}{2} \qquad\qquad V_D = V_D' + V_D'' \qquad (29)$$

$$V_T' = \frac{T_1^2}{T_1 + D_2} \frac{d}{2} \qquad\qquad V_T'' = \frac{T_2^2}{D_1 + T_2} \frac{d}{2} \qquad\qquad V_T = V_T' + V_T'' \qquad (30)$$

De cualquier modo se pueden producir situaciones mucho más complicadas que estas, puesto que los puntos de corte de la rasante con el terreno pueden ser muchos más. Sin embargo en casos así estaremos hablando de terrenos muy próximos a rasante, con lo que su superficie será pequeña,

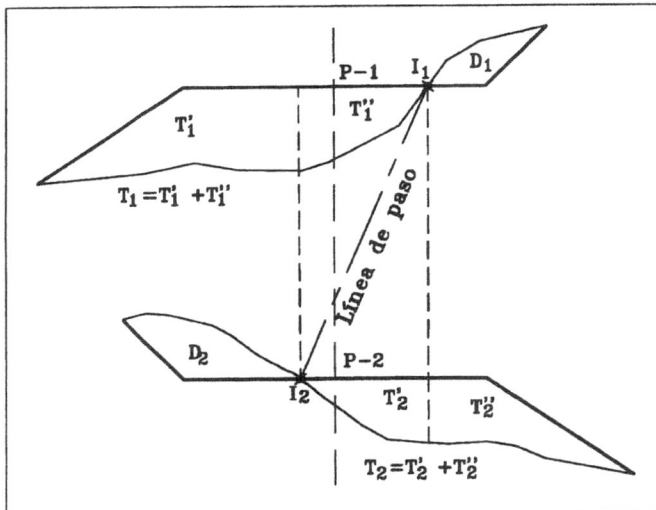

Fig. 10.12

influyendo poco en la medición del volumen. Esto nos permitiría simplificar los problemas que nos fueran surgiendo en casos complejos como el comentado.

10.4.8.3   Comentarios referentes a la medición de tierras con perfiles transversales

Los perfiles transversales se adaptan a cualquier tipo de figura, aunque son especialmente aconsejables en obras lineales.

Puede ocurrir que tengamos que distinguir entre más de un tipo de terreno dentro del mismo perfil. Por ejemplo tierra vegetal, arenas, roca, saneos, etc.

Una buena medición en gran parte depende del conocimiento que se tenga del terreno sobre el que se apoya la obra. La toma de datos del terreno original deberá ser lo mas exacta posible. Después del desbroce se deben tomar perfiles nuevamente y así aislar claramente la capa de tierra vegetal.

La aparición de excavaciones no previstas como saneos o demoliciones, debe controlarse en el instante de su localización. Un retraso en la toma de datos significará, con toda probabilidad, su desaparición sin tener una estimación del volumen de tierras movido. Estos saneos se miden aparte, pero utilizando también el método de perfiles. En muchos casos sale más rentable levantar la zona, y marcar perfiles sobre el plano dibujado. Se traza entonces un eje longitudinal arbitrario, en el sentido que más convenga, y sobre él se marcan los perfiles transversales. La obtención gráfica de estos suele ser suficientemente precisa para lo que se pretende. Al final del capítulo puede verse un ejemplo de medición de las tierras movidas, para la ejecución de una estructura de una carretera.

La medición de saneos requiere en muchas ocasiones, un gran esfuerzo, que puede ser desproporcionado para el volumen de tierras que se están midiendo. Por eso, debe tenerse presente el precio del metro cúbico del material que se está evaluando.

El cálculo se puede realizar en un impreso similar al de la figura 10.13.

Al contabilizar resultados parciales de una excavación o un terraplenado, hay que recordar el hecho del esponjamiento. Es el aumento de volumen que experimenta la tierra al ser removida. No afecta a la propia excavación pero sí al transporte en un porcentaje bastante elevado, dependiendo del tipo de material transportado. Por ejemplo en tierras se puede contar con un esponjamiento del 120%, es decir, que por cada metro cúbico de tierra que se excava se transporta 1.2 m^3.

MEDICIONES

DESIGNACION	M^3 Formación de terraplén			
PERFILES	DISTANCIAS	AREA	VOLUMEN	
			PARCIAL	TOTAL
P1		34,273		
	20,00		638,140	
P2		29,541		
	20,00		573,610	
P3		27,820		
	12,00		235,044	
P3'		11,354		
	8,00		148,384	
P4		25,742		
	20,00		559,010	
P5		30,159		
	20,00		676,490	
P6		37,490		
				2830,678

Fig. 10.13

En las obras con gran movimiento de tierras, no es necesario hacer mediciones muy precisas en las valoraciones mensuales, puesto que una medición incorrecta es absorbida por la del mes siguiente. Esto permite hacer perfiles con mayor separación para el seguimiento mensual, y dejar la toma de datos de la medición final para cuando las tierras estén próximas a su coronación. En muchos casos esta medición final se puede también evitar si el replanteo de los pies y cabezas de talud, y los controles periódicos de estos se han hecho ordenadamente y con cuidado, puesto que esto significa que los taludes de terraplén y desmonte están en el lugar definido por el proyecto.

10.5 Organización de las mediciones

El control de las mediciones en obra exige una perfecta organización tanto en campo como en gabinete. Pero es en este último donde debemos tener especial cuidado puesto que, de este orden, van a depender los resultados finales de una medición que se ha ido llevando durante muchos meses, e incluso años.

Las mediciones mensuales conviene llevarlas lo más organizadas posible, puesto que no se suele disponer de mucho tiempo para ello. Es casi obligado disponer de medios informáticos para el cálculo e incluso para la toma de datos en campo. Si esto es no posible tendría que de ser el propio técnico el que hiciera algún programa que agilizara los cálculos.

Nuestras mediciones se deben adaptar lo máximo posible a las de proyecto, puesto que es este el baremo que emplearemos siempre, y además es lo único que va admitir la *dirección de obra*. Esto significa que, independientemente como hayamos medido nosotros en obra, buscaremos aquellos resultados parciales que están reflejados en proyecto. Si por ejemplo, en el proyecto se considera la medición de m³ de excavación en zanja con perfiles cada 20 m, nosotros adaptaremos nuestra medición a esa consideración, con el fin de poder compararla con la reflejada en proyecto, aunque dispongamos de datos cada 10 m.

Cada elemento que sea objeto de medición llevará un estadillo independiente, en el que se reflejará el nombre de la *unidad de obra* (Ver capítulo XI) tal como viene en proyecto. El tipo de unidad (ml. , m², m³, Kg, Ud., etc). El número de la unidad. El largo, ancho y alto, que requiera cada objeto. Una denominación de cada una de sus partes si es que puede descomponerse (Ml. de tubo entre las arquetas tal y cual). El resultado de los valores parciales y el del total.

En muchos casos, conviene desglosar la medición en otros valores que pueden ser útiles para medir otra *unidad de obra*. Por ejemplo, los datos para el cálculo del volumen de hormigón de una zapata, pueden servir también para calcular el volumen de hormigón de limpieza, puesto que afectan a la misma superficie, con lo cual el ancho y el largo son los mismos.

Por el contrario, hay mediciones que salen de la suma de valores utilizados en otras *unidades de obra*. El transporte de las tierras incluirá el volumen obtenido en excavación más el obtenido en el desbroce, puesto que ambos se miden en distintos apartados. Además debemos acordarnos de multiplicar por el correspondiente *coeficiente de esponjamiento*.

10.5.1 Medición de tierras y firmes en una carretera

En este apartado vamos a comentar algunos aspectos a tener en cuenta al medir el paquete de firmes. Observando la sección tipo de la figura 9.1, vemos que puede haber 12 unidades a medir. Estas son:
1. Tn Aglomerado asfáltico tipo S20 (Rodadura). Densidad: 2.46 Tn/m³
2. Tn Aglomerado asfáltico tipo G20 (Intermedia). Densidad: 2.42 Tn/m³
3. Tn Aglomerado asfáltico tipo G25 (Base). Densidad: 2.39 Tn/m³
4. m² Riego de adherencia
5. m² Riego de imprimación
6. m³ Sub-base granular
7. m³ Material seleccionado (Explanada mejorada)
8. m³ Formación de terraplén
9. m³ Excavación de tierra vegetal (0.15 m de espesor medio)
10. m³ Excavación en tierras
11. m³ Carga y transporte de tierras a vertedero. Esponjamiento: 1.2
12. m³ Carga y transporte de tierras dentro de la misma obra. Esponjamiento: 1.2

Esto es un ejemplo de las unidades que se pueden medir en una carretera. Por supuesto que hay muchas más, como ml (metro lineal) de pintura, ml de barrera de seguridad, ml de valla de cerramiento, ml de cuneta, etc, pero para no extendernos demasiado comentaremos las enumeradas anteriormente. Cada unidad tiene ciertas particularidades que vamos a comentar aquí.

Los aglomerados se miden en toneladas. Por eso se incluye su densidad para pasar de m³ a Tn. El riego de adherencia es un material bituminoso líquido que se extiende entre dos capas de aglomerado, para conseguir mejor contacto entre capas. Como vemos se mide en m². El riego de imprimación es parecido al de adherencia pero se coloca entre la última capa de material granular (la sub-base) y la primera de aglomerado (la base). También se mide en m².

La tierra vegetal debe medirse a partir de la toma de datos directa en campo, mediante perfiles observados después de la extracción de esta. Entonces quedan dos líneas de terreno en cada perfil y su diferencia nos da la superficie que nos permite hallar el volumen. Si solo se dispone de los perfiles del terreno natural, tendremos que admitir un espesor constante de tierra vegetal. En este caso se mide hallando la longitud de la *traza* del perfil (de Z a O por el terreno en la figura 9.2) por el espesor de 0.15 m y por la separación entre perfiles. Pero también, en este mismo caso, se suele dar en metros cuadrados de *desbroce*.

El transporte tiene dos unidades, una para la tierra vegetal que se lleva habitualmente fuera de la obra (a vertedero), y otra para las tierras procedentes de la excavación y que van a servir para la formación de terraplenes. El volumen de material transportado es el resultado del material extraído por el esponjamiento.

La medición de las unidades 8 y 10 se hace por coordenadas aplicando la fórmula (1) y se le resta la superficie de tierra vegetal correspondiente a cada perfil. Para hallar el volumen se aplican las fórmulas (5) y (17), estudiadas para cada caso en el apartado 10.8. En la figura 9.2 la superficie estaría formada por los puntos O, Ñ, M, N, E, X, W, Y, Z y los cuatro puntos del terreno comprendidos entre Z y O. Es importante tener en cuenta que la tierra vegetal debe ser deducida del volumen en desmonte e incrementada en el de terraplén en cada caso. Para poder trabajar por perfiles distinguiremos dos casos. El primero en el que se hayan tomado en el campo los perfiles antes y después del desbroce. Entonces podremos superficiar los perfiles para desmonte o terraplén con la línea del terreno ya desbrozado, y no tendremos que deducir la superficie de tierra vegetal. En el segundo caso suponemos que la tierra vegetal tiene espesor constante (no tenemos mas datos que los del terreno natural), y superficiamos con esta línea de terreno. Entonces sí que debemos deducir la superficie de tierra vegetal en el desmonte o incrementarla en el caso de terraplén.

La unidad 7 se obtiene a partir de la superficie medida por coordenadas (D, L, N, E, X y V) de cada perfil y hecha la media entre dos perfiles consecutivos se multiplica por la separación entre ambos.

Para medir la unidad 6 superficiamos la siguiente figura: V, T, Q, A, G, J, L y D. Después le restamos la superficie de las capas *intermedia* y *base*. Esto lo hacemos así porque estas dos capas son muy fáciles de medir y simplifica el trabajo de superficiar. El volumen sale de la media de los dos perfiles consecutivos por la separación entre ambos.

							PAG. 1
PROYECTO DE CONSTRUCCION DE UN EDIFICIO							
CAPITULO 1 CIMIENTOS							
__CODIGO__		__DESCRIPCION__	__UD__	__LARGO__	__ANCHO__	__ALTO__	__TOTAL__
0001	M3	EXCAVACION MECANICA EN ZANJAS INCLUIDA CARGA Y TRANSPORTE A VERTEDERO					
		Zapatas nº 1, 2 y 3	3	2,500	2,500	0,650	12,188
		TOTAL					12,188
0002	M3	SUMINISTRO Y COLOCACION DE HORMIGON DE LIMPIEZA TIPO H-100					
		Zapatas nº 1, 2 y 3	3	2,500	2,500	0,050	0,938
		TOTAL					0,938
0003	M3	SUMINISTRO Y COLOCACION DE HORMIGON EN ZAPATAS TIPO H-150					
		Zapatas nº 1, 2 y 3	3	2,500	2,500	0,600	11,250
		TOTAL					11,250
0004	M2	ENCOFRADO PLANO EN PILARES					
		Pilares nº 1, 2 y 3	6	0,400	3,000	0,000	7,200
			6	0,600	3,000	0,000	10,800
		TOTAL					18,000
0005	M3	SUMINISTRO Y COLOCACION DE HORMIGON EN PILARES TIPO H-200					
		Pilares nº 1, 2 y 3	3	0,400	0,600	3,000	2,160
		TOTAL					2,160
0006	KG	SUMINISTRO Y COLOCACION DE ACERO PARA ARMAR TIPO AEH-500					
		Zapatas y pilares nº 1, 2 y 3		613,980	0,000	0,000	613,980
		TOTAL					613,980

Fig. 10.14

La capas de aglomerado (unidades 1, 2 y 3) se miden sin tener en cuenta la inclinación transversal de la calzada, con lo cual su superficie en cada perfil se calcula multiplicando ancho por alto. Hay que tener presentes los datos que vienen en la sección tipo referentes a sobreanchos y taludes de las diversas capas (detalle A, Figura 9.1). El volumen se obtiene de la media entre las superficies de perfiles sucesivos, por la distancia que los separa. Después pasamos el resultado a toneladas. Las unidades 4 y 5 no tiene ninguna dificultad porque corresponden al ancho de la capa sobre la que se coloca el riego por la separación entre perfiles.

10.5.2 Medición de una estructura

En la figura 10.14 vemos la medición resuelta de las zapatas y los pilares cuyo despiece realizamos en el apartado 10.2. Cada medición lleva un código numérico que lo distingue de los demás. Para la excavación hemos considerado que el terreno está a nivel de la parte superior de la zapata. Si en algún caso debemos incluir en el estadillo una superficie medida por coordenadas debe adjuntarse un croquis o plano con la justificación de dicha superficie. El encofrado no lo hemos tenido en cuenta la zapata porque consideramos que se hizo una excavación ajustada al tamaño de la zapata, y se hormigonó contra la tierra.

10.6 Ejercicios

1) Calcular el volumen de tierras comprendido entre los perfiles 3+800 y 3+820 de una carretera cuyo ancho de plataforma es de 10 m, sabiendo que la rasante es en tierras. Los taludes son 1/1 para el desmonte y 3/2 para el terraplén (Fig.10.15). Aplicar el método de ejes paralelos.

Datos del terreno en ambos perfiles:

3+800		3+820	
-8	145.032	-7.25	145.217
-5.25	144.224	-4.15	144.656
-2.02	145.932	2.11	145.378
2.50	145.871	3.87	146.065
9.21	146.373	5.31	148.373
		8.45	148.781

2) Calcular el volumen de tierras entre los perfiles 0+340 y 0+360. La rasante en tierras tiene 5 m de semiancho y pendiente del 4% en caída desde el eje hacia los bordes. Los taludes son 1/1 para el desmonte y 3/2 para el terraplén. Aplicar el método de ejes paralelos.

0+340		0+360	
$Z_{RASANTE}= 47.32$		$Z_{RASANTE}=47.77$	
Datos del terreno:		Datos del terreno:	
-7.83	49.45	-7.03	46.61
-2.20	46.71	-4.16	46.92
0.00	46.95	1.93	48.63
6.92	46.21	7.51	48.11

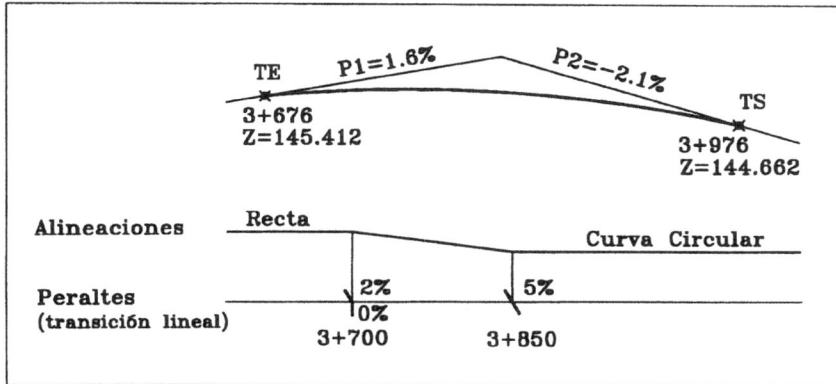

Fig. 10.15

3) Calcular el volumen de tierras y del resto de capas entre los perfiles 120 , 140 y 200 de la figura 9-1, siguiendo los criterios comentados en el apartado 8.5.1 y completándolos datos con los que vienen en dicho apartado. Presentar los resultados en un impreso similar al de la figura 10.14. Aplicar el método de ejes paralelos en la cubicación de tierras.

Nota: La separación entre el perfil 140 y el 200 es excesiva, pero lo planteamos a modo de ejercicio.

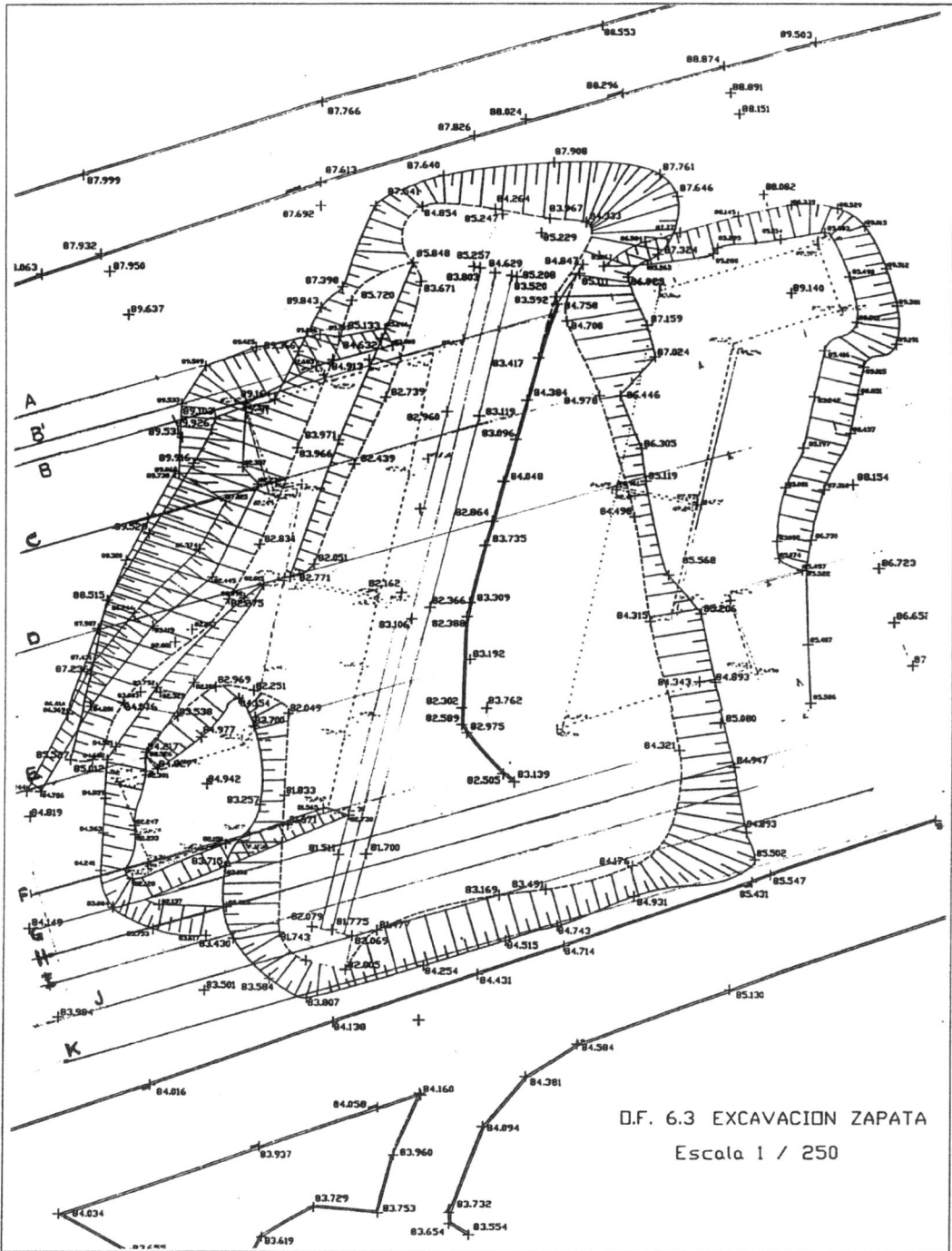

D.F. 6.3 EXCAVACION ZAPATA

Escala 1 / 250

11 Proyecto de una obra de ingeniería

11.1 Concepto de ingeniería y proyecto

Concepto de ingeniería: Arte de aplicar los conocimientos científicos a la invención, perfeccionamiento o utilización de la técnica industrial en todas sus determinaciones. El resultado debe tener calidad, adaptarse a una normativa técnica, con el menor coste y tiempo posible, para lo cual hace falta optimizar y racionalizar todo el proceso con la ayuda de la tecnología más avanzada.

Concepto de proyecto: Conjunto de escritos, dibujos y cálculos hechos para dar idea de como ha de ser y cuanto ha de costar una obra de arquitectura o de ingeniería. Es el estudio completo de un objetivo debidamente definido, adecuadamente planteado y determinado con exactitud. Debe incluir la descripción gráfica de todos los elementos necesarios para su cumplimiento, los requisitos y condiciones que deben exigirse y su coste total previsto.

11.2 Desarrollo de un proyecto

11.2.1 Estudio de planeamiento

Es la definición esquemática de un problema a gran escala. Un estudio de planeamiento requiere la planificación ordenada en el tiempo de un problema establecido.

Cualquier proyecto que se aborde tiene que ser compatible con un planteamiento previo y debe encontrarse inmerso en una ordenación territorial. Establecer una planificación territorial exige tener muy en cuenta los planes generales ya estudiados, los planes parciales y especiales si los hay y las construcciones existentes en la actualidad en la zona de nuestro estudio.

Un estudio de planeamiento como tal puede constituir un verdadero proyecto. Ahora bien, las obras definidas en él, por lo general, no lo serán a nivel de proyecto y solo constituirán la base de diversos proyectos futuros.

Un ejemplo muy claro podría ser el Plan Nacional de Carreteras.

11.2.2 Estudio previo

Es la recopilación de datos que permite definir las diferentes soluciones a un problema. Se realizará de acuerdo con el estudio de planeamiento que lo contiene.

Pretende esclarecer los conceptos oscuros, definirá los alcances del problema propuesto y cuantificar los límites de viabilidad técnica, económica y social. No nos suministrará la solución óptima, pero argumentará sobre si debe o no plantearse el problema. Permitirá la consecución de una idea social o rentable, y desechará una idea descabellada o antieconómica.

11.2.3 Anteproyecto

Es el estudio de las diversas soluciones a un problema, concretando la solución óptima. Es la base fundamental del proyecto, elemento indispensable para su redacción y para su adecuada confección.

Consta de los mismos documentos que un proyecto: *memoria, planos, pliego de condiciones y presupuestos.*

Eventualmente se puede omitir el pliego de condiciones, y el presupuesto puede tener un valor estimativo.

Define la ubicación, la capacidad y el tipo de obra, sin entrar en detalles. Es poco utilizado. La falta de estudio previo y de anteproyecto puede abocar en proyectos deformes de dos tipos: *incompletos* y *malformados.*

Proyectos Incompletos son aquellos que faltan por definir alguno de los elementos de las obras proyectadas. Normalmente esta omisión puede corregirse, pero el presupuesto será incorrecto.

Proyecto Malformado es aquel en que la solución al problema planteado no está debidamente justificada, no es la óptima o es irrealizable. Crean sobre costos que modifican los estudios económicos.

11.2.4 Proyecto

Es la exposición y desarrollo completos de la solución a un problema de ingeniería que permite su construcción total, segura y duradera. Es el conjunto de documentos necesarios para que pueda realizarse una obra de ingeniería civil. Los documentos de que consta un proyecto, son los siguientes: *memoria y anejos, planos, pliego de condiciones y presupuestos.*

11.3 Tipos de proyectos

11.3.1 Proyecto de concesión

Es aquel que plantea una explotación parcial o total en terrenos de *dominio público*. Estos son aquellos bienes de la Administración Pública dedicados al uso y servicio del pueblo y al fomento de la riqueza nacional de un país.

11.3.2 Proyecto de construcción

Es aquel que permite, sin otros estudios adicionales, llevar a cabo la ejecución de las obras que comporta y define.

11.3.3 Proyecto de mejora o reformado

Es aquel que varía alguna de sus partes sustanciales en los elementos diseñados con el fin de mejorarlo. A veces ocurre que el tiempo que transcurre entre la confección del proyecto y la ejecución de las obras propicia el cambio de alguna circunstancias de tipo técnico, legal, económico o social que influye en la solución adoptada en el proyecto de forma que resulta aconsejable su modificación.

11.3.4 Proyecto de reparación

Plantea y define la reposición de las obras a su estado primitivo en un momento determinado.

11.3.5 Proyecto de conservación

Es el que plantea y define la reposición de las obras a su estado primitivo a lo largo del tiempo. La diferencia con el de reparación es mínima, e incluso se llega a hablar de *proyecto de conservación y reparación*. Mientras que el de reparación es de ejecución limitada por el tiempo, el de conservación es de ejecución periódica, cuya cadencia depende de la necesidad de la obra en concreto. Podría decirse que la conservación está más ligada a la explotación de la obra que no a su ejecución.

11.3.6 Proyecto *As built*

Es el proyecto que refleja una obra ya construida. Todas las variaciones que se realizan durante la ejecución, debidas a circunstancias imprevistas o modificaciones de proyecto, deben ser definidas en este proyecto.

También se le puede denominar *proyecto de liquidación*, porque aunque este tipo de proyectos solo se utilizan para justificar los gastos de ejecución en obras con muchas modificaciones, también quedan reflejados en los planos y la memoria dichos cambios.

11.4 Documentos de un proyecto

11.4.1 Memoria y anejos

Es la exposición detallada de un proyecto. Es la recopilación total de los datos, estudios y cálculos utilizados en las confección del proyecto. La memoria por sí sola debe facilitar una información completa para que políticos y financieros puedan tomar decisiones sin necesidad de consultar los restantes documentos.

Aunque la memoria dispone de unos anejos, vamos a separarlos en dos apartados distintos. Entendemos por *anejos* todos aquellos documentos que justifican cualquier afirmación emitida en la memoria.

Vamos a comenzar estudiando las partes de consta una memoria no sin antes recordar que todos los apartados que veremos a continuación no son de uso obligado, y que de un proyecto a otro podemos encontrarnos con memorias de características distintas.

11.4.1.1 Documentos de la memoria

a) Antecedentes
Se exponen los hechos que han dado lugar a la elaboración del proyecto. Se remite al estudio previo y al anteproyecto, si es que existen. Se tendrán que incluir en el apartado de anejos los documentos que aquí se mencionen.

b) Objeto del proyecto
Los antecedentes habrán puesto de manifiesto el problema a resolver. Se plantea entonces el objeto del proyecto, que no es más que la razón por la que se lleva a cabo una idea desarrollada en el proyecto.

c) Interrelaciones y condicionantes
Circunstancias diversas que afectan y fuerzan la definición del proyecto en un sentido determinado. Pueden ser condicionantes técnicos, económicos, sociales y legales.

d) Reconocimientos y ensayos
Antes de empezar un proyecto se hace un reconocimiento visual en el propio emplazamiento. Después durante la elaboración se realizan todo tipo de estudios y ensayos sobre el terreno.

e) Estudio de alternativas posibles

Es un análisis de las diversas soluciones que estudia el proyectista para resolver el problema que le plantea el proyecto. Aquí se comparan y se explica por qué se decide por una concreta.

f) Estudio económico

Es una justificación que demuestra que el proyecto es rentable. Para ello se analizan los gastos que se van a producir y los ingresos futuros al concluir el proyecto. Dentro de los gastos se presenta la hoja del presupuesto total en el apartado de *inversiones*. En el de *intereses* se detallan los que son producidos durante el tiempo de ejecución. En el apartado de *explotación y conservación* se determinan los gastos que se producirán anualmente una vez acabada la obra.

Con respecto a los ingresos debemos decir que, salvo casos muy concretos, en los que se puede cuantificar el beneficio que se obtendrá al realizar este proyecto, en la mayor parte de los casos será de difícil estimación por ser de carácter indirecto. Por ejemplo un beneficio de carácter social. De cualquier modo se explica todo aquello que pueda ser probado.

g) Justificación de la solución adoptada

Aunque ya se adelantó algo en el estudio de las alternativas posibles, es aquí donde el proyectista enumera todas las razones que demuestran que esa es la mejor solución. Se exponen las razones de índole legal, técnica, económica, social, ambiental, etc. También pueden ser razones importantes el presupuesto de las obras, los plazos de ejecución, los métodos de ejecución y las necesidades posteriores para la explotación y conservación.

h) Expropiaciones y servicios afectados

Se explica en este apartado todo lo referente a las expropiaciones necesarias, apoyándose en el anejo correspondiente de expropiaciones, destacando el tipo de terreno que se expropia. También se informa de aquellos servicios afectados por la obra, temporal o definitivamente, y su reposición o desvío según el caso.

i) Descripción de las obras

La descripción de la obra debe realizarse en el pliego de condiciones. Pero en la memoria se hace un resumen de tal forma que se puedan conocer, las partes más esenciales de la obra. Se describen de manera general sin entrar en detalles técnicos.

j) Condiciones facultativas

También es un apartado propio del pliego de condiciones, pero en la memoria se puede detallar aquellas normas de comportamiento y condiciones facultativas que sean más propias del proyecto en concreto. Estas condiciones pueden ser de tipo técnico, legal, económico y general.

k) Resumen de presupuestos

Como su propio nombre indica, aquí se presentan los resúmenes de *ejecución material, por contrata y total*. De este modo, se tiene información del coste de las obras sin entrar en el detalle que tienen los presupuestos.

l) Plan de obra
Consiste en realizar la programación de todas las actividades de la obra en el tiempo decidido para su ejecución. Suele presentarse en varios gráficos, uno de carácter general y otros por actividades concretas.

m) Índice del proyecto. Conclusiones
Además del índice, se incluye en este apartado un pequeño resumen de las características fundamentales del proyecto que permite conocer de una ojeada el alcance global de la solución al problema planteado.

También es el lugar para incluir la lista de colaboraciones de personas y empresas a la elaboración del proyecto, y en su caso de agradecimientos.

n) Listado de anejos
Aquí se presenta un índice de los anejos que acompañan a la memoria para facilitar la búsqueda de alguno en concreto.

Como dijimos antes, podemos dividir la memoria en dos partes. Uno, que es la propia *memoria* y dos, los *anejos*. Estos son el complemento justificativo de cualquier afirmación emitida en la Memoria. Los anejos según el proyecto pueden llegar a sumar cerca de un centenar. Vamos a comentarlos por apartados según el tema de que traten.

11.4.1.2 Lista de Anejos

a) Documentos
La ley y los artículos en los que se apoya la elaboración del proyecto
Los términos del encargo del proyecto y el pliego de bases del concurso si lo hubo
Lista de propietarios afectados
Documentos redactados con anterioridad que tengan relación con la obra
Etc.

b) Levantamiento topográfico
Datos para el replanteo
El plano topográfico estará con el resto de los planos del proyecto, pero aquí se incluyen los cálculos realizados, las coordenadas de las bases y vértices que se hayan utilizado y observado y las reseñas de todos ellos. Se incluye también una pequeña memoria de descripción de los trabajos, detallando los medios empleados.

c) Estudio geológico y geotécnico. Resultados de los ensayos
Se detallan cada uno de los sondeos y ensayos efectuados. También se incluye la cartografía geológica de superficie que esté publicada.

d) Estudio de alternativas

Es el conjunto de trabajos realizados a nivel de anteproyecto y que por su extensión no pueden venir reflejados en el documento correspondiente de la memoria.

e) Dimensionado y definiciones geométricas

Aquí se incluyen los cálculos realizados por el proyectista, en lo que se refiere a resistencia y dimensionado de las partes que componen la obra. Aquí se justifican todos los cálculos hidráulicos, eléctricos y mecánicos que sean necesarios para la determinación de secciones de tuberías, espesor de cables eléctricos, secciones de elementos estructurales y dimensiones de todo tipo a proyectar.

f) Estudio del comportamiento reológico de las cimentaciones

Es el estudio de las tensiones que se producen en las cimentaciones a lo largo del tiempo.

g) Comprobación de estabilidad

Son los cálculos de comprobación de estabilidad realizados para las distintas hipótesis de trabajo de las estructuras y de los taludes.

h) Cálculo de estructuras

Se define *estructura* como la distribución y orden de las partes de un edificio, pero también se admite el término para la distribución y orden de las partes que componen una obra de ingeniería. Es por esto que en este anejo se presentan los cálculos realizados para la armazón estructural de un edificio como para un muro o la losa de un puente.

i) Estudios estadísticos

Los datos históricos y estadísticos necesarios para la consecución del proyecto. Por ejemplo, datos sobre lluvias, caudales de ríos, tráfico de vehículos, número de habitantes, etc.

j) Estudios en modelos reducidos. Ensayos y pruebas

Es la descripción de las pruebas y ensayos realizados sobre modelos a escala de la obra a proyectar.

k) Estudio y cálculo de las instalaciones

En caso de que el proyecto incluya el montaje de las instalaciones, en este anejo aparecerán los cálculos necesarios.

l) Estudios económicos

En este anejo se presentan todas las hipótesis de partida y los resultados obtenidos del cálculo de las diferentes opciones escogidas para su estudio económico.

m) Estudios legales, sociales y ecológicos

En el caso de que así proceda pueden incluirse justificaciones de tipo legal, social o ecológico obligados para la consecución del proyecto.

n) Seguridad e higiene

En este anejo se analizan las medidas de seguridad necesarias para la ejecución de las obras. Actualmente la seguridad e higiene puede tratarse en un proyecto aparte con los mismos documentos de que consta un proyecto normal. Se le asigna un presupuesto aparte del de la obra.

11.4.2 Los planos

Son la representación numérico-gráfica de todos los elementos que plantea un proyecto. Esta representación gráfica debe ser lo suficientemente exhaustiva, como para que no queden dudas de como se debe construir la obra proyectada. Debe ir acompañada de la mayor cantidad posible de cotas y coordenadas, e incluso repetidas en planos distintos.

Tipos de planos:

a) Situación y emplazamiento

Son aquellos planos que muestran la ubicación de la obra en relación con su entorno. Suelen ser de escala pequeña.

b) Topografía y replanteo

Son todos los planos que sitúan su emplazamiento por coordenadas, e incluso marcan los puntos que son bases de replanteo. En muchas ocasiones todos estas coordenadas vienen en recuadros junto a los planos. Suele situarse sobre un plano topográfico de la zona con curvas de nivel.

c) Geología y geotecnia

Suelen ser planos en planta de la zona y cortes en alzado con la estructura geológica del terreno detallada. También se marcan en la planta los puntos donde se han realizado sondeos. Estos planos pueden ir incluidos en los anejos de la memoria.

d) Planta general

Indican a escala reducida el proyecto completo para poder observarlo en su conjunto.

e) Parcelarios y dominio público

Son los planos donde se justifican la superficie expropiada a las parcelas afectadas y la propiedad privada o de dominio público. Se suele utilizar la planta general superpuesta con el parcelario correspondiente.

f) Accesos

En obras de nueva ejecución y que no sean lineales se proyectan también los viales de acceso, casi independientemente del resto del proyecto. Se presenta una o varias plantas y perfiles longitudinales y transversales como si se tratara de un proyecto de carreteras. En ocasiones también se proyectan viales de acceso provisionales y desvíos temporales de carreteras existentes.

g) Plantas y secciones horizontales
Se refieren a planos en planta de partes distintas de la obra, a una escala lo suficientemente grande como para que, pudiéndose ver todo en un solo plano, puedan apreciarse la mayor cantidad posible de detalles.

h) Alzados
En ellos podemos ver las caras exteriores de la figura proyectada. A veces se fracciona en más de un plano si interesa que se vea con detalle.

i) Perfiles transversales y secciones
En el caso de una obra lineal vendrán un conjunto de planos referidos a los perfiles transversales cada x metros, abarcando toda la longitud de la obra.

Las *secciones* son siempre cortes verticales de cualquier figura proyectada, para poder observar su definición interna. Las escalas son variables en función del tamaño de la figura, pero contienen la mayor parte de la información geométrica.

No olvidemos en este apartado las *secciones tipo*, como representaciones genéricas de una forma que se repite en casi toda la obra proyectada.

j) Perfiles longitudinales
El perfil longitudinal es una sección paralela al alzado de mayor sección. Si se trata de una obra lineal se representa con escalas distintas en horizontal y vertical, y con una información suplementaria al pie del perfil, llamada guitarra.

k) Definiciones geométricas
Son representaciones en perspectiva, para aclarar dudas en figuras complicadas, que acotan y definen en las plantas y secciones correspondientes.

l) Detalles
Deben recoger todo aquello que haya podido quedar confuso por no ser esencial en otros planos o porque las escalas utilizadas en otros lugares no permitían una visión clara del tema. Lógicamente su escala será muy grande o al menos mayor que cualquier planta o sección.

m) Perspectivas y maquetas
Son poco utilizadas pero son necesarias en algunos casos.

n) Seguridad e higiene
Son planos que representan detalles concretos de la forma de trabajo cumpliendo las normas de seguridad.

11.4.3 El pliego de condiciones

Es el compendio de prescripciones a exigir por parte de la dirección de obra y el conjunto de especificaciones a cumplimentar por el contratista. Señala los derechos, las obligaciones y las responsabilidades mutuas entre *administración* y *contrata*.

El pliego define las obras a ejecutar, las condiciones de los materiales a emplear, las características de las instalaciones a disponer, los controles de calidad, las pruebas y ensayos, los métodos constructivos y la forma de medir, valorar y abonar todas las unidades de obra.

Partes de que consta el pliego de condiciones:

a) Descripción de las obras
Aquí se describe minuciosamente el conjunto de todas las obras que comprende el proyecto. Normalmente se sigue un desarrollo conceptual:
1. En el tiempo (por fases de ejecución).
2. En el espacio (por su ocupación física).
3. En su composición (por unidades distintas de obra).

b) Leyes. Disposiciones y normas
En este apartado se incluyen todas aquellas leyes y normas legales que afectan a la ejecución del proyecto.

c) Condiciones de los materiales
Se presenta un listado completo de los materiales básicos y elaborados, con sus definiciones concretas y condiciones a cumplimentar. El proyectista fija aquí los ensayos a que deben ser sometidos los materiales y la frecuencia en el tiempo y en el espacio.

También se marcan las tolerancias que deben cumplir dichos materiales, así como su recepción en obra, su acopio, su transporte y el control en fábrica.

d) Especificaciones de los materiales
Consiste en definir todos los controles y pruebas que deben establecerse para la recepción parcial y definitiva de los equipos e instalaciones del proyecto.

e) Prescripciones de la ejecución
En este apartado se detallan los procesos constructivos, los métodos a emplear y las exigencias en su ejecución.

f) Dirección de obra y control de calidad
La dirección de obra actúa con las competencias que este apartado le asigne, llegando incluso a suplir a la Propiedad en la toma de decisiones.

g) Medición y abono
La forma de medir cada unidad de obra viene consignada, así como su abono en certificaciones parciales.

h) Revisión de precios
Esto son unas fórmulas oficiales que aseguran que el coste de las obras será actualizado en función del decremento del valor adquisitivo de la moneda. Existe una fórmula para cada *unidad de obra*.

i) Recepción de obra y rescisión de contrato
Aquí se consignan las condiciones de la recepción provisional de la obra y el porcentaje de presupuesto que se reserva como garantía durante un tiempo determinado. Se marca, entonces, la fecha de recepción definitiva a la que también se llama liquidación.

11.4.4 Los presupuestos

Es el apartado donde se valora el coste de todas las acciones y obras que comporta el Proyecto. Para comprender mejor este apartado incluimos las siguientes definiciones:

Unidad de obra: Cada una de las distintas partes que se compone una construcción y que no tienen que ser necesariamente los materiales, si no un conjunto de ellos. Por ejemplo, metro lineal de muro de cerramiento de hormigón armado, de tantos metros de altura por tanto de espesor, ejecutado en obra.

Medición: Acción necesaria para el cálculo de las dimensiones de cada unidad de obra y el número de ellas.

Precio unitario: Coste directo de cada una de las *unidades de obra*, incluyendo los elementos que componen la misma: mano de obra, maquinaria, materiales, etc.

Apartados de que constan los presupuestos:

a) Mediciones y cubicaciones
Se detallan en sus respectivos cuadros de mediciones, todas las unidades que componen la obra.

b) Justificación de precios
Cada precio unitario debe ser desglosado en las partes que lo componen para el cálculo de su precio definitivo. Fundamentalmente se descompone en los siguientes sumandos:
1. Coste en origen o fábrica de los materiales y su transporte a obra
2. Coste de la mano de obra específica para cada material
3. Coste de la maquinaria necesaria para su colocación

c) Precios básicos

Es el precio de fábrica de los materiales incluido el transporte. Es decir, el primero de los factores de la justificación de precios. Pueden incluirse en la lista de precios básicos las *partidas alzadas* que se consideren. Esto se refiere a unidades de obra cuyo coste estimado es difícil de calcular.

Por último aquí faltarán los *precios contradictorios*, que son aquellos que no estando previstos en el proyecto se incluyen durante la ejecución.

d) Presupuesto de ejecución material

Es la suma de los productos resultantes de aplicar el precio unitario de cada *unidad de obra*, al número de cada una de ellas. Se suelen dividir en presupuestos parciales o capítulos, que aglutinan aquellas unidades de obra relacionadas entre sí.

e) Presupuesto de ejecución por contrata

Es el resultado de multiplicar el *presupuesto de ejecución material* por el coeficiente de contrata, que incluye los gatos generales del contratista, el beneficio industrial, los costes indirectos y los impuestos correspondientes. Suele oscilar entre el 15% y 30%.

f) Presupuesto total

Es la suma del *presupuesto de ejecución por contrata*, los costes de *dirección de obra* (del 3% al 5%) y de *control de calidad* (del 1 al 2%) y el IVA correspondiente. En algunos casos se incluyen los costes de dirección de obra y de control de calidad en el presupuesto de ejecución por contrata, con lo que estos gastos van a cargo del contratista.

g) Presupuesto general

Es la suma del presupuesto total y el de expropiaciones.

11.5 Propiedad, dirección de obra y contrata

La *Propiedad* es la entidad pública o privada que financia un determinado proyecto, el cual encarga su redacción, al proyectista o *director del proyecto.*

La *dirección de obra* es la persona o entidad que recibe el encargo de la *propiedad* de controlar la correcta ejecución de las obras. Es la principal responsable de la calidad, coste y plazo obtenidos, durante el desarrollo parcial y total de las construcciones objeto del proyecto. Es la representante de la propiedad frente al contratista. En algunos casos se da la circunstancia de que la persona que se encarga de la dirección de obra es el propio director del proyecto. También en muchos casos es la propiedad la que cubre el puesto de director de obra.

La *contrata* es la persona física o jurídica que se encarga de la ejecución real de las obras que conllevan el proyecto. Las obligaciones del contratista están contenidas en el pliego de condiciones del proyecto.

Toda relación *propiedad-contrata* debe ser canalizada a través del *director de obra*.

11.6 Subasta y concurso

Son los dos medios de que dispone la propiedad para adjudicar la ejecución de las obras. La presentación a un concurso por parte de las constructoras exige cumplir los requisitos del pliego de bases del concurso de obras. Uno de estos requisitos es la solvencia económica de las empresas. También se incluye en este pliego los criterios que van a determinar la elección de la empresa contratista. Estos pueden ser, desde la oferta más económica, hasta quién se aproxime más a la media de todas las ofertas, e incluso eliminando aquellas que sobrepasen un límite prefijado.

En ocasiones se plantean concursos denominados de proyecto y obra mediante un pliego de bases particular para el caso.

La subasta se distingue fundamentalmente del concurso por cuanto le da más importancia al aspecto económico. La oferta económica más baja será la ganadora, pero en muchos casos se desechan aquellas ofertas que superan la *baja temeraria*, por considerarse irrealizable la obra por ese precio.

12 Métodos de control para el estudio de desplazamientos y deformaciones

12.1 Introducción

Los movimientos que se pretenden controlar son siempre de pequeña envergadura. Estos pueden variar, según el objeto a controlar, entre la décima de milímetro y algunos centímetros. Desplazamientos tan pequeños obligan a trabajar con aparatos muy precisos y con métodos topográficos muy elaborados, sin embargo, hay que tener presente que los métodos topográficos no son los únicos que se emplean. Sino que son parte de un conjunto de mediciones, realizadas muchas con aparatos específicos como deformámetros, elongámetros, termómetros, etc.

Las variaciones en estos desplazamientos se suelen producir, en la mayor parte de los casos, en períodos de tiempo relativamente largos. Es decir, semanas, meses, incluso años. Podemos distinguir las *deformaciones* como movimientos relativos e internos de un objeto y los *desplazamientos* como movimientos absolutos de dicho objeto.

Los objetos a controlar son taludes y laderas, en los cuales se han detectado movimientos propios, y grandes estructuras, como son puentes, presas de embalses, grandes edificios, estructuras metálicas, etc.

12.2 Factores que intervienen en los desplazamientos y deformaciones.

Los taludes y las laderas pueden tener desplazamientos por causas naturales, generalmente por inestabilidades ya existentes, y también por la acción del hombre. Este es el caso de grandes excavaciones para minas y para obras de ingeniería.

En el caso de las estructuras los podemos clasificar siguiendo criterios más estrictos:[1]

---

[1] FONDELI "Procedimientos de topografía clásica y sistemas integrados de control para el estudio de movimientos y deformaciones" ,1990 (Topografía y Cartografía n°61)

1.   Estáticos y dinámicos
2.   Permanentes y variables
3.   Fijos y libres

1. Los factores estáticos son aquellos que, al ser aplicados a una estructura, no causan aceleraciones significativas en la totalidad o en parte de los elementos de dicha estructura. En el caso contrario se denominan factores dinámicos.

2. Los factores permanentes actúan prácticamente durante la totalidad de la vida de la estructura, con variaciones despreciables en su identidad. Por ejemplo, el peso de la estructura, el empuje del agua sobre una presa cuando esta actúa en un largo período de tiempo.

Los factores variables actúan sobre la estructura con impactos momentáneos, que difieren entre sí y que pueden ser tanto de larga como de corta duración. Estos últimos se refieren normalmente a las cargas móviles, a los terremotos y a la acción metereológica. Sin embargo, los cambios de temperatura pueden ser factores de período corto o largo, dependiendo de cada caso particular.

3. Esta diferencia se refiere a la distribución espacial con la que actúan los diversos factores. Se denominan fijos cuando su distribución espacial está previamente determinada, y libre en caso contrario.

Los desplazamientos pueden producir asentamientos, hundimientos, deslizamientos o vuelcos de la estructura. Las deformaciones pueden ser elásticas, remanentes o elasticoremanentes.

En este capítulo trataremos de una manera casi exclusiva el control en estructuras y especialmente de presas.

12.3 Métodos de control. Clasificación

Los métodos que vamos a ver a continuación nos permiten controlar el comportamiento de una estructura. Se utilizan conjuntamente y las conclusiones que se extraen permiten llegar una solución global.

I.   Geodésicos
      1.   Triangulación
      2.   Intersección directa
      3.   Itinerario planimétrico
      4.   Observación angular
      5.   Colimación
      6.   Nivelación
II.   Físicos
      1.   Péndulos

2.   Elongámetros
3.   Deformámetros
4.   Extensómetros
5.   Termómetros, filtraciones y aforos

12.4 Métodos geodésicos

Los métodos geodésicos permiten relacionar el movimiento de una parte de la estructura respecto a otra, y a su vez todo el conjunto con respecto al terreno sobre el que se apoya. Además pueden verificar la estabilidad del terreno en el entorno de la estructura.

12.4.1 Triangulación

a) Observación de la red

Los vértices de la triangulación serán los únicos puntos estacionables. Puesto que van a servir para realizar intersecciones directas sobre los puntos de control colocados sobre la estructura, deben ser un mínimo de cuatro para garantizar una intersección múltiple, con posibilidades de rechazar una visual defectuosa.

En la figura 12.1 podemos observar un ejemplo para el caso de cuatro vértices que sean visibles entre sí, y a su vez vean los tres puntos de referencia y todos los puntos de la estructura que halla que controlar. Esta intervisibilidad no se consigue en muchos casos por culpa de la orografía del terreno, y por esto es necesario poner más vértices. Los puntos de referencia son puntos situados sobre el terreno, alejados de la zona de influencia de la estructura a los cuales se les supone una estabilidad perfecta. El número de tres como mínimo también pretende asegurar la perdida o el desplazamiento accidental de una de ellos. Los puntos de referencia tienen como función principal asegurar la estabilidad de los vértices y, en el caso de detectar algún desplazamiento, darle nuevas coordenadas al vértice afectado.

Los vértices son puntos que, debido a la exactitud con la que se van a realizar mediciones desde ellos, deberán ser construidos con especiales cuidados. Son puntos con centraje forzoso, construidos sobre pilares de hormigón armado, y situados sobre rocas o terrenos estables. En muchos casos están protegidos por una caseta de obra, con ventanas orientadas en la dirección de las visuales.

Deben estar próximos a la estructura para asegurar errores pequeños en las intersecciones, lo mismo que las referencias. Su posición con respecto a los puntos de control debe ser la adecuada para conseguir buenos ángulos de intersección, al menos desde tres de los vértices. Además se debe evitar, dentro de lo posible, y para todos los casos, las visuales rasantes al terreno.

La medida de la base se realizará con todas las garantías. El distanciómetro deberá ser lo más preciso posible y las medidas se corregirán de presión y temperatura. Estos datos deben tomarse en ambos extremos de la base, tanto al principio como al final de la observación. La distancia se medirá cuatro veces desde ambos puntos. El momento adecuado es por la noche y, en su defecto, a último a hora de la tarde, que es cuando la variación del índice de refracción es más lineal entre ambos extremos de la medida.

La observación de la triangulación se realizará con todas las precauciones posibles. Los aparatos deben ser de alta precisión con apreciaciones inferiores al segundo. Como por ejemplo, el T3 de la Wild o el DKM3 de la Kern. También se utilizan hoy teodolitos electrónicos de similar apreciación y que permiten recolectar los datos mediante libreta electrónica.

Se realizarán entre 3 y 6 series por el *método de las series*, o si se considera conveniente por el *método de los pares sobre la referencia*. Si alguna de las vueltas de horizonte tiene errores de cierre superiores a

$$e \leq \sqrt{e_p^2 + e_l^2} \ \sqrt{2} \qquad\qquad (1)$$

(donde e_p es el error de puntería y e_l es el error de lectura), deberá repetirse la vuelta completa. Si en cada vuelta deben observarse más de 5 vértices, sería conveniente utilizar el *método mixto* (series más pares). Después de cada serie el aparato ha de ser revisado en su nivelación.

Hay que evitar los días excesivamente soleados que podrían afectar a las observaciones. E incluso evitar que el sol incida directamente sobre el aparato. Es recomendable dejar que el aparato adquiera la temperatura ambiente durante unos 15 minutos antes de empezar a trabajar.

Para poder observar las lecturas en el aparato con una luz más homogénea, se utiliza un equipo de iluminación interno. Puesto que con el espejo no es fácil esta homogeneidad y evitamos también al mismo tiempo posibles desajustes del aparato al ir tocando dicho espejo, ya que el instrumento ha de estar escrupulosamente nivelado.

Las observaciones de triangulación se repiten con menor frecuencia que las de intersección directa, imponiendo su periodicidad el ingeniero responsable del control de la estructura.

Recientemente se han realizado controles con distanciómetros de alta precisión, sustituyendo estos a las medidas angulares clásicas de la triangulación. Los resultados han sido muy satisfactorios, obteniéndose precisiones submilimétricas[2], aunque el alto coste del aparato pueda ser todavía un freno para su desarrollo.

También se han hecho estudios con GPS, obteniendo soluciones muy interesantes, que abren nuevas

---

[2] NUÑEZ, VALBUENA, VICENT, DÍAZ "Distanciometría submilimétrica en el control geodésico de la presa de El Atazar" 1992 (Topografía y Cartografía 49, 50 y 51)

perspectivas en este campo.[3]

b) Cálculo de la red

La geometría que forman los vértices de la triangulación, las referencias y los puntos de control es un condicionante importante a la hora de obtener resultados precisos. Por esta razón se realizan estudios del diseño de la red previos a su implantación. Se utilizan técnicas de simulación de redes mediante ordenador, al cual se le imponen las precisiones que pueden esperarse de los instrumentos de medida y de los métodos de observación. Se resuelve entonces un sistema de ecuaciones por el método de mínimos cuadrados. Aquellos puntos de referencia, vértices y puntos de control que el estudio considere en mala posición deberían desplazarse, siempre y cuando las circunstancias del entorno lo permitan.

Pero, centrándonos en el cálculo de las observaciones de la red, primeramente deberemos corregir y reducir la medida de la base. Para ello deberemos haber obtenido el desnivel entre los dos puntos por nivelación geométrica, y en su defecto por trigonométrica realizando la observación cenital por recíprocas y simultáneas. Además se debe realizar la corrección por refracción.

Por lo que se refiere a las medidas angulares para una red ya situada, se nos van a crear tres tipos de ecuaciones. Para las visuales en las que interviene el punto de partida, tendremos las correspondientes ecuaciones de intersección directa e inversa.

$$\frac{Y_{P'}-Y_A}{D_A^{P'2}}\,dX - \frac{X_{P'}-X_A}{D_A^{P'2}}\,dY + (\theta_A^{P'} - \theta_A^{P}) = v_A^P$$

$$\text{- -} \tag{1}$$

$$\frac{Y_A-Y_{P'}}{D_{P'}^{A2}}\,dX - \frac{X_A-X_{P'}}{D_{P'}^{A2}}\,dY + (\theta_{P'}^A - L_P^A) - \Sigma_P = v_P^A$$

$$\text{- -}$$

También tendremos visuales entre puntos desconocidos. Para dos puntos A y B desconocidos, de los cuales disponemos de sus coordenadas aproximadas y las lecturas horizontales entre ellos tendremos las siguientes ecuaciones

$$-\frac{Y_{B'}-Y_{A'}}{D_{A'}^{B'2}}\,dX_{A'} + \frac{X_{B'}-X_{A'}}{D_{A'}^{B'2}}\,dY_{A'} + \frac{Y_{B'}-Y_{A'}}{D_{A'}^{B'2}}\,dX_{B'} - \frac{X_{B'}-X_{A'}}{D_{A'}^{B'2}}\,dY_{B'} + (\theta_{A'}^{B'} - L_A^B) - \Sigma_A = v_A^B$$

$$\frac{Y_{A'}-Y_{B'}}{D_{B'}^{A'2}}\,dX_{A'} - \frac{X_{A'}-X_{B'}}{D_{B'}^{A'2}}\,dY_{A'} - \frac{Y_{A'}-Y_{B'}}{D_{B'}^{A'2}}\,dX_{B'} + \frac{X_{A'}-X_{B'}}{D_{B'}^{A'2}}\,dY_{B'} + (\theta_{B'}^{A'} - L_B^A) - \Sigma_B = v_B^A \tag{2}$$

---

[3] LEACH, HYZAK "Uso del GPS en el control de deformaciones de un puente colgante (USA) " 1995 (Topografía y Cartografía 67)

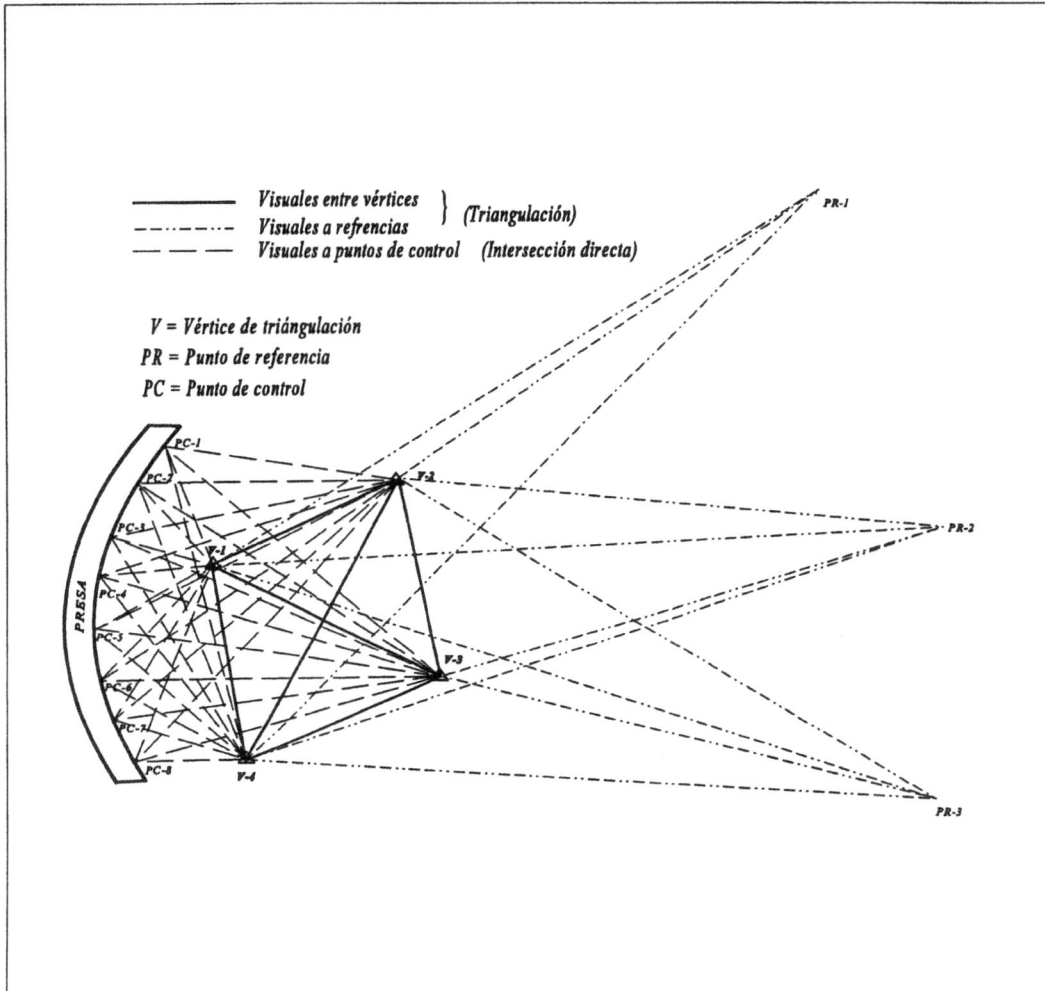

Fig. 12.1

Si el sistema lo resolvemos mediante

$$X = (A^T P A)^{-1} A^T P u = N^{-1} A^T P u \qquad (3)$$

siendo X la matriz de la incógnitas, A la matriz de los coeficientes de las incógnitas, P la matriz de los pesos y u la matriz de los términos independientes. La matriz P suele ser función de las distancias de cada una de las visuales.

Para comprender lo que sigue vamos a suponer que la matriz A tiene las columnas ordenadas del siguiente modo:

$$dx_1 \qquad dy_1 \qquad \Sigma_1 \qquad dx_2 \qquad dy_2 \qquad \Sigma_2 \qquad \ldots \qquad dx_n \qquad dy_n \qquad \Sigma_n$$

Para calcular el intervalo de confianza de las coordenadas y de la desorientación hallamos primeramente el error medio cuadrático

$$e_c = \sqrt{\frac{\Sigma v_i^2}{n-h}}\tag{4}$$

Donde v_i son los residuos. Y n y h son el número de ecuaciones y el número de incógnitas respectivamente.

$$e_t = 2.5\, e_c\tag{5}$$

e_t es el error total máximo y es el que nos permite rechazar aquellas ecuaciones cuyos residuos superen dicho e_t, debiendo entonces comenzar nuevamente el cálculo.

Los intervalos de confianza para cada uno de los resultados dx, dy y Σ_p son los siguientes:

$$e_{\bar{x}} = t\, e_c\sqrt{Q_{11}} \qquad e_{\bar{y}} = t\, e_c\sqrt{Q_{22}} \qquad e_{\Sigma_p} = t\, e_c\sqrt{Q_{33}}\tag{6}$$

Donde:

e_c es el error medio cuadrático.

t es el término de la tabla de *Students* a partir del grado de libertad (n-h) y un porcentaje que es límite de confianza que se sitúa generalmente en el 95% para este tipo de trabajos.

$Q_{11}\ Q_{22}\ Q_{33}$: Corresponden a los elementos de la matriz Q que es igual a la inversa de **N**.

Así nos quedará finalmente que

$$\left.\begin{array}{l} X_{\bar{p}} = X_{\bar{p}} \pm e_{c_{\bar{x}}} \\ Y_{\bar{p}} = Y_{\bar{p}} \pm e_{c_{\bar{y}}} \\ \Sigma_{\bar{p}} = \Sigma_{\bar{p}} \pm e_{c_{\Sigma_{\bar{p}}}} \end{array}\right\}\tag{7}$$

Ahora vamos a calcular la elipse de error. Partimos de la matriz Q

$$N^{-1} = (A^T A)^{-1} = \begin{bmatrix} Q_{xx_{(P_1)}} & Q_{xy_{(P_1)}} & \cdots & \cdots & \cdots & \cdots & \cdots & \cdots & \cdots \\ Q_{xy_{(P_1)}} & Q_{yy_{(P_1)}} & \cdots & \cdots & \cdots & \cdots & \cdots & \cdots & \cdots \\ \cdots & \cdots & \cdots & Q_{xx_{(P_2)}} & Q_{xy_{(P_2)}} & \cdots & \cdots & \cdots & \cdots \\ \cdots & \cdots & \cdots & Q_{xy_{(P_2)}} & Q_{yy_{(P_2)}} & \cdots & \cdots & \cdots & \cdots \\ \cdots & \cdots & \cdots & \cdots & \cdots & \cdots & Q_{xx_{(P_n)}} & Q_{xy_{(P_n)}} & \cdots \\ \cdots & \cdots & \cdots & \cdots & \cdots & \cdots & Q_{xy_{(P_n)}} & Q_{yy_{(P_n)}} & \cdots \end{bmatrix}\tag{8}$$

Las submatrices presentadas son las correspondientes a cada uno de los puntos incógnitas (P_1, P_2 ... P_n) en la triangulación. Tomamos para cada punto su submatriz Q_{xx} Q_{yy} cuyos elementos utilizaremos en todo el cálculo siguiente.

$$Q_{uu}(max) = \frac{Q_{xx} + Q_{yy} + W}{2} \qquad Q_{uu}(min) = \frac{Q_{xx} + Q_{yy} - W}{2} \qquad (9)$$

$$W = \sqrt{(Q_{xx} - Q_{yy})^2 + 4Q_{xy}} \qquad (10)$$

Si llamamos m al error medio cuadrático definido por la expresión (5)

$$m_{max} = m\sqrt{Q_{uu}(max.)} \qquad m_{min} = m\sqrt{Q_{uu}(min.)} \qquad (11)$$

Con lo cual los semiejes de la elipse son:

$$a_{(eje\ mayor)} = m_{max}\cdot t \qquad b_{(eje\ menor)} = m_{min.}\cdot t \qquad (12)$$

Donde el término t es el comentado en el apartado anterior.

Nos falta conocer la orientación de la elipse

$$tg\ 2\theta = \frac{2Q_{xy}}{Q_{yy} - Q_{xx}} \qquad (13)$$

Para saber si la solución que se obtiene en esta ecuación se refiere al eje mayor o al menor, debemos introducir ϑ y $\vartheta+100$ en la siguiente expresión

$$Q_{uu} = sen^2\theta\ Q_{xx} + 2\ sen\theta\ cos\theta\ Q_{xy} + cos^2\theta\ Q_{yy} \qquad (14)$$

Aquella de las dos soluciones que sea igual a $Q_{\{uu\}}$ (max.) será la que definirá la dirección del eje mayor de la elipse.

12.4.2   La intersección directa

Es el método utilizado para observar los puntos de control situados sobre la estructura. En la figura 12.1 las visuales desde los vértices *V* a los puntos de control *PC*. Estos suelen consistir en pequeñas dianas de unos pocos centímetros de diámetro con un punto de 1 a 2 milímetros de diámetro en su centro. El entorno de la diana se pinta de blanco para facilitar la puntería.

Se sitúan sobre la estructura siguiendo el criterio del ingeniero responsable de la auscultación y se observarán en el momento y con la periodicidad que este decida.

Como ya dijimos, las distancias entre los vértices y los puntos de control, no debe ser muy grande para que la intersección no tenga un error excesivamente grande. Esto podemos verlo en el error máximo de la intersección directa

$$e_{max} = \frac{L \; e_a}{sen \; \alpha/2} \tag{15}$$

Las observaciones se realizarán por el mismo método que la triangulación. Normalmente suele haber muchos puntos, con lo que es necesario utilizar el método mixto. En principio no deben admitirse más de 10 puntos en cada vuelta de horizonte. Al aplicar el método de intersección directa debemos tener presente que cada punto debe tener un mínimo de tres visuales para poder obtener comprobación.

Para el cálculo se utilizan los mínimos cuadrados aplicando la ecuación ya conocida de

$$\frac{Y_{P'}-Y_A}{D_A^{P'2}} \; dX - \frac{X_{P'}-X_A}{D_A^{P'2}} \; dY + (\theta_A^{P'} - \theta_A^P) = v_A^P \tag{16}$$

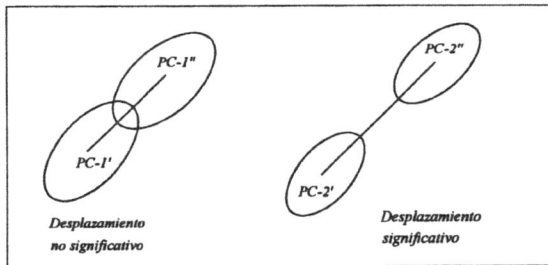

Fig. 12.2

Cada punto se resuelve mediante la expresión (12.5), aplicando todo lo dicho en el cálculo de la triangulación. Como resultado obtendremos una posición del punto que comparada con la situación que tenía la vez anterior que se observó, nos dará lo que llamaremos el *vector desplazamiento* (Fig. 12.2). Observemos que en esta figura el primer caso el *vector desplazamiento* no es significativo, puesto que las elipse de error de ambos puntos definen un margen de indeterminación superior al propio desplazamiento.

Una vez obtenidos todos los vectores desplazamientos se pueden dibujar sobre una figura de la estructura y analizar el resultado en su conjunto (Fig. 12.3).

12.4.3 Itinerario planimétrico

a) Observación

Son itinerarios de precisión. Se utilizan para el control de puntos que no pueden ser observados desde la red geodésica. Generalmente en las galerías interiores de una presa, que la atraviesan de lado a lado.

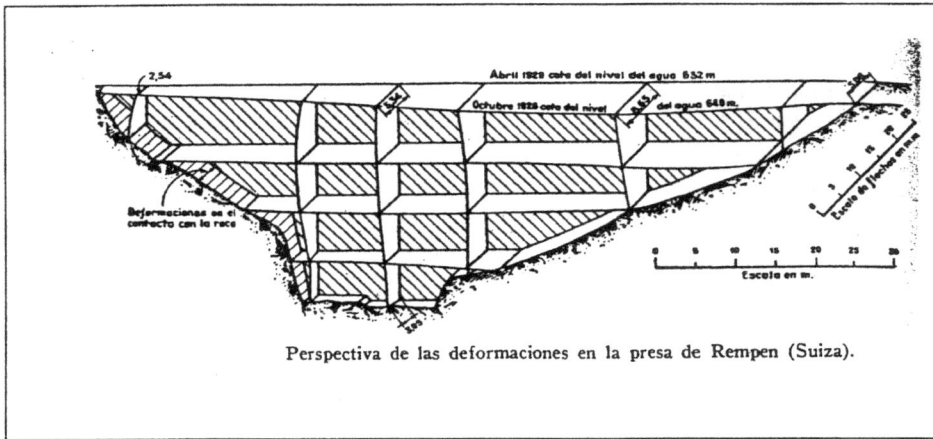

Perspectiva de las deformaciones en la presa de Rempen (Suiza).

Fig. 12.3

Son puntos colocados sobre pilares con centraje forzoso. Los puntos inicial y final están colocados en sitios alejados de la influencia de la presa, y con garantías de estabilidad, lo mismo que sus respectivas referencias. En muchos casos, al estar en zonas profundas, quedan totalmente aislados del exterior, con lo cual no tienen conexión con la red geodésica. Por esta razón, para no dejarlo como un control aislado, también se busca la observación desde la poligonal a los hilos de los péndulos y así enlazar ambos controles.

La observación angular se hace con gran cuidado midiendo repetidamente en círculo directo e inverso. Se puede mejorar la medida si se visa angularmente a los dos puntos anteriores y a los dos posteriores. En este caso, en los lugares donde no sea posible se duplican el número de observaciones angulares para compensar, al menos parcialmente.

La puntería se hace sobre *conos de puntería*, y para visuales próximas (40 m o menos), sobre las *esferas de puntería*. Sobre estas últimas la colimación se hace, con el hilo vertical del retículo, a ambos lados de la esfera. La lectura correcta, entonces, es el promedio de las dos. Todos los mecanismos de puntería deberán tener el mismo sistema de centraje sobre el pilar, que los aparatos.

Las distancias se tomarán con distanciómetro de precisión o con *hilo invar*, puesto que las distancias suelen ser pequeñas. Para la corrección meteorológica se medirá presión y temperatura, en ambos extremos de cada medida, salvo cuando los lados sean cortos en cuyo caso se tomarán en el medio.

Para reducir las distancias, se tienen que nivelar los puntos mediante nivelación geométrica, aunque no hace falta que sea de precisión.

b) Cálculo

Hay que plantearse dos posibilidades. Una, que lo consideremos como un itinerario convencional. Y dos, que lo hayamos observado tal como se comentó en el apartado anterior visando a los dos puntos anteriores y a los dos posteriores. En este último caso se trata de una situación similar a la triangulación y se resuelve tal como comentamos en su momento.

En el primer caso se calcula por el método de *ecuaciones de condición*, para la cual planteamos las ecuaciones siguientes

$$
\begin{aligned}
&v_1 + v_2 + \ldots + v_n + \omega = 0 \\
&\lambda_1 sen T_1 + \lambda_2 sen T_2 + \ldots + \lambda_{n-1} sen T_{n-1} + v_1(Y_n - Y_1) + v_2(Y_n - Y_2) + \ldots + v_{n-1}(Y_n - Y_{n-1}) + \omega_X = 0 \\
&\lambda_1 cos T_1 + \lambda_2 cos T_2 + \ldots + \lambda_{n-1} cos T_{n-1} - v_1(X_n - X_1) - v_2(X_n - X_2) - \ldots - v_{n-1}(X_n - X_{n-1}) + \omega_Y = 0
\end{aligned}
\tag{17}
$$

Donde v_i y λ son los ajustes a realizar al acimut y a la distancia, respectivamente, de cada uno de los tramos. T_i son los sucesivos acimutes, X_i Y_i son las coordenadas aproximadas de los puntos del itinerario, calculadas a partir de los datos de campo sin compensar. Por último ω, ω_x, ω_Y son los cierres angular, en X y en Y respectivamente. Recordando que para calcular los dos últimos no debemos compensar antes los acimutes.

Para el cálculo matricial aplicaremos

$$
\begin{aligned}
k &= (A^T P^{-1} A)^{-1}(-\omega) \\
v &= P^{-1} A k = P^{-1} A (A^T P^{-1} A)^{-1}(-\omega) \\
\overline{X} &= u + v = u + P^{-1} A (A^T P^{-1} A)^{-1}(-\omega)
\end{aligned}
\tag{18}
$$

El error medio cuadrático es en este caso será

$$
e_c = \sqrt{\frac{\sum v_i^2}{h}}
\tag{19}
$$

Necesitamos entonces calcular la matriz

$$
Q = I - A(A^T A)^{-1} A^T
\tag{20}
$$

Y si se aplican pesos

$$Q = P^{-1} - P^{-1}A(A^{T}P^{-1}A)^{-1}A^{T}P^{-1} \tag{21}$$

El intervalo de confianza de cada uno de los resultados vendrá dado por las expresiones similares a las de (12.7)

$$e_{\bar{x}_1} = t\,e_c\sqrt{Q_{11}} \qquad\qquad e_{\bar{x}_2} = t\,e_c\sqrt{Q_{22}} \qquad\qquad \dots \qquad\qquad e_{\bar{x}_i} = t\,e_c\sqrt{Q_{ii}} \tag{22}$$

Siendo Q_{ii} los elementos de la diagonal principal de la matriz Q.

12.4.4 Observación angular

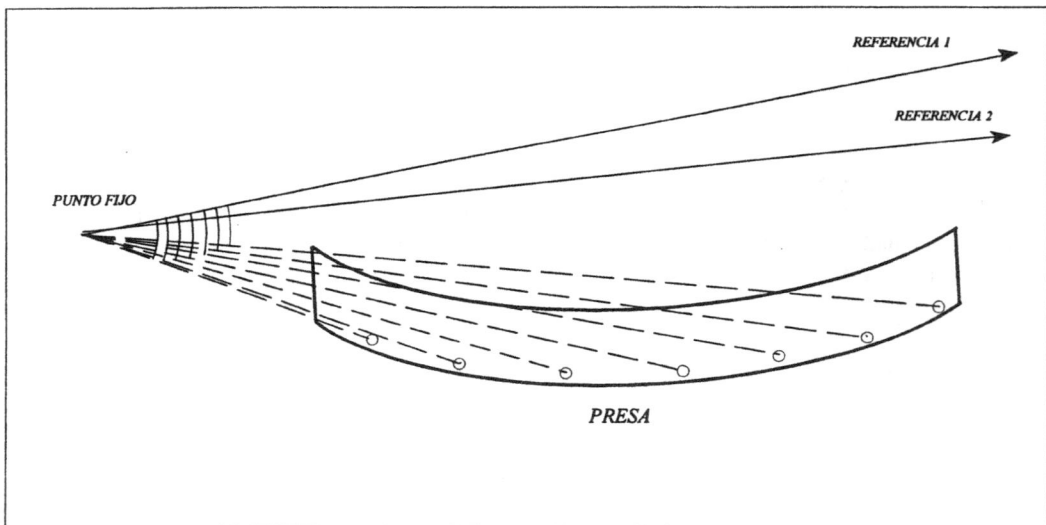

Fig. 12.4

Consiste en observar puntos de la estructura a partir de la medida de un ángulo desde un punto fijo y visando a una referencia también fija (Fig. 12.4). Para asegurar la estabilidad de los puntos fijos es conveniente que se observe a una segunda referencia. De este modo, si alguno sufriera un desplazamiento, se podría conocer gracias a los otros dos. El punto de estación tendrá que ser un pilar con mecanismo de estacionamiento forzoso. Las dos referencias bastaría con que fueran unas señales de puntería colocadas sobre roca, por ejemplo.

La medida de los ángulos se realiza repetidamente con regla de Bessel, con un teodolito de precisión.

Deberán tomarse todas las precauciones comentadas en el apartado de triangulación.

Las distancias se miden inicialmente con distanciómetro sin ser necesario que este sea de precisión. Esto es así puesto que lo que se pretende controlar es el desplazamiento perpendicular a la visual desde el punto fijo, con lo cual la imprecisión en la medida de la distancia resultará poco significativa. Naturalmente si se dispusiera de un distanciómetro de precisión podría tomarse la medida cada vez, y obtener una posición absoluta del punto.

Este tipo de control se utiliza en las coronaciones de presas de bóveda, o en aquellas estructuras donde no se pueda aplicar el método que vamos a ver a continuación.

12.4.5 Colimación

Consiste en analizar el desplazamiento, de algunos centímetros como mucho, mediante el control de dicho movimiento sobre una línea fija. Dicha línea la definen dos puntos situados en ambos extremos de la estructura, fuera de la influencia de esta y sobre terreno estable. Uno de ellos debe ser un pilar, como en el caso anterior, sobre el cual se pueda realizar estacionamiento forzoso (Fig. 12.5).

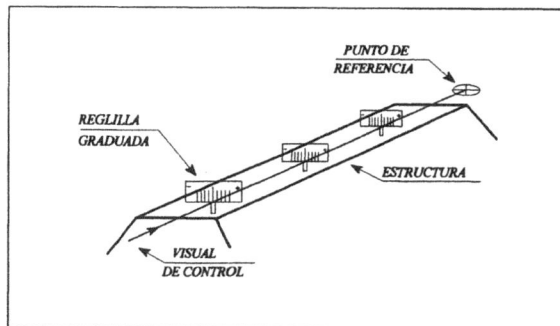

Fig. 12.5

Dado que el método no pretende medir ángulos, bastará con un teodolito cuyo anteojo tenga los aumentos necesarios.

Para tomar la medida del desplazamiento se utilizan unas reglillas graduadas que se colocan sobre unos puntos fijos de la estructura. Estas se pueden desplazar a izquierda y derecha y se hace coincidir el eje de la mirilla con el eje marcado por el teodolito. El desplazamiento de la mirilla es medido mediante un tornillo micrométrico.

12.4.6 Nivelación

Hasta ahora hemos estudiado métodos de control de los desplazamientos bidimensionales, en X e Y.

Para la Z debemos utilizar métodos de similar precisión. Esto solo lo conseguiremos con la nivelación geométrica, y esta además de alta precisión.

Los instrumentos son niveles de mayor sensibilidad en su horizontabilidad y provistos de una placa de láminas plano-paralelas. Con estos aparatos se puede apreciar la centésima de milímetro, leída sobre una mira Invar.

Los puntos de control son clavos de acero de cabeza redondeada, clavados en el hormigón de la estructura. Suelen estar protegidos por una caja metálica con tapa. En el caso de la presa se colocan, tanto en la coronación como en las galerías subterráneas que la atraviesan.

La observación se realiza con todos los cuidados que la calidad de la medida requiere. El aparato debe ambientarse antes de empezar a trabajar. El método de nivelación es el del punto medio, y este se obtiene con precisión decimétrica. La separación entre miras será inferior a 30 metros y si hay que hacer algún cambio intermedio entre dos punto de control, utilizaremos una plataforma de apoyo para mira. Se comienza a leer inmediatamente después de nivelarlo, puesto que es muy sensible y se descala con facilidad. En días soleados debe protegerse con una sombrilla, incluso durante los cambios de estación. La mira lleva dos patas ajustables y un nivel esférico para verticalizarla. El tambor del micrómetro del nivel permite leer dos lecturas sobre la mira, una correspondiente a la escala de la derecha y otra a la de la izquierda. La diferencia entre ambas es una constante y nos permitirá garantizar la bondad de las lecturas.

La nivelación debe partir de un punto fijo, ajeno al movimiento de la estructura, y llegar a otro de iguales características.

12.5 Métodos Físicos

Los métodos físicos son los que estudian el movimiento de una estructura analizando medidas no exclusivamente métricas. En principio se salen del marco de este libro, pero es conveniente tener un conocimiento mínimo sobre la función de cada uno de ellos, así que a continuación describiremos brevemente cada uno de los enumerados en la clasificación. Es importante reseñar que los métodos aquí descritos son algunos de los que se utilizan en una presa. Algunos de ellos sirven también para otros tipos de estructuras.

a) Péndulos

Los péndulos sirven para determinar los desplazamientos horizontales de cualquier tipo de estructura. Existen dos tipos distintos según su colocación: directos e invertidos. Los primeros, llamados también de gravedad, responden a la posición convencional de un péndulo. Los segundos, como su propio nombre indica, tiene colocado el punto fijo abajo y el móvil arriba en un flotador sobre un tanque de agua (Fig. 12.6).

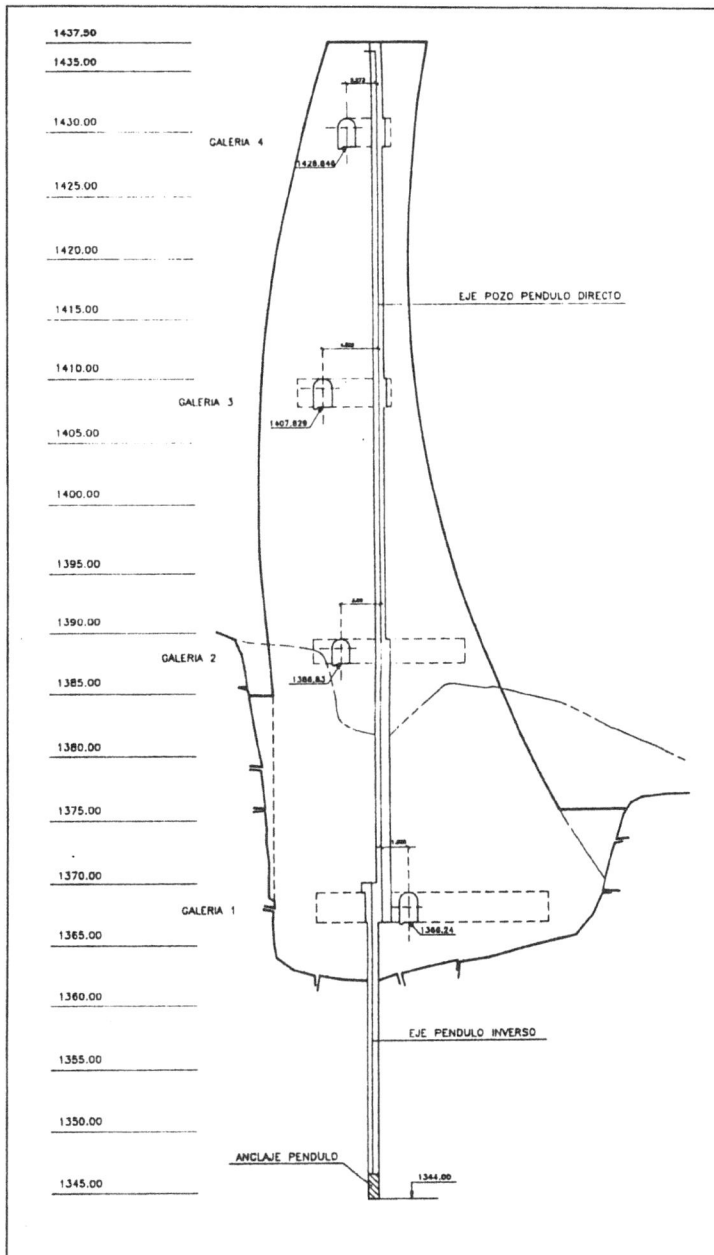

Fig. 12.6

Existen aparatos que permiten la medida sobre el hilo del péndulo con precisiones del orden de 1/50 mm. Los hay de dos tipos: *ópticos* en cuyo caso realizan la medida con un micrómetro y pueden ser o no transportables y *eléctricos*. Estos últimos permiten mandar la información a la central en donde se recogen los datos. Obsérvese en la figura 12.6, que se toman medidas a diversas alturas de la presa y que están conectadas con galerías por las cuales pueden ir itinerarios planimétricos y ser observados desde ellos.

b) Elongámetros

Se colocan en las uniones entre hormigón y roca y permiten conocer el comportamiento de la unión entre ambos materiales. Cada elongámetro consta de tres varillas que penetran en la roca a diferentes longitudes. De este modo se analiza el comportamiento de la roca en los estratos próximos al hormigón. Desde el interior de la presa se accede a los aparatos de lectura, situados en los extremos de las varillas, por unas galerías. En cada punto de control se sitúan dos elongámetros con distinta orientación.

c) Deformámetros

Miden los desplazamientos que se producen entre dos bloques de hormigón contiguos. Si son *lineales* miden la apertura y cierre de las juntas. Si son *tridimensionales* pueden medir los movimientos en tres direcciones perpendiculares. Se colocan unos pernos clavados en el hormigón a ambos lados de la junta de tal manera que puedan estudiarse los movimientos entre estos. El *deformámetro* para medidas lineales es un aparato transportable que tiene una varilla Invar, y que permite medir distancias entre dos puntos muy próximos (hasta 50 cm) con una precisión de 0.002 mm. El que se utiliza para medidas tridimensionales, puede medir longitudes de 10 mm con precisión de 0.01 mm. También es transportable.

d) Extensómetros

Se colocan dentro del hormigón durante la ejecución y permiten conocer las dilataciones y retracciones que sufre el hormigón posteriormente cuando se le somete a un esfuerzo. Están en grupos de entre cuatro y nueve, de forma radial a 45 ° con los otros. Este conjunto de extensómetros se les llama *roseta extensométrica*. Los aparatos son eléctricos y envían la señal por cable a las terminales distribuidas en la presa, realizándose aquí las medidas de cada extensómetro, uno a uno.

e) Termómetros, filtraciones y aforos

Los termómetros informan de la temperatura interna del hormigón y del agua. Junto con el resto de los datos procedentes de otras medidas, se puede conocer el estado físico de la presa.

El control de las filtraciones, y sobre todo el caudal de estas nos permite saber el grado de impermeabilización de la presa. Los vertederos aforadores son puntos de paso forzado del agua en los cuales, mediante una escala específica, se puede calcular el caudal del agua. Según su forma pueden ser rectangulares, triangulares o circulares.

La medida de los aforos del río aguas arriba de la presa y aguas abajo es un dato importante a la hora de analizar el estado físico de la presa en función del caudal del agua. Para su medida se utilizan *molinetes*. Estos constan de una hélice cuyo número de vueltas es posible conocer. Gracias a este dato puede calcularse el caudal en el punto en el que se sumergió el molinete.

13 Características y aspectos geométricos de diferentes tipos de obras

13.1 Introducción

En este capítulo hablaremos de distintos tipos de obras y de sus características principales, sin entrar a pormenorizar. Se pretende dar unas ideas generales al respecto de cada tipo de obra, que puedan servir de base a la persona que se encuentra con una circunstancia nueva dentro de su experiencia profesional. Como veremos en la siguiente clasificación, las posibilidades son muchas y, aunque tiene muchos puntos en común, hay aspectos que las diferencian y que son los que hacen también que el trabajo en obra ofrezca nuevos retos a los que enfrentarse en la vida profesional. La propia clasificación, de por sí, servirá para dar idea de lo variada e interesante que puede ser la topografía en obra.

Algunos tipos de obras bien porque ya han sido suficientemente explicados en capítulos anteriores, bien porque el parecido con otras obras es mucho, serán obviados expresamente.

13.2 Clasificación

Podemos clasificarlas desde un punto vista geométrico muy general en obras lineales y no lineales.

Obras lineales:
1. Obras de carreteras
    1.1 Autopistas y autovías
    1.2 Carreteras
    1.3 Enlaces
    1.4 Ensanche y mejora de carreteras actuales
2. Obras de ferrocarriles
3. Obras hidráulicas
    3.1 Conducciones a cielo abierto
    3.2 Conducciones enterradas

    3.2.1 Para riego y suministro

    3.2.2 Para saneamiento y drenaje

   3.3 Protección y canalización de cursos de agua

   3.4 Modificación del trazado de cursos de agua

4. Conducciones enterradas

   4.1 En tubo

    4.1.1 Gas

    4.2.2 Otras

   4.2 En cable

    4.2.1 Teléfonos

    4.2.2 Energía

5. Conducciones aéreas

6. Servicios afectados

Obras no lineales:

1. Edificios

   1.1 Residenciales

    1.1.1 Viviendas aisladas

    1.1.2 Viviendas en bloque

   1.2 No residenciales

    1.2.1 Oficinas y centros comerciales

    1.2.2 Naves industriales

    1.2.3 Fábricas

    1.2.4 Estadios y edificios de instalaciones deportivas

    1.2.5 Estaciones de ferrocarril

    1.2.6 Terminales de aeropuertos

    1.2.7 Estaciones de autobuses

    1.2.8 Escuelas

    1.2.9 Hospitales

   1.3 Obras de rehabilitación de edificios antiguos

2. Urbanizaciones

   2.1 Residenciales

   2.2 Industriales

3. Obras marítimas

   3.1 Obra portuaria

   3.2 Obra de dinámica litoral

   3.3 Obra *Offshore*

   3.4 Emisarios submarinos

4. Obras singulares

   4.1 Puentes y viaductos

   4.2 Túneles

13.3 Obras lineales

13.3.1 Obras de carreteras

Las carreteras han sido tratadas ampliamente en todo el libro, con lo que no es necesario hablar más sobre ellas. Únicamente expondremos aquí las características que distinguen a la autopista de la autovía y de la carretera, que según el Borrador de la Norma 3.1-IC son las siguientes:

Autopista: *a*) Calzadas separadas para cada sentido de circulación

            b) Sin cruces a nivel: todos los nudos son enlaces

            c) Limitación total de accesos: calzadas de servicio conectadas con el tronco solo a través de los enlaces

            d) Uso exclusivo de automóviles

Autovía: *a*) Calzadas separadas para cada sentido de circulación

            b) Sin cruces a nivel: todos los nudos son enlaces

            c) Limitación parcial de accesos: calzadas de servicio conectadas con el tronco a través de los enlaces, o a través de entradas o salidas específicas situadas a más de 1.2 Km en las salidas o 1.5 Km en las entradas

            d) Puede ser reservada al uso exclusivo de automóviles

Vía rápida: *a*) Calzada única para ambos sentidos de circulación

            b) Sin cruces a nivel: todos los nudos son enlaces

            c) Limitación total de accesos: calzadas de servicio conectadas con el tronco solo a través de los enlaces

            d) Uso exclusivo de automóviles

Carretera convencional: Serán aquellas que no reúnan las condiciones de las tres anteriores. Para el caso de carreteras convencionales en zona urbana se pueden distinguir:

Vía arterial
Calle colectora
Calle local

Para cualquier tipo de carretera, hay que mencionar las obras de fábrica para el drenaje de las zonas afectadas por el paso de la obra. En la figura 13.1 pueden verse algunos ejemplos.

Un comentario aparte necesita el apartado de *Ensanche y mejora de carreteras actuales*. Las carreteras antiguas pueden presentar deficiencias en el firme y/o en la geometría de la vía. Esto afecta a la calzada, que resulta deformada por el paso de vehículos, y a las curvas que tienen radios muy pequeños. Si se quiere mejorar las condiciones de circulación, sin realizar un nuevo trazado, se tiene que proyectar una nueva rasante ajustada sobre la existente, con los peraltes modificados, con lo que se evitan separaciones muy grandes con la rasante actual. Si la carretera vieja no tiene arcenes, o estos son muy pequeños, puede plantearse el ensanche de estos con lo que la plataforma debe ser incrementada, por lo que se

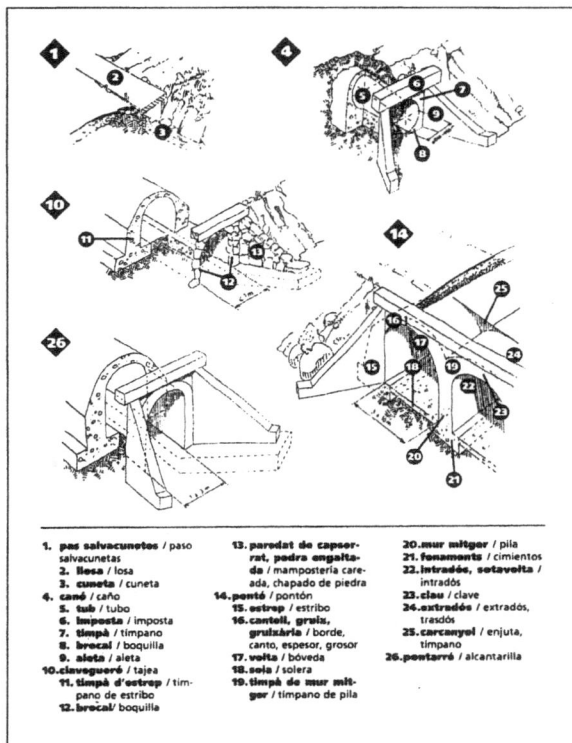

1. **pas salvacunetes** / paso salvacunetas
2. **llosa** / losa
3. **cuneta** / cuneta
4. **canó** / caño
5. **tub** / tubo
6. **imposta** / imposta
7. **timpà** / tímpano
8. **brocal** / boquilla
9. **aleta** / aleta
10. **clavegueró** / tajea
11. **timpà d'estrep** / tímpano de estribo
12. **brocal** / boquilla
13. **paredat de capsor-rat, padra engalta-da** / mampostería care-ada, chapado de piedra
14. **pontó** / pontón
15. **estrep** / estribo
16. **cantell, gruix, gruixària** / borde, canto, espesor, grosor
17. **volta** / bóveda
18. **sola** / solera
19. **timpà de mur mit-ger** / tímpano de pila
20. **mur mitger** / pila
21. **fonaments** / cimientos
22. **intradós, sotavolta** / intradós
23. **clau** / clave
24. **extradós** / extradós, trasdós
25. **carcanyol** / enjuta, tímpano
26. **pontarró** / alcantarilla

Fig. 13.1 *(Procedente del Diccionari visual de la construcció)*

producirá un aumento de la explanación y las consiguientes expropiaciones de las franjas de terreno afectadas a cada lado. Si se pretende mejorar el trazado de las curvas de radio pequeño, debe recurrirse a lo comentado en el apartado 5.4.5. En cualquier caso el trabajo topográfico consistirá en un levantamiento detallado de la carretera y de los laterales, en un ancho lo suficientemente grande para asegurar el encuentro de la cabeza de terraplén o el pie de desmonte.

13.3.2 Obras de ferrocarriles

El tema es excesivamente extenso como para tratarlo aquí con la profundidad que merece. Por eso hablaremos de un caso concreto que nos servirá como ejemplo. Lo comentado a continuación ha sido aplicado en el tren de alta velocidad Madrid-Sevilla. Por lo que respecta a la nomenclatura específica, pueden verse algunos aspectos en las figuras 13.2 y 13.3.

Se trata de una línea férrea de doble vía cuya sección tipo consiste en una rasante de explanación que vierte a dos aguas hacia el exterior con el 4%. Sobre ella se coloca una capa de forma, de material seleccionado, de 60 cm de espesor constante. Después se coloca la capa de subbalasto, formada por zahorras artificiales, de 25 cm de espesor. La función de esta capa es canalizar las aguas entre el balasto y la plataforma. Encima de la capa subbalasto, y para terminar, está la banqueta de balasto con un espesor mínimo de 30 cm bajo traviesa, compuesta por gravas machaca. Su función es amortiguar la acción del tráfico, sujetar la vía, facilitar la evacuación de aguas y proteger la plataforma de las heladas. La banqueta y la vía forman la *superestructura*. Al resto de las capas se les denomina *infraestructura*. La vía tiene una separación entre raíles de 1433 mm, que es el ancho de vía europeo. Este ancho se mide por la cara interior de los carriles a 14 mm por debajo del plano de rodadura. El ancho de vía utilizado en la actualidad por RENFE en el resto de vías es de 1688 mm.

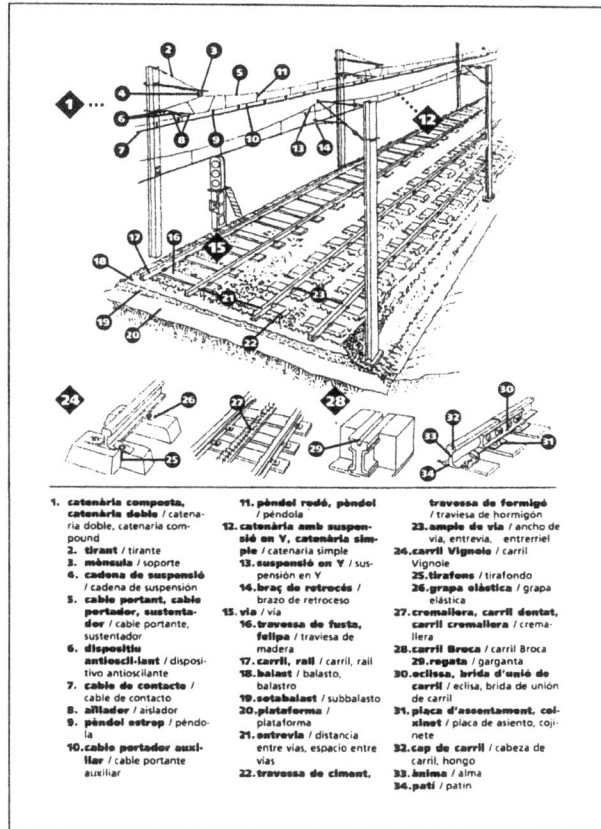

1. **catenària composta, catenària doble** / catenaria doble, catenaria compound
2. **tirant** / tirante
3. **mènsula** / soporte
4. **cadena de suspensió** / cadena de suspensión
5. **cable portant, cable portador, sustentador** / cable portante, sustentador
6. **dispositiu antioscil·lant** / dispositivo antioscilante
7. **cable de contacte** / cable de contacto
8. **aïllador** / aislador
9. **pèndol estrep** / péndola
10. **cable portant auxiliar** / cable portante auxiliar
11. **pèndol redó, pèndol** / péndola
12. **catenària amb suspensió en Y, catenària simple** / catenaria simple
13. **suspensió en Y** / suspensión en Y
14. **braç de retrocés** / brazo de retroceso
15. **via** / vía
16. **traviesa de fusta, felipa** / traviesa de madera
17. **carril, rail** / carril, rail
18. **balast** / balasto, balastro
19. **sotabalast** / subbalasto
20. **plataforma** / plataforma
21. **entrevia** / distancia entre vias, espacio entre vias
22. **traviesa de ciment,**

traviesa de hormigó / traviesa de hormigón
23. **ample de via** / ancho de vía, entrevia, entrerriel
24. **carril Vignole** / carril Vignole
25. **tirafons** / tirafondo
26. **grapa elàstica** / grapa elástica
27. **cremallera, carril dentat, carril cremallera** / cremallera
28. **carril Broca** / carril Broca
29. **regata** / garganta
30. **eclisa, brida d'unió de carril** / eclisa, brida de unión de carril
31. **placa d'assentament, coixinet** / placa de asiento, cojinete
32. **cap de carril** / cabeza de carril, hongo
33. **ànima** / alma
34. **patí** / patín

Fig. 13.2 (Procedente del Diccionari visual de la construcció)

El replanteo tiene dos fases muy diferentes. La primera es el replanteo de la plataforma y de las capas de forma y subbalasto, similar al utilizado en carreteras. El segundo es para el replanteo de la vía. Se marcan puntos desplazados del eje de entrevía a una separación constante y secuencia de 20 m. Estos puntos se materializan mediante *piquetes*, trozos de hierro de sección en *L*, hincados en el subbalasto y hormigonados. Sobre ellos se marca el punto con un granetazo. Como resulta prácticamente imposible situar el punto en el sitio por ser muy difícil manejar el piquete, lo que se hace es levantar el punto marcado por el granetazo, y con sus coordenadas proyectarlas sobre el eje y así obtenemos la distancia al eje y el Pk de la proyección. Para este levantamiento se toman todas las precauciones posibles, e incluso se estaciona el prisma sobre trípode con base nivelante.[1]

---

[1]A. SÁNCHEZ, "Replanteo de líneas de ferrocarril, alta velocidad", 1990 (Topografía y Cartografía nº 36)

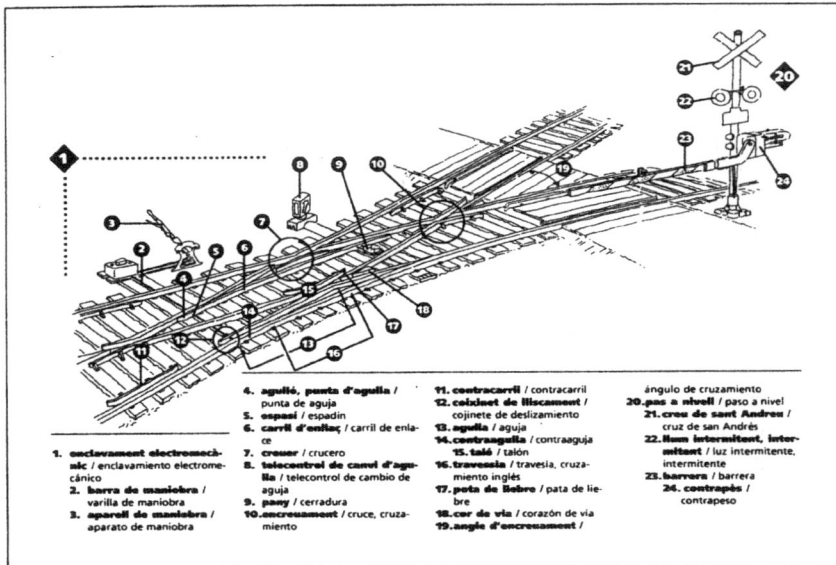

Fig. 13.3 (Procedente del Diccionari visual de la construcció)

Después se realiza la nivelación de los piquetes marcando con un corte de sierra la rasante del hilo bajo. Esto se refiere la cota del carril más bajo de los dos. En recta los dos carriles llevan la misma pendiente, pero al llegar a curva la rasante se mantiene en el carril interior y el peralte gira a partir de dicho carril, con lo que levanta el exterior.

Los datos del Pk, distancia al eje y peralte de cada piquete se suministran en listados para que la máquina *bateadora-alineadora-niveladora* pueda colocar el carril con precisión. Esta máquina, totalmente informatizada, es capaz de realizar las tres funciones a la vez, por lo que obtiene unos resultados inmejorables.

Las fases de montaje de la vía son las siguientes:
1. Extendido del balasto que va bajo traviesa.
2. Colocación de traviesas, y montaje y soldadura de la vía.
3. Segundo extendido de balasto, cubriendo parcialmente las traviesas.
4. Primera nivelación y estabilización. Se pasa la máquina y se sitúa la vía.
5. Liberación de tensiones. Se permite que los carriles se adapten a la temperatura ambiente y se corta el tramo de carril sobrante en tramos de 500 m aproximadamente.
6. Segunda nivelación y perfilado. Se vuelve a pasar la máquina y se deja la vía en su situación final.

Posteriormente, las marcas de los piquetes se trasladan a puntos fijos que podrán servir en su momento para el mantenimiento de la vía.

En el método tradicional se replantea el eje de vía por métodos topográficos, y para el montaje de la vía se alineaban los tramos en recta estacionando el aparato muy próximos a uno de los carriles y haciendo visuales directas con el aparato a una reglilla colocada en el costado del mismo. Las curvas se flechan en puntos separados 10 m, con un hilo de nylon sujeto en los extremos por unas asas que se enganchan al carril. La medida de la flecha se toma en el punto central de la cuerda. Después se desplaza el conjunto, asas e hilo, un metro y se vuelve a tomar la flecha en el punto central, y así sucesivamente. Los datos de las flechas leídos se dibujan sobre una gráfica que tiene una forma aproximada a un trapecio[2]. El eje de las X corresponde al desarrollo de la vía en Pk y el de las Y a las flechas medidas en milímetros. Las partes inclinadas deben corresponder con las curvas de transición en las que el valor de la flecha varía de manera constante, y en las curvas circulares es una recta puesto que la flecha debe medir lo mismo a lo largo de la misma. Solamente es diferente en las proximidades a las tangentes de entrada y salida de clotoides y circulares. Una vez dibujada la curva, se compara con la definida en proyecto para el mismo tramo y se calculan los ajustes que se les debe aplicar a la vía para que ocupe la posición correcta. Los ajustes se aplican a partir de puntos fijos que se colocaron previamente a una distancia fija de la vía. Esta labor del flechado solo se realiza, lógicamente, en el carril exterior puesto que el otro es solidario mediante las traviesas.

Las tolerancias en la posición final de la vía, para una línea férrea convencional, pueden ser del siguiente orden:
Nivelación longitudinal: ± 3 mm en 7 m
Alineación en recta: ± 3 mm en 10 m
Alineación en curva: ± 5 mm en 10 m y $R < 500$ m
Ancho de vía: ± 3 mm
Peralte: ± 3 mm

13.3.3 Obras hidráulicas

1. *Conducciones a cielo abierto*

Hablaremos en este apartado de los canales y riegos secundarios o acequias.

Se deben distinguir las obras para la creación de nuevos canales de las que tratan de la mejora o renovación de canales antiguos.

En el primer caso se realiza una formación de plataforma similar a la de cualquier carretera, con la salvedad de que casi siempre lleva sección en desmonte, o en estructura (acueducto) cuando la rasante está por encima del terreno. En los casos de formación de terraplén, se corona este a una cota superior del canal y luego se excava la caja. Con esto se trata de excavar la caja en todos los casos y después se hormigona por fases, o a sección completa como puede verse en la figura 13.4. En el caso de obra nueva suelen utilizarse sistemas de hormigonado "in situ". En el caso de canales antiguos

---

[2] O. MERAS, "Introducción a la rectificación de curvas en ferrocarril", 1990 (Topografía y Cartografía nº 36)

se utilizan más, los prefabricados.

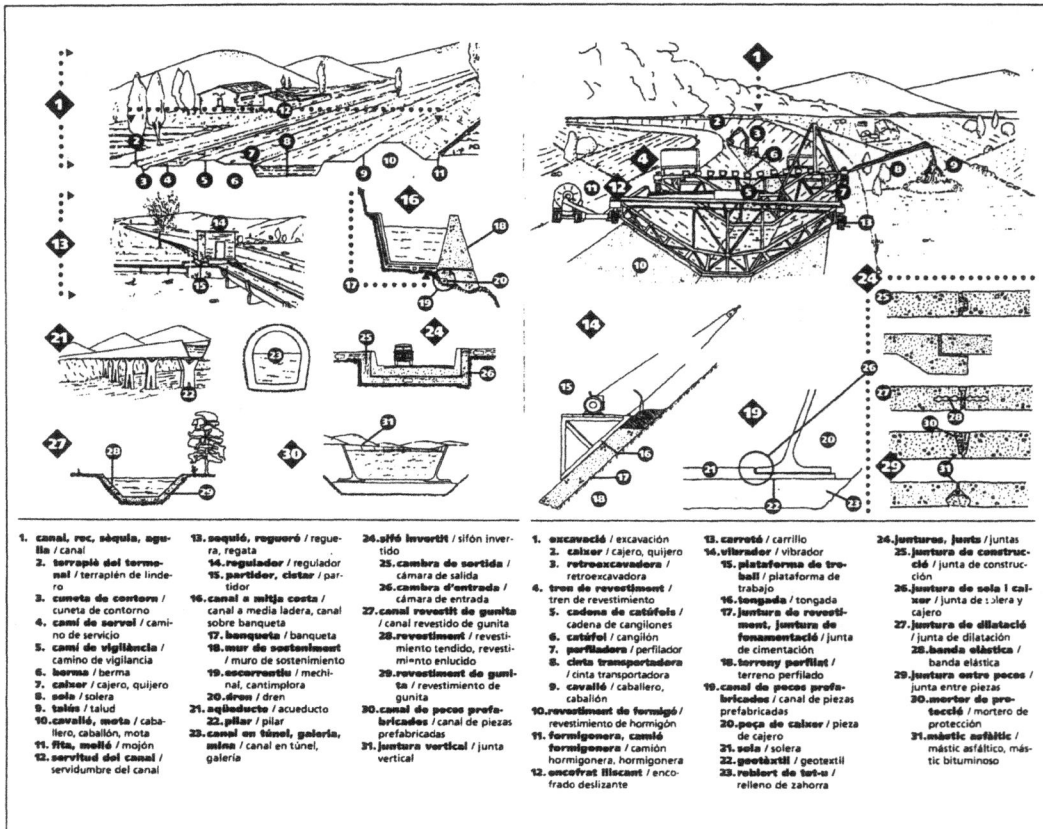

Fig. 13.4 (Procedente del Diccionari visual de la construcció)

1. **canal, rec, sèquia, aguilla** / canal
2. **terraplè del terminal** / terraplén de lindero
3. **cuneta de contorn** / cuneta de contorno
4. **camí de serval** / camino de servicio
5. **camí de vigilància** / camino de vigilancia
6. **berma** / berma
7. **caixer** / cajero, quijero
8. **sola** / solera
9. **talús** / talud
10. **cavalló, mota** / caballero, caballón, mota
11. **fita, molló** / mojón
12. **servitud del canal** / servidumbre del canal
13. **sequió, regueró** / reguera, regata
14. **regulador** / regulador
15. **partidor, cistar** / partidor
16. **canal a mitja costa** / canal a media ladera, canal sobre banqueta
17. **banqueta** / banqueta
18. **mur de sosteniment** / muro de sostenimiento
19. **escorrentiu** / mechinal, cantimplora
20. **dren** / dren
21. **aqüeducte** / acueducto
22. **pilar** / pilar
23. **canal en túnel, galeria, mina** / canal en túnel, galería
24. **sifó invertit** / sifón invertido
25. **cambra de sortida** / cámara de salida
26. **cambra d'entrada** / cámara de entrada
27. **canal revestit de gunita** / canal revestido de gunita
28. **revestiment** / revestimiento tendido, revestimiento enlucido
29. **revestiment de gunita** / revestimiento de gunita
30. **canal de peces prefabricades** / canal de piezas prefabricadas
31. **juntura vertical** / junta vertical
1. **excavació** / excavación
2. **caixer** / cajero, quijero
3. **retroexcavadora** / retroexcavadora
4. **tren de revestiment** / tren de revestimiento
5. **cadena de catúfols** / cadena de cangilones
6. **catúfol** / cangilón
7. **perfilador** / perfilador
8. **cinta transportadora** / cinta transportadora
9. **cavalló** / caballero, cabalión
10. **revestiment de formigó** / revestimiento de hormigón
11. **formigonera, camió formigonera** / camión hormigonera, hormigonera
12. **encofrat lliscant** / encofrado deslizante
13. **carretó** / carrillo
14. **vibrador** / vibrador
15. **plataforma de treball** / plataforma de trabajo
16. **tongada** / tongada
17. **juntura de revestiment, juntura de fonamentació** / junta de cimentación
18. **terreny perfilat** / terreno perfilado
19. **canal de peces prefabricades** / canal de piezas prefabricadas
20. **peça de caixer** / pieza de cajero
21. **sola** / solera
22. **geotèxtil** / geotextil
23. **reblert de tot-u** / relleno de zahorra
24. **juntures, junts** / juntas
25. **juntura de construcció** / junta de construcción
26. **juntura de sola i caixer** / junta de solera y cajero
27. **juntura de dilatació** / junta de dilatación
28. **banda elàstica** / banda elástica
29. **juntura entre peces** / junta entre piezas
30. **morter de protecció** / mortero de protección
31. **màstic asfàltic** / mástic asfáltico, mástic bituminoso

Los sifones son cambios de nivel bruscos, que van entubados y que sirven para salvar accidentes geográficos, cruces con carreteras o ferrocarriles. Utilizan el principio de Arquímedes, para asegurar que después del cruce el agua haya sufrido una perdida de altura mínima. Durante el recorrido en sifón el agua va a sección completa, con presiones positivas en función de la altura.

La definición en planta es a base de rectas y circulares. Es extraño ver clotoides en este tipo de obras. Los radios de las curvas tiene pocas limitaciones, y se admiten valores bastante pequeños.

La rasante es de pendientes muy escasas, y se llega a valores del 1 o 2 por 1000. Esto implica que, para salvar fuertes accidentes geográficos, se recurra a túneles y viaductos con bastante frecuencia. El replanteo altimétrico es de muchísima responsabilidad, tanto que se llegan a utilizar niveles de precisión, y marcando puntos cada pocos metros. Hay que pensar que un error en el replanteo altimétrico puede provocar un pérdida de velocidad en el caudal perdiendo cota en los puntos más altos de la red de riego, y una mayor sedimentación en el fondo del canal que provocará una pérdida sección. Por el contrario un aumento de la velocidad del caudal provocará remolinos,por lo que se perderá igualmente cota. La precisión con que se realice el canal principal afectará en gran medida al servicio que puedan dar los riegos secundarios.

En canales grandes suele haber un camino auxiliar adyacente, para el mantenimiento y la limpieza del canal. No suelen ir asfaltado salvo en canales grandes.

2. *Conducciones enterradas*

a) Para riego y suministro

Se hace excavación en zanja. El tubo se apoya sobre un lecho de arena. La tubería puede ser de PVC, polietileno, fibrocemento, fundición y hormigón armado con chapa. Más o menos, el orden de utilización para secciones es de menor a mayor. Su dimensión se define por el diámetro interior en milímetros (Fig. 13.5).

La altimetría de la obra se aplica para definir las pendientes entre los puntos altos y bajos. El sistema consiste en bombear el agua hasta los puntos altos, para luego dejar caer el agua por gravedad, aunque también puede llevarse el agua a una presión determinada en todo el recorrido. En los puntos altos se colocan las *ventosas*, válvulas que permiten las salida del aire en el momento de llenado de la tubería. En los bajos se colocan otras válvulas, *desagües*, para poder extraer el agua del tubo en las labores de reparación y mantenimiento.

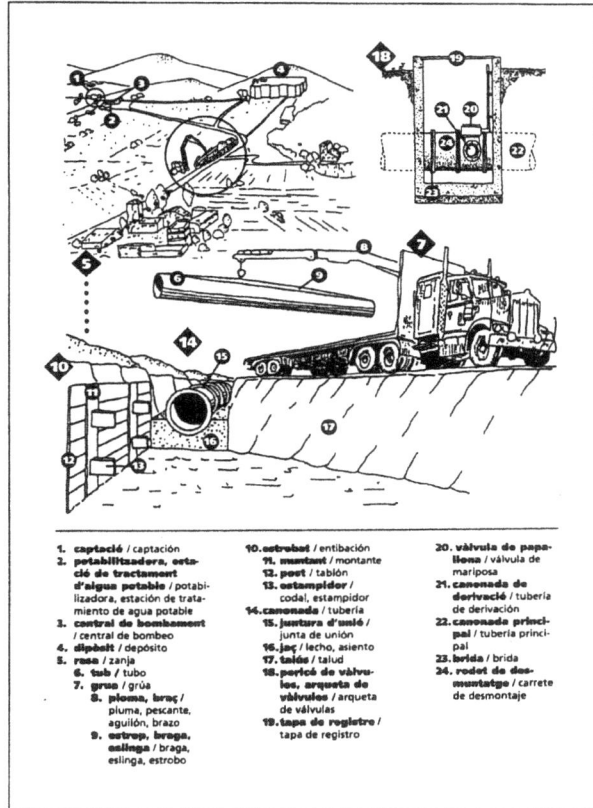

1. captació / captación
2. potabilitzadora, estació de tractament d'aigua potable / potabilizadora, estación de tratamiento de agua potable
3. central de bombament / central de bombeo
4. dipòsit / depósito
5. rasa / zanja
6. tub / tubo
7. grua / grúa
8. ploma, braç / pluma, pescante, aguilón, brazo
9. estrop, braga, eslinga / braga, eslinga, estrobo
10. estrebat / entibación
11. muntant / montante
12. post / tablón
13. estampidor / codal, estampidor
14. canonada / tubería
15. juntura d'unió / junta de unión
16. jaç / lecho, asiento
17. talús / talud
18. pericó de vàlvules, arqueta de vàlvules / arqueta de válvulas
19. tapa de registre / tapa de registro
20. vàlvula de papallona / válvula de mariposa
21. canonada de derivació / tubería de derivación
22. canonada principal / tubería principal
23. brida / brida
24. rodet de desmuntatge / carrete de desmontaje

Fig. 13.5 (Procedente del Diccionari visual de la construcció)

b) Para saneamiento y drenaje

Los tipos y las formas de los tubos son muy variados. Pueden ser de fibrocemento, de hormigón, armado o en masa, y de PVC. Los de hormigón se utilizan mucho, y son imprescindibles en los grandes diámetros. La dimensión se da por el diámetro interior en centímetros. Entre los más grandes los hay visitables con una pequeña acera para el paso de las brigadas de mantenimiento. En los puntos bajos de la red pueden llegar a haber conducciones no prefabricadas, de sección rectangular, de varios metros de ancho. Los tubos de hormigón suelen ir apoyados sobre un asiento de hormigón en masa.

La planimetría suele hacerse con rectas entre arquetas o pozos, sin utilizar curvas. La arquetas tienen la función de permitir el acceso al interior, en las pequeñas para la limpieza del arenero. Este es una depresión en el fondo de la arqueta, para que se acumulen los sólidos que acompañan al agua, con lo que quedan en la arqueta. En las arquetas se suelen producir también los cambios de sección de tubería y las intersecciones o acometidas de otras conducciones de menor tamaño. Las acometidas de edificios e imbornales, sin embargo, empalman directamente en el tubo.

Las rasantes son rectas entre arquetas sin acuerdos verticales. La pendiente longitudinal puede ser fuerte, pero también se dan casos de pendientes suaves que se llegan a expresar en tanto por mil. En el caso de que sean pendientes muy fuertes se recurre a pozos de resalte o a disposiciones especiales, que reduzcan la velocidad del agua.

Generalmente la red de saneamiento es la que se encarga de recoger las aguas pluviales, a través de los imbornales, con lo que entonces se dice que la red es unitaria. Pero en ocasiones se crean conducciones aparte para recoger estas aguas, llamándose entonces red de drenaje de pluviales, y al sistema se le denomina drenaje separativo.

Hoy en día existen niveles láser para tuberías que permiten el replanteo de estas, e incluso en condiciones difíciles.

3. *Protección y canalización de cursos de agua*

En este tipo de obras se refuerzan los márgenes del río para evitar desmoronamientos en las crecidas, o para asegurar una sección mínima en ciertos tramos del río. En cualquier caso, se hormigonan los márgenes con una inclinación muy tendida. El talud arranca de una zapata armada que se

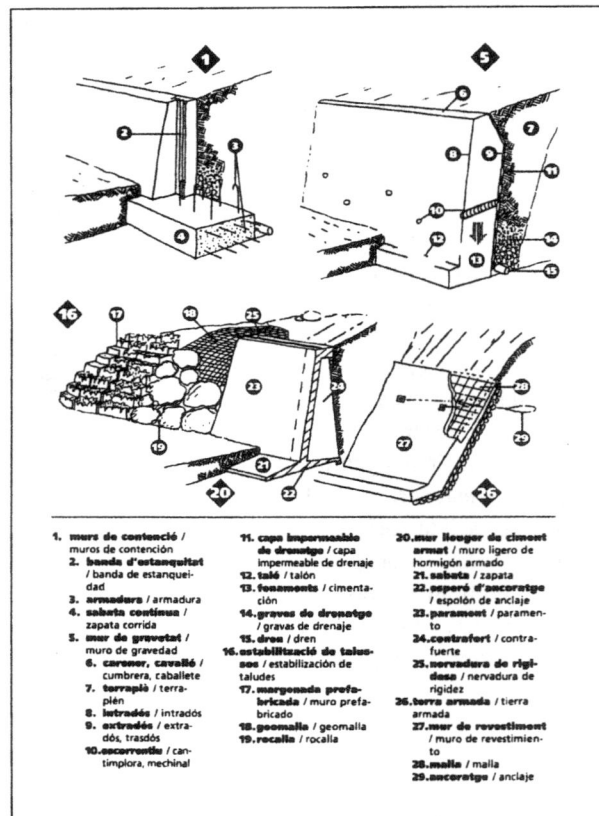

1. muro de contenció / muros de contención
2. banda d'estanqueitat / banda de estanqueidad
3. armadura / armadura
4. sabata contínua / zapata corrida
5. mur de gravetat / muro de gravedad
6. carener, cavalló / cumbrera, caballete
7. terraplè / terraplén
8. intradós / intradós
9. extradós / extradós, trasdós
10. escorrentiu / cantimplora, mechinal
11. capa impermeable de drenatge / capa impermeable de drenaje
12. talò / talón
13. fonaments / cimentación
14. graves de drenatge / gravas de drenaje
15. dren / dren
16. estabilització de talussos / estabilización de taludes
17. marganada prefabricada / muro prefabricado
18. geomalla / geomalla
19. rocalla / rocalla
20. mur lleuger de ciment armat / muro ligero de hormigón armado
21. sabata / zapata
22. esperó d'ancoratge / espolón de anclaje
23. parament / paramento
24. contrafort / contrafuerte
25. nervadura de rigidesa / nervadura de rigidez
26. terra armada / tierra armada
27. mur de revestiment / muro de revestimiento
28. malla / malla
29. ancoratge / anclaje

Fig. 13.6 (Procedente del Diccionari visual de la construcció)

arriostra de vez en cuando con el talud del margen opuesto. También se hacen estas obras con escollera (Fig. 13.6).

13.3.4 Conducciones enterradas

1. *En tubo*. Gas

Se coloca el tubo sobre un lecho de arena y se cubre posteriormente también con arena. Sobre el tubo se coloca una cinta de plástico, a todo lo largo, con el distintivo de la compañía suministradora, para avisar de la proximidad de la tubería a cualquier otra maquinaria que excavara encima. Los tubos suelen ser de hierro o de polietileno. En ambos casos las uniones se sueldan con gran precisión con lo que se hace un control de poros en todo el perímetro de la unión. Los tubos llevan adherido un cable que puede informar al centro del control donde se ha producido una fuga.

Planimétricamente son alineaciones rectas, y en los quiebros se coloca un testigo, sobre el terreno, de color amarillo para señalizar la posición de la tubería. Estos testigos también se ponen en los cruces con carreteras y líneas férreas.

2. *En cable*

a) Teléfonos
Se excava una zanja en la que se colocan una serie de tubos de diámetros entre 63 y 110 mm, de PVC. Estos tubos se colocan de forma ordenada (2x3, 2x4, 3x4) mediante unos separadores, y luego se vierte hormigón formando un prisma.

Se procura no hacer giros bruscos, ni en planta ni en alzado, puesto que una vez hormigonados los conductos se pasan los cables de teléfonos de arqueta a arqueta. Estas suelen ser muy grandes para permitir el acceso con comodidad a los operarios que deben estar muchas horas en su interior.

b) Energía
Van protegidos por arena en todo el perímetro para impedir que alguna piedra pueda romper su superficie. También llevan ladrillos colocados encima del cable, con el logotipo de la compañía suministradora, para que sirvan de testigo en evitación de posibles accidentes, en la excavación de futuras obras. En los cruces de carretera, se protegen enfundándolos en tubos de hierro o fibrocemento.

Cuando van varios cables juntos, se colocan en prisma como los de teléfonos.

13.3.5 Conducciones aéreas

Las conducciones aéreas, sobre todo las de alta tensión, tienen unas características muy especiales en

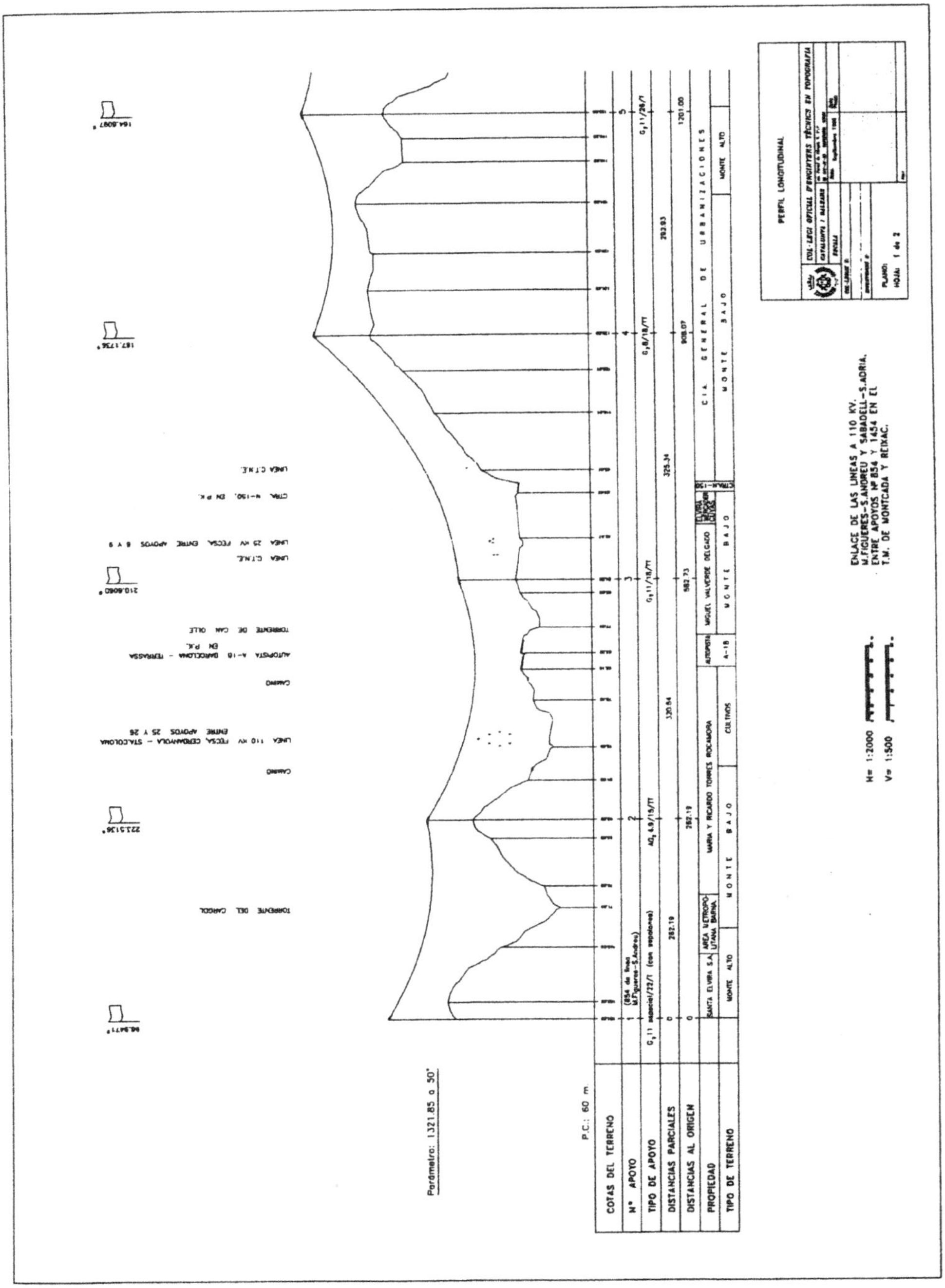
COTAS DEL TERRENO
Nº APOYO
TIPO DE APOYO
DISTANCIAS PARCIALES
DISTANCIAS AL ORIGEN
PROPIEDAD
TIPO DE TERRENO
P.C.: 60 m
Parámetro: 1321.85 a 50°
H= 1:2000
V= 1:500
ENLACE DE LAS LINEAS A 110 KV.
M.FIGUERES-S.ANDREU Y SABADELL-S.ADRIA.
ENTRE APOYOS Nº 854 Y 1454 EN EL
T.M. DE MONTCADA Y REIXAC.
PERFIL LONGITUDINAL

Fig. 13.7

cuanto a topografía se refiere. Existen metodologías específicas para el cálculo de la catenaria entre dos torres. También se debe calcular la altura de las torres para garantizar el mínimo de separación entre cable y terreno. Para ello se toma el perfil longitudinal por el lugar de paso del tendido. En la figura 13.7 tenemos un longitudinal de un tendido de eléctrico.

13.3.6 Servicios afectados

Este apartado no se refiere a un tipo de obra determinado, sino a las interferencias que toda obra nueva puede encontrarse con servicios y canalizaciones ya existentes. En muchos casos estos servicios deben ser modificados en su trazado para facilitar el paso de la obra nueva, y a veces llegan a ser problemas insalvables.

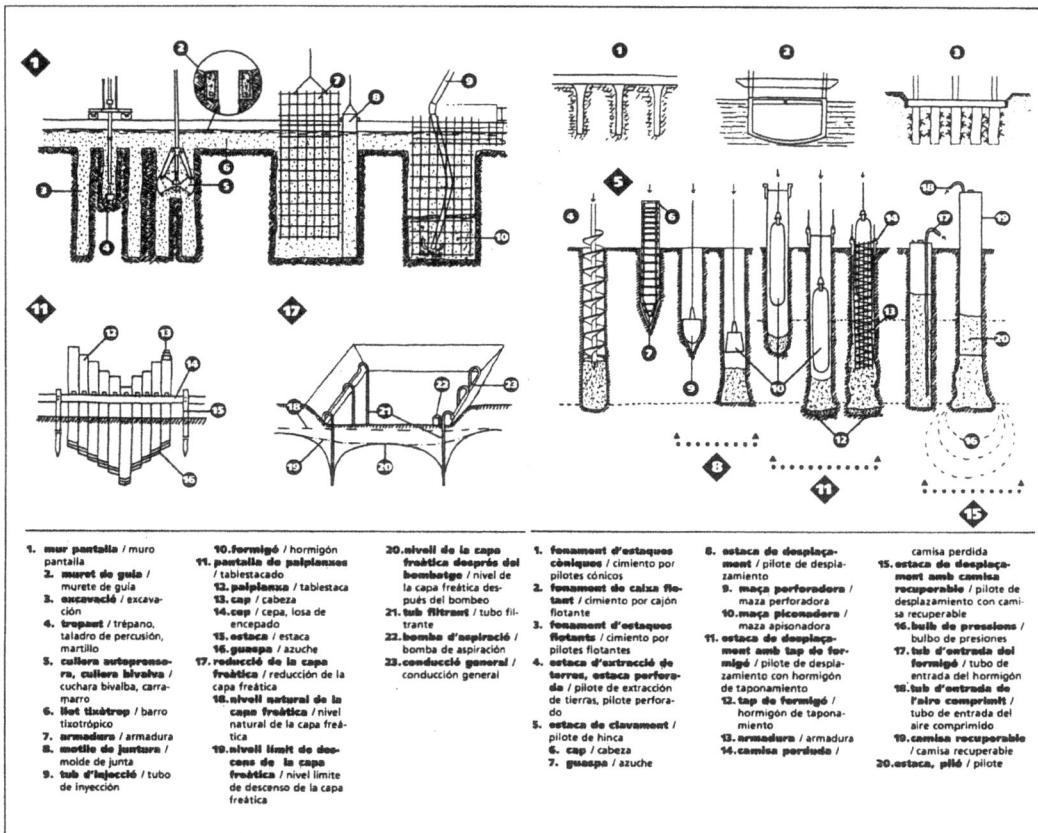

1. mur pantalla / muro pantalla
2. muret de guia / murete de guía
3. excavació / excavación
4. trepant / trépano, taladro de percusión, martillo
5. cullera autopremsora, cullera bivalva / cuchara bivalva, carramarro
6. llot tixòtrop / barro tixotrópico
7. armadura / armadura
8. motlle de juntura / molde de junta
9. tub d'injecció / tubo de inyección
10. formigó / hormigón
11. pantalla de palplanxes / tablestacado
12. palplanxa / tablestaca
13. cap / cabeza
14. cap / cepa, losa de encepado
15. estaca / estaca
16. guaspa / azuche
17. reducció de la capa freàtica / reducción de la capa freática
18. nivell natural de la capa freàtica / nivel natural de la capa freática
19. nivell límit de descens de la capa freàtica / nivel límite de descenso de la capa freática
20. nivell de la capa freàtica desprès del bombatge / nivel de la capa freática después del bombeo
21. tub filtrant / tubo filtrante
22. bomba d'aspiració / bomba de aspiración
23. conducció general / conducción general
1. fonament d'estaques còniques / cimiento por pilotes cónicos
2. fonament de caixa flotant / cimiento por cajón flotante
3. fonament d'estaques flotants / cimiento por pilotes flotantes
4. estaca d'extracció de terres, estaca perforada / pilote de extracción de tierras, pilote perforado
5. estaca de clavament / pilote de hinca
6. cap / cabeza
7. guaspa / azuche
8. estaca de desplaçament / pilote de desplazamiento
9. maça perforadora / maza perforadora
10. maça piconadora / maza apisonadora
11. estaca de desplaçament amb tap de formigó / pilote de desplazamiento con hormigón de taponamiento
12. tap de formigó / hormigón de taponamiento
13. armadura / armadura
14. camisa perdida / camisa perdida
camisa perdida
15. estaca de desplaçament amb camisa recuperable / pilote de desplazamiento con camisa recuperable
16. bulb de pressions / bulbo de presiones
17. tub d'entrada del formigó / tubo de entrada del hormigón
18. tub d'entrada de l'aire comprimit / tubo de entrada del aire comprimido
19. camisa recuperable / camisa recuperable
20. estaca, piló / pilote

Fig. 13.8 (Procedente del Diccionari visual de la construcció)

La búsqueda del lugar exacto de cables y tubos se realiza mediante catas. Estas son pequeñas excavaciones, realizadas con todas las precauciones posibles para evitar la rotura de ninguna, en la que localizado el tubo se toman las medidas para referirlo al plano de la obra. Sobre el plano se decide cuál es camino más corto para salvar la interferencia, y se ejecuta de acuerdo con las condiciones impuestas por la compañía propietaria del servicio.

13.4 Obras no lineales

13.4.1 Edificios

1. *Residenciales*

La labor topográfica en la edificación suele remitirse casi exclusivamente al replanteo de las cimentaciones del edificio (Fig. 13.8 y 13.9). Al ser estos los definitorios de los ejes verticales del edificio, basta con el traspaso de plomadas y cota a las plantas superiores, para situar el resto del edificio.

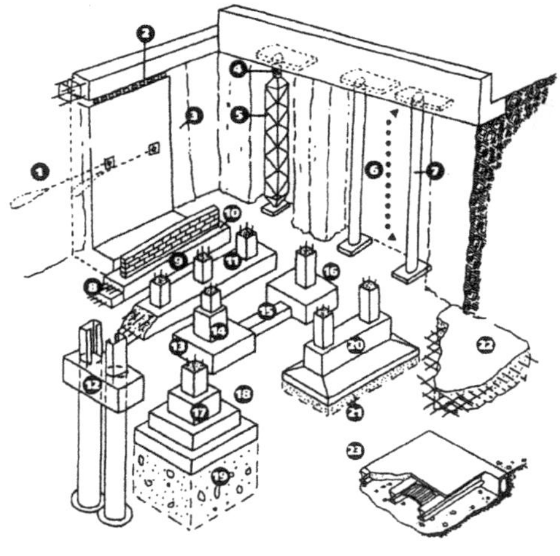

1. **ancoratge tesat** / anclaje tensado
2. **atacament** / retacado
3. **recalçat, sospedrat** / recalzo, recalce
4. **gat de rosca** / gato a rosca
5. **puntal metàl·lic, castellot** / puntal metálico, castillejo
6. **soscavació** / soscavación
7. **puntal** / puntal
8. **lligada, represa** / adaraja, enjarje, endeja
9. **fonament continu** / cimiento corrido

10. **banqueta** / zarpa, berma
11. **sabata contínua** / zapata corrida
12. **cep** / cepa, losa de encepado
13. **sabata centrada** / zapata centrada
14. **pilaret** / pilar enano
15. **trava** / riostra
16. **sabata excèntrica** / zapata excéntrica
17. **sabata esglaonada** / zapata escalonada
18. **sabata aïllada** / zapata aislada

19. **formigó de rebliment** / hormigón de relleno
20. **sabata nervada** / zapata nervada
21. **formigó de base** / hormigón de base
22. **llosa de fonaments** / losa de cimentación
23. **forjat sanitari** / forjado sanitario

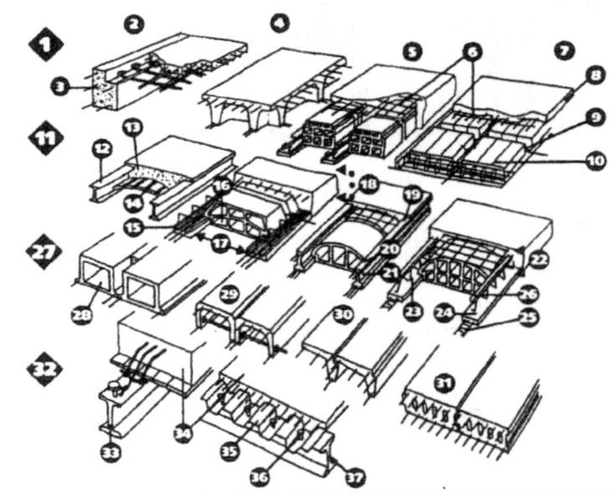

1. **forjats de lloses de formigó** / forjados de losas de hormigón
2. **llosa massissa armada** / losa maciza armada
3. **nervi perimetral** / nervio perimetral
4. **llosa massissa nervada** / losa maciza nervada
5. **llosa d'armadura unidireccional** / losa de armadura unidireccional
6. **armadura de repartiment** / armadura de reparto
7. **llosa d'armadura bidireccional** / losa de armadura bidireccional
8. **capa de compressió** / capa de compresión
9. **nervi** / nervio
10. **cassetó** / casetón, artesón

11. **forjats de biguetes** / forjados de viguetas
12. **bigueta metàl·lica** / vigueta metálica
13. **carcanyol** / seno
14. **revoltó** / bovedilla, revoltón
15. **bigueta de ceràmica armada** / vigueta de cerámica armada
16. **revoltó amb sola** / bovedilla con solera
17. **entrebigat** / entrevigado
18. **cantell** / canto
19. **bigueta de formigó armat** / vigueta de hormigón armado
20. **ala** / ala
21. **ànima** / alma
22. **semibigueta** / semivigueta
23. **gelosia** / celosía
24. **sola** / solera
25. **armadura** / armadura
26. **fleix** / fleje

27. **forjats de lloses i bigues prefabricades** / forjados de losas y vigas prefabricadas
28. **biga de calaix** / viga hueca, viga cajón
29. **biga en U** / viga en U
30. **biga en L** / viga en L
31. **llosa alveolada** / losa alveolada
32. **forjats mixtos** / forjados mixtos
33. **biga metàl·lica** / viga metálica
34. **placa de formigó** / placa de hormigón
35. **plancha nervada** / plancha nervada
36. **connector** / conector
37. **bigueta nervada** / vigueta nervada

Fig. 13.9 (Procedente del Diccionari visual de la construcció)

2. *No residenciales*

En ocasiones, edificios de esta categoría son de grandes dimensiones y se hacen necesarios replanteos topográficos a lo largo de toda la obra. Entonces el trabajo se debe estructurar no tanto como para replantearlo todo, que no resulta necesario, como para controlar la buena calidad de la ejecución desde el punto de vista geométrico. Con esta idea debemos procurar que los aplomados sean correctos, que los muros estén verticales y sin problemas de planeidad o de reviraje en el caso de los pilares y que las losas mantengan su rasante y uniformidad. Todos estos problemas tiene solución, pero puede significar un sobrecoste y un retraso en la ejecución. Especial cuidado debemos tener con la altimetría en la diversas plantas. La alineación de juntas de losas, el paralelismo entre paredes o su perpendicularidad, la alineación de juntas en revestimientos, como puede ser el encuentro de las juntas del aplacado de una pared, que empalman en una planta superior a través de dos huecos de escalera distintos. Son, también, problemas frecuentes en obras de edificación.

Dos diferencias de carácter general entre edificios residenciales y los de oficinas o centros comerciales son el tipo de estructura y el cerramiento exterior. En los residenciales es frecuente el uso del hormigón mientras que en los otros también pueden verse estructuras metálicas. El cerramiento en estos últimos suele ser a base de prefabricados. Desde el punto de vista topográfico, las estructuras metálicas y los cerramientos prefabricados exigen mayores precauciones en el replanteo.

Las naves industriales y las fábricas deben adaptarse también al tipo de maquinaria que van a albergar, que suele tener, además de un importante factor de precisión en su colocación, el replanteo exacto de la obra sobre la que se sitúa. Un caso muy claro es de la instalaciones robotizadas en un almacén.

Con respecto a los forjados pueden verse diversos tipos en la figura 13.9.

En todo tipo de obras de edificación se consiguen magníficos resultados con los alineadores láser.

Estaciones de ferrocarril

Las características a reseñar de una estación radican en la complejidad de las vías, con cambios de agujas. La situación es mucho más compleja en el caso de estaciones de mercancías, en donde pueden haber haces de vías de espera, clasificación y recepción. También la situación de los andenes con respecto a la vía debe quedar a una distancia, tanto en planta como en alzado, exacta.

3. *Obras de rehabilitación de edificios antiguos*

Con respecto a la fachada se hacen restituciones fotogramétricas. Y con respecto al estudio de las patologías de la estructura, se hacen controles en el interior, verificando el aplomado de muros y pilares, y su coincidencia en la prolongación en las sucesivas plantas.

La verticalidad de la fachada se comprueba por intersección directa desde el exterior, o utilizando niveles y colimadores láser. También estos resultan muy útiles en el interior para tomar medidas sobre una alineación definida por el láser.

13.4.2 Urbanizaciones

1. *Urbanizaciones residenciales*

Se realiza primeramente la formación de la plataforma de las calles. Posteriormente se realizan las excavaciones para el alcantarillado por ser este el que va más profundo de todos los servicios. Después se colocan el resto de los servicios: agua, luz, teléfono, semáforos, alumbrado y acometidas a los edificios. Precauciones especiales se deben tener con los cruces de calle, para la protección de los servicios.

Después se coloca el bordillo y la rigola, recordando que el replanteo de aquel es el más importante en cuanto a precisión se refiere. Se concluye la calle extendiendo las capas de sub-base, y aglomerados en la calzada y el panod en las aceras.

La planimetría se realiza generalmente con rectas y círculos. El encuentro de rasantes entre calles ya se estudió en el capítulo 9.

2. *Urbanizaciones industriales*

La diferencia entre este tipo de urbanizaciones y las residenciales está en la mayor anchura de las calles, con radios más grandes, para permitir el giro de camiones. También los aparcamientos son más grandes. El número de servicios es mayor y puede modificar la sección transversal de las calles. Al admitir un tráfico más pesado la estructura del firme también es más importante

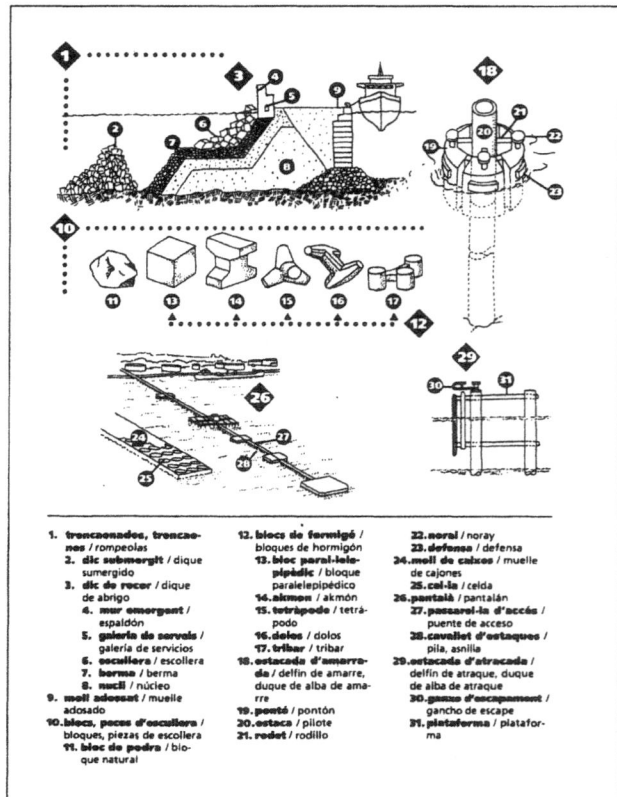

1. troncaonados, troncaones / rompeolas
2. dic submergit / dique sumergido
3. dic de recer / dique de abrigo
4. mor emergent / espaldón
5. galeria de servels / galería de servicios
6. escullera / escollera
7. berma / berma
8. nucli / núcleo
9. moll adossat / muelle adosado
10. blocs, peces d'esculiera / bloques, piezas de escollera
11. bloc de pedra / bloque natural
12. blocs de formigó / bloques de hormigón
13. bloc paral·lelepipèdic / bloque paralelepipédico
14. akmon / akmón
15. tetràpode / tetrápodo
16. dolos / dolos
17. tribar / tribar
18. estacada d'amarrada / delfín de amarre, duque de alba de amarre
19. pontó / pontón
20. estaca / pilote
21. rodet / rodillo
22. noral / noray
23. defensa / defensa
24. moll de caixos / muelle de cajones
25. cel·la / celda
26. pantalà / pantalán
27. passarel·la d'accés / puente de acceso
28. cavallet d'estaques / pila, asnilla
29. estacada d'atracada / delfín de atraque, duque de alba de atraque
30. ganxo d'encepament / gancho de escape
31. plataforma / plataforma

Fig. 13.10 (Procedente del Diccionari visual de la construcció)

13.4.3 Obras marítimas

1. *Obra portuaria*

Se comienza formando el dique de abrigo con escollera. La primera capa la forma la escollera sin clasificar. La segunda capa cubre por encima y por los lados a la anterior y se denomina *manto intermedio*, también de escollera. La capa superior o *manto de protección* cubre igualmente a la anterior (Fig. 13.10). La altura del dique y el tamaño de la escollera exterior es función de la altura de la ola, y este se mide entre el punto más bajo y el más alto de la misma. La parte estructural la forman el *espaldón*, el muelle adosado al dique y los pantalanes.

Si el puerto lo requiere se tendrá que hacer un dragado para ganar calado en la dársena. Entonces conviene tomar un batimétrico para controlar la medición y el propio calado.

La topografía de replanteo no es excesiva, ni de gran precisión, salvo en la fase de acabados.

2. *Obra de dinámica litoral*

Este apartado incluye las obras de defensa de costas, espigones de estabilización y regeneración de playas.

3. *Obra Offshore*

Estas son las plataformas petrolíferas, los tendidos submarinos, etc.

4. *Emisarios submarinos*

Conducción de aguas residuales que se utiliza para lograr su dispersión en el medio marítimo, a una distancia de la costa y a una profundidad adecuada, para lograr su depuración natural.

13.4.4 Obras singulares

1. *Puentes y viaductos*

Han sido suficientemente explicados en capítulos anteriores. Tienen un tratamiento especial dentro de lo que es una obra lineal, y se llegan a ejecutar de manera casi independiente del resto de la obra.

En la figura 13.11 puede verse un esquema de la construcción de un puente de losa y un puente de vigas.

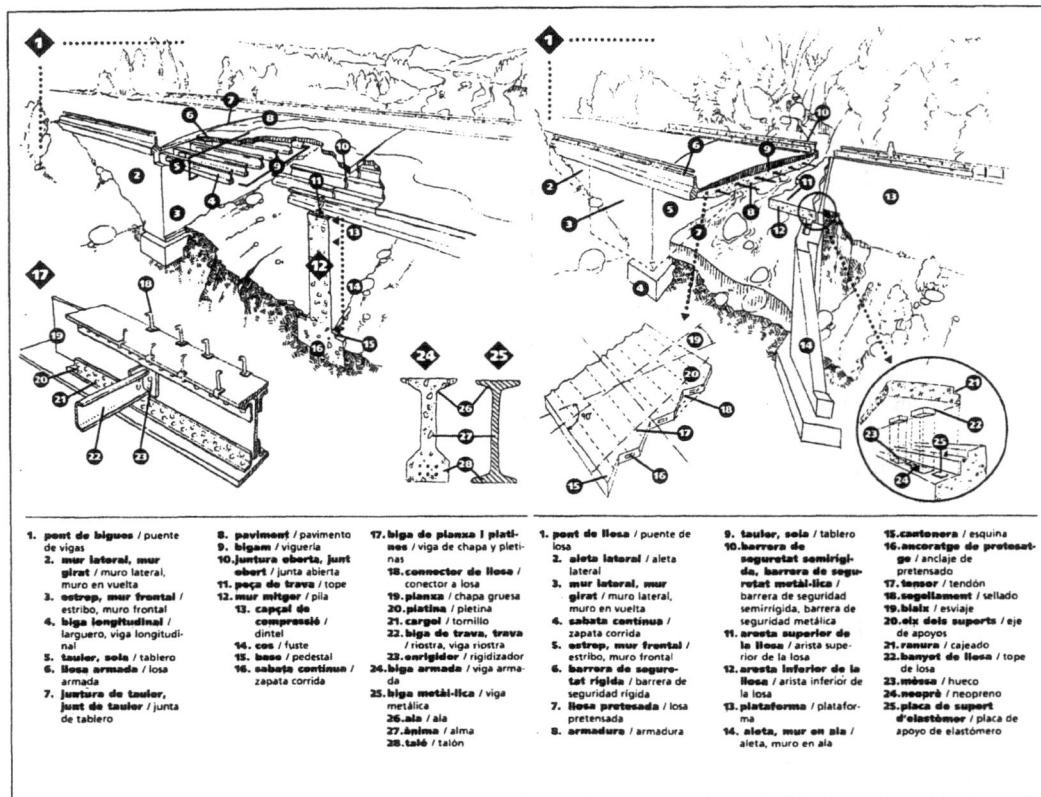

1. pont de bigues / puente de vigas
2. mur lateral, mur girat / muro lateral, muro en vuelta
3. estrep, mur frontal / estribo, muro frontal
4. biga longitudinal / larguero, viga longitudinal
5. tauler, sola / tablero
6. llosa armada / losa armada
7. juntura de tauler, junt de tauler / junta de tablero

8. paviment / pavimento
9. bigam / viguería
10. juntura oberta, junt obert / junta abierta
11. peça de trava / tope
12. mur mitger / pila
13. capçal de compressió / dintel
14. cos / fuste
15. base / pedestal
16. sabata continua / zapata corrida

17. biga de planxa i platines / viga de chapa y pletinas
18. connector de llosa / conector a losa
19. planxa / chapa gruesa
20. platina / pletina
21. cargol / tornillo
22. biga de trava, trava / riostra, viga riostra
23. enrigidor / rigidizador
24. biga armada / viga armada
25. biga metàl·lica / viga metálica
26. ala / ala
27. ànima / alma
28. talé / talón

1. pont de llosa / puente de losa
2. aleta lateral / aleta lateral
3. mur lateral, mur girat / muro lateral, muro en vuelta
4. sabata continua / zapata corrida
5. estrep, mur frontal / estribo, muro frontal
6. barrera de seguretat rígida / barrera de seguridad rígida
7. llosa pretesada / losa pretensada
8. armadura / armadura

9. tauler, sola / tablero
10. barrera de seguretat semirígida, barrera de seguretat metàl·lica / barrera de seguridad semirrígida, barrera de seguridad metálica
11. aresta superior de la llosa / arista superior de la losa
12. aresta inferior de la llosa / arista inferior de la losa
13. plataforma / plataforma
14. aleta, mur en ala / aleta, muro en ala

15. cantonera / esquina
16. ancoratge de pretesatge / anclaje de pretensado
17. tensor / tendón
18. segellament / sellado
19. biaix / esviaje
20. eix dels suports / eje de apoyos
21. ranura / cajeado
22. banyot de llosa / tope de losa
23. mossa / hueco
24. neoprè / neopreno
25. placa de suport d'elastòmer / placa de apoyo de elastómero

Fig. 13.11 (Procedente del Diccionari visual de la construcció)

2. Túneles

Existen distintos tipos de túneles según sea su función y sus necesidades. Podríamos enumerar los túneles para ferrocarril, para carretera, para el transporte metropolitano, conducción de agua, sistemas de alcantarillado, centrales hidroeléctricas subterráneas, túneles de servicio, etc.

La sección tipo es muy variable, aunque en general tiende a la forma circular, ya que es la que mejor resiste las presiones del terreno. Otra característica es el revestimiento que variará según el tipo de terreno a excavar y la ubicación del túnel. Por ejemplo un túnel de montaña y excavado en roca no necesitaría, probablemente, revestimiento, mientras que si es urbano sí.

Con respecto a la excavación, esta se realiza simultáneamente al menos por dos frentes (los extremos del túnel), con la finalidad de duplicar la velocidad de excavación, lo que nos obliga a extremar los cuidados en los replanteos para conseguir un encuentro, el *cale*, perfecto. La excavación de la sección tipo se realiza, usualmente, en dos fases. Primero la semisección superior o *avance en bóveda*, y posteriormente la inferior o *destroza*.

Las tolerancias en la ejecución de la sección excavada son mínimas, ya que los gálibos son muy ajustados con el fin de economizar, dado el alto coste de este tipo de obras.

Fig. 13.12

El *láser* aplicado en túneles es una herramienta casi imprescindible, debido a la posibilidad de materializar en el espacio una alineación perfectamente visible en la oscuridad, que se proyecta sobre el frente de excavación.

Lo que se llama en la construcción *falso túnel* se refiere a una excavación a cielo abierto que posteriormente se rellena una vez ejecutado el túnel a base de piezas generalmente prefabricadas. El objetivo buscado es eliminar grandes desmontes de fuerte impacto ambiental, y en las zonas urbanas el aprovechamiento del suelo con lo que se facilita la comunicación exterior.

Desde el punto de vista topográfico, se realiza antes del comienzo de la obra un levantamiento de ambos accesos y un itinerario de gran precisión que los una. El replanteo interior se realiza por itinerarios de ida vuelta, cuyos puntos muchas veces se colocan en techos y paredes para evitar su destrucción o desaparición. Los controles sobre estos itinerarios interiores son muy frecuentes, e incluso hechas por personas distintas.

3. Ferrocarriles metropolitanos

Pocas diferencias hay con respecto a una línea de ferrocarril convencional. La principal es la de ir en túnel de manera casi permanente. Esto implica un estudio cuidadoso del encaje de la vía para evitar los posibles contactos de tren con las paredes y la bóveda del túnel, puesto que estos se construyen con secciones muy ajustadas al paso de los trenes. Esto es especialmente peligroso en las curvas, donde hay que controlar la *flecha*, distancia de la pared al punto de medio de los vagones, que es el que más se aproxima a los hastiales en la parte interior de la curva. En el lado exterior de la curva se produce el *coletazo* en los puntos extremos de los vagones, puntos también con los que hay que tener un cuidado especial. Ambos valores dependen de la longitud del vagón y de la posición de los ejes de las ruedas con respecto a los extremos del propio vagón.

En las bóvedas también se pueden producir contactos debidos a los errores propios de la ejecución del túnel, o a la aplicación del peralte en la curvas, que hace que los vagones se inclinen hacia el lado interior.

En muchos casos se colocan las vías sobre traviesas de hormigón que van apoyadas sobre una losa de hormigón. Esta losa se hormigona con las traviesas y las vías ya situadas, y están prácticamente en el aire, sujetas por gatos y estampidores apoyados en suelos y hastiales. Estos problemas de sujeción de la vía obliga a realizar unos replanteos muy precisos y exactos, puesto que una vez hormigonada la losa, la vía queda inamovible de manera definitiva.

4. *Depuradoras*

Una característica a resaltar en este tipo de obras es que bajo su aspecto exterior se esconde una intrincada red de tuberías de todo tipo y tamaño, desde la que conduce el agua a tratar, la que hace circular el fango, la de vaciado de todos los aparatos (la más profunda), la red de saneamiento y la red de pluviales de la propia planta depuradora, hasta las de agua potable y agua industrial.

También hay que destacar la poca tolerancia existente en la ejecución geométrica de la obra, debido a los equipos mecánicos que deben albergar cada una de las estructuras o tanques que componen la depuradora.

Vamos a explicar el proceso de tratamiento en una estación depuradora de aguas residuales (EDAR) apoyándonos en la figura 13.13 [DEPUR83].

Pretratamiento:
- Influente (16). Masa de agua que entra en la depuradora para ser tratada.
- Desbaste (17 y 15). Separación de sólidos hasta 3 mm mediante rejas y tamiles.
- Desarenado (11). Elimina materias inorgánicas pesadas (arena, ceniza, ...) sedimentadas. Se conoce como *arena* que debe extraerse lo antes posible en el proceso de tratamiento , ya que es abrasivo y desgastaría rápidamente las bombas y demás equipos. Se extrae generalmente en un canal largo y estrecho llamado *arenero*.
- Aireación previa (12, 13 y 14). Es un proceso que se utiliza para refrescar el agua, eliminar los gases, promover la flotación de la grasa y facilitar la coagulación. Se logra en un canal o tanque con equipos mecánicos de agitación superficial o por sistemas de difusión de aire.
- Medición de caudal. Es necesario conocer el caudal de aguas residuales para ajustar el bombeo, la cloración, la aireación y otros procesos de la instalación. El dispositivo de medición más corrientemente utilizado es el *Canal Parshall*, que en esencia es un estrechamiento en un canal que permite medir la profundidad de la corriente.

Tratamiento primario:
- Decantación primaria (10, 9 y 8). Los decantadores primarios son tanques, normalmente circulares, en los que los sólidos en suspensión existentes en el agua, después de un cierto tiempo de estancia (unas 2 horas), quedan depositados en el fondo o flotando en la superficie. Unas rasquetas unidas a un brazo giratorio dan vueltas lentamente por el fondo empujando los fangos hacia el centro, al interior del pozo fangos. Los flotantes se recogen mediante una paleta giratoria en la superficie. El

agua limpia de la superficie fluye fuera del decantador a través de un vertedero. Tanto los flotantes como los fangos se bombean generalmente a las instalaciones de tratamiento de fangos.

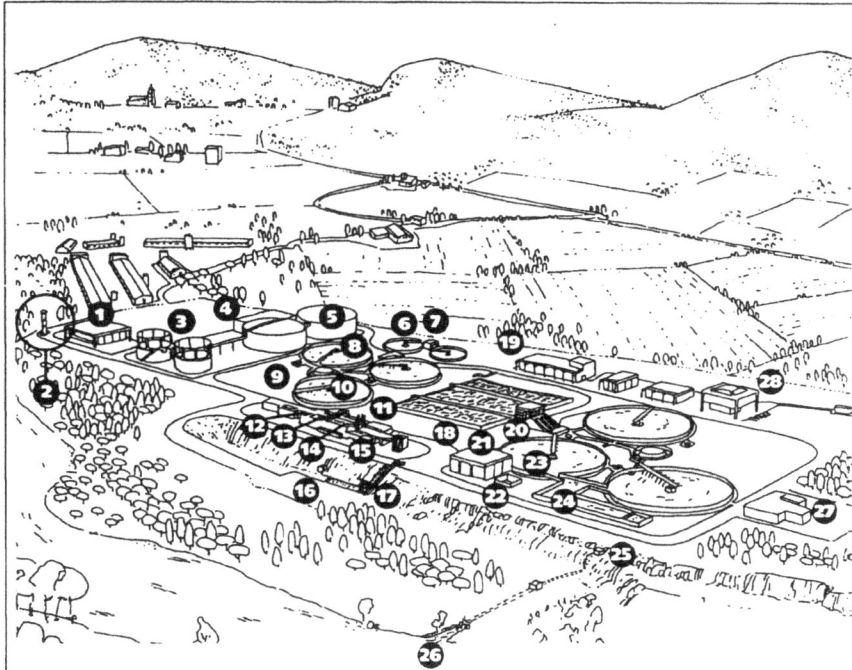

Basat en la depuradora de Girona-Salt

1. **edifici de filtres banda** / edificio de filtros banda
2. **gasòmetre** / gasómetro
3. **digestor secundari de fangs activats** / digestor secundario de lodos activados
4. **edifici d'escalfament i recirculació de fangs activats** / edificio de calentamiento y recirculación de lodos activados
5. **digestor primari de fangs activats** / digestor primario de lodos activados
6. **espessidor** / espesador
7. **caseta de bombament** / caseta de bombeo
8. **rasclador rotatiu** / cepillo rotatorio
9. **pericó de distribució, arqueta de distribució** / arqueta de distribución

10. **decantador primari** / decantador primario
11. **canal sorrera, canal desarenador** / canal desarenador
12. **separador de flotants** / separador de flotantes
13. **separador estàtic de greixos** / separador estático de grasas
14. **desgreixador** / desengrasador
15. **tractament previ, pretractament** / tratamiento previo
16. **col·lector** / colector
17. **estació de separació de sòlids i bombament** / estación separación de sólidos y bombeo
18. **basses d'aeració** / estanques de aeración

19. **edifici de bufadors i compressors** / edificio de soplantes y compresores
20. **cargol d'Arquimedes** / tornillo de Arquímedes
21. **edifici de cloració** / edificio de cloración
22. **dipòsit d'aigua filtrada** / depósito de agua filtrada
23. **decantador secundari** / decantador secundario
24. **dipòsit de cloració** / cuba de cloración
25. **aforador** / aforador
26. **cabal efluent, efluent** / efluente
27. **incineradora** / incineradora
28. **edifici d'explotació** / edificio de explotación

Fig. 13.13 (Procedente del Diccionari visual de la construcció)

Tratamiento secundario:
- Tanques de aireación (18). Es una unidad de tratamiento biológico o secundario. El efluente procedente de un decantador primario se conduce a un gran tanque de aireación. Aquí las aguas residuales se someten a la acción de organismos vivos (bacterias) que se alimentan con las sustancias orgánicas disueltas en el agua. Estos organismos requieren oxígeno disuelto para poder vivir, alimentarse y reproducirse. Se obtiene del aire que llega al tanque, bien introducido a presión por el fondo del tanque, o bien agitando la superficie mecánicamente.
- Decantación secundaria y recirculación de fangos secundarios (23 y 4). Las bacterias y otros organismos crecen y se multiplican rápidamente en el tanque de aireación. El efluente de este tanque, denominado *mezcla*, se conduce hasta un decantador secundario donde los organismos se sedimentan en el fondo del tanque, mientras que el líquido limpio sale a través de los vertederos. Los organismos depositados se conocen con el nombre de *fangos activados, y son* muy valiosos en proceso de tratamiento. Si se extraen rápidamente del decantador secundario, estarán en inmejorable estado para seguir eliminando residuos orgánicos. Por eso se bombean a la entrada del tanque de aireación.
- Desinfección (21, 22 y 24). El agua es vertida al río y, si este se utiliza para suministro de agua potable, o de él dependen de seres vivos, es necesario eliminar los organismos patógenos antes de su vertido. La desinfección suele realizarse generalmente, con la aplicación de cloro. La cámara donde se homogeiniza la mezcla suele ser alargada y estrecha (las rectangulares suelen subdividirse interiormente para conseguir este efecto), para evitar la formación de caminos preferenciales dentro de la cámara.
- Efluente (25 y 26). Vertido del agua ya tratada al río.

Tratamiento de sólidos:
- Espesación (6). Los fangos procedentes del decantador primario, y algunas veces del secundario, se bombean (7) periódicamente hasta unos tanques espesadores. Los sólidos se depositan en el fondo, dejando sobre el fango un líquido, *el sobrenadante*, que se devuelve a la cabecera de la planta. El fango se bombea a digestión.
- Digestión primaria (5). Se produce en un tanque que está totalmente cerrado para impedir que entre aire en su interior. En este medio carente de oxígeno disuelto abundan las bacterias anaerobias. Estas bacterias transforman la parte orgánica de los fangos en metano y anhídrido carbónico. El gas se suele utilizar para calentar el digestor o para mover los motores de la instalación.
- Digestión secundaria (3). En el tanque secundario se producen unos fangos mejor digeridos. La cantidad de gas creada, tanto en el digestor primario como en el secundario, se mide para su control y el sobrante se quema (2).
- Secado. Los fangos digeridos del fondo del tanque se extraen periódicamente para secarlos. Esto se realiza en centrífugas, filtros de vacío, modernamente con filtros de banda.
-Incineración (27). El fango seco se quema, se entierra, o se utiliza como fertilizante para ciertos productos.

5. *Parques públicos*
Con respecto a los parque públicos podemos decir que sus diseños son muy variables, y que muchas veces no existe una definición geométrica exacta. El replanteo, entonces, debe adaptarse a los datos

suministrados por un proyecto casi exclusivamente gráfico. Tiene un especial interés estudiar el estudio del drenaje del parque para evitar los charcos. Para efectuar las mediciones posteriores de lo ejecutado a veces se llega a levantar la obra una vez concluida.

Existirán redes de riego, redes de alumbrado, de drenaje, incluso de saneamiento, y también pequeñas instalaciones (eléctricas, de bombeo de agua, etc.).

6. *Instalaciones deportivas*

En las pistas de atletismo existe un control geométrico muy riguroso en lo que se refiere a la propia pista, sobre todo si va ser homologada, y por lo tanto que en competiciones oficiales pueden ser admitidos los posibles récords batidos (Fig. 13.14). Este mismo problema lo tiene las piscinas si es que deben ser homologadas.

Fig. 13.14

Los campos de golf tiene sus particulares especificaciones y exige un cuidadoso estudio de los planos para lograr un replanteo consecuente con lo proyectado. El estudio del drenaje debe ser bastante concienzudo.

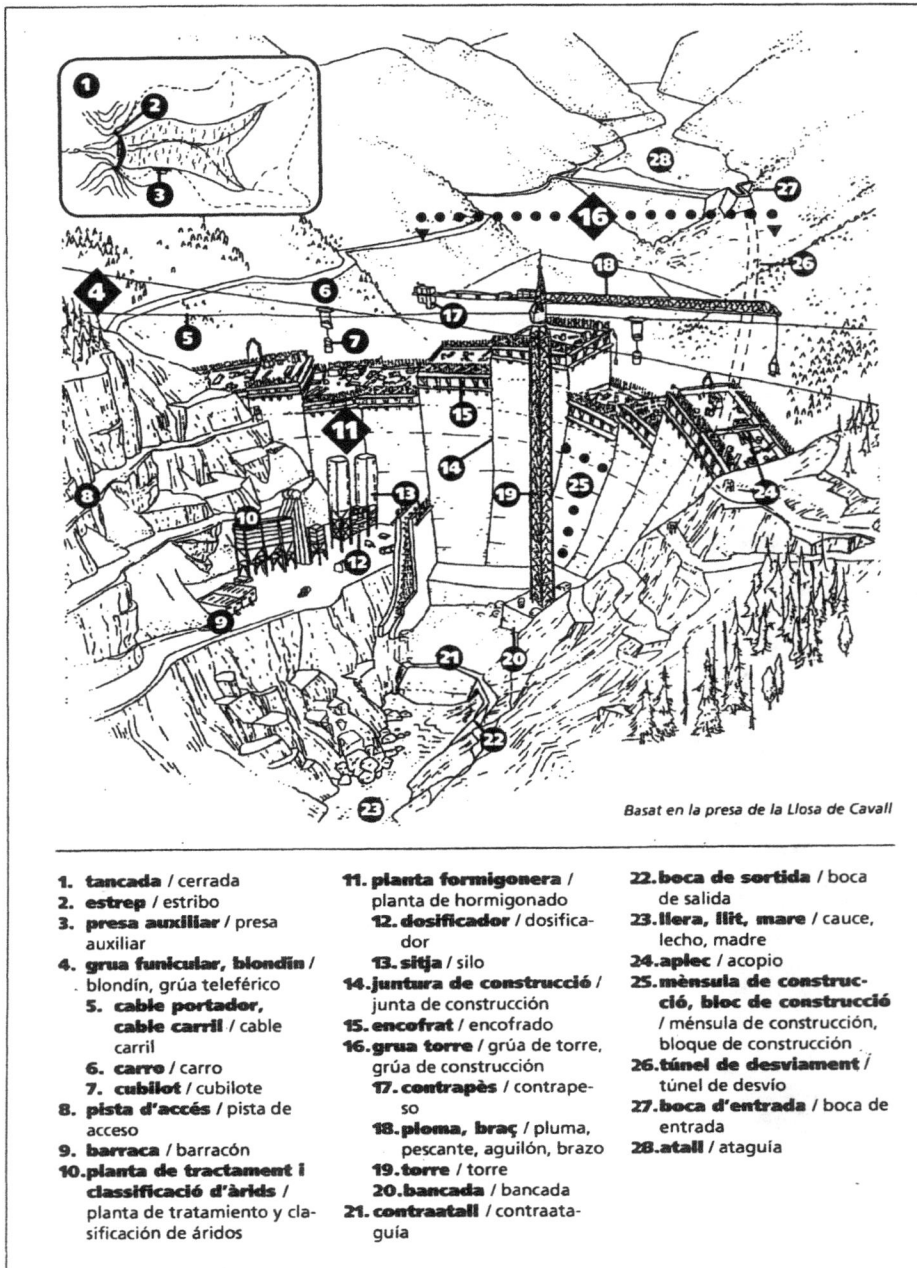

Basat en la presa de la Llosa de Cavall

1. **tancada** / cerrada
2. **estrep** / estribo
3. **presa auxiliar** / presa auxiliar
4. **grua funicular, blondín** / blondín, grúa teleférico
   5. **cable portador, cable carril** / cable carril
   6. **carro** / carro
   7. **cubilot** / cubilote
8. **pista d'accés** / pista de acceso
9. **barraca** / barracón
10. **planta de tractament i classificació d'àrids** / planta de tratamiento y clasificación de áridos

11. **planta formigonera** / planta de hormigonado
12. **dosificador** / dosificador
13. **sitja** / silo
14. **juntura de construcció** / junta de construcción
15. **encofrat** / encofrado
16. **grua torre** / grúa de torre, grúa de construcción
    17. **contrapès** / contrapeso
    18. **ploma, braç** / pluma, pescante, aguilón, brazo
    19. **torre** / torre
    20. **bancada** / bancada
21. **contraatall** / contraataguía

22. **boca de sortida** / boca de salida
23. **llera, llit, mare** / cauce, lecho, madre
24. **aplec** / acopio
25. **mènsula de construcció, bloc de construcció** / ménsula de construcción, bloque de construcción
26. **túnel de desviament** / túnel de desvío
27. **boca d'entrada** / boca de entrada
28. **atall** / ataguía

Fig. 13.15 (Procedente del Diccionari visual de la construcció)

7. Presas

Dentro del campo de la obra civil es la obra más compleja en cuanto a ejecución y replanteo. Tiene tiempos de ejecución muy largos y son económicamente muy costosas.

En las figuras 13.15 y 13.16 puede verse una presa en construcción y los elementos interiores de esta una vez concluida.

En la fase de proyecto se hace un levantamiento de toda la zona que puede ser afectada por el agua embalsada, buscando la línea de máximo nivel. Después se realiza un levantamiento de la zona de la presa y de todos los lugares donde se van a colocar maquinaria y equipos para su construcción. Durante la ejecución tienen que tomarse todas las precauciones posibles pues muchos son replanteos de gran responsabilidad, con lo cual los medios y la metodología ha de estar acorde con los resultados que se esperan obtener.

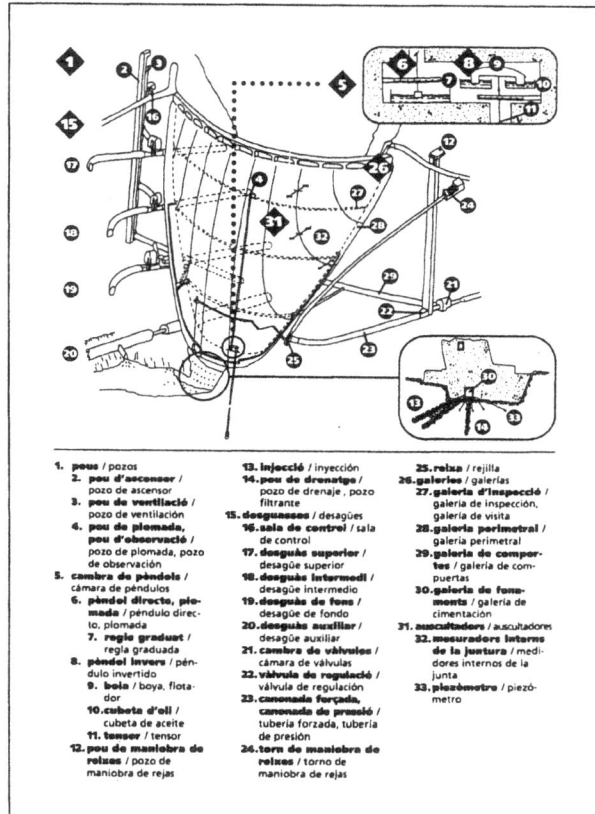

1. **pous** / pozos
2. **pou d'ascensor** / pozo de ascensor
3. **pou de ventilació** / pozo de ventilación
4. **pou de plomada, pou d'observació** / pozo de plomada, pozo de observación
5. **cambra de pèndols** / cámara de péndulos
6. **pèndol directe, plomada** / péndulo directo, plomada
7. **regla graduat** / regla graduada
8. **pèndol invers** / péndulo invertido
9. **bola** / boya, flotador
10. **cubeta d'oli** / cubeta de aceite
11. **tensor** / tensor
12. **pou de maniobra de reixes** / pozo de maniobra de rejas
13. **injecció** / inyección
14. **pou de drenatge** / pozo de drenaje, pozo filtrante
15. **desguassos** / desagües
16. **sala de control** / sala de control
17. **desguàs superior** / desagüe superior
18. **desguàs intermedi** / desagüe intermedio
19. **desguàs de fons** / desagüe de fondo
20. **desguàs auxiliar** / desagüe auxiliar
21. **cambra de vàlvules** / cámara de válvulas
22. **vàlvula de regulació** / válvula de regulación
23. **canonada forçada, canonada de pressió** / tubería forzada, tubería de presión
24. **torn de maniobra de reixes** / torno de maniobra de rejas
25. **reixa** / rejilla
26. **galeries** / galerías
27. **galeria d'inspecció** / galería de inspección, galería de visita
28. **galeria perimetral** / galería perimetral
29. **galeria de comportes** / galería de compuertas
30. **galeria de fonaments** / galería de cimentación
31. **auscultadors** / auscultadores
32. **mesuradors interns de la juntura** / medidores internos de la junta
33. **piezòmetre** / piezómetro

Fig. 13.16 (Procedente del Diccionari visual de la construcció)

Finalizada la obra se colocan puntos de control y puntos de estación sobre pilar con centraje forzoso, para el estudio periódico de sus desplazamientos y deformaciones. Estos estudios se realizan tanto en el exterior de la presa como en el interior por las galerías que la atraviesan.

La figura 13.17 puede ayudar bastante a profundizar en este tipo de obras.

8. Centrales nucleares

También son obras muy complicadas cuya complejidad mayor está en el gran número de instalaciones de todo tipo que tiene. Estas van colocadas en paredes, y techos y el estudio de interferencias puede llegar a complicarse enormemente, exigiendo replanteos muy precisos. Una posible aplicación del método de abscisas y ordenadas a este tipo de obras se adelantó en el apartado 2.2.2.

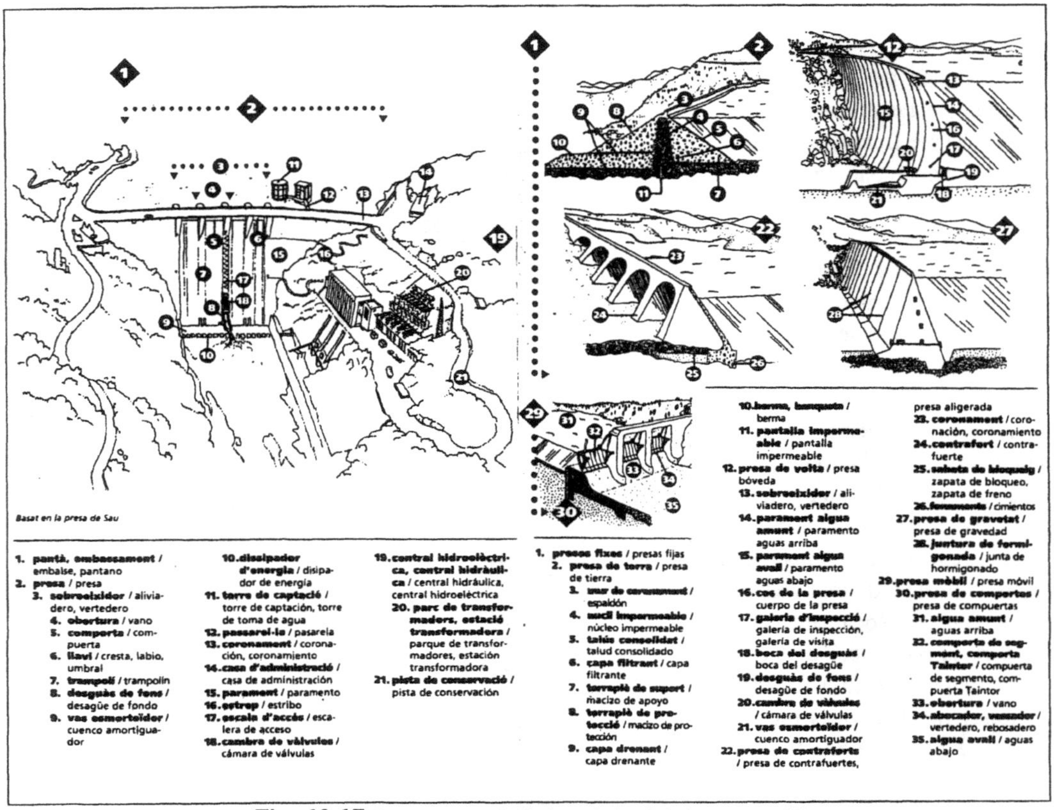

1. **pantà, embassament /** embalse, pantano
2. **presa /** presa
3. **sobreeixidor /** aliviadero, vertedero
4. **obertura /** vano
5. **comporta /** compuerta
6. **llavi /** cresta, labio, umbral
7. **trampolí /** trampolín
8. **desgüàs de fons /** desagüe de fondo
9. **vas esmorteïdor /** cuenco amortiguador

10. **dissipador d'energia /** disipador de energía
11. **torre de captació /** torre de captación, torre de toma de agua
12. **passarel·la /** pasarela
13. **coronament /** coronación, coronamiento
14. **casa d'administració /** casa de administración
15. **parament /** paramento
16. **estrep /** estribo
17. **escala d'accés /** escalera de acceso
18. **cambra de vàlvules /** cámara de válvulas

19. **central hidroelèctrica, central hidràulica /** central hidráulica, central hidroeléctrica
20. **parc de transformadors, estació transformadora /** parque de transformadores, estación transformadora
21. **pista de conservació /** pista de conservación

1. **preses fixes /** presas fijas
2. **presa de terra /** presa de tierra
3. **mur de coronament /** espaldón
4. **nucli impermeable /** núcleo impermeable
5. **talús consolidat /** talud consolidado
6. **capa filtrant /** capa filtrante
7. **terraplè de suport /** macizo de apoyo
8. **terraplè de protecció /** macizo de protección
9. **capa drenant /** capa drenante

10. **berma, banqueta /** berma
11. **pantalla impermeable /** pantalla impermeable
12. **presa de volta /** presa bóveda
13. **sobreeixidor /** aliviadero, vertedero
14. **parament aigua amunt /** paramento aguas arriba
15. **parament aigua avall /** paramento aguas abajo
16. **cos de la presa /** cuerpo de la presa
17. **galeria d'inspecció /** galería de inspección, galería de visita
18. **boca del desguàs /** boca del desagüe
19. **desguàs de fons /** desagüe de fondo
20. **cambra de vàlvules /** cámara de válvulas
21. **vas esmorteïdor /** cuenco amortiguador
22. **presa de contraforts /** presa de contrafuertes,

presa aligerada
23. **coronament /** coronación, coronamiento
24. **contrafort /** contrafuerte
25. **sabata de bloqueig /** zapata de bloqueo, zapata de freno
26. **fonament /** cimientos
27. **presa de gravetat /** presa de gravedad
28. **juntura de formigonada /** junta de hormigonado
29. **presa mòbil /** presa móvil
30. **presa de comportes /** presa de compuertas
31. **aigua amunt /** aguas arriba
32. **comporta de segment, comporta Tàintor /** compuerta de segmento, compuerta Taintor
33. **obertura /** vano
34. **abocador, vessador /** vertedero, rebosadero
35. **aigua avall /** aguas abajo

Fig. 13.17 (Procedente del Diccionari visual de la construcció)

10 Aeropuertos

Hablaremos aquí únicamente de las características y replanteo de las pistas (Fig.13.18). La principal particularidad es la escasa pendiente que tienen tanto longitudinal como transversalmente. La primera oscila entre el 1 y el 1.5 %. Las transversales están entre el 0.5% y el 1.5% en función de que el pavimento sea de hormigón o asfáltico, respectivamente. Las pendientes, tanto en un sentido como el otro, pretenden adaptarse al terreno, para abaratar costes, y para facilitar la evacuación de las aguas. La pista longitudinalmente se divide en tres tramos, teniendo el primero y el tercero las pendientes limitadas al 0.2% como máximo, en el caso de las que suben en dirección a los extremos de la pista. Para las que descienden la limitación es del 1.25%. Los acuerdos verticales son de radios superiores a 30000 m [LOAERO70].

El replanteo altimétrico es el de mayor responsabilidad puesto que, con pendientes tan suaves, se tiene que garantizar la ausencia total de agua encharcada.

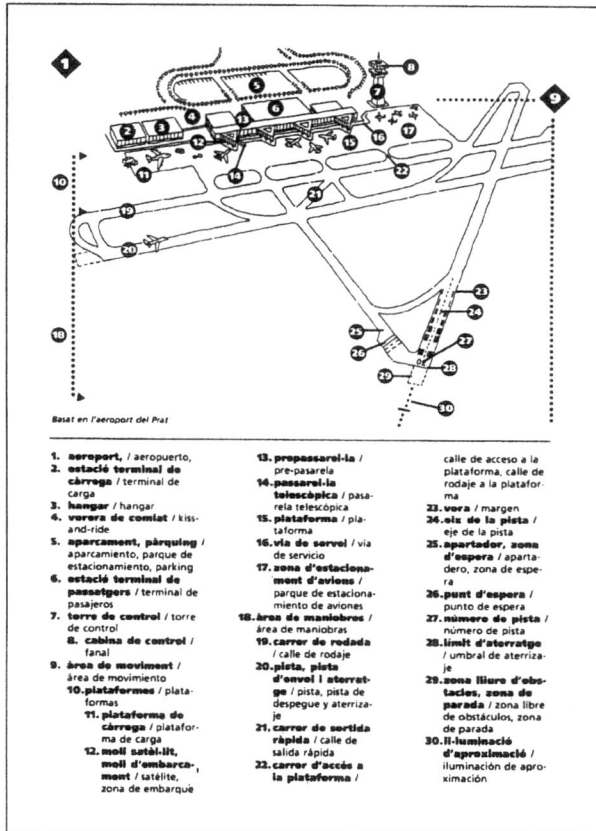

Basat en l'aeroport del Prat

1. **aeroport,** / aeropuerto,
2. **estació terminal de càrrega** / terminal de carga
3. **hangar** / hangar
4. **vorera de comiat** / kiss-and-ride
5. **aparcament, pàrquing** / aparcamiento, parque de estacionamiento, parking
6. **estació terminal de passatgers** / terminal de pasajeros
7. **torre de control** / torre de control
8. **cabina de control** / fanal
9. **àrea de moviment** / área de movimiento
10. **plataformes** / plataformas
    11. **plataforma de càrrega** / plataforma de carga
    12. **moll satèl·lit, moll d'embarcament** / satélite, zona de embarque

13. **prepassarel·la** / pre-pasarela
14. **passarel·la telescòpica** / pasarela telescópica
15. **plataforma** / plataforma
16. **via de servei** / vía de servicio
17. **zona d'estacionament d'avions** / parque de estacionamiento de aviones
18. **àrea de maniobres** / área de maniobras
19. **carrer de rodada** / calle de rodaje
20. **pista, pista d'envol i aterratge** / pista, pista de despegue y aterrizaje
21. **carrer de sortida ràpida** / calle de salida rápida
22. **carrer d'accés a la plataforma** /

calle de acceso a la plataforma, calle de rodaje a la plataforma
23. **vora** / margen
24. **eix de la pista** / eje de la pista
25. **apartador, zona d'espera** / apartadero, zona de espera
26. **punt d'espera** / punto de espera
27. **número de pista** / número de pista
28. **límit d'aterratge** / umbral de aterrizaje
29. **zona lliure d'obstacles, zona de parada** / zona libre de obstáculos, zona de parada
30. **il·luminació d'aproximació** / iluminación de aproximación

Fig. 13.18 (Procedente del Diccionari visual de la construcció)

Anexo

Soluciones a los ejercicios del capítulo 2

1) Distancia a la visual desde A = 8.2 mm, B =10.2 mm, C = 12.3 mm

2) Intersección de las rectas desplazadas 40 y 50 m respectivamente:
X_I = 1121.219 Y_I = 1107.033
Coordenadas de las cuatro esquinas:

X_A = 1095.176 m	X_B = 1153.050 m	X_C = 1137.218 m	X_D = 1079.344 m
Y_A = 1095.013 m	Y_B = 1079.180 m	Y_C = 1021.307 m	Y_D = 1037.140 m

3) α = 87.3829 ᵍ   R = 1.406 m

4) OB = 1.969 m   Bor.-C = 1.985 m   Bor.-A = 0.929 m

5) Hay dos puntos erróneos: el F y el B.
Lado del octágono = 18.008 m   Distancia de las esquinas a las caras del octágono = 0.183 m

Soluciones a los ejercicios del capítulo 4

1) X_P = 80.879 m Y_P = 35.513 m

2) BH = 16.953 m   HP = 50.328 m

3) R = 241.839 m

4) R = 66.629 m

5) R = 71.492 m

6) R = 78.943 m   R' = 39.048 m

7) R = 208.734 m X_T = 573.345 m Y_T = 228.609 m
    R' = 77.356 m X_T = 321.811 m Y_T = 264.913 m

8) α = 61.5509^g β = 60.5169^g

9) R = 123.993 m   R' = 93.184 m

10) Desarrollo = 55.8305 m

11) R_C = 520.442 m R'_C = 137.767 m

12) X_A = 764.798 m X_B = 1035.254 m
     Y_A = 528.522 m Y_B = 471.792 m

13) R_1 = 79.838 m R_2 = 99.207 m

14) R_1 = R_2 = 115.161 m

15) R_1 = 37.559 m R_2 = 79.300 m

16) R_1 = 44.715 m R_2 = 63.981 m   VD = 159.498 m

17) $T_1V = T_4V$ = 406.630 m $V_1T_1 = V_1T_2 = V_3T_3 = V_3T_4$ = 69.145 m $V_2T_2 = V_2T_3$ = 49.738m

18) Pk_{T1} = 0+959.863 m X_{T1} = 340.20 m Y_{T1} = 1969.88 m
     Pk_{T2} = 1+251.063 m X_{T2} = 607.02 m Y_{T2} = 1998.94 m
     $Pk_{T'2}$ = 1+643.424 m $X_{T'2}$ = 981.31 m $Y_{T'2}$ = 1972.84 m
     Pk_{T3} = 1+772.733 m X_{T3} = 1097.98 m Y_{T3} = 2028.60 m
     $Pk_{T'3}$ = 1+863.423 m
     $Pk_{T''3}$ = 2+174.883 m $X_{T''3}$ = 1460.87 m $Y_{T''3}$ = 1917.53
     R_2 = 380.59 m $R_{3'}$ = 183.82 m $R_{3''}$ = 398.48 m

Soluciones a los ejercicios del capítulo 5

1) a)   A = 344.002   R = 637.516 m
    b) τ = 11.0318^g A = 242.104   R = 411.248 m
    c) τ = 74.4559^g A = 102   R = 66.6923m
    d) τ = 83.0211^g A = 93.168   R = 57.689 m
    e) τ = 58.3681^g A = 384.272   R = 283.776 m
        τ = 141.6319^g A = 137.214   R = 65.049 m

f) R_1 = 788.485 m R_2 = 533.807 m   A = 463.516

2) τ = 44.7246^g X_1 = 3590.0144 m Y_1 = 1879.6853 m

3) τ_1 = 30.5318 ^{g} X_{P1} = 591.381 m Y_{P1} = 453.622 m
    τ_2 = 2.8317 ^{g} X_{P2} = 422.568 m Y_{P2} = 459.469 m

4) τ = 7.2831^g A = 121.2581
    X_{C1} = 412.164 m Y_{C1} = 667.753 m
    X_{F1} = 449.330 m Y_{F1} = 711.714 m
    X_{C2} = 414.613 m Y_{C2} = 665.244 m
    X_{F2} = 452.050 m Y_{F2} = 709.502 m

5) X_0 = 1001.174 m Y_0 = 930.770 m
    X_{20} = 1020.816 m Y_{20} = 934.645 m
    X_{40} = 1040.547 m Y_{40} = 938.270 m
    X_{60} = 1060.406 m Y_{60} = 941.386 m
    X_{80} = 1080.412 m Y_{80} = 943.726 m
    X_{100} = 1100.552 m Y_{100} = 945.019 m

6) τ = 13.8980^g X_Q = 663.043 m

7) τ = 14.9961^g Dist. = 33.328 m

8) τ = 15.5972^g A = 70 D_T = 127.533 m
    X_{C1} = 450824.712 m Y_{C1} = 4600133.627 m
    X_{F1} = 450806.774 m Y_{F1} = 4600179.086 m
    X_{C2} = 450747.048 m Y_{C2} = 4600228.329 m
    X_{F2} = 450788.115 m Y_{F2} = 4600201.839 m
    X_0 = 450720.963 m Y_0 = 4600127.740 m

9) A = 180.0973   R = 123.6746 m

10) τ = 26.5174^g A = 60.715 R_F = 66.522 m
     T_T = 85.996 m D_T = 149.459 m

11) X_{C1} = 1416.293 m Y_{C1} = 2178.419 m
     X_{F1} = 1370.909 m Y_{F1} = 2254.806 m
     X_{C2} = 1652.638 m Y_{C2} = 1749.031 m
     X_{F2} = 1697.020 m Y_{F2} = 1672.874 m
     D_T = 667.192 m

12) A_1 = 88.937 X_{C1} = 2.387 m Y_{C1} = 3.50 m   Exterior

$A_D = 90.464$ $X_{CD} = -2.025$ m $Y_{CD} = -3.50$ m   Interior

13) $A_1 = 441.49$ $X_{F1} = 1275.337$ m $Y_{F1} = 2355.934$ m
      $A_2 = 588.66$ $X_{F2} = 1832.883$ m $Y_{F2} = 1525.421$ m
      $\tau = 30.6387^g$ $X_C = 1514.284$ m $Y_C = 1999.999$ m
      $D_1 = 1010.673$ m

14) $X_{F1} = 4855.361$ m $Y_{F1} = 9932.898$ m
      $X_{F2} = 5055.501$ m $Y_{F2} = 10098.783$ m

15) $\tau_1 = 28.5357^g$ $X_1 = 12308.642$ m $Y_1 = 8914.752$ m
      $\tau_D = 27.6582^g$ $X_D = 12299.308$ m $Y_D = 8907.669$ m
      $D_1 = 11.717$ m

Soluciones a los ejercicios del capítulo 6

1) $K_V = -8108.108$ m $Do_{P=0} = 805.730$ m

2) $Do_V = 199.232$ m $Z_V = 249.463$ m $\theta = -0.043$ $L = 347.542$ m
   $CR = -2.563$ m $Do_{P=0} = 227.520$ m

3) $K_V = 5493.133$ m $Do_{Te} = 319.9688$ m $Zte = 45.3127$ m
   $Do_1 = 369.5944$ m $Z_1 = 44.3955$ m $Do_2 = 550.4338$ m $Z_2 = 44.8466$ m
   $Do_{P=0} = 446.3109$ m $P_{P1} = -0.01397$ % $P_{P2} = 0.018955$ %

4) $K_V = -1300$ m   Pend P $= -1.978$ %

5) $K_{V1} = -8533.333$ m $K_{V2} = -2133.333$ m

6) $K_V = -600$

7) $K_V = -2438.48$ m

8) Solución larga: $K_{V1} = K_{V3} = 267318.073$ m $K_{V2} = -133778.950$ m
   Solución corta: $K_{V1} = K_{V3} = 16704.451$ m $K_{V2} = -8352.273$ m

Soluciones a los ejercicios del capítulo 9

1) Pk 140
Peraltes: Arc. Izq $= 0.68$ %   Calz. Izq. $= 1.12$ %   Calz. Der. $= 2$ %   Arc. Der. $= 4$ %
Eje(0/45.465)   A(0/45.415)   B(0/45.345)   C(0/45.215)   D(-2.732/44.996)   E(-2.732/44.596)

F(3.5/45.395) G(3.7/45.341) H(3.87/45.268) I(6/45.295) J(6.1/45.245) K(6.417/45.087)
L(7.409/44.59) M(8/44.295) N(8.279/44.156) Ñ(9/44.795) O(11.616/47.411) P(-3.5/45.504)
Q(-3.7/45.456) R(-3.87/45.388) S(-6/45.521) T(-6.097/45.472) U(-6.467/45.287)
V(-7.426/44.808)
W(-8/44.521) X(-8.295/44.374) Y(-9/45.021) Z(-10.458/46.479)
Pk 200
Peraltes: Arc. Izq=6.96%   Calz. Izq.=6.96%   Calz. Der.=6.96%   Arc.
Der.=6.96%
Eje(0/43.919) A(0/43.869) B(0/43.799) C(0/43.669) D(-3.5/43.663) E(-3.5/43.263)
F(3.5/43.675) G(3.7/43.611) H(3.87/43.53) I(6/43.501) J(6.084/43.445) K(6.418/43.222)
L(6.836/42.944) M(-/-) N(7.506/42.497) Ñ(-/-) O(9.586/41.11) P(-3.5/44.163)
Q(-3.7/44.127) R(-3.87/44.068) S(-6/44.337) T(-6.087/44.294) U(-6.44/44.117) V(-7.683/43.496)
W(-8/43.337) X(-8.554/43.06) Y(-9/43.837) Z(-9.47/44.309)

2) Peralte= 2.502% K_V= 3075.4 m

3) Pendiente= 3%

4) Peralte izq.= 2%   Peralte der.= 1.483% K_V= 1525.7 m

5) Punto de peor gálibo= 11+494.502   Peralte= 4.5824% (igual para calzada y arcenes)
    Punto peor= derecha   Gálibo actual= 4.697 m K_V= 8642.1 m

6) Intersección de la recta con las clotoides paralelas:
    X_I= 2527.965 m Y_I= 2904.748 m X_D= 2525.194 m Y_D= 2893.564 m
    El punto peor es el derecho con 0.858 m de separación entre carretera y colector
    K_V= -6489.5 m

Soluciones a los ejercicios del capitulo 10

1) V_T= 222.9 m^3 V_D= 15.7 m^3

2) V_T= 35.9 m^3 V_D= 32.4 m^3

3) Unidades:
1. $12.05 \cdot 0.05 \cdot 80 = 48.2$ m^2 $\cdot 2.46 = 118.6$ Tn
2. $7.47 \cdot 0.07 \cdot 80 = 41.8$ m^3 $\cdot 2.42 = 101.2$ Tn
3. $7.87 \cdot 0.13 \cdot 80 = 81.8$ m^3 $\cdot 2.39 = 195.5$ Tn
4. $(7.40 \cdot 80 = 592$ m^2) $+$ $(7.54 \cdot 80 = 603.2$ m^2) $=$ 1195.2 m^2
5. $(8.80 = 640$ m^2) $+$ $((12.10 - 7.40) \cdot 80 = 376$ m^2) $=$ 1016 m^2
6.   P-120 $7.215 - ((7.47 \cdot 0.07) + (7.87 \cdot 0.13)) = 5.669$ m^2
          P-140   7.321-("   )=5.775 m^2

P-200   6.592-(")=5.046 m²
((5.669+5.775)/2)=5.722 m²   ·20=114.4 m³
((5.775+5.046)/2)=5.411 m²   ·60=324.6 m³   TOTAL=439 m³

7.   P-120   6.223 m²
      P-140   6.413 m²
      P-200   6.120 m²
      ((6.223+6.413)/2)=6.318 m²   ·20=126.4 m³
      ((6.413+6.120)/2)=6.267 m²   ·60=376.0 m³   TOTAL=502.4 m³

8.   P-140 S_D=62.102-2.747=59.355 m²
      P-200 S_T=47.201+2.720=49.921 m²
      V_T=((49.921²)/(59.355+49.921))·(60/2)=664.6 m³

9.   P-120   22.14·0.15=3.321 m²
      P-140   (18.31·0.15=2.747 m²) + (4.20·0.15=0.63 m²) = 3.377 m²
      P-200   (3.43·0.15=0.515 m²) + (18.13·0.15=2.72 m²) = 3.235 m²
      ((3.321+3.377)/2)=3.349 m²   ·20=66.98 m³
      ((3.377+3.235)/2)=3.306 m²   ·60=198.36 m³   TOTAL=265.3 m³

10.   P-120 S_D=49.060-3.321=45.739 m²
      P-140 S_D= (7.061-063=6.431 m²) + (62.102-2.747=59.355 m²) = 65.786 m²
      P-200 S_D= 1.728-0.515 = 1.213 m² S_T= 47.201+2.72=49.921 m²
      V_{D1}=((45.739+65.786)/2)·20=1115.25 m³
      V_{D2}=((6.431+1.213)/2)·60=229.32 m³
      V_{D3}=((59.355²)/(59.355+49.921))·(60/2)=967.188 m³   TOTAL=2311.8 m³

11.   265.3·1.2 = 318.4 m³
12.   664.6·1.2 = 733.9 m³

NOTA:

Las soluciones detalladas de todos los ejercicios del libro se pueden encontrar en la siguiente página
Web:
http://www.edicionsupc.es/bustia/topografia

Bibliografía

[SATYR88]   SANTOS MORA, A. *Topografía y replanteos de obras de ingeniería*. Madrid. Colegio Oficial de Ingenieros Técnicos en Topografía. 1988.

[SAPREM93]   SANTOS MORA, A, *Replanteo y control de presas de embalse*. Madrid. Colegio Oficial de Ingenieros Técnicos en Topografía. 1993.

[COGADG86]   CONESA LUCERGA,M; GARCÍA GARCÍA, A. *Diseño geométrico de carreteras*. Valencia. Escuela Técnica Superior de Ingenieros de Caminos, Canales y Puertos de Valencia. 1986.

[PIQPRO86]   PIQUER CHANZÁ, J. *El proyecto en ingeniería y Arquitectura. Estudio, planificación y desarrollo*. Barcelona.CEAC. 1986.

[KRSTRA91]   KRAEMER HEILPERNO,C; ROCCI BOCCALERI, S; SANCHEZ BLANCO, V. *Trazado de carreteras*. Madrid. Escuela Técnica Superior de Ingenieros de Caminos, Canales y Puertos de Madrid. 1991.

[DOTOGE93]   DOMÍNGUEZ GARCÍA-TEJERO, F. *Topografía general y aplicada*. Madrid. Mundi-Prensa. 1993.

[OJMETO84]   OJEDA RUIZ, J.L. *Métodos topográficos*. Madrid. El autor. 1984.

[GENEDIC94]   GENERALITAT DE CATALUÑA. *Diccionari visual de la construcció*. Barcelona. Generalitat de Cataluña. 1994.

[KOCUTR75]   KRENZ, A; OSTERLOH, H. *Curvas de transición en carreteras (Manual de clotoides)*. Berlín. Tecnos. 1975.

[CARCAR80]   CARCIENTE, J. *Carreteras. Estudio y Proyecto*. Caracas. Ediciones Vega. 1980.

[TOTRI93]   CHUECA, M; BERNÉ, J.L.; HERRÁEZ, J. *Topografía (tomo 4) Triangulación*. Valencia. Universidad politécnica de Valencia. 1993.

[FEBETO91]   FERRER TORIO. R;PIÑA PATÓN, B. *Topografía de proyectos y obras*. Santander.
Escuela Técnica Superior de Ingenieros de Caminos, Canales y Puertos de Santander. 1991.

[LAUMTLE81] LAUF, GB. *The method of least squares with applications in surveying*. Melbourne.
Royal Melbourne Institute of Technology. 1981.

[RMPRO92]   RUIZ MORALES, M. *Problemas resueltos de Geodesia y Topografía*. Granada.
Editorial Comares. 1992.

[ALGTOPO90] ALCÁNTARA GARCÍA, D. *Topografía*. México. McGraw Hill. 1990.

[BRTECM84]   BANNISTER, A; RAYMOND, S. *Técnicas modernas en topografía*. Londres.
Representaciones y Servicios de Ingeniería S.A. 1984.

[LMTOPO91]   LAPOINTE, L; MEYER, G. *Topographie appliquée aux travaux publics,
batimentset levers urbains*. París. Eyrolles. 1991.

[URPRSUR94] UREN, J; PRICE, W.F. *Surveying for engineers*. Londres. Macmillan. 1994.

[MCCSUR85]   MCCORMAC, J. *Surveying*. South Carolina. Prentice-Hall International. 1985.

[BBPROTO89] BANNISTER, A; BAKER, R. *Problemas resueltos de topografía*. Londres. Librería
editorial Bellisco. 1989.

[PMING72]   PARKER, H; MACGUIRE, J. *Ingeniería de campo simplificada*. México. Limusa.
1972.

[EXTOME81]   EXPÓSITO DE BATA, J. *Topografía mecánica y de estructuras*. Barcelona. CEAC.
1981.

[VATRA91]   VALLARINO, E. *Tratado básico de presas*. Madrid. CICCP. 1991.

[GRAPRE95]   GRANADOS, A. *Presas y pantanos*. Madrid. Escuela Técnica Superior de
Ingenieros de Caminos, Canales y Puertos de Madrid. 1995.

[DEPUR83]   AGENCIA PARA LA PROTECCIÓN DEL MEDIO AMBIENTE (USA).
Funcionamiento de estaciones depuradoras de aguas residuales. Madrid. Centro de estudios
hidrográficos. 1983.

[LOAERO70]   LÓPEZ-PEDRAZA, F. *Aeropuertos*. Madrid. Paraninfo. 1970.

[MOPUINS64] MOPU. *Instrucción de carreteras 3.1 IC*. Madrid. Ministerio de Obras Públicas.
1964.

[MOPUBOR90] MOPU. *Borrador de la instrucción de carreteras 3.1 IC*. Madrid. Ministerio de Obras Públicas. 1990.

[CUMOPT92]   MOPT. *Carreteras urbanas. Recomendaciones para su planeamiento y proyecto*. Madrid. Ministerio de Obras Públicas y Transportes. 1992.

Índice alfabético

www.ingramcontent.com/pod-product-compliance
Lightning Source LLC
Chambersburg PA
CBHW080907220326
41598CB00034B/5503